Rheinland-Pfalz

Fundamente der Mathematik
Grund- und Leistungsfach
Arbeitsheft 1
Analysis

LÖSUNGEN

W0399910

Cornelsen

Autoren: Reinhard Oselies, Dr. Wilfried Zappe
Redaktion: Maya Brandl

Grafik: Cornelsen/Christian Böhning
Illustration: Golnar Mehboubi
Umschlaggestaltung: Cornelsen/Studio SYBERG
Layoutkonzept: zweiband.media, Berlin
Technische Umsetzung: Straive

Bildnachweis
Cover: stock.adobe.com/darkfoxelixir -/darkfoxelixir/Copyright 2012/darkfoxelixir - stock.adobe.com; **3**/Shutterstock.com; **5**/Shutterstock.com/Karen Brough; **25**/Shutterstock.com/Rock and Wasp; **26**/Shutterstock.com/schulzfoto; **43**/Shutterstock.com/Solodov Aleksei; **45**/Shutterstock.com/Kevin Klarer; **53**/Shutterstock.com/Ian 2010; **61**/Shutterstock.com/Minverva Studio; **63**/Shutterstock.com/2happy; **71**/Shutterstock.com/pryzmat; **89**/Shutterstock.com/Rudmer Zwerver; **91**/Shutterstock.com/Oleksandr Lytvynenko
Screenshots: Cornelsen/© Texas Instruments. Nutzung mit Genehmigung von Texas Instruments: 31, 37, 73, 76

Inhaltsverzeichnis

*) Mit einem Stern sind speziell für das Leistungsfach geeignete Inhalte gekennzeichnet.

1 Vervollständigen Sie die Definition:
Eine **Folge (a_n)** ist eine Funktion, die jeder **natürlichen** Zahl n eine **reelle** Zahl a_n zuordnet.

2 Die Anfangsglieder a_1 bis a_6 jeder Zahlenfolge sind nach einem bestimmten Muster gebildet. Versuchen Sie, diese Muster zu erkennen und nach diesem Muster a_7 zu bilden. Beschreiben Sie kurz jedes Muster.

	a_1	a_2	a_3	a_4	a_5	a_6	a_7	Beschreibung
a)	3	4	6	9	13	18	**24**	**+1; +2; +3; +4; …**
b)	3	5	10	12	24	26	**52**	**abwechselnd +2; *2**
c)	3	5	7	11	13	17	**19**	**Primzahlen**
d)	3	5	7	9	11	13	**15**	**ungerade Zahlen**

3 Ergänzen Sie den Text zu den Bildungsvorschriften für Zahlenfolgen. (Beispiel: Folge der ungeraden Zahlen)

Explizite Darstellung:
$a_n = 2n - 1$
Gegeben ist das n-te Folgenglied a_n durch **einen Term, der n enthält.**
a_n lässt sich **direkt** berechnen.

Rekursive Darstellung:
$a_{n+1} = a_n + 2$ mit $a_1 = 1$
Gegeben sind das erste Folgenglied **a_1** und eine Gleichung, mit der zu jedem Folgenglied **a_n** das nächste Folgenglied **a_{n+1}** berechnet werden kann.

4 Ordnen Sie durch Pfeile zu, welche expliziten und rekursiven Darstellungen ein und dieselbe Zahlenfolge beschreiben.

- $a_n = 2n$ — $a_{n+1} = a_n + 2$ mit $a_0 = 0$
- $a_n = n^2$ — $a_{n+1} = a_n + 2n - 1$ mit $a_1 = 1$
- $a_n = 2^n$ — $a_{n+1} = 2 \cdot a_n$ mit $a_1 = 2$

5 Ergänzen Sie die Definitionen für Monotonie und Beschränktheit von Zahlenfolgen.
a) Eine Folge (a_n) heißt **monoton steigend**, wenn für alle $n \in \mathbb{N}$ gilt: **$a_{n+1} \geq a_n$**
b) Eine Folge (a_n) heißt **monoton fallend**, wenn für alle $n \in \mathbb{N}$ gilt: $a_{n+1} \leq a_n$
c) Eine Folge (a_n) heißt **nach oben beschränkt**, wenn es eine **obere Schranke** $S_o \in \mathbb{R}$ gibt, sodass für alle $n \in \mathbb{N}$ gilt: **$a_n \leq S_o$** Eine Folge (a_n) heißt **nach unten beschränkt**, wenn es eine **untere Schranke $S_u \in \mathbb{R}$** gibt, sodass für alle $n \in \mathbb{N}$ gilt: $a_n \geq S_u$.

6 Geben Sie zutreffende Eigenschaften an. S_u: größte untere Schranke, S_o: kleinste obere Schranke.

Graph	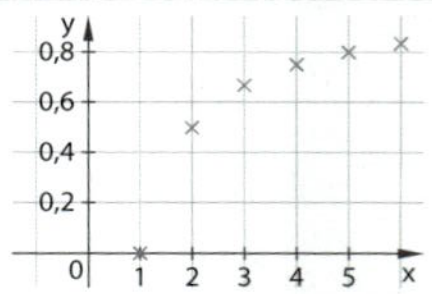	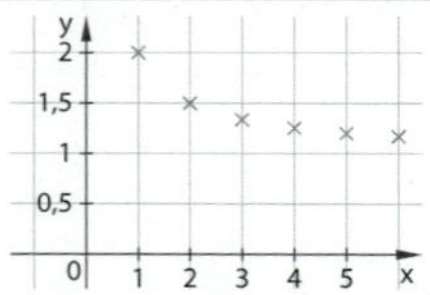	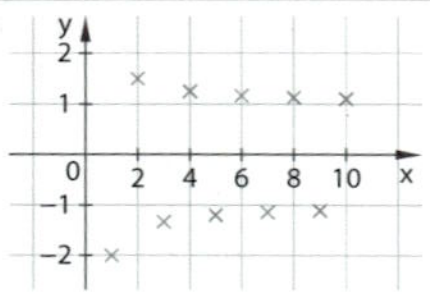
Gleichung	$a_n = 1 - \frac{1}{n}$	$a_n = 1 + \frac{1}{n}$	$a_n = (-1)^n \cdot \left(1 + \frac{1}{n}\right)$
Monotonie	**monoton steigend**	**monoton fallend**	**keine (alternierend)**

7 Berechnen Sie für die Zahlenfolge (a_n) mit $n \in \mathbb{N}$; $n \geq 1$ die ersten vier Glieder.
a) $a_n = 2n - 1$ — $a_1 = $ **1**, $a_2 = $ **3**, $a_3 = $ **5**, $a_4 = $ **7**
b) $a_n = 0{,}2^n$ — $a_1 = $ **0,2**, $a_2 = $ **0,04**, $a_3 = $ **0,008**, $a_4 = $ **0,0016**
c) $a_n = (-1)^{n+1}$ — $a_1 = $ **1**, $a_2 = $ **−1**, $a_3 = $ **1**, $a_4 = $ **−1**
d) $a_n = \cos(2\pi \cdot n)$ — $a_1 = $ **1**, $a_2 = $ **1**, $a_3 = $ **1**, $a_4 = $ **1**
e) $a_n = 2 + \left(-\frac{1}{2}\right)^n$ — $a_1 = \frac{3}{2}$, $a_2 = \frac{9}{4}$, $a_3 = \frac{15}{8}$, $a_4 = \frac{33}{16}$
f) $a_n = (-1)^n \cdot \left(1 - \frac{1}{n}\right)$ — $a_1 = $ **0**, $a_2 = \frac{1}{2}$, $a_3 = -\frac{2}{3}$, $a_4 = \frac{3}{4}$

8 Ermitteln Sie die die nächsten vier Glieder der mit rekursiver Bildungsvorschrift gegebenen Zahlenfolgen.
a) $a_{n+1} = 2 \cdot a_n - 1$ mit $a_1 = 5$: $a_2 = $ **9**, $a_3 = $ **17**, $a_4 = $ **33**, $a_5 = $ **65**
b) $a_{n+1} = \frac{a_n}{2} + 1$ mit $a_1 = 0$: $a_2 = $ **1**, $a_3 = \frac{3}{2}$, $a_4 = \frac{7}{4}$, $a_5 = \frac{15}{8}$
c) $a_{n+2} = a_{n+1} + a_n$ mit $a_2 = -1$; $a_1 = 1$: $a_3 = $ **0**, $a_4 = $ **−1**, $a_5 = $ **−1**, $a_6 = $ **−2**
d) $a_{n+1} = \frac{1}{2} \cdot \left(a_n + \frac{1}{a_n}\right)$ mit $a_1 = 1$: $a_2 = $ **1**, $a_3 = $ **1**, $a_4 = $ **1**, $a_5 = $ **1**

9 Tragen Sie die Nummern der Zahlenfolgen der Aufgaben 7a-7f bzw. 8a-8d ein, auf welche die Eigenschaft zutrifft.

Die Zahlenfolge ist alternierend.	**7c, 7f**
Es handelt sich um eine konstante Zahlenfolge.	**7d, 8d**
Die Zahlenfolge ist monoton steigend.	**7a, 8a, 8b, 7d, 8d**
Die Zahlenfolge ist monoton fallend.	**7b, 8c, 7d, 8d**
Die Zahlenfolge ist beschränkt.	**7b, 7c, 7d, 7e, 7f, 8b, 8d**

10 Geben Sie eine explizite und, wenn möglich, auch eine rekursive Bildungsvorschrift für die Zahlenfolge an, für die die ersten fünf Glieder gegeben sind.

Anfang der Zahlenfolge	explizit mit $n \in \mathbb{N}$; $n \geq 1$	rekursiv
$\{2; 4; 6; 8; 10\}$	**$a_n = 2 \cdot n$**	**$a_{n+1} = a_n + 2$ mit $a_1 = 2$**
$\left\{\frac{2}{3}; \frac{4}{9}; \frac{8}{27}; \frac{16}{81}; \frac{32}{243}\right\}$	**$a_n = \left(\frac{2}{3}\right)^n$**	**$a_{n+1} = \frac{2}{3} \cdot a_n$ mit $a_1 = \frac{2}{3}$**
$\left\{2; 1; \frac{1}{2}; \frac{1}{4}; \frac{1}{8}\right\}$	**$a_n = 2^{2-n}$**	**$a_{n+1} = \frac{1}{2} \cdot a_n$ mit $a_1 = 4$**

11 Ein Fahrrad hat nach acht Jahren noch ungefähr 25 % des Neuwertes. Kreuzen Sie an, wie groß der durchschnittliche prozentuale Wertverlust pro Jahr ist. (Annahme: Der prozentuale Wertverlust ist von Jahr zu Jahr konstant.)
☐ 12,5 % ☐ 84 % ☐ 20 % ☒ 16 %

12 Geben Sie die nächsten sechs Zahlenfolgenglieder der Zahlenfolge an, für die $a_1 = a_2 = 1$ und $a_{n+2} = a_{n+1} + a_n$ gilt. Diese berühmte Zahlenfolge ist nach dem Mathematiker **Leonardo Fibonacci** (ca. 1170-1240 in Pisa) bezeichnet.
$a_3 = 2$; $a_4 = 3$; $a_5 = 5$; $a_6 = 8$; $a_7 = 13$; $a_8 = 21$

13 Begründen Sie: sin(1000°), sin(10 000°), sin(100 000°), … ist eine konstante Folge.
1000° = 2 · 360° + 280°, 10 000° = 27 · 360° + 280°; 100 000° = 277 · 360° + 280°
Da $\sin(n \cdot 360° + 280°) = \sin(280°)$ für alle $n \in \mathbb{Z}$ gilt, ist die Zahlenfolge konstant.

1 **Grenzwert:** Ergänzen Sie die Definition.
Eine Folge (a_n) heißt konvergent mit dem Grenzwert g, **wenn für jede noch so kleine reelle Zahl $\varepsilon > 0$**
eine natürliche Zahl $n > 0$ existiert, so dass von diesem n an immer $|a_n - g|$ **$< \varepsilon$** gilt.

2 Kreuzen Sie an, welche Beschreibung für den Grenzwertbegriff zutreffend ist.

[x]	[x]	[ ]
Die Zahl g ist Grenzwert einer Zahlenfolge (a_n), wenn ab einem beliebigen Folgenglied a_n für alle nachfolgenden Folgenglieder der Abstand zum Grenzwert g kleiner als eine noch so kleine Zahl $\varepsilon > 0$ ist.	Die Zahl g ist Grenzwert einer Zahlenfolge (a_n), wenn fast alle a_n in jeder noch so kleinen ε–Umgebung von g liegen, d. h. wenn nur endlich viele Folgenglieder außerhalb jeder ε–Umgebung liegen.	Die Zahl g ist Grenzwert einer Zahlenfolge (a_n), wenn unendlich viele Folgenglieder a_n in jeder noch so kleinen ε–Umgebung von g liegen.

3 Ordnen Sie die grafischen Darstellungen den Zahlenfolgen (a_n) bzw. (b_n) mit $a_n = 2 + \frac{1}{n}$, $b_n = (-1)^n \cdot \left(1 - \frac{1}{n}\right)$ zu.
Begründen Sie, weshalb (a_n) einen Grenzwert besitzt, (b_n) hingegen nicht konvergent ist.

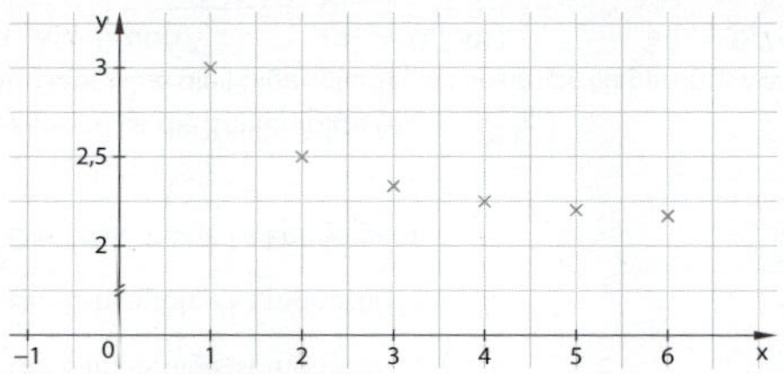

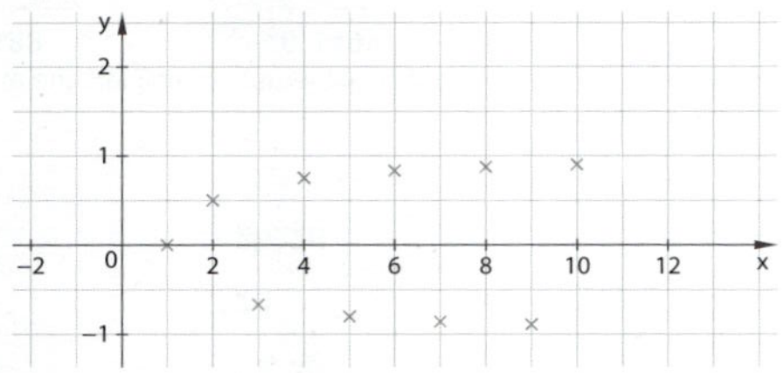

Zuordnung Zahlenfolge: **(a_n)** Zahlenfolge: **(b_n)**

Begründung: **Die Zahlenfolge (a_n) besitzt den Grenzwert $g = 2$, denn für jede positive, noch so kleine Zahl ε liegen fast alle Folgenglieder in der ε-Umgebung von $g = 1$. Bei der Zahlenfolge (b_n) liegen für jede ε-Umgebung von $g = 1$ zwar unendlich viele Folgenglieder in der Umgebung, aber zugleich auch unendlich viele Folgenglieder außerhalb. Das steht im Widerspruch zur Definition des Grenzwertbegriffs für Zahlenfolgen.**

4 Kreuzen Sie die richtige Antwort an.

a) Gegeben sind die Zahlenfolge $(a_n) = \left(\frac{1}{n}\right)$ und die reelle Zahl $\varepsilon = 10^{-3}$. Die Zahlenfolgenglieder liegen in der ε–Umgebung des Grenzwertes g von (a_n) ab
[ ] $n = 100$ [ ] $n = 1000$ [ ] $n = 1010$ [x] $n = 1001$

b) Gegeben sind die konstante Zahlenfolge $(b_n) = (1)$ und die reelle Zahl $\varepsilon = 10^{-4}$. Die Zahlenfolgenglieder liegen in der ε–Umgebung des Grenzwertes g von (b_n) ab
[ ] $n = 100$ [ ] $n = 10$ [ ] $n = 10001$ [x] $n = 1$

c) Gegeben sind die Zahlenfolge $(c_n) = \left(2 - \frac{1}{2^n}\right)$ und die reelle Zahl $\varepsilon = 10^{-4}$. Die Zahlenfolgenglieder liegen in der ε–Umgebung des Grenzwertes g von (c_n) ab
[ ] $n = 1$ [ ] $n = 10$ [ ] $n = 13$ [x] $n = 14$

d) Gegeben sind die Zahlenfolge $(d_n) = \left(\frac{2n+1}{n-1}\right)$ und die reelle Zahl $\varepsilon = 10^{-2}$. Die Zahlenfolgenglieder liegen in der ε–Umgebung des Grenzwertes g von (b_n) ab
[ ] $n = 100$ [ ] $n = 301$ [ ] $n = 1000$ [x] $n = 302$

5 **Grenzwertsätze:** Vervollständigen Sie zu wahren Aussagen.
Gegeben seien die Folgen a_n und b_n, die jeweils die Grenzwerte g_a und g_b haben. Dann gilt:

$\lim\limits_{n\to\infty}(a_n + b_n) = \lim\limits_{n\to\infty}(a_n)$ **$+$** $\lim\limits_{n\to\infty}(b_n) = g_a$ **$+$** g_b

$\lim\limits_{n\to\infty}(a_n - b_n) =$ **$\lim\limits_{n\to\infty}(a_n) - \lim\limits_{n\to\infty}(b_n) = g_a - g_b$**

$\lim\limits_{n\to\infty}(a_n \cdot b_n) =$ **$\lim\limits_{n\to\infty}(a_n) \cdot \lim\limits_{n\to\infty}(b_n) = g_a \cdot g_b$**

$\lim\limits_{n\to\infty}\left(\frac{a_n}{b_n}\right) =$ **$\frac{\lim\limits_{n\to\infty}(a_n)}{\lim\limits_{n\to\infty}(b_n)} = \frac{g_a}{g_b};\ g_b \neq 0$**

6 Ordnen Sie den Zahlenfolgen (a_n) den richtigen Grenzwert g zu.

$a_n = \frac{1+3n}{1-5n}$	$a_n = \frac{3^{n+1}-2}{3^n}$	$a_n = \frac{n^2-2n+1}{2+n+n^2}$	$a_n = \frac{(1-2n)^3}{(3-n)^3}$
$g = \log_2 8$	$g = 0{,}001^0$	$g = \binom{8}{7}$	$g = -0{,}6$

(Zuordnung: $a_n = \frac{1+3n}{1-5n}$ – $g = -0{,}6$; $a_n = \frac{3^{n+1}-2}{3^n}$ – $g = \log_2 8$; $a_n = \frac{n^2-2n+1}{2+n+n^2}$ – $g = 0{,}001^0$; $a_n = \frac{(1-2n)^3}{(3-n)^3}$ – $g = \binom{8}{7}$)

7 Ein Teich hat eine Gesamtoberfläche von einem Hektar. Davon sind beim Beobachtungsbeginn $10\,m^2$ von einer Algensorte bedeckt, von der man annimmt, dass sie kontinuierlich wöchentlich um 5 % zunimmt.

a) Ermitteln Sie die Größe der von Algen bedeckten Fläche nach einer Woche, zwei Wochen, drei Wochen, vier Wochen nach Beobachtungsbeginn. (Tipp: Nutzen Sie die Konstantenautomatik des Taschenrechners.)

```
10                10
ans*1.05        10.5
ans*1.05      11.025
```

```
ans*1.05
            11.57625
ans*1.05
          12.1550625
```

b) Bestimmen Sie die Länge der Zeit, bis der Teich zur Hälfte von Algen bedeckt ist.
$5000\,m^2 = (10\,m^2) \cdot 1{,}05^x \Rightarrow 500 = 1{,}05^x \Rightarrow x = \frac{\lg(500)}{\lg(1{,}05)} \approx 127{,}4$ Wochen

8 Ergänzen Sie die Sätze zum Konvergenzkriterium für Zahlenfolgen.
① Jede monoton fallende und nach **unten beschränkte** Folge ist konvergent.
② Jede **monoton steigende** und nach oben beschränkte Folge ist konvergent.

9 Begründen Sie, dass die Folge 0,6; 0,66; 0,666; 0,6666; … konvergent ist. Geben Sie den Grenzwert an.
Die Folge ist monoton steigend (die Folgenglieder werden immer größer) und z. B. durch die Zahl 0,7 nach oben beschränkt, also nach dem Konvergenzkriterium konvergent. Ihr Grenzwert ist $g = \frac{2}{3}$.

10 Kreuzen Sie an, ob die Aussage wahr ist.
[ ] Jede monotone Folge ist konvergent.
[ ] Jede konvergente Folge ist monoton und beschränkt.
[x] Die Folge $\left(\frac{1+(-1)^n}{n}\right)$ ist konvergent.
[ ] Jede beschränkte Folge ist konvergent.
[ ] Wenn (a_n) divergent ist, so ist $\left(\frac{1}{a_n}\right)$ konvergent.

11 Stellen Sie eine Vermutung über den Grenzwert der Folge $\left(1 + \frac{1}{n}\right)^{n+1}$ auf. Nutzen Sie ggf. Ihren Taschenrechner oder eine Tabellenkalkulation.
$\lim\limits_{n\to\infty}\left(1 + \frac{1}{n}\right)^{n+1} = e$ (Eulersche Zahl), denn für immer größere Werte von n wird die Differenz $a_n - e$ immer kleiner, z. B. $a_{10} - e \approx 2{,}853116706 - 2{,}718281828 \approx 0{,}1348$;
$a_{100} - e \approx 2{,}73186196772 - 2{,}718281828 \approx 0{,}0136$;
$a_{1000} - e \approx 2{,}719640856 - 2{,}718281828 \approx 0{,}001359$

1 Die Anfangsglieder a_1 bis a_6 jeder Zahlenfolge sind nach einem bestimmten Muster gebildet. Versuchen Sie, dieses Muster zu erkennen und nach diesem Muster a_7 zu bilden. Beschreiben Sie kurz jedes Muster.

	a_1	a_2	a_3	a_4	a_5	a_6	a_7	Beschreibung
a)	1	4	9	16	25	36	**49**	**Quadratzahlen**
b)	1	2	1	2	1	2	**1**	**z. B. $+1; \cdot \frac{1}{2}$**
c)	0	1	1	2	3	5	**8**	**Summe der beiden Vorgänger**
d)	1	$\frac{1}{2}$	$\frac{1}{4}$	$\frac{1}{8}$	$\frac{1}{16}$	$\frac{1}{32}$	**$\frac{1}{64}$**	**$\cdot \frac{1}{2}$**

2 Ermitteln Sie die die nächsten vier Glieder der mit rekursiver Bildungsvorschrift gegebenen Zahlenfolgen.

a) $a_{n+1} = a_n + 2$ mit $a_1 = 5$: $a_2 =$ **7** $a_3 =$ **9** $a_4 =$ **11** $a_5 =$ **13**

b) $a_{n+1} = \frac{a_n}{2} + 1$ mit $a_1 = 0$: $a_2 =$ **1** $a_3 = \mathbf{\frac{3}{2}}$ $a_4 = \mathbf{\frac{7}{4}}$ $a_5 = \mathbf{\frac{15}{8}}$

c) $a_{n+2} = a_{n+1} - a_n$ mit $a_2 = -1; a_1 = 1$: $a_3 =$ **−2** $a_4 =$ **−1** $a_5 =$ **1** $a_6 =$ **2**

d) $a_{n+1} = \sqrt{a_n}$ mit $a_1 = 64$: $a_2 =$ **8** $a_3 = \mathbf{2 \cdot \sqrt{2}}$ $a_4 = \mathbf{2^{\frac{3}{4}}}$ $a_5 = \mathbf{2^{\frac{3}{8}}}$

3 Tragen Sie die Nummern der Zahlenfolgen der Aufgaben 2a-2d ein, auf welche die Eigenschaft zutrifft.

Die Zahlenfolge ist nach unten beschränkt.	**2a, 2b, 2c, 2d**
Die Zahlenfolge ist nach oben beschränkt.	**2b, 2c, 2d**
Die Zahlenfolge ist monoton steigend.	**2a, 2b**
Die Zahlenfolge ist monoton fallend.	**2d**
Die Zahlenfolge ist konvergent.	**2b, 2d**

4 Gegeben ist die Zahlenfolge $(a_n) = \left(\frac{3n+1}{2+4n}\right)$.

a) Geben Sie die Folgenglieder als dezimale Näherungswerte auf vier Nachkommastellen gerundet an.

$a_1 \approx$ **0,6667** $a_{10} \approx$ **0,7381** $a_{100} \approx$ **0,7488** $a_{1000} \approx$ **0,7499**

b) Zeigen Sie, dass sich der Term $\frac{3n+1}{2+4n}$ in der Form $\frac{3}{4} - \frac{1}{4\cdot(2n+1)}$ schreiben lässt.

$\frac{3}{4} - \frac{1}{4\cdot(2n+1)} = \mathbf{\frac{3\cdot(2n+1)-1}{4\cdot(2n+1)} = \frac{6n+2}{4\cdot(2n+1)} = \frac{3n+1}{2\cdot(2n+1)} = \frac{3n+1}{4n+2} = \frac{3n+1}{2+4n}}$

c) Erläutern Sie, wie man an der Form $\frac{3}{4} - \frac{1}{4\cdot(2n+1)}$ erkennen kann, dass (a_n) monoton steigend ist.

Der Term $\frac{1}{4\cdot(2n+1)}$ wird mit wachsendem n immer kleiner, weil n im Nenner steht.

Deshalb wird die Differenz $\frac{3}{4} - \frac{1}{4\cdot(2n+1)}$ mit wachsendem n immer größer.

d) Begründen Sie mithilfe von Grenzwertsätzen, dass die Folge konvergiert und $g = \mathbf{\frac{3}{4}}$ Grenzwert der Folge ist.

$\lim\limits_{n\to\infty} \left(\frac{3n+1}{2+4n}\right) = \lim\limits_{n\to\infty} \left(\frac{3}{4} - \frac{1}{4\cdot(2n+1)}\right) = \lim\limits_{n\to\infty} \left(\frac{3}{4}\right) - \lim\limits_{n\to\infty} \left(\frac{1}{4\cdot(2n+1)}\right) = \mathbf{\frac{3}{4}} - \mathbf{0} = \frac{3}{4}$

e) Ergänzen Sie die Berechnung dafür, ab welcher Zahl n alle Folgenglieder a_n in der $\frac{1}{100}$–Umgebung des Grenzwertes g liegen.

Es muss gelten: $|a_n - g| < \varepsilon$ für fast alle natürlichen Zahlen n.

$\left|\frac{3}{4} - \frac{1}{4\cdot(2n+1)} - \frac{3}{4}\right| < \frac{1}{100} \Rightarrow \left|\frac{\mathbf{-1}}{4\cdot(2n+1)}\right| < \frac{1}{100} \Rightarrow \mathbf{\frac{1}{4\cdot(2n+1)}} < \frac{1}{100}$

$\Rightarrow \mathbf{8n+4} > 100 \Rightarrow \mathbf{n > 12}$

... Umgebung des Grenzwertes g.

5 Geben Sie folgende Eigenschaften von (a_n) mit $a_n = \frac{3n+2}{5n}$ mit $n \in \mathbb{N}; n \geq 1$ an.

(a_n) ist streng monoton **fallend**.

(a_n) hat die kleinste obere Schranke $S_o =$ **1**.

(a_n) hat die größte untere Schranke $S_u =$ **0,6**.

(a_n) hat den Grenzwert $g = \mathbf{\frac{3}{5}}$.

Für $\varepsilon =$ **10^{-4}** liegen nur 4000 Zahlenfolgenglieder außerhalb der ε–Umgebung von g.

6 Geben Sie eine explizite Bildungsvorschrift und die ersten zehn Folgenglieder einer Zahlenfolge an, die nicht den Grenzwert 2 hat, obwohl in jeder ε–Umgebung von 2 unendlich viele Glieder der Zahlenfolge liegen.

Beispiel: $(a_n) = \mathbf{(-1)^n \cdot \left(2 - \frac{1}{n}\right)}$

n	1	2	3	4	5	6	7	8	9	10
a_n	**−1**	**1,5**	**−1,667**	**1,75**	**−1,8**	**1,833**	**−1,857**	**1,875**	**−1,889**	**1,9**

7 Ordnen Sie den Zahlenfolgen (a_n) den richtigen Grenzwert g zu.

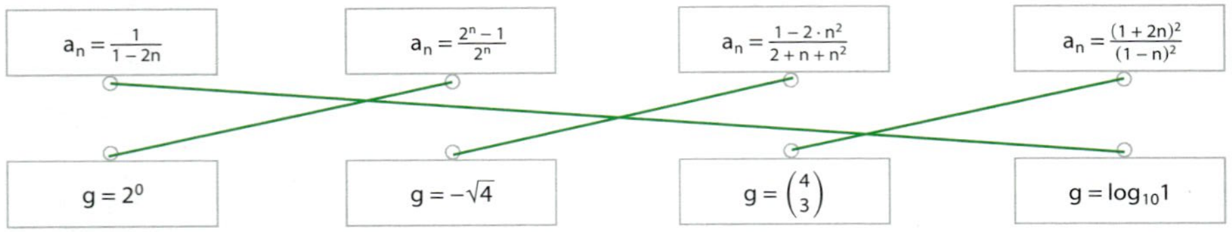

8 Ein Patient nimmt täglich 10 mg eines Medikamentes ein. Im Laufe des Tages baut der Körper 45% des am Morgen bereits im Körper befindlichen Wirkstoffs ab und scheidet diesen Anteil aus.

a) Kreuzen Sie an, welche der rekursiven Bildungsvorschriften die Anreicherung des Wirkstoffes im Körper mathematisch zutreffend modelliert.

☐ $a_{n+1} = 10 - 0{,}45 \cdot a_n$ und $a_1 = 10$ ☐ $a_{n+1} = 10 + 0{,}45 \cdot a_n$ und $a_1 = 0$

☒ $a_{n+1} = 10 + 0{,}55 \cdot a_n$ und $a_1 = 10$ ☒ $a_n = 10 + 0{,}55 \cdot a_{n-1}$ und $a_1 = 10$

b) Geben Sie an, wie groß die Menge des Wirkstoffes im Körper nach 1, 5, 10, 15, 20 Tagen ist.

Tag	1	5	10	15	20
Menge in mg (auf 2 Dezimalstellen gerundet)	**10**	**21,10**	**22,17**	**22,22**	**22,22**

Zusatzaufgabe: Äußern Sie eine Vermutung über die Höhe des Medikamentenspiegels, auf die sich das Medikament längerfristig einpegelt. **Individuell (z. B. 23 mg), exakt: $\frac{200}{9}$ mg≈ 22,22 mg**

9 Gegeben ist die Zahlenfolge $a_{n+1} = 300 \cdot a_n \cdot (1 - a_n)$ und $a_1 = \frac{299}{300}$.

a) Zeigen Sie, dass die Zahlenfolge konstant ist.

$\mathbf{a_2 = 300 \cdot a_1 \cdot (1 - a_1) \Rightarrow a_2 = 300 \cdot \frac{299}{300} \cdot \left(1 - \frac{299}{300}\right) = 299 \cdot \frac{1}{300} = \frac{299}{300} = a_1}$

Wenn $a_2 = a_1$ ist, dann gilt auch $a_3 = a_2 = a_1$ usw. $a_n = \ldots = a_2 = a_1$ usw.

b) Bestimmen Sie ersten zehn Folgenglieder als Dezimalzahlen mit einem Taschenrechner. Erläutern Sie das dabei zu beobachtende Phänomen.

Für Bruchzahlen wird angezeigt, dass die Folge konstant ist. Bei der Anzeige als Dezimalzahlen beginnt der Wert, sich zu verändern, weil der Startwert ein unendlicher periodischer Dezimalbruch ist, den der Rechner intern runden muss. Der dabei auftretende Rundungsfehler pflanzt sich fort. Das führt zu immer größer werdenden Abweichungen.

Basisaufgaben

1 Eine lineare Funktion f hat den Anstieg −2 und ihr Graph verläuft durch den Punkt P(0|4).

a) Zeichnen Sie den Graphen von f.

b) Kreuzen Sie alle wahren Aussagen an.

- [x] f hat die Nullstelle x = 2.
- [ ] Anstiegswinkel des Graphen von f: α = 120°.
- [x] Der Punkt $Q\left(-\frac{2}{3}\middle|\frac{16}{3}\right)$ liegt auf dem Graphen.
- [x] Der Graph von f schließt mit den Koordinatenachsen eine Fläche mit dem Inhalt A = 4 FE ein.
- [x] Die Gerade $y = g(x) = \frac{1}{2}x + 1$ schneidet den Graphen von f im Punkt $R\left(\frac{6}{5}\middle|\frac{8}{5}\right)$.

c) Geben Sie eine Gleichung der Geraden h durch die Punkte $Q\left(-\frac{2}{3}\middle|\frac{16}{3}\right)$ und $R\left(\frac{6}{5}\middle|\frac{8}{5}\right)$ an.

Da P und Q auf dem Graphen von f liegen, gilt: $h(x) = f(x) = 4 - 2x$.

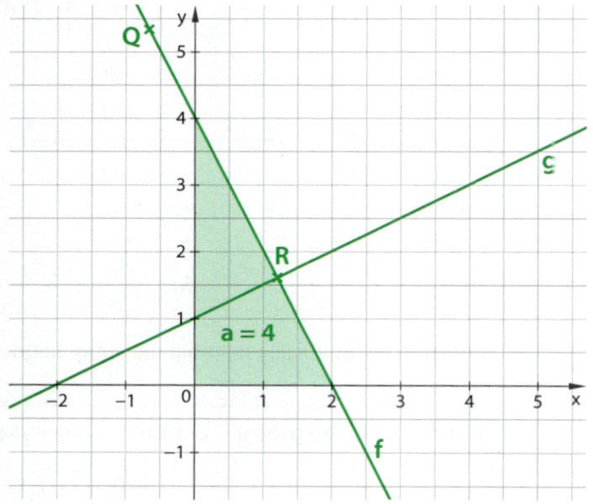

2 Ermitteln Sie die Koordinaten des Scheitelpunktes und die Nullstellen der Funktion $y = f(x) = x^2 - 4x + 3$.
Skizzieren Sie den Graphen von f.

Scheitelpunkt:
$x^2 - 4x + 3 = x^2 - 4x + 4 - 4 + 3$
$= (x-2)^2 - 1 \Longrightarrow S(2|-1)$

Nullstellen: $x_{1;2} = -\left(-\frac{4}{2}\right) \pm \sqrt{\left(\frac{4}{2}\right)^2} - 3 = 2 \pm 1$

$\Longrightarrow x_1 = 1;\ x_2 = 3$

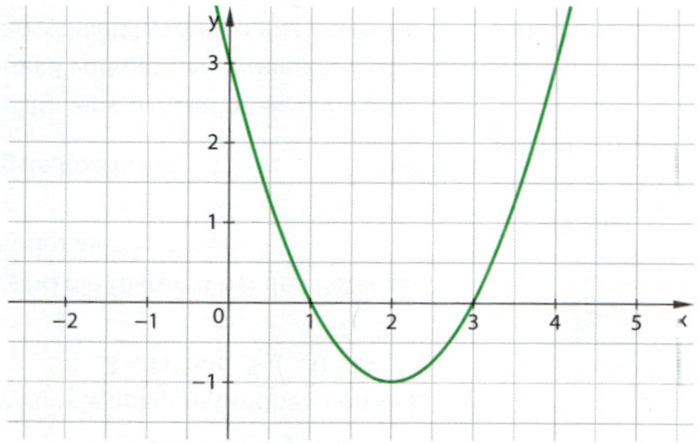

3 Ordnen Sie jeder Funktion den passenden Graphen zu. Eine Funktion bleibt übrig, skizzieren Sie deren Graphen.

$f(x) = -x^3$ A $g(x) = x^4 - 2$ B

$h(x) = \frac{1}{x-2} + 3$ C $k(x) = \frac{1}{x-3}$ D

Geben Sie Definitions- und Wertebereich der Funktion an.

	f	g	h	k
D: x ∈	ℝ	ℝ	ℝ; x ≠ 2	ℝ, x ≠ 3
W: y ∈	ℝ	ℝ; y ≥ −2	ℝ; y ≠ 3	ℝ; y ≠ 1

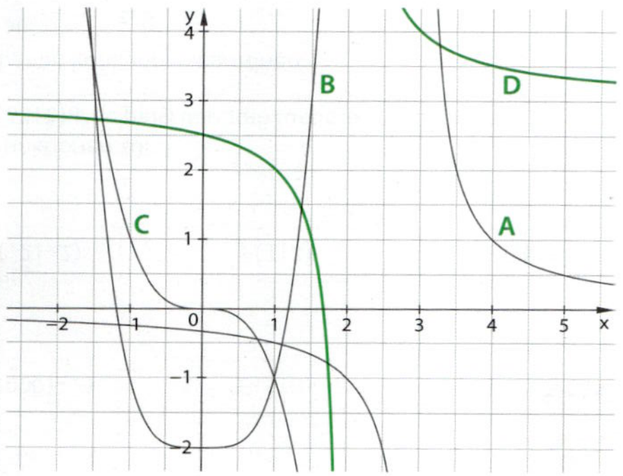

4 Kreuzen Sie wahre Aussagen an.

- [ ] Jede Potenzfunktion f mit $f(x) = -x^n$ ($n \in \mathbb{N}$) ist symmetrisch zur y-Achse.
- [x] Jede lineare Funktion f mit $f(x) = 2x + n$ ($n \in \mathbb{R}$) hat einen konstanten Differenzenquotienten $\frac{\Delta y}{\Delta x}$.
- [ ] Jede quadratische Funktion f mit $f(x) = a \cdot x^2$ ($a \in \mathbb{R}; a \neq 0$) hat einen größten Funktionswert.
- [x] Jede quadratische Funktion f mit $f(x) = a \cdot x^2 - 1$ ($a \in \mathbb{R}; a > 0$) besitzt genau zwei Nullstellen.

5 Ralf läuft um 08:00 Uhr los. Chris folgt ihm drei Minuten später.

a) Ermitteln Sie aus dem Weg-Zeit-Diagramm die Geschwindigkeiten (in km/h), mit denen jeder läuft.

Ralf: $\frac{400\text{ m}}{3\text{ min}} = \frac{0{,}4\text{ km}}{\frac{3}{60}\text{ h}} = 8\,\frac{\text{km}}{\text{h}}$

Chris: $\frac{300\text{ m}}{1\text{ min}} = \frac{0{,}3\text{ km}}{\frac{1}{60}\text{ h}} = 18\,\frac{\text{km}}{\text{h}}$

b) Kreuzen Sie an, wie lange Chris laufen muss, bis er Ralf eingeholt hat.

- [ ] 6 min
- [ ] er holt ihn nie ein
- [x] 5,4 min
- [x] $\frac{1}{12}$ h und 24 s

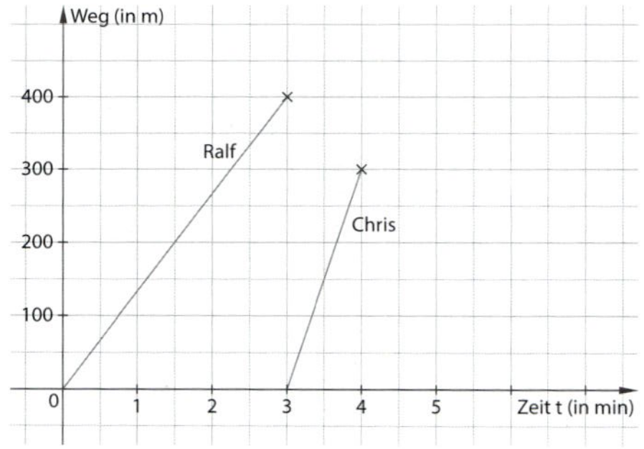

Weiterführende Aufgaben

6 Geben Sie an, welche der Aussagen über die Funktionen f und g mit $f(x) = -\frac{1}{2}x^2 + x + 4$ und $g(x) = x + n$ mit $n \in \mathbb{R}$ wahr sind. Korrigieren Sie falsche Aussagen.

Aussage	Wahr?	Korrektur
Der Graph von g ist streng monoton steigend für alle n ∈ ℝ.	ja	
Der Graph von f ist streng monoton steigend für alle x > 1.	nein	Der Graph von f ist streng monoton steigend für alle x ≤ 1.
Die Graphen von f und g haben genau zwei Schnittpunkte für n = 4.	nein	Die Graphen von f und g haben genau zwei Schnittpunkte für n < 4, und einen für n = 4.
Die Graphen von f und g berühren einander für n = 4.	ja	
Für n = 2 schneiden sich die Graphen von f und g in den Punkten A(2|2) und B(−2|0).	nein	Für n = 2 schneiden sich die Graphen von f und g in den Punkten A(2|4) und B(−2|0).

7 Bestimmen Sie näherungsweise auf grafischem Wege und exakt durch eine Rechnung den Punkt auf der Geraden $y = -\frac{2}{3}x + 5$, der vom Ursprung den kleinsten Abstand hat.

Zeichnung:

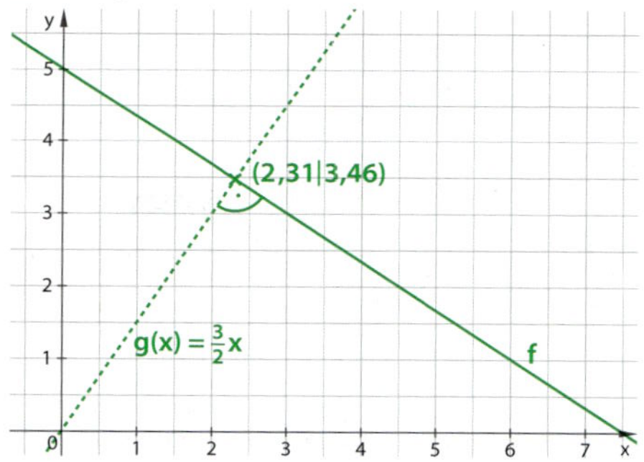

$f \perp g$
$\Leftrightarrow m_f \cdot m_g = -1$

Rechnung:

$-\frac{2}{3}x + 5 = \frac{3}{2}x$

$x_P = \frac{30}{13}$

$y_P = f(x_P) = \frac{45}{13}$

$P\left(\frac{30}{13}\middle|\frac{45}{13}\right)$

Basisaufgaben

1 Grad einer ganzrationalen Funktion und Punkte auf ihrem Graphen:

Funktion	Grad	Punkte
$f_1(x) = x^3 - 2x^2 + 1$	3	E; F
$f_2(x) = 4x \cdot (x - x^2)$	3	D; F
$f_3(x) = -2$	0	C; K
$f_4(x) = 1{,}5 + x$	1	H
$f_5(x) = (x + 1) \cdot (x - 1)$	2	A; B; F

$H\left(-1 \mid \frac{1}{2}\right)$	$A(0 \mid -1)$	$G\left(\frac{1}{2} \mid \frac{1}{16}\right)$
$K(1000 \mid -2)$	$B(3 \mid 8)$	$E(\sqrt{2} \mid 2\sqrt{2} - 3)$
$C(-2 \mid -2)$	$F(1 \mid 0)$	$D(-0{,}5 \mid 1{,}5)$

a) Geben Sie den Grad der ganzrationalen Funktion an.
Ordnen Sie die Punkte den Graphen der ganzrationalen Funktionen zu.
Hilfe: Der höchste Exponent gibt den Grad an. $P(2 \mid 29)$ liegt auf $f(x) = x^5 - 3$, denn $2^5 - 3 = 32 - 3 = 29$.

b) Einer der Punkte lässt sich keinem der Graphen der gegebenen Funktionen zuordnen.
Geben Sie eine Gleichung einer ganzrationalen Funktion an, auf deren Graph dieser Punkt liegt.
z. B.
Punkt G liegt auf $f(x) = x^4$.

c) Ermitteln Sie die fehlenden ganzzahligen Koordinaten der Punkte auf dem Graphen von $f_1(x) = x^3 - 2x^2 + 1$.
$P(-1 \mid \mathbf{-2})$ $Q(10 \mid \mathbf{801})$ $R(\mathbf{3} \mid 10)$ $S_1(\mathbf{2} \mid 1)$ und $S_2(\mathbf{0} \mid 1)$

2 Koeffizienten ganzrationaler Funktionen: Die Koeffizienten sind die Faktoren bei den Potenzen.

a) Markieren Sie, soweit möglich, die Koeffizienten der ganzrationalen Funktion.
Geben Sie den häufigsten Koeffizienten an.
$f(x) = \underline{x}^7 + \underline{0{,}2}x^6 + x^5 \cdot \underline{6} - \underline{7}x^4 - \underline{x} - \underline{1}$ Der häufigste Koeffizient ist **−1.** **(2-mal)**

$x^0 = 1 \ (x \neq 0)$
$5x^0 = 5 \ (x \neq 0)$
$0x^4 = 0$

b) Die Gleichung $f(x) = 2x^4 + 3x^3 + 2x^2 + 2x + 3$ ist ein Beispiel für eine ganzrationale Funktion vierten Grades, in der ausschließlich die Koeffizienten 2 oder 3 vorkommen. Notieren Sie drei Gleichungen von ganzrationalen Funktionen vierten Grades, in denen ausschließlich die Koeffizienten 1 oder 5 vorkommen.

z. B.: $f(x) = 5x^4 + 5x^3 + 5x^2 + 5x + 5$; $g(x) = x^4 + 5x^3 + x^2 + 5x + 1$; $h(x) = x^4 + x^3 + x^2 + 5x + 1$

Zusatzaufgabe: Wie viele derartige Funktionen gibt es? **$2^5 = 32$**

c) Geben Sie den Grad und die Koeffizienten von $f(x) = (x^3 - x^2) \cdot (x + 5)$ an.

$f(x) = (x^3 - x^2) \cdot (x + 5) = x^4 - x^3 + 5x^3 - 5x^2 = x^4 + 4x^3 - 5x^2$ Grad: 4 Koeffizienten: −5; 1; 4

3 Graphen und Funktionsgleichungen: Beschriften Sie die Graphen, ohne ein digitales Hilfsmittel zu nutzen.

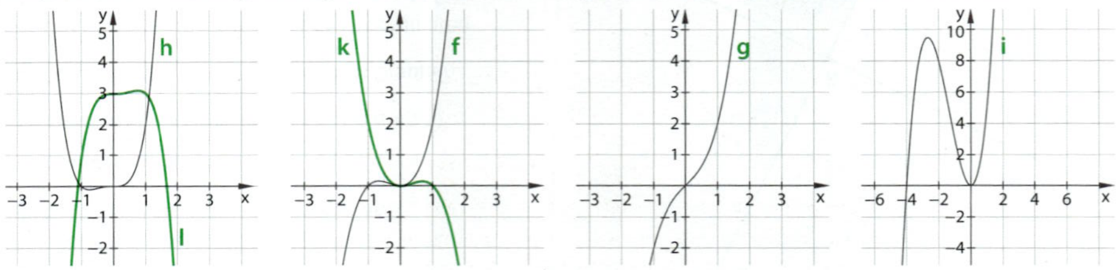

$f(x) = x^3 + x^2$	$g(x) = x^3 + x$	$h(x) = x^3 + x^4$	$i(x) = x^3 + 4x^2$	$k(x) = -x^3 + x^2$	$l(x) = -x^4 + x^3 + 3$

Zusatzaufgabe: Zwei Funktionsgleichungen bleiben übrig. Skizzieren Sie passende Graphen.

4 Gegeben sind die Funktionen $f(x) = x^2$ und $g(x) = 2 - x$, beide sind für $x \in \mathbb{R}$ definiert.

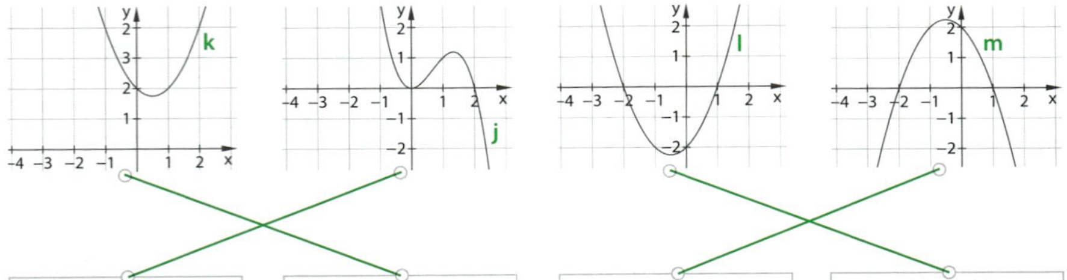

$j(x) = f(x) \cdot g(x)$ $j(x) = \mathbf{-x^3 + 2x^2}$	$k(x) = f(x) + g(x)$ $k(x) = \mathbf{x^2 - x + 2}$	$m(x) = g(x) - f(x)$ $m(x) = \mathbf{-x^2 - x + 2}$	$l(x) = f(x) - g(x)$ $l(x) = \mathbf{x^2 + x - 2}$

a) Ergänzen Sie die Funktionsterme und ordnen Sie diese den abgebildeten Graphen zu.
Zusatzaufgabe: Begründen Sie eine Ihrer Entscheidungen.
individuelle Lösung (Begründung z. B. anhand der Nullstellen oder der Punktprobe)

b) Kreuzen Sie die ganzrationalen Funktionen an.
☐ $m(x) = 2 : g(x)$ $= \frac{2}{2 - x}$
☒ $n(x) = 2 \cdot g(x)$ $= 2 \cdot (2 - x) = 4 - 2x$
☒ $o(x) = g(x) : 2$ $= (2 - x) : 2 = 1 - 0{,}5x$
☒ $p(x) = g(x)^2$ $= (2 - x)^2 = x^2 - 4x + 4$

c) Beschreiben Sie den Einfluss des Parameters a auf die Nullstellen der Funktionen $s_a(x) = f(x) \cdot (a - x)$.
Eine Nullstelle liegt immer bei $x = 0$ und für $a \neq 0$ gibt es eine zweite Nullstelle bei $x = a$ ($a \in \mathbb{R}$).

Weiterführende Aufgaben

5 Ein rechteckiges Beet ist 4 m lang und 6 m breit.
Es wird von gleich breiten Wegen umgeben.

a) Beschriften Sie die Zeichnung so, dass der Flächeninhalt des Weges mit $A(x) = (4 + 2x) \cdot (6 + 2x) - 6 \cdot 4$ berechnet werden kann.

b) Der gesamte Weg und das Beet haben gleich große Flächeninhalte.
Ermitteln Sie die Breite des Weges.

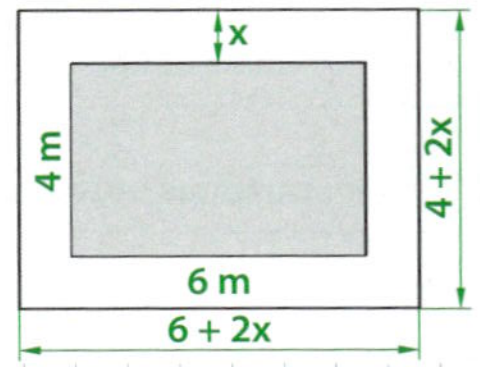

$A(x) = 24$ **$4x^2 + 20x - 24 = 0$**

$x^2 + 5x - 6 = 0$ **$x_1 = -\frac{5}{2} + \sqrt{\left(\frac{5}{2}\right)^2 - (-6)} = 1$** **$\left(x_2 = -\frac{5}{2} + \sqrt{\left(\frac{5}{2}\right)^2 - (-6)} = -6\right)$**

Der Weg ist 1 m breit.

6 Graphen ganzrationaler Funktionen mit den Punkten A, B, C und D

Funktion 3. Grades: $f(x) = \mathbf{1}\ x^3\ \mathbf{-1} \cdot x^2\ \mathbf{-1} \cdot x\ \mathbf{+1}$

Funktion 4. Grades: $g(x) = \mathbf{1} \cdot x^4\ \mathbf{-1} \cdot x^3 - 2 \cdot x^2\ \mathbf{+1} \cdot x + 1$

a) Tragen Sie „1“ und „−1“ als passende Koeffizienten ein.

b) Skizzieren Sie die Graphen im Koordinatensystem.

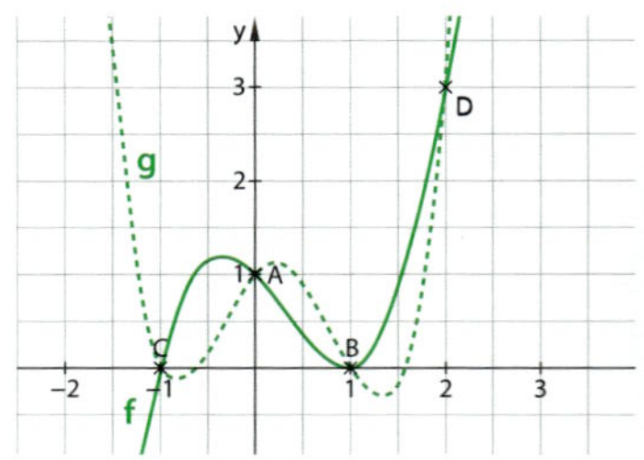

Basisaufgaben

1 **Globalverhalten:** Ordnen Sie den Funktionen f mithilfe des vermutlichen Globalverhaltens Graphen zu.
Geben Sie je eine Funktion g mit $g(x) = a_n\,x^n$ an, die das gleiche Globalverhalten wie f hat.

Hilfe: Der Graph einer ganzrationalen Funktion f mit $f(x) = a_n x^n + a_{n-1} x^{n-1} + \dots + a_1 x + a_0$ mit $a_n \neq 0$ verhält sich für $x \to +\infty$ und $x \to -\infty$ wie der Graph von g mit $g(x) = a_n x^n$.

$f(x) = x^3 - 3x - 1$ | $f(x) = 0{,}1x^6 - 0{,}2x - 1$ | $f(x) = -0{,}01x^5 + 0{,}2x^2 - 1$ | $f(x) = x - x^4 - 1$

① 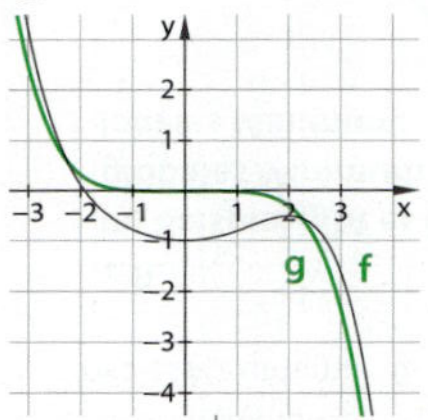

Für $x \to -\infty$ gilt $f(x) \to \infty$. Für $x \to \infty$ gilt $f(x) \to -\infty$.
$f(x) =$ **$-0{,}01x^5 + 0{,}2x^2 - 1$**
z. B. $g(x) =$ **$-0{,}01x^5$**

② 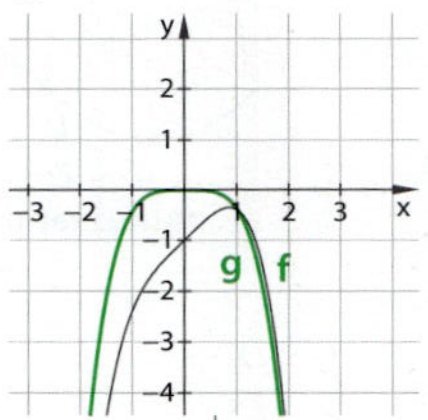

Für $x \to -\infty$ gilt $f(x) \to -\infty$. Für $x \to \infty$ gilt $f(x) \to -\infty$.
$f(x) =$ **$x - x^4 - 1$**
z. B. $g(x) =$ **$-0{,}4x^4$**

③ 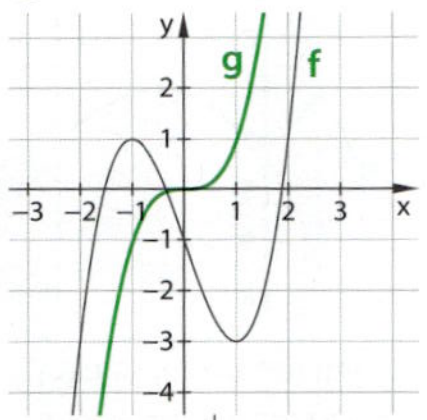

Für $x \to -\infty$ gilt $f(x) \to -\infty$. Für $x \to \infty$ gilt $f(x) \to \infty$.
$f(x) =$ **$x^3 - 3x - 1$**
z. B. $g(x) =$ **x^3**

④ 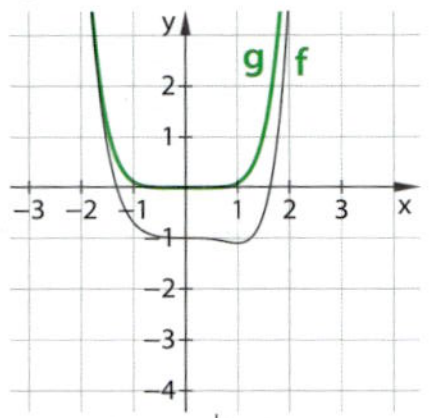

Für $x \to -\infty$ gilt $f(x) \to \infty$. Für $x \to \infty$ gilt $f(x) \to \infty$.
$f(x) =$ **$0{,}1x^6 - 0{,}2x - 1$**
z. B. $g(x) =$ **$0{,}1x^6$**

2 Kreuzen Sie Zutreffendes an.

$f_1(x) = 0{,}5x^3 - 2x^2 - 2$ | $f_2(x) = 2x^4 - 2x^2 + x + 1$ | $f_3(x) = -x^5 + 2x^4 - x$ | $f_4(x) = -0{,}2x^6 + 0{,}1x^5 + 3$

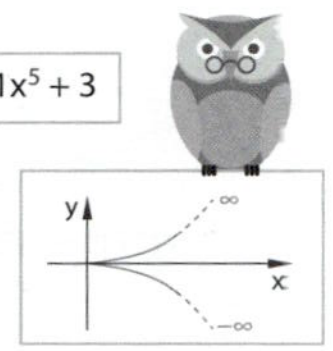

Funktion	Grad n der Funktion		a_n		Verhalten für $x \to \infty$		Verhalten für $x \to -\infty$	
	gerade	ungerade	positiv	negativ	$f(x) \to \infty$	$f(x) \to -\infty$	$f(x) \to \infty$	$f(x) \to -\infty$
f_1		x	x		x			x
f_2	x		x		x		x	
f_3		x		x		x	x	
f_4	x			x		x		x

Zusatzaufgabe: Formulieren Sie zwei Aussagen zum Globalverhalten einer Funktion mit $g(x) = a_n\,x^n$. **individuelle Lösung**

3 Linda betrachtet den Graphen der Funktion $f(x) = -0{,}02x^3 + 0{,}98x^2 + 1{,}04x - 2$. Sie stellt fest:
„Für $x \to +\infty$ und $x \to -\infty$ gehen die Funktionswerte gegen ∞."
Nennen Sie mögliche Fehlerquellen für Lindas Aussage.

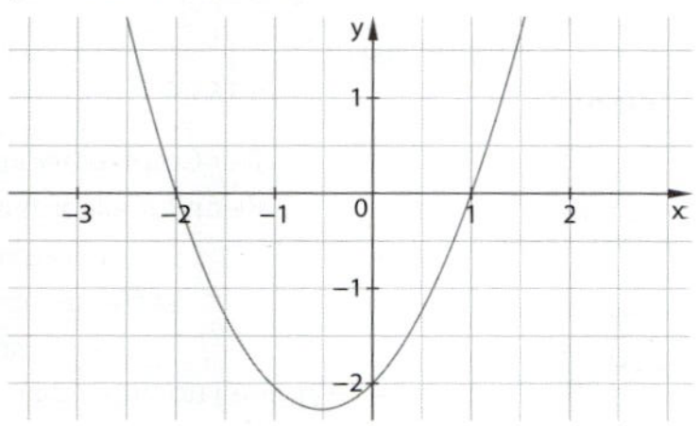

Linda betrachtet eine grafische Darstellung von einem zu kleinen Intervall. Der größte Exponent von x ist 3 und der zugehörige Koeffizient negativ. (Die Aussage ist somit falsch, denn für $x \to +\infty$ gilt $f(x) \to -\infty$ und für $x \to -\infty$ gilt $f(x) \to \infty$.)

4 **Monotonie:** Ergänzen Sie die Lückentexte zu den Definitionen über das Monotonieverhalten von Funktionen.

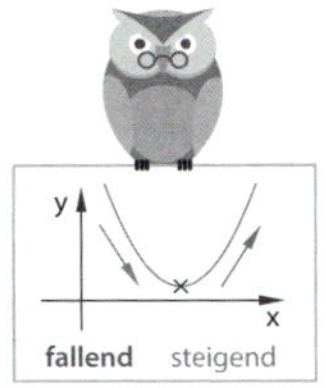

Wenn für zwei Stellen x_1 und x_2 eines Intervalls I mit **$x_1 < x_2$** immer **$f(x_1) < f(x_2)$** gilt, dann heißt die Funktion f auf dem Intervall I **streng monoton steigend**.
Wenn für zwei Stellen x_1 und x_2 eines Intervalls I mit **$x_1 < x_2$** immer **$f(x_1) > f(x_2)$** gilt, dann heißt die Funktion f auf dem Intervall I **streng monoton fallend**.

5 Kreuzen Sie unter Bezugnahme auf den Graphen Zutreffendes an.

f ist im Intervall	streng monoton steigend	streng monoton fallend
[a; b]		x
[a; c]		
[b; d]		
[c; e]		
[1; 3]	x	
[3; 8]		

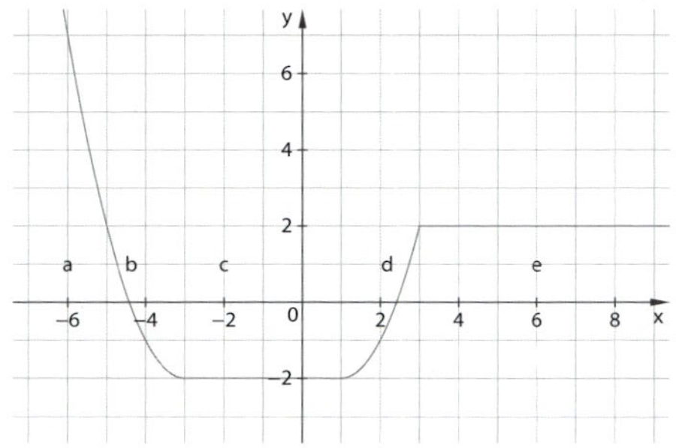

6 Geben Sie die größtmöglichen Intervalle an, in denen die Funktion streng monoton wachsend ist.

a) $f(x) = x^2$: **$x \geq 0$** **b)** $f(x) = -(x+4)^6 - 3$: **$x \leq -4$** **c)** $f(x) = x^5$: **$x \in \mathbb{R}$**

d) $f(x) = \cos(x)$ mit $0 \leq x \leq 2\pi$: **$\pi \leq x \leq 2\pi$**

e) $f(x) = \sin(2x)$ mit $0 \leq x \leq 2\pi$: **$0 \leq x \leq \frac{\pi}{4}$; $\frac{3}{4}\pi \leq x \leq \frac{5}{4}\pi$; $\frac{7}{4}\pi \leq x \leq 2\pi$**

f) $f(x) = -x^3$: **kein Intervall / niemals**

7 Schraffieren Sie farbig diejenigen Intervalle, in denen die Funktion f streng monoton fallend ist.

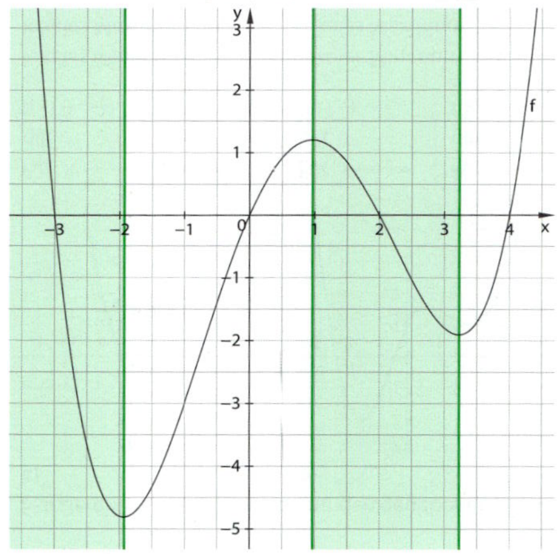

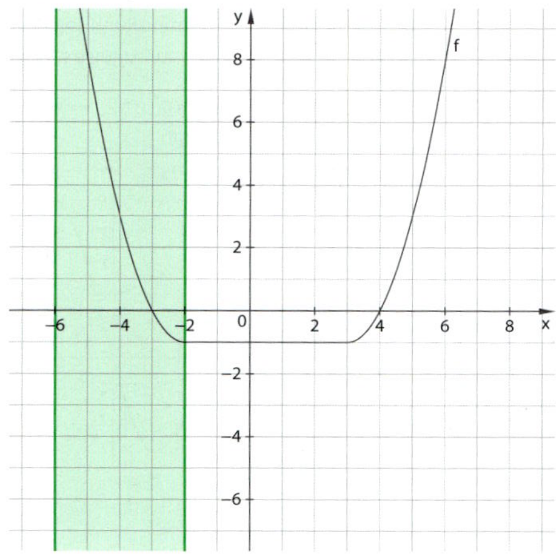

8 **Lokale und globale Extrema:** Gegeben ist der Graph einer ganzrationalen Funktion f mit $D = (-5{,}5; 8{,}5)$.

Hilfe: Der Graph einer Funktion f hat an der Stelle x_E einen Hochpunkt bzw. Tiefpunkt, wenn für alle x in einer Umgebung um x_E gilt: $f(x) \le f(x_E)$ bzw. $f(x) \ge f(x_E)$. Den Funktionswert $f(x_E)$ nennt man lokales Maximum bzw. lokales Minimum. Ist f(x) der größte bzw. kleinste Funktionswert im Definitionsbereich von f, so ist f(x) ein globales Maximum bzw. globales Minimum von f.

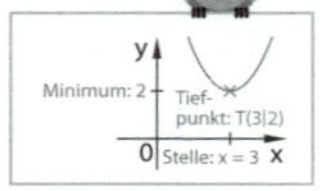

a) Geben Sie näherungsweise die Koordinaten der lokalen Hoch- und Tiefpunkte von f in der Zeichnung an.

b) Ergänzen Sie die Sätze.

0,9 ist ein lokales Maximum an der Stelle $x = 2{,}4$.

−6,2 ist ein lokales Minimum ebenso wie −2,4.

−6,2 ist das globale Minimum an der Stelle $x = -3$.

c) Färben Sie die Teile, in denen der Graph fällt, und die Teile, in denen er wächst, verschiedenfarbig ein.

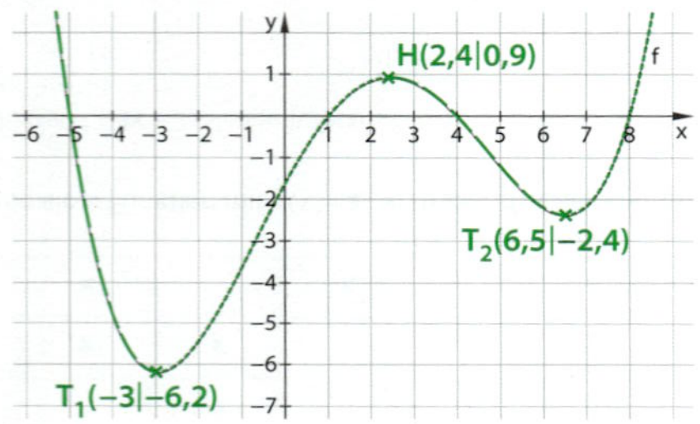

Zusatzaufgabe: Beschreiben Sie das Wachstumsverhalten in der Umgebung der Hoch- und Tiefpunkte.

Hochpunkt: links wachsend, rechts fallend **Tiefpunkt: links fallend, rechts wachsend**

9 Ergänzen Sie zu passenden Graphen ganzrationaler Funktionen im Intervall [0; 4].

a) 3 ist lokales Minimum.

z. B.

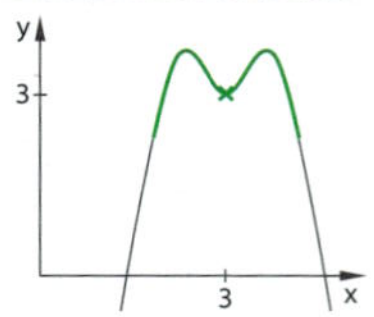

b) 3 ist globales Maximum.

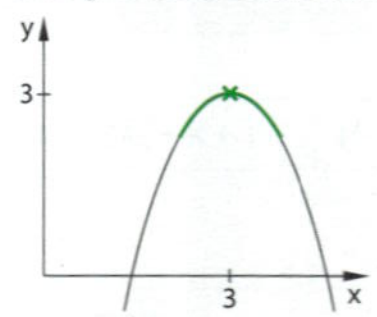

c) 3 ist globales Minimum.

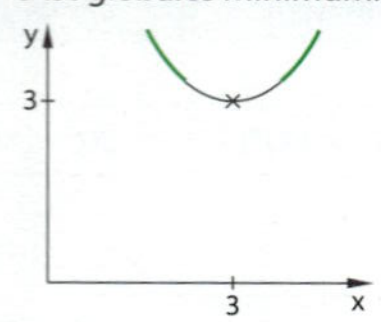

d) 3 ist lokales Minimum.

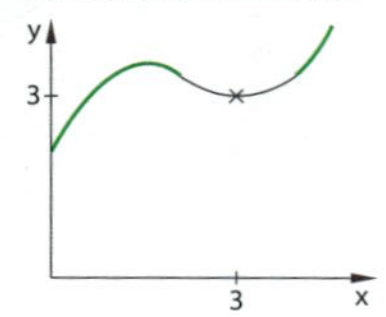

10 Zeichnen Sie einen passenden Funktionsgraphen mit $D = [-4; 8]$.

a) Extremwerte:

globales Minimum: −2
globales Maximum: 4
lokales Minimum: −1
lokales Maximum: 0

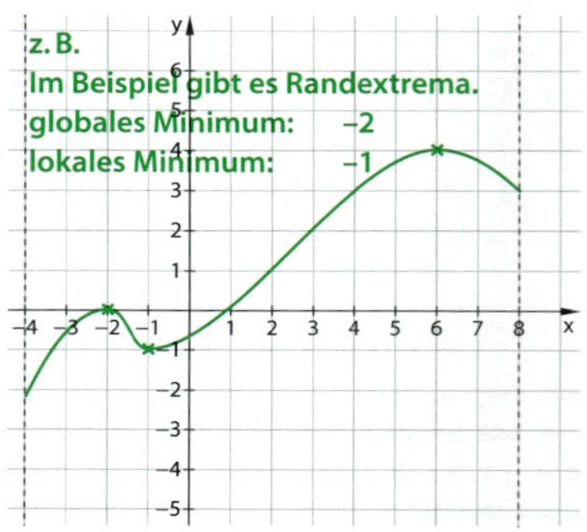

Zusatzaufgabe: Markieren Sie alle lokalen Hoch- und Tiefpunkte. **individuelle Lösung**

b) Extremstellen:

globales Minimum bei $x = 5$
globales Maximum bei $x = 4$
lokales Minimum bei $x = -2; x = 1; x = 3$ und $x = 5$
lokales Maximum bei $x = 0; x = 2$ und $x = 4$

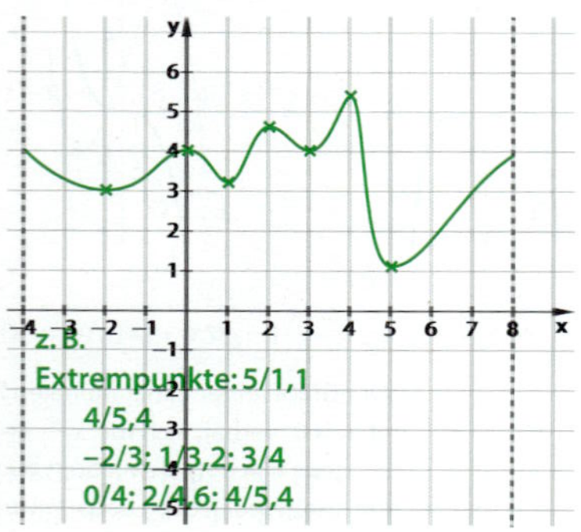

Zusatzaufgabe: Geben Sie näherungsweise die Koordinaten der Extrempunkte an. **individuelle Lösung**

11 Skizzieren Sie einen Graphen mit den gegebenen Eigenschaften.

a)

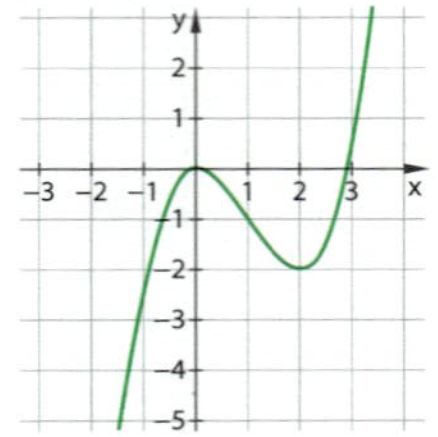

Für $x \to -\infty$ gilt $f(x) \to -\infty$. | Für $x \to \infty$ gilt $f(x) \to \infty$.

lokales Minimum: −2
lokales Maximum: 0

b)

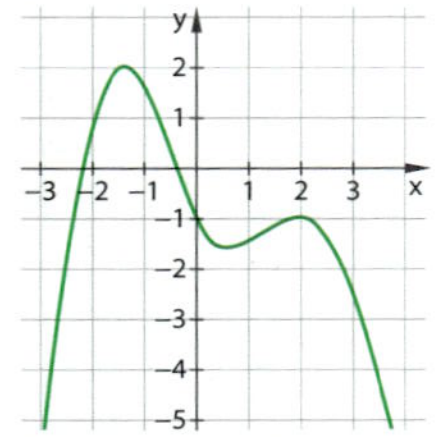

Für $x \to -\infty$ gilt $f(x) \to -\infty$. | Für $x \to \infty$ gilt $f(x) \to -\infty$.

lokales Minimum: −1,5
lokales Maximum: 2
globales Maximum: 2

c)

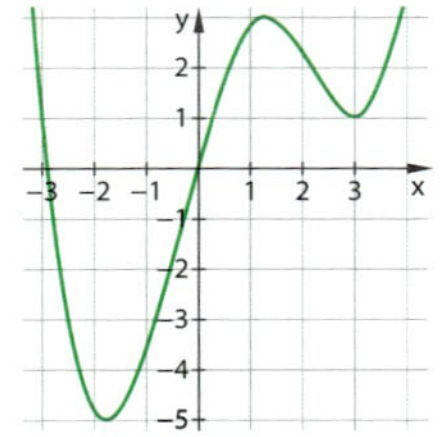

Für $x \to -\infty$ gilt $f(x) \to \infty$. | Für $x \to \infty$ gilt $f(x) \to \infty$.

lokales Minimum: 1; −5
globales Minimum: −5
lokales Maximum: 3

d)

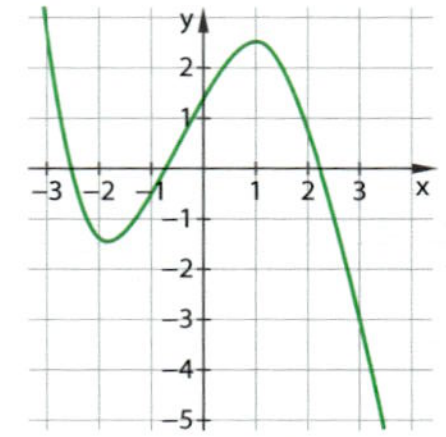

Für $x \to -\infty$ gilt $f(x) \to \infty$. | Für $x \to \infty$ gilt $f(x) \to -\infty$.

lokales Minimum: −1,5
lokales Maximum: 2,5

12 **Randextrema:** Ergänzen Sie die Tabelle zu f für beide Intervalle. Geben Sie alle lokalen Hoch- und Tiefpunkte des Graphen im Koordinatensystem an.

	D = (0; 4)	D = (−2,5; 1)
globales Maximum	3	2
globales Minimum	0	0,25
lokales Maximum	1; 1,5; 3	1,5; 2; 1
lokales Minimum	0; 0,5	1; 0,5

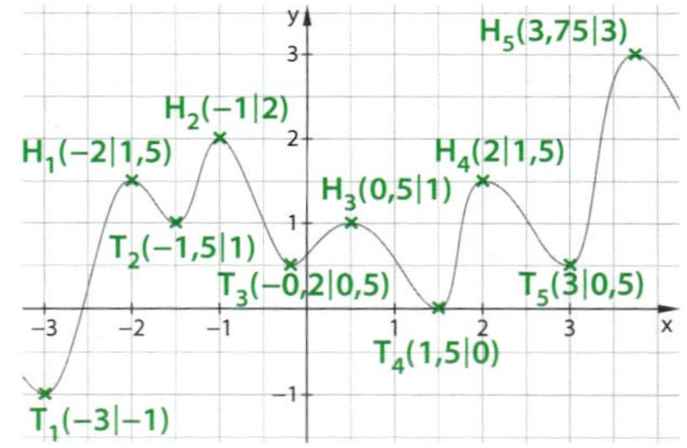

13 Beurteilen Sie die Aussagen. Widerlegen Sie falsche Aussagen mit einem Gegenbeispiel.

Jede ganzrationale Funktion dritten Grades besitzt einen lokalen Hochpunkt und einen lokalen Tiefpunkt.
Gegenbeispiel: $f(x) = x^3$
☐ wahr ☒ falsch

Jede ganzrationale Funktion dritten Grades mit mindestens zwei Nullstellen besitzt einen lokalen Hochpunkt und einen lokalen Tiefpunkt.
☒ wahr ☐ falsch

Jede ganzrationale Funktion zweiten Grades besitzt entweder einen lokalen Hochpunkt oder einen lokalen Tiefpunkt.
☒ wahr ☐ falsch

Für jede ganzrationale Funktion f vierten Grades gilt: Für $x \to \pm\infty$ geht $f(x) \to \infty$.
Gegenbeispiel: $f(x) = -x^4$
☐ wahr ☒ falsch

Jede ganzrationale Funktion vierten Grades besitzt höchstens zwei lokale Hochpunkte.
☒ wahr ☐ falsch

Wenn eine ganzrationale Funktion vierten Grades genau einen Hochpunkt besitzt, dann hat sie zwei lokale Tiefpunkte.
Gegenbeispiel: $f(x) = -x^4$
☐ wahr ☒ falsch

Für keine ganzrationale Funktion sechsten Grades gilt: Für $x \to -\infty$ geht $f(x) \to -\infty$ und für $x \to \infty$ geht $f(x) \to \infty$.
☒ wahr ☐ falsch

Jede ganzrationale Funktion sechsten Grades besitzt mindestens ein lokales Extremum.
☒ wahr ☐ falsch

Weiterführende Aufgaben

14 Zeichnen Sie die Graphen der Funktion $f(x) = a \cdot (x^2 - x)$ für $a = 1$ und $a = -1$ mindestens im Intervall $-1 \leq x \leq 2$. Untersuchen Sie, ob man den reellen Parameter $a \neq 0$ so wählen kann, dass diese Funktion f(x) im gesamten Intervall [0; 1] streng monoton fallend ist.

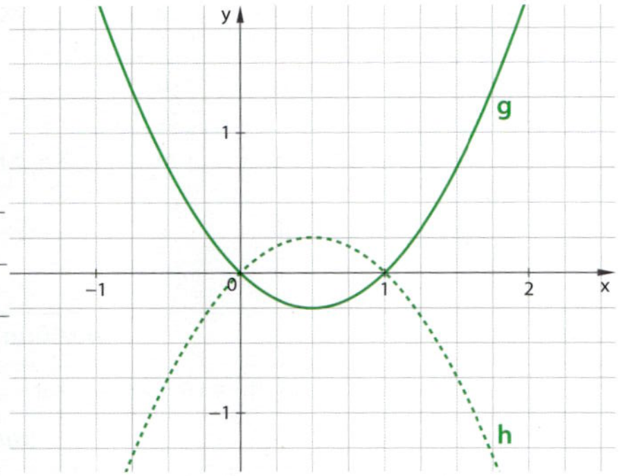

Die Funktion f hat stets die Nullstellen 0 und 1. Der Faktor a entscheidet, ob die Funktionsgraphen gestreckt oder gestaucht werden und ob die Parabeln nach oben bzw. unten geöffnet sind. Da die Nullstellen sich nicht verändern, liegt der Scheitelpunkt immer bei $x = \frac{1}{2}$. An dieser Stelle wechselt die Monotonie, sodass die Funktion f unmöglich auf dem Intervall [0; 1] durchgängig streng monoton fallend ist.

15 Begründen Sie, dass die Funktion $f(x) = a \cdot x^2 - x$ für $a < 0$ stets im gesamten Intervall [0; 1] streng monoton fallend ist.

Die Funktion f lässt sich auch schreiben in der Form $f(x) = x \cdot (ax - 1)$. Sie hat die Nullstellen $x_1 = 0$ und $x_2 = \frac{1}{a}$. Der Scheitelpunkt liegt in der Mitte, an der Stelle $x_s = \frac{1}{2a}$. Für $a < 0$ liegt der Scheitelpunkt links vom Ursprung und die Parabel ist nach unten geöffnet. Der Graph ist also für alle $x \geq \frac{1}{2a}$ streng monoton fallend und damit auch im Intervall [0; 1].

16 Zeichnen Sie den Graphen der Funktion $f(x) = x \cdot |x| + x^2$ mindestens im Intervall $-2 \leq x \leq 1$.
Kreuzen Sie wahre Aussagen an.

- **a)** ☐ Die Funktion f ist für alle $x \in \mathbb{R}$ streng monoton steigend.
- **b)** ☒ Es gibt ein Intervall, in dem der Graph von f mit dem Graphen von g mit $g(x) = 2x^2$ übereinstimmt.
- **c)** ☒ Die Funktion f ist für alle $x \geq 0$ streng monoton steigend.
- **d)** ☒ Es gibt ein Intervall, auf dem der Graph von f konstant ist.

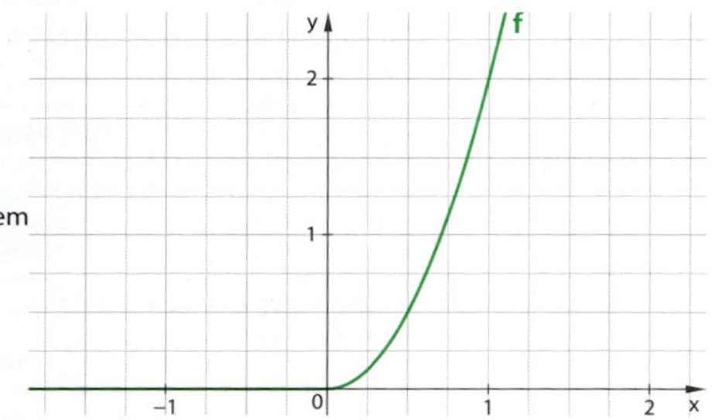

17 Zeichnen Sie zusätzlich zum Graphen von $g(x) = \sin(x)$ den Graphen von $f(x) = x$ ein.

- **a)** Skizzieren Sie mithilfe der Graphen von f und g den Graphen von $h(x) = f(x) + g(x)$.
- **b)** Geben Sie eine begründete Vermutung über die Monotonie von h(x) an.

Die Funktion h ist streng monoton steigend. Die Steigung von f ist niemals kleiner als die Steigung von g, sodass h immer eine nichtnegative Steigung besitzt.

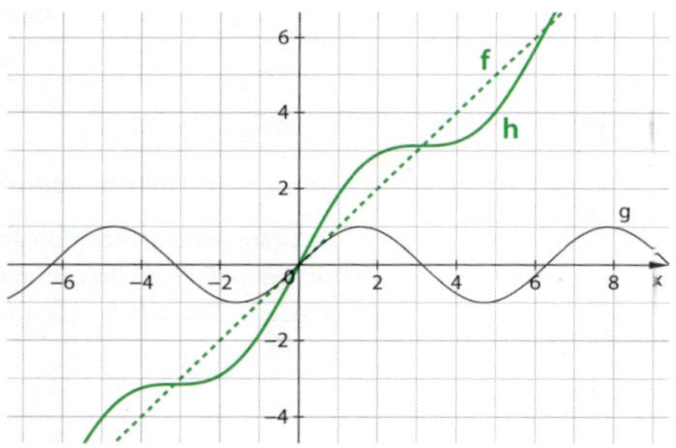

Weiterführende Aufgaben

18 Ergänzen Sie die Tabelle.

	$f(x) = -x^2 + 4$	$f(x) = x^2 \cdot \left(1 - \frac{1}{5}x\right)$	$f(x) = \frac{1}{4}x^5 + \frac{1}{2}x^3$
Für $x \to +\infty$ gilt	**$f(x) \to -\infty$**	**$f(x) \to -\infty$**	**$f(x) \to \infty$**
Für $x \to -\infty$ gilt	**$f(x) \to -\infty$**	**$f(x) \to \infty$**	**$f(x) \to -\infty$**
Existenz eines Hochpunktes	**ja**	**ja**	**nein**
Existenz eines Tiefpunktes	**nein**	**ja**	**nein**
Symmetrie	**zur y-Achse**	**nicht zur y-Achse und nicht zum Ursprung**	**zum Ursprung**
Graph (Skizze)	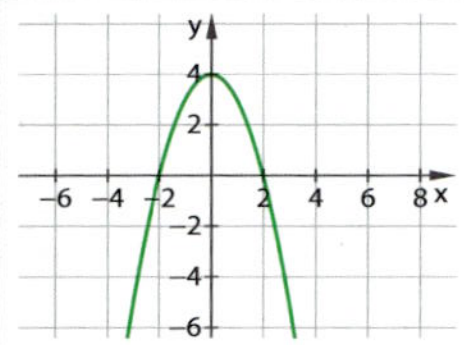	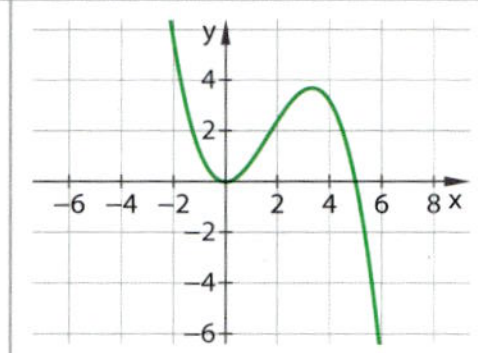	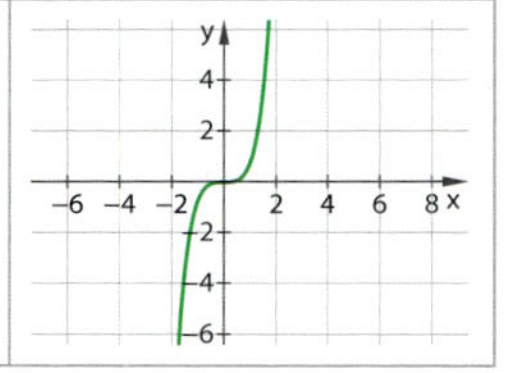

19 Die Funktion f mit $f(x) = x^3$ ist für alle reellen Zahlen x streng monoton steigend. Bilde den Grenzwert des Differenzenquotienten $\lim\limits_{h \to 0} \frac{f(x_0 + h) - f(x_0)}{(x_0 + h) - x_0}$ für die Funktion f und begründe, dass sich aus dem Ergebnis auf die Monotonie der Funktion f schließen lässt.

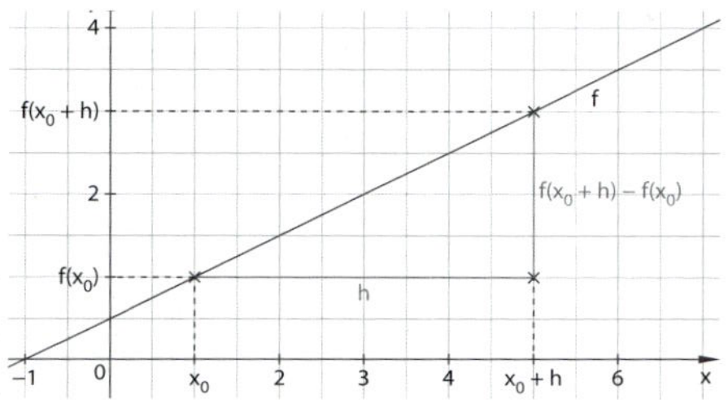

Wenn $h > 0$ ist, denn gilt $x_0 + h > x_0$.
Wegen $(a + b)^3 = a^3 + 3a^2b + 3ab^2 + b^3$
gilt $f(x_0 + h) = (x_0 + h)^3$
$= x_0^3 + 3 \cdot x_0^2 \cdot h + 3 \cdot x_0 \cdot h^2 + h^3$.
Also: $\lim\limits_{h \to 0} \frac{f(x_0 + h) - f(x_0)}{h} = \lim\limits_{h \to 0} \frac{x_0^3 + 3 \cdot x_0^2 \cdot h + 3 \cdot x_0 \cdot h^2 + h^3 - x_0^3}{h} = \lim\limits_{h \to 0} \left(3 \cdot x_0^2 + 3 \cdot x_0 \cdot h + h^2\right) = 3 \cdot x_0^2$.
Da $3 \cdot x_0^2 > 0$ für alle $x_0 \neq 0$ ist, gilt $f(x_0 + h) > f(x_0)$, also ist f streng monoton steigend.

20 Beurteilen Sie die Aussagen. Widerlegen Sie falsche Aussagen mit einem Gegenbeispiel.

Hat eine für alle reellen Zahlen x definierte ganzrationale Funktion f ein lokales Maximum, so ist dieses auch das globale Maximum.	Hat eine auf einem offenen Intervall definierte Funktion f ein globales Maximum, so hat diese auch ein lokales Minimum.	Eine auf einem offenen Intervall definierte Funktion f kann an den Intervallenden kein globales Extremum haben.	Eine auf einem offenen Intervall definierte Funktion f kann kein globales Extremum haben.
☐ wahr ☒ falsch	☐ wahr ☒ falsch	☒ wahr ☐ falsch	☐ wahr ☒ falsch
Gegenbeispiel: $f(x) = x^3 - 5x^2$	**Gegenbeispiel: $f(x) = -x^2$ mit $-1 < x < 1$**		**Gegenbeispiel: $f(x)=x^2$ mit $-1 < x <1$**

Basisaufgaben

1 Achsensymmetrie zur y-Achse: Untersuchen Sie, ob der Graph achsensymmetrisch zur y-Achse ist.

Hilfe: Der Graph einer ganzrationalen Funktion f ist genau dann achsensymmetrisch zur y-Achse, wenn der Funktionsterm von f nur gerade Exponenten hat. Es gilt f(−x) = f(x).

a) Kreuzen Sie alle Funktionen an, die achsensymmetrisch zur y-Achse sind.

- [x] $f(x) = x^8$
- [x] $g(x) = 7x^8$
- [x] $h(x) = 7x^8 - 9$
- [ ] $i(x) = 7x^8 - 9x$
- [x] $j(x) = -7x^8 - 11x^6$
- [x] $k(x) = -1 - 7x^8 + 0{,}5x^4$
- [ ] $l(x) = 7x^8 - 9x^3 + x^2$
- [ ] $m(x) = (x - 2)x^8$

b) Prüfen Sie, ob gilt f(−x) = f(x) und somit der Graph der Funktion f symmetrisch zur y-Achse ist.

$f(x) = x^4 - x^2$ $\quad f(-x) = (-x)^4 - (\,-x\,)^2 = x^4 - x^2 = f(x),$

demzufolge liegt **Achsensymmetrie zur y-Achse vor.**

$g(x) = x^6 - 0{,}3x^4 - 2x^2$ $\quad g(-x) = (\,-x\,)^6 + 0{,}3(-x)^4 - 2(-x)^2 = x^6 - 0{,}3x^4 - 2x^2 = g(x),$

demzufolge liegt **Achsensymmetrie zur y-Achse vor.**

$h(x) = x^4 - x$ $\quad h(-x) = (-x)^4 - (-x) = x^4 + x \neq h(x),$

demzufolge liegt **keine Achsensymmetrie zur y-Achse vor.**

2 Punktsymmetrie zum Ursprung: Untersuchen Sie, ob der Graph punktsymmetrisch zum Ursprung ist.

Hilfe: Der Graph einer ganzrationalen Funktion f ist genau dann punktsymmetrisch zum Ursprung, wenn der Funktionsterm von f nur ungerade Exponenten hat. Es gilt f(−x) = −f(x).

a) Kreuzen Sie alle Funktionen an, die punktsymmetrisch zum Ursprung sind.

- [x] $f(x) = x^9$
- [x] $g(x) = 6x^9$
- [ ] $h(x) = 6x^9 - 7$
- [x] $i(x) = 6x^9 - 11x$
- [x] $j(x) = -7x^9 - 11x^{15}$
- [ ] $k(x) = -1 - 7x^9 + 0{,}5x^7$
- [ ] $l(x) = (7x^9 - 9x^7) \cdot x$
- [ ] $m(x) = (x - 2)x^8$

b) Prüfen Sie, ob gilt f(−x) = − f(x) und somit der Graph der Funktion f punktsymmetrisch zum Ursprung ist.

$f(x) = x^3 - x$ $\quad f(-x) = (\,-x\,)^3 - (\,-x\,) = -x^3 + x = -(x^3 - x) = -f(x),$

demzufolge liegt **Punktsymmetrie zum Ursprung vor.**

$g(x) = -x^5 + 2x^3 - 5x$ $\quad g(-x) = -(\,-x\,)^5 + 2(-x)^3 - 5(-x) = x^5 - 2x^3 + 5x = -(-x^5 + 2x^3 - 5x) = -g(x),$

demzufolge liegt **Punktsymmetrie zum Ursprung vor.**

$h(x) = 7x^5 - 8$ $\quad h(-x) = 7(-x)^5 - 8 = -7x^5 - 8 = -(7x^5 + 8) \neq -h(x),$

demzufolge liegt **keine Punktsymmetrie zum Ursprung vor.**

3 Entscheiden Sie, ob der Graph der Funktion achsensymmetrisch zur y-Achse (a), punktsymmetrisch zum Ursprung (p) oder nichts von beidem (n) ist.

$f(x) = 3x(x^{11} - 4x) - 2$	**a**	$g(x) = -3x(x^7 - 5x)$	**a**
$h(x) = (x + 1)(x^3 - x)$	**n**	$i(x) = x^3 - 5x$	**p**
$j(x) = (x - 5)^2$	**n**	$k(x) = (2 - x)^3$	**n**
$l(x) = (x^3)^2 - 5x$	**n**	$m(x) = (7x^2)^7 + x^2$	**a**

Weiterführende Aufgaben

4 Ergänzen Sie die Exponenten in den Funktionsgleichungen. Tragen Sie jede der gegebenen Zahlen genau einmal ein.

2 3 3 4 5 6 7

$f(x) = x^{4} - x^2$	$f(x) = x^{3} + x^{2}$	$f(x) = x^{7} - x^{5}$	$f(x) = x^{6} + x^{3}$
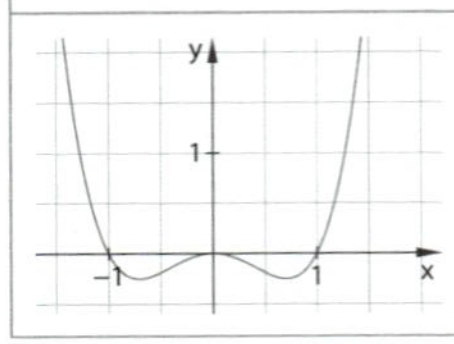	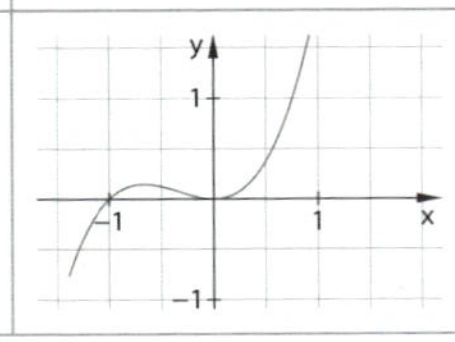	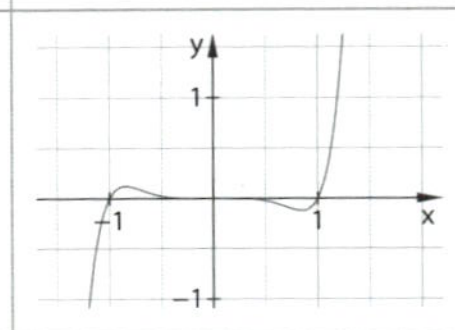	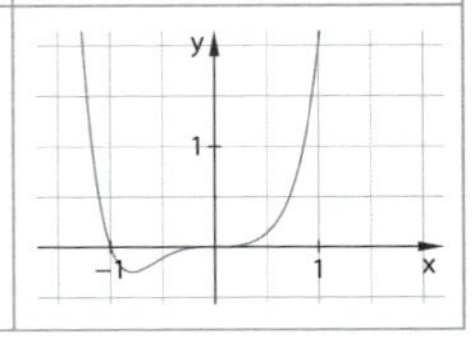

5 Vervollständigen Sie die Wertetabellen.

a) f ist achsensymmetrisch zur y-Achse.

x	−5	−2	2	5
y	−629	−20	**−20**	**−629**

b) f ist punktsymmetrisch zum Ursprung.

x	−3	−2	2	3
y	−243	−32	**32**	**243**

6 Ergänze die Tabelle. Zeichne die Graphen.

	$f(x) = -x^2 + 4$	$f(x) = -\frac{1}{x} \cdot (x^2 + 1)$	$f(x) = \frac{5}{x} \cdot \sin(2x)$
Für x → +∞ gilt	$f(x) \to -\infty$	$f(x) \to -\infty$	$f(x) \to 0$
Für x → −∞ gilt	$f(x) \to -\infty$	$f(x) \to \infty$	$f(x) \to 0$
Symmetrie	zur y-Achse	zum Ursprung	zur y-Achse
Graph (Skizze)	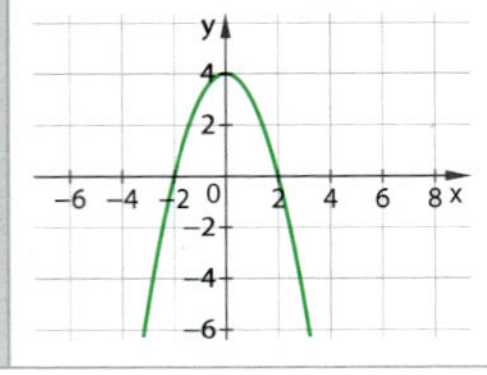	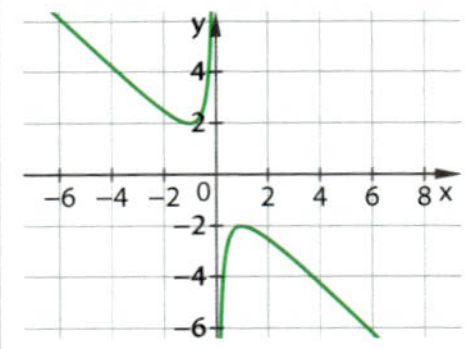	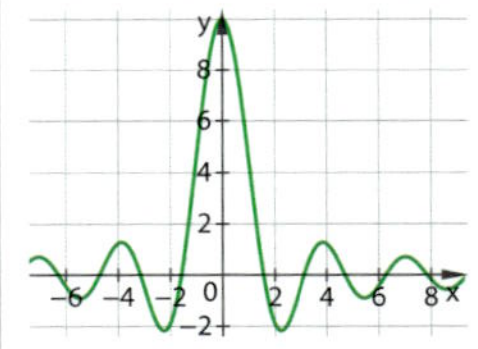

7 Betrachten Sie die Funktion f(x) = x + 1 für 0 < x ≤ 1.
Schreiben Sie die Geschichte zu Ende. Nutzen Sie dabei nur wahre Aussagen.

„Ha", ruft der x-Wert x = 1, „ich bin der Größte, denn unter euch anderen x-Werten aus unserem Intervall gibt es keinen, der einen Funktionswert hat, der größer ist als meiner. Aber du, mein Freund x = 0, hast es schlecht getroffen, denn du besitzt den kleinsten aller unserer Funktionswerte."

Darauf entgegnet der x-Wert x = 0: **individuelle Lösung**

„Was du nur willst, ich gehöre ja gar nicht zu eurem Intervall, also kannst du meinen Funktionswert gar nicht mit euren Funktionswerten vergleichen. Und übrigens: Unter euren Funktionswerten aus dem Intervall gibt es gar keinen, der sich als den kleinsten Funktionswert bezeichnen könnte. Denn jedes Mal, wenn sich ein x-Wert meldet und behauptet, er hätte den kleinsten Funktionswert im Intervall, dann könnte sich ein weiter links, aber vor Null liegender x-Wert melden, der einen noch kleineren Funktionswert besitzt."

Basisaufgaben

1 Linearfaktoren: Ergänzen Sie die Nullstellen der Funktion f oder die Linearfaktoren.
Hilfe: Die Gleichung $x \cdot (x-7) \cdot (x+1) = 0$ ist erfüllt, wenn ein Faktor Null ist: $L = \{0; 7; -1\}$.

a) $f(x) = (x-1)\cdot(x+2)\cdot(x-3)$ Nullstellen: $x_1 = -2$ $x_2 = 1$ $x_3 = 3$

b) $f(x) = 0{,}7\cdot(x-6)\cdot(x+2)\cdot(2x-2)$ Nullstellen: $x_1 = -2$ $x_2 = 1$ $x_3 = 6$

c) $f(x) = (x + 1)\cdot(x + 2)\cdot(x + 3)$ Nullstellen: $x_1 = -3$ $x_2 = -2$ $x_3 = -1$

d) $f(x) = -4\cdot(x+1)\cdot($ 1 bzw. 4 $+x)\cdot($ 4 $-x)$ Nullstellen: $x_1 = -1$ $x_2 = 4$

e) $f(x) = -0{,}1\cdot(x^2+1)\cdot($ 2 $-x)\cdot($ 4 $+x)$ Nullstellen: $x_1 = -4$ $x_2 = 2$

f) $f(x) = (x + (-1))^2 \cdot 3($ −1 $+x)\cdot(x -$ 1 $)^3$ Nullstellen: $x_1 = 1$

2 Beschriften Sie mithilfe der Nullstellen die Graphen.
$f(x) = -0{,}1\cdot(x+3)\cdot(x-3)$
$g(x) = 0{,}1\cdot(x+3)\cdot(x+1)\cdot(x-2)$
$h(x) = 0{,}1\cdot(x-3)\cdot(x+3)\cdot(x^2+1)$
$i(x) = 0{,}5\cdot(x+2)\cdot x\cdot(x-3)$
$j(x) = 0{,}1\cdot(x-3)\cdot(x-1)\cdot(x+1)\cdot(x+3)$

Der Graph zur Funktion j ist nicht im Koordinatensystem dargestellt.

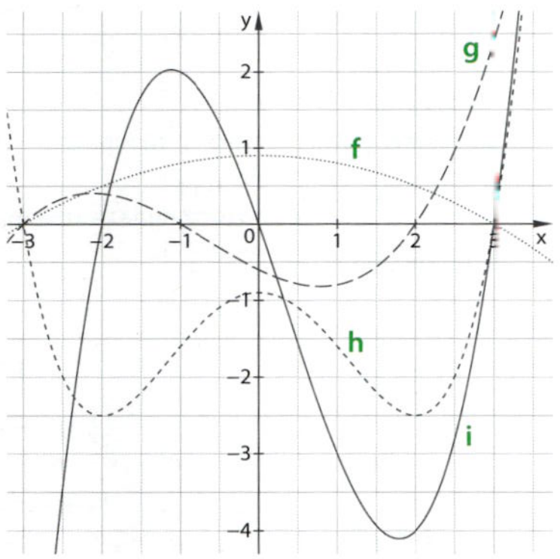

3 Ausklammern und Lösungsformel anwenden: Ermitteln Sie die Nullstellen.

a) $f(x) = 2x^3 + 2x^2 - 4x$

$0 = 2x^3 + 2x^2 - 4x$

$0 = 2x(x^2 + x - 2)$, also ist

$x_1 = 0.$

$x_2 = -0{,}5 + \sqrt{0{,}5^2 + 2} = 1$

$x_3 = -0{,}5 - \sqrt{0{,}5^2 + 2} = -2$

Nullstellen: $x_1 = 0$ $x_2 = 1$ $x_3 = -2$

b) $f(x) = -2x^5 + 4x^4 + 6x^3$

$0 = -2x^5 + 4x^4 + 6x^3$

$0 = -2x^3(x^2 - 2x - 3)$, also ist

$x_1 = 0.$

$x_2 = 1 + \sqrt{1+3} = 3$

$x_3 = 1 - \sqrt{1+3} = -1$

Nullstellen: $x_1 = 0$ $x_2 = 3$ $x_3 = -1$

c) $f(x) = x^4 + 3x^3 - 10x^2$

$0 = x^4 + 3x^3 - 10x^2$

$0 = x^2(x^2 + 3x - 10)$, also gilt:

$x_1 = 0$

$x_2 = -1{,}5 + \sqrt{1{,}5^2 + 10} = 2$

$x_3 = -1{,}5 + \sqrt{1{,}5^2 + 10} = -5$

Nullstellen: $x_1 = 0$ $x_2 = 2$ $x_3 = -5$

d) $f(x) = 1{,}5x^5 + 10{,}5x^4 + 9x^3$

$0 = 1{,}5x^5 + 10{,}5x^4 + 9x^3$

$0 = 1{,}5x^3(x^2 + 7x + 6)$, also gilt:

$x_1 = 0$

$x_2 = -3{,}5 + \sqrt{3{,}5^2 - 6} = -1$

$x_3 = -3{,}5 - \sqrt{3{,}5^2 - 6} = -6$

Nullstellen: $x_1 = 0$ $x_2 = -1$ $x_3 = -6$

4 Ermitteln Sie die Nullstellen.
Führen Sie die Probe durch.

a) $f(x) = 8x^3 - 2x^5$

$f(x) = -2x^5 + 8x^3$
$f(x) = -2x^3\cdot(x^2-4)$
$f(x) = -2x^3\cdot(x-2)\cdot(x+2)$

$x_1 = 0$ $x_2 = 2$ $x_3 = -2$

Probe:
$f(x_1) = f(0) = 8\cdot 0^3 - 2\cdot 0^5 = 0$

$f(x_2) = f(2) = 8\cdot 2^3 - 2\cdot 2^5 = 0$

$f(x_3) = f(-2) = 8\cdot(-2)^3 - 2\cdot(-2)^5 = 0$

b) $f(x) = -10x^4 + 0{,}5x^2 + 4x^3$

$f(x) = -10x^2\cdot(x^2 - 0{,}4x - 0{,}05)$

$x_1 = 0$
$x_2 = 0{,}2 + \sqrt{0{,}2^2 + 0{,}05} = 0{,}5$
$x_3 = 0{,}2 - \sqrt{0{,}2^2 + 0{,}05} = -0{,}1$

Probe:
$f(x_1) = f(0) = -10\cdot 0^4 + 0{,}5\cdot 0^2 + 4\cdot 0^3 = 0$

$f(x_2) = f(0{,}5) = -10\cdot 0{,}5^4 + 0{,}5\cdot 0{,}5^2 + 4\cdot 0{,}5^3 = 0$

$f(x_3) = f(-0{,}1) = -10\cdot 0{,}1^4 + 0{,}5\cdot 0{,}1^2 - 4\cdot 0{,}1^3 = 0$

5 Substitution: Berechnen Sie die Nullstellen $x_1, x_2 \dots$ der biquadratischen Gleichungen mittels Substitution.

a) $f(x) = x^4 - 5x^2 + 4$
$0 = x^4 - 5x^2 + 4$

Substitution: $x^2 = u$

$0 = u^2 - 5u + 4$

$u_1 = 2{,}5 + \sqrt{2{,}5^2 - 4} = 4$

$u_1 = x^2 = 4$ somit gilt:

$x_1 = 2$ und $x_2 = -2$

$u_2 = 2{,}5 - \sqrt{2{,}5^2 - 4} = 1$

$u_2 = x^2 = 1$ somit gilt:

$x_3 = 1$ und $x_4 = -1$

b) $f(x) = x^4 - 16$
$0 = x^4 - 16$

Substitution: $x^2 = u$

$0 = u^2 - 16$

$u_1 = \sqrt{16} = 4$

$u_1 = x^2 = 4$ somit gilt:

$x_1 = 2$ und $x_2 = -2$

$u_2 = -\sqrt{16} = -4$

$u_2 = x^2 = -4$ somit gilt:

Es gibt keine weitere reelle Lösung.

c) $f(x) = x^4 - 2x^2 - 3$
$0 = x^4 - 2x^2 - 3$

Substitution: $x^2 = u$

$0 = u^2 - 2u - 3$

$u_1 = 1 + \sqrt{1+3} = 3$

$u_1 = x^2 = 3$ somit gilt:

$x_1 = \sqrt{3}$ und $x_2 = -\sqrt{3}$

$u_2 = 1 - \sqrt{1+3} = -1$

$u_2 = x^2 = -1$ somit gilt:

Es gibt keine weitere reelle Lösung.

d) $f(x) = x^6 + x^3 - 6$
$0 = x^6 + x^3 - 6$

Substitution: $x^3 = u$

$0 = u^2 + u - 6$

$u_1 = -0{,}5 + \sqrt{0{,}25 + 6} = 2$

$u_1 = x^3 = 2$ somit gilt:

$x_1 = \sqrt[3]{2}$

$u_2 = -0{,}5 - \sqrt{0{,}25 + 6} = -3$

$u_2 = x^3 = -3$ somit gilt:

$x_2 = -\sqrt[3]{3}$

6 Auf den Karten stehen die Nullstellen der Funktion.
Schreiben Sie den Buchstaben der Lösungskarte hinter den Funktionsterm.

a) $f(x) = (x+7)(x-6)$ **N**
b) $f(x) = (x^2-9)(x+2)$ **I**
c) $f(x) = (x+5)\left(x-\frac{1}{5}\right)$ **B**
d) $f(x) = x^3(x+4)$ **R**
e) $f(x) = x^5 - 4x^3$ **E**
f) $f(x) = x^3 + 7x$ **L**

Karten:
- $x_1 = 0; x_2 = -4$ R
- $x_1 = 9; x_2 = -2$ G
- $x_1 = 11$ C
- $x_1 = 5; x_2 = -\frac{1}{5}$ S
- $x_1 = 3; x_2 = -3; x_3 = 2$ D
- $x_1 = 7; x_2 = -6$ T
- $x_1 = -7; x_2 = 6$ N
- $x_1 = -5; x_2 = \frac{1}{5}$ B
- $x_1 = 3; x_2 = -3; x_3 = -2$ I
- $x_1 = 0; x_2 = \sqrt{7}; x_3 = -\sqrt{7}$ S
- $x_1 = 0$ L
- $x_1 = 0; x_2 = 2; x_3 = -2$ E

Zusatzaufgabe: Bilden Sie aus allen aufgeschriebenen Buchstaben den Namen einer Stadt in Deutschland.
B E R L I N

7 Ordnen Sie für die Ermittlung der Nullstellen benötigte Verfahren der Reihe nach zu.
Abkürzungen der Verfahren: A: Ausklammern S: Substitution F: Lösungsformel

a) $f(x) = x^5 - x^4 + 4x^3$ — 1.A; **2. F**
$L = \{0\}$

b) $f(x) = x^3 - 7x^2 + 6x$ — **1. A; 2. F**
$L = \{0; 1; 6\}$

c) $f(x) = x^3 - x$ — **1. A**
$L = \{-1; 0; 1\}$

d) $f(x) = 8x^4 - 0{,}5$ — **1. S**
$L = \{-0{,}5; 0{,}5\}$

e) $f(x) = 0{,}5x^4 + 2x^2 + 2$ — **1. S; 2. F**
$L = \{\ \}$

f) $f(x) = -2x^5 + 8x^3$ — **1. A**
$L = \{-2; 0; 2\}$

g) $f(x) = 7x^8 + 8x^7$ — **1. A**
$L = \left\{-\frac{8}{7}; 0\right\}$

h) $f(x) = 2x^6 + 6x^4 - 8x^2$ — **1.A; 2. S; 3. F**
$L = \{-1; 0; 1\}$

i) $f(x) = -6x^2 + 4x^2 + 16x$ — **1. A**
$L = \{0; 8\}$

j) $f(x) = x(3x^3 + x^2 - 2x)$ — **1. A; 2. F**
$L = \left\{-1; 0; \frac{2}{3}\right\}$

Zusatzaufgabe: Ermitteln Sie die Nullstellen auf einem zusätzlichen Blatt.

8 Beurteilen Sie die Aussagen.

① Die Funktion $f(x) = (x^2+1)\cdot(x+2)$ hat drei Nullstellen. ☐ wahr ☒ falsch
$(x+2)$ liefert genau eine Nullstelle $x_0 = -2$. Das Polynom x^2+1 hat für keine reelle Zahl den Wert 0.

② Die Funktion $g(x) = (x^3 - x)\cdot(x-5)^2$ besitzt vier Nullstellen. ☒ wahr ☐ falsch
$(x^3 - x)\cdot(x-5)^2 = x\cdot(x-1)\cdot(x+1)\cdot(x-5)^2$; Nullstellen: 0 (einfach), −1 (einfach), 1 (einfach) und 5 (zweifach)

③ $h(x) = 7x^3 + 189$ hat keine Nullstelle. ☐ wahr ☒ falsch
$7\cdot(x^3+27)$; Nullstelle: −3

④ Jede ganzrationale Funktion 3. Grades besitzt eine Nullstelle. ☒ wahr ☐ falsch
Man kann die Graphen in einem Zug zeichnen, die Funktionswerte sind positiv und negativ, somit existiert eine Nullstelle.

⑤ Jede ganzrationale Funktion 3. Grades besitzt höchstens drei Nullstellen. ☒ wahr ☐ falsch
Bei mehr als drei Nullstellen gäbe es mehr als drei Linearfaktoren, beim Ausmultiplizieren entstände eine Potenz mit einem Exponenten größer als 3. Eine solche ganzrationale Funktion hat dann aber einen Grad größer als 3.

Zusatzaufgabe: Begründen Sie Ihre Entscheidungen.

9 Geben Sie die Gleichung einer ganzrationalen Funktion f 3. Grades an, die die Nullstellen 2, 3 und −1 hat und deren Graph durch den Punkt P(1 | 8) geht.

Ganzrationale Funktion 3. Grades mit den gegebenen Nullstellen:

$f(x) = a\cdot(x-2)\cdot(x-3)\cdot(x+1)$;

Einsetzen der Koordinaten von P ergibt:

$8 = a\cdot(1-2)\cdot(1-3)\cdot(1+1) = 4a$, somit gilt $a = 2$

$f(x) = 2\cdot(x-2)\cdot(x-3)\cdot(x+1) = 2\cdot x^3 - 8\cdot x^2 + 2\cdot x + 12$

Weiterführende Aufgaben

10 Geben Sie passende ganzrationale Funktionen an.

Nullstellen	Der Graph der Funktion ist …	Funktionsgleichung
−2; 0; 2	achsensymmetrisch zur y-Achse	**z. B. $x^2(x+2)(x-2)$; $7x^2(x+2)(x-2)$; $-x^2(x+2)(x-2)$**
−2; 0; 2	punktsymmetrisch zum Ursprung	**z. B. $x(x+2)(x-2)$; $6x(x+2)(x-2)$; $-x(x+2)(x-2)$**
−2; 0; 2	weder achsen- noch punktsymmetrisch	**z. B. $x(x+2)(x-2)^2$; $5x(x+2)(x-2)^2$; $-x(x+2)(x-2)^2$**

11 Graphen und Funktionsgleichungen

$f(x) = 6x(x-1)(x-2)$ $g(x) = 2(x+1)^3$ $h(x) = (x^2-4)\cdot x^2 + 2$
$i(x) = -0{,}1x(x-3)(x+2)^2$ $j(x) = -0{,}5x(x-2)^2(x+1)^2$

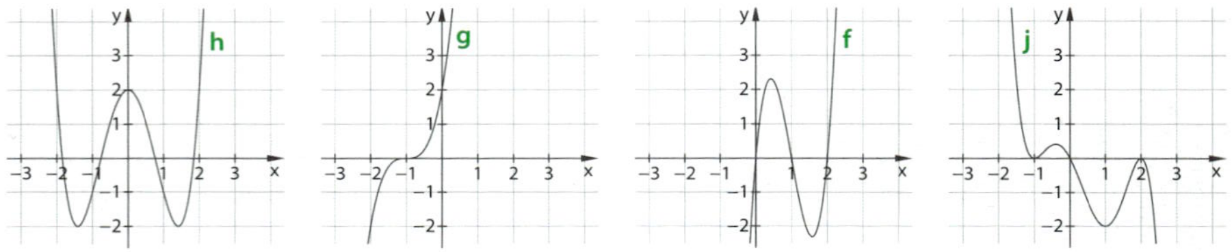

a) Beschriften Sie die Graphen.
b) Eine der Funktionsgleichungen kann bei Teilaufgabe a nicht zugeordnet werden.
Skizzieren Sie den Graphen dieser Funktion mithilfe folgender Angaben.

Globales Maximum bei x = 2 ist 3,2. Tiefpunkt (−0,75 | −0,44)

Nullstellen: **−2; 0; 3**

Für $x \to \infty$ gilt f(x) $\to$ **$-\infty$.**

Für $x \to -\infty$ gilt f(x) $\to$ **$-\infty$.**

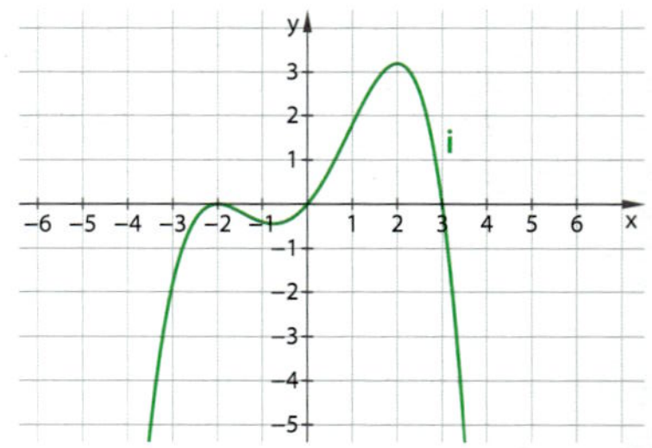

12 Eine quaderförmige Schachtel hat ein Volumen von 6 dm³.
Die Kante a ist 1 dm kürzer als die Kante b und die Kante c ist 1 dm länger als die Kante b.
Ermitteln Sie die drei Kantenlängen mithilfe der Formel
$V = a\cdot b\cdot c$ und mithilfe des Graphen von V.

$a = b - 1$ **$c = b + 1$**
$V = a\cdot b\cdot c$
$6 = (b-1)\cdot b\cdot(b+1)$
$6 = b^3 - b$ **$b = 2$**

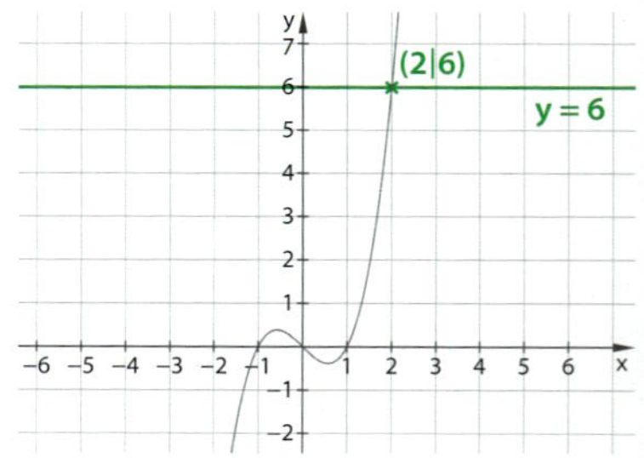

Die Kanten haben die Längen a = **1** dm, b = **2** dm und c = **3** dm.

Zusatzaufgabe: Erläutern Sie die Schwierigkeit bei der rechnerischen Bestimmung.
Kein Lösungsverfahren für eine Gleichung 3. Grades

1 Kreuzen Sie Zutreffendes an.

a) Terme ganzrationaler Funktionen sind … [ ] $x^2 + 2^x$ [ ] $x^2 + \sqrt{2} \cdot x$ [x] $x^2 \cdot (3 - x)$ [x] $x + 1$

b) Nullstellen von $f(x) = 2x^3 - 2x$ sind … [x] $x = -1$ [ ] $x = 2$ [x] $x = 0$ [x] $x = 1$

c) Die Graphen zu den Funktionstermen sind symmetrisch zur y-Achse. [x] x^6 [ ] $x^4 - 3x$ [x] $5x^{100} - 3x^{50}$ [ ] $2x^3 \cdot (x^2 - 4x)$

d) Die Graphen zu den Funktionstermen sind punktsymmetrisch zum Ursprung. [ ] $x^3 - x + 1$ [x] $2x$ [x] $x(x^2 - 2)$ [x] $2x^{51} - 4x^{27}$

e) Die Funktion $f(x) = (x^2 - 4) \cdot (x^2 - 1)$ hat … Hochpunkte (H) und … Tiefpunkte (T). [x] 2 T und 1 H [ ] 2 H und 1 T [ ] 2 T und 0 H [ ] 1 T und 0 H

f) $f(x) = 0{,}1 \cdot (x + 5) \cdot (x + 2) \cdot x^2 \cdot (x - 3)$ hat ein lokales Maximum im Intervall … [x] $-5 \le x \le -2$ [x] $-2 \le x \le 1$ [ ] $0 < x \le 2{,}5$ [ ] $3 \le x \le 5$

2 Kreuzen Sie alle passenden Funktionsterme an.

Von einer ganzrationalen Funktion 3. Grades sind die Punkte A(0|0), B(1|10), C(6|0) und D(3|0) bekannt. Passende Funktionsterme zu dieser Funktion sind …

- [ ] $-x^3 + 9x^2 - 1$
- [ ] $x(x + 3)(x + 6)$
- [x] $x^3 - 9x^2 + 18x$
- [x] $x(18 - 9x + x^2)$
- [x] $x(x - 3)(x - 6)$

Zum Graphen der abgebildeten ganzrationalen Funktion 3. Grades passt der Funktionsterm …

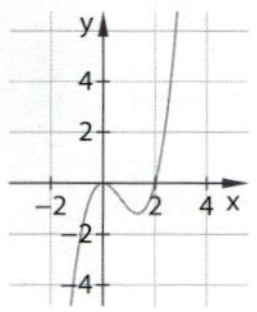

- [x] $x^2 \cdot (x - 2)$
- [ ] $2x^2 - x^3$
- [ ] $x^2 \cdot (2 - x)$
- [ ] $-x^2 \cdot (2 + x)$
- [x] $x^3 - 2x^2$

Ein Glücksrad hat zwei Sektoren. Die Wahrscheinlichkeit, dass beim Drehen der Gewinnsektor erscheint, ist p. Es wird zweimal gedreht. Die Wahrscheinlichkeit, dass dabei genau ein Gewinn erzielt wird, ist …

- [ ] p^2
- [ ] $p \cdot (1 - p)$
- [ ] $p + p$
- [x] $2 \cdot p \cdot (1 - p)$
- [x] $2p - 2p^2$

3 Geben Sie zwei Gemeinsamkeiten der ganzrationalen Funktionen f, g und h an.

$f(x) = x^2(x + 3)$ $g(x) = 0{,}6x^3 + 1{,}8x^2$ $h(x) = -x^2(3 + x)$

z. B.: ganzrationale Funktionen 3. Grades

doppelte Nullstelle $x = 0$ und einfache Nullstelle $x = -3$

4 Geben Sie das Globalverhalten der Funktion f mit $f(x) = 2x^{15} - 3x^8 + 2x - 3$ an.
Für $x \to \infty$ gilt **$f(x) \to \infty$.** Für $x \to -\infty$ gilt **$f(x) \to -\infty$.**

5 Der Grad einer ganzrationalen Funktion ist ungerade.
Begründen Sie, weshalb ihr Graph die x-Achse mindestens einmal schneidet.

Für sie gilt entweder: ① Für $x \to \infty$ gilt $f(x) \to \infty$ und für $x \to -\infty$ gilt $f(x) \to -\infty$. oder

② Für $x \to \infty$ gilt $f(x) \to -\infty$ und für $x \to -\infty$ gilt $f(x) \to \infty$.

Da man ihre Graphen zeichnen kann, ohne den Stift abzusetzen,

muss mindestens einmal die x-Achse „überquert" werden.

6 Die ganzrationale Funktion 3. Grades f wurde mit ihrem lokalen Tiefpunkt und ihrem lokalen Hochpunkt dargestellt.

a) Ergänzen Sie die Tabelle.

Funktion	Tiefpunkt	Hochpunkt
$g(x) = f(x) + 2$	**T(0|2)**	**H(2|6)**
$h(x) = f(x + 1)$	**T(−1|0)**	**H(1|4)**
$k(x) = f(-x)$	**T(0|0)**	**H(−2|4)**
$m(x) = -0{,}5 \cdot f(x)$	**T(2|−2)**	**H(0|0)**

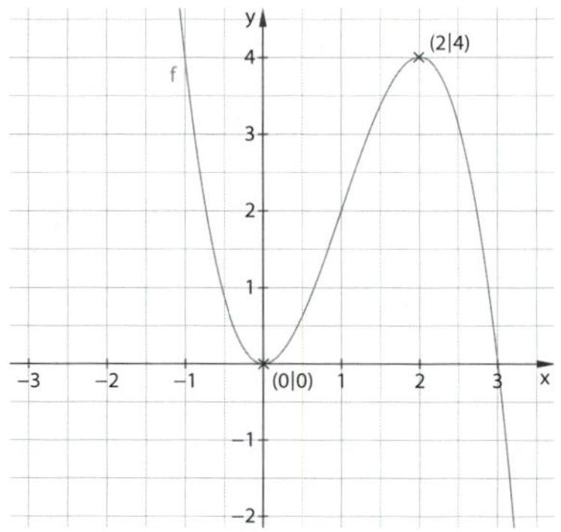

b) Geben Sie die doppelte und die einfache Nullstelle von f an.
doppelte Nullstelle: **$x = 0$** einfache Nullstelle: **$x = 3$**

c) Die Funktion f hat eine Gleichung der Form $f(x) = a \cdot x^2 \cdot (x - d)$ mit $a, d \in \mathbb{R}$.
Ermitteln Sie die Gleichung von f.
$4 = a \cdot 2^2 \cdot (2 - 3) = -4a$

$f(x) = a \cdot x^2 \cdot (x - 3)$ und $f(2) = 4$, daraus folgt $a = -1$, somit gilt $f(x) = -1x^2 \cdot (x - 3) = -x^3 + 3x^2$.

7 *Was lohnt sich?*

Kosten k: $k(x) = 2x^3 - 12x^2 + 26x + 20$
Umsatz u: $u(x) = 20x$
Gewinn g: $g(x) = u(x) - k(x)$
x steht für die Anzahl der Produkte mit $(x \in \mathbb{R}; x \ge 0)$.
g(x) steht für den Betrag in Euro.

Ermitteln Sie mithilfe eines GTR die Schnittpunkte der Funktion g mit den Achsen und lokale Extrempunkte.
Geben Sie die praktische Bedeutung dieser Punkte im Sachzusammenhang an.

Schnittpunkt mit der y-Achse: $S_y(0|-20)$; kein Umsatz, nur Fixkosten, Verlust 20 €

Schnittpunkte mit der x-Achse: $S_{x_1}(2|0)$; $S_{x_2}(5|0)$; bei 2 und 5 ist der Gewinn 0 € ($k(x) = u(x)$)

lokaler Hochpunkt: H(3,7|20,8); für 4 Stück ($3{,}7 \approx 4$) ist der Gewinn mit ca. 20 € ($20{,}8 > 20$)

am größten. Für 3 Stück ist der Gewinn ca. 16 €. (Lokaler Tiefpunkt nahe Sy.)

8 Das Bild zeigt den Graphen der Funktion f.
Im Intervall $-\sqrt{2} < x < \sqrt{2}$ ist dem Graphen ein Rechteck ABCD einbeschrieben.
Der Punkt B hat die Koordinaten $B(u|f(u))$ mit $0 < u < \sqrt{2}$.

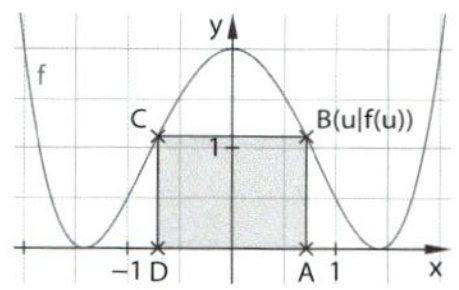

a) Kreuzen Sie die passende Funktionsgleichung an.
[x] $f(x) = 0{,}5x^4 - 2x^2 + 2$ [ ] $f(x) = 0{,}5x^4 - 2x^3$
[ ] $f(x) = 0{,}5x^2 - 2x + 2$ [ ] $f(x) = 0{,}5x^3 - 2x^2 + 2$

b) Geben Sie die Seitenlängen des Rechtecks für $u = 1$ an.
Seite $\overline{AD}$: **$2u = 2$** Seite $\overline{AB}$: **$f(1) = 0{,}5 \cdot 1^4 - 2 \cdot 1^2 + 2 = 0{,}5$**

c) Stellen Sie sich vor, dass das Rechteck ABCD für $u = 1$ um die y-Achse rotiert und ein Zylinder entsteht.
Geben Sie den Radius, die Höhe und das Volumen des Zylinders an.

Radius: **1** Höhe: **0,5** Volumen: **$V = \pi \cdot 1^2 \cdot 0{,}5 = 0{,}5\pi$**

Basisaufgaben

1 Mittlere Änderungsrate: Ermitteln Sie zeichnerisch und rechnerisch die mittlere Änderungsrate m von f in den Intervallen.

Hilfe: Eine Gerade durch die Punkte A(a|f(a)) und B(b|f(b)) hat die Steigung $m = \frac{f(b)-f(a)}{(b-a)}$.
Zeichnen Sie jeweils als Erstes die passende Sekante und ein Steigungsdreieck ein.

a) Intervall [−3; −2]
A(−3|−2); B(−2|1) $m = \frac{1-(-2)}{-2-(-3)} = \frac{3}{1} = 3$

b) I = [−2; 2]
A(−2| 1); B(2| 4) $m = \frac{4-1}{2-(-2)} = \frac{3}{4} = 0{,}75$

c) I = [2; 6]
A(2 | 4); B(6 | 2) $m = \frac{2-4}{6-2} = \frac{-2}{4} = -0{,}5$

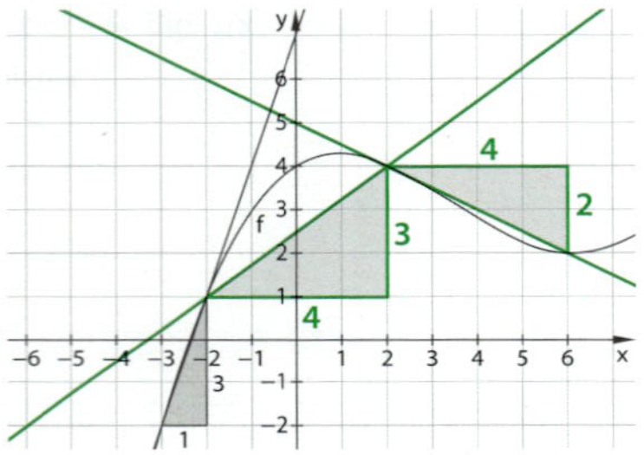

2 Berechnen Sie die mittlere Änderungsrate der Funktion f im Intervall [a; b] mit dem Differenzenquotienten $\frac{f(b)-f(a)}{(b-a)}$.

Hilfe: Berechnen Sie zuerst die y-Werte.

a) $f(x) = x^2 + 1$; I = [−2; 3] A(−2| 5); B(3| 10) $m = \frac{10-5}{3-(-2)} = \frac{5}{5} = 1$

b) $f(x) = 0{,}5x^2$; I = [−2; 3] A(−2| 2); B(3| 4,5) $m = \frac{4{,}5-2}{3-(-2)} = \frac{2{,}5}{5} = 0{,}5$

c) $f(x) = \sqrt{2^x}$; I = [−2; 4] P_1(−2 | 0,5); P_2(4 | 4) $m = \frac{4-0{,}5}{4-(-2)} = \frac{3{,}5}{6} = \frac{7}{12} \approx 0{,}58$

3 Die Grafik zeigt die Entwicklung der Geburten in Deutschland. Ergänzen Sie in den Tabellen Näherungswerte für die mittleren Änderungsraten der Geburten. Runden Sie auf Tausender.
Zusatzaufgabe: Veranschaulichen Sie Ihre Tabellen grafisch. Was fällt auf?

individuelle Lösung

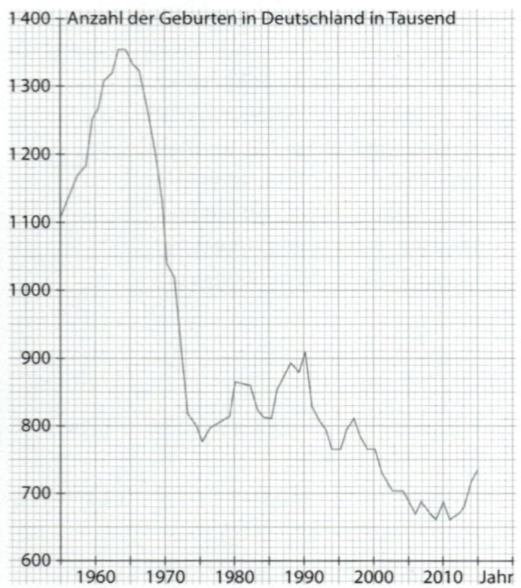

Zeitraum	1960 bis 1969	1970 bis 1979	1980 bis 1989	1990 bis 1999	2000 bis 2009
mittlere Änderungsrate	−10 000	−30 000	1 600	−16 100	−11 600

Zeitraum	1965 bis 1974	1975 bis 1984	1985 bis 1994	1995 bis 2004	2005 bis 2014
mittlere Änderungsrate	−58 800	2 700	−5 000	−6 600	3 300

4 Lokale Änderungsrate: Geben Sie näherungsweise die Ableitung der Funktion f an der Stelle x_0 an.

Hilfe: Die lokale Änderungsrate von f an der Stelle x_0 nennt man Ableitung $f'(x_0)$.
Ergänzen Sie jeweils möglichst exakt die Tangente an der Stelle x_0 und geben Sie deren Steigung an.

a) $x_0 = 0$
A(0|−4); B(4|0) $f'(0) = m = \frac{0-(-4)}{4-0} = \frac{4}{4} = 1$

b) $x_0 = 6$
A(6|4); B(10|8) $f'(6) = m = \frac{8-4}{10-6} = \frac{4}{4} = 1$

c) $x_0 = -6$
A(−6|0); B(−4|−6) $f'(-6) = m = \frac{-6-0}{-4-(-6)} = \frac{-6}{2} = -3$

d) $x_0 = -2$
A(−2|−5); B(0|−5) $f'(-2) = m = \frac{-5-(-5)}{0-(-2)} = \frac{0}{2} = 0$

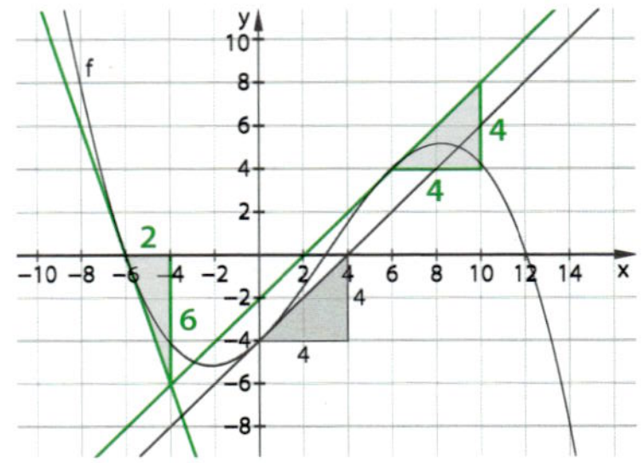

5 Es wird die Steigung des Graphen betrachtet.

a) Ergänzen Sie die passenden Punkte.

Die Steigung ist null in den Punkten C und E.

Die Steigung ist positiv in den Punkten B und D.

Die Steigung ist negativ in den Punkten A und F.

b) Ordnen Sie die Punkte nach der Steigung.
Beginnen Sie mit dem Punkt mit der geringsten Steigung.
A; F; C; E; B; D

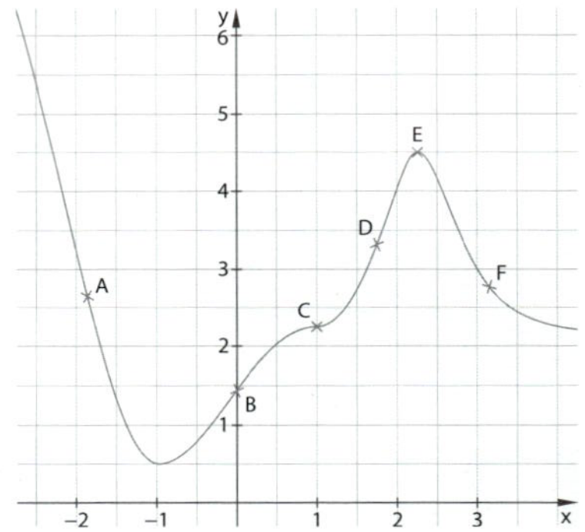

6 Bestimmen Sie näherungsweise die Ableitung der Funktion an der Stelle x_0.

a) $f(x) = x^2$; $x_0 = 3$ Vermutlich ist f'(3) = 6.

x	f(x)	$\frac{f(x)-f(x_0)}{x-x_0}$
3,1	9,61	$\frac{9{,}61-9}{3{,}1-3} \approx 6{,}1$
3,01	9,0601	$\frac{9{,}0601-9}{3{,}01-3} = 6{,}01$
3,001	9,006001	$\frac{9{,}006001-9}{3{,}001-3} \approx 6{,}001$
3,00001	9,00006	$\frac{9{,}00006-9}{3{,}00001-3} = 6{,}00001$

b) $f(x) = x^4$; $x_0 = 2$ Vermutlich ist f'(2) = 32.

x	f(x)	$\frac{f(x)-f(x_0)}{x-x_0}$
2,1	19,4481	$\frac{19{,}4481-16}{2{,}1-2} \approx 34{,}481$
2,01	16,322408	$\frac{16{,}322408-16}{2{,}01-2} \approx 32{,}24$
2,001	16,032024	$\frac{16{,}032024-16}{2{,}001-2} \approx 32{,}024$
2,0001	16,00320024	$\frac{16{,}00320024-16}{2{,}0001-2} \approx 32{,}0024$

7 Kreuzen Sie an, welcher der Werte am ehesten dem Wert der 1. Ableitung der Funktion f an der Stelle x_0 entspricht.

Hilfe: Rechnen Sie wie in der Tabelle bei Aufgabe 6.

a) $f(x) = x^3$; $x_0 = 2$ ☐ f'(2) = 0 ☐ f'(2) = 1 ☒ f'(2) = 12 ☐ f'(2) = −20

b) $f(x) = \sqrt{x-1}$; $x_0 = 5$ ☐ f'(5) = 0 ☒ f'(5) = 0,25 ☐ f'(5) = 1 ☐ f'(5) = −1

c) $f(x) = \frac{32}{x^2}$; $x_0 = 4$ ☐ f'(4) = −0,5 ☒ f'(4) = −1 ☐ f'(4) = 0,5 ☐ f'(4) = 1

d) $f(x) = x^3 - 2x^2$; $x_0 = 1$ ☒ f'(1) = −1 ☐ f'(1) = 0 ☐ f'(1) = 1 ☐ f'(1) = 2

8 Ableitung an einer Stelle: Berechnen Sie die 1. Ableitung der Funktion f an der Stelle x_0 als Grenzwert des Differenzenquotienten.

f'(x) $= \lim_{h\to 0}\frac{f(x)-f(x_0)}{x-x_0} = \lim_{h\to 0}\frac{f(x_0+h)-f(x_0)}{h}$

a) $f(x) = 0,25x^2$; $x_0 = 2$

1. Einsetzen von x_0 in den Differenzenquotienten mit h

$\frac{f(x_0+h)-f(x_0)}{h} = \frac{0,25\,(2+h)^2 - (0,25\cdot 2^2)}{h}$

2. Umformen mit dem Ziel, h aus dem Nenner zu kürzen

$= \frac{0,25\,(4+4h+h^2)-1}{h}$

$= \frac{1+h+0,25h^2-1}{h}$

$= \frac{h+0,25h^2}{h} = \frac{h\,(1+0,25h)}{h}$

$= 1 + 0,25h$

3. Ermitteln des Grenzwerts für $h \to 0$

$f'(2) = \lim_{h\to 0}(1+0,25h) = 1$

b) $f(x) = 0,5x^2 - 1$; $x_0 = -1$

$\frac{f(x_0+h)-f(x_0)}{h} = \frac{0,5\,(-1+h)^2-1 - (0,5\cdot(-1)^2-1)}{h}$

$= \frac{0,5\,(1-2h+h^2)-1-(-0,5)}{h}$

$= \frac{0,5-h+0,5h^2-1+0,5}{h} = \frac{-h+0,5\,h^2}{h}$

$= \frac{h\,(-1+0,5h)}{h}$

$= -1 + 0,5h$

$f'(1) = \lim_{h\to 0}(-1+0,5h) = -1$

9 Ergänzen Sie die Tabelle.

Funktion f und Stelle x_0	Differenzenquotient mit h als einziger Variable	Limes für h gegen 0
$f(x) = 5x^2$; $x_0 = 3$	$\frac{5(3+h)^2-(5\cdot 3^2)}{h}$	$f'(3) = \lim_{h\to 0}(30+5h) = 30$
$f(x) = 4x^2 - 6$; $x_0 = 5$	$\frac{4(5+h)^2-6-((4\cdot 5^2)-6)}{h}$	$f'(5) = \lim_{h\to 0}(40+4h) = 40$
$f(x) = (x-1)^3$ $x_0 = 1$	$\frac{((1+h)-1)^3-(1-1)^3}{h}$	$f'(1) = \lim_{h\to 0}(h^2 - \frac{1}{h}) = 0$

Zusatzaufgabe: Formen Sie den Differenzenquotienten so um, dass h nicht im Nenner steht. individuelle Lösung

10 Tangentengleichung: Gegeben ist die Funktion f mit $f(x) = -0,25x^3 + 1$. Bestimmen Sie die Gleichung der Tangente t an den Stellen $x_1 = 2$ und $x_2 = 0$ zeichnerisch und rechnerisch.

Tangente t an der Stelle $x_1 = 2$:

$m = f'(2) = -3$

$f(2) = -0,25\cdot 2^3 + 1 = -1$ $T_1(2|-1)$

$-1 = -3\cdot 2 + b$, somit gilt $b = 5$. $t_1(x) = -3x + 5$

Tangente t an der Stelle $x_2 = 0$:

$m = f'(0) = 0$

$f(0) = -0,25\cdot 0^3 + 1 = 1$ $T_2(0|1)$

$1 = -3\cdot 0 + b$, somit gilt $b = 1$. $t_2(x) = 1$

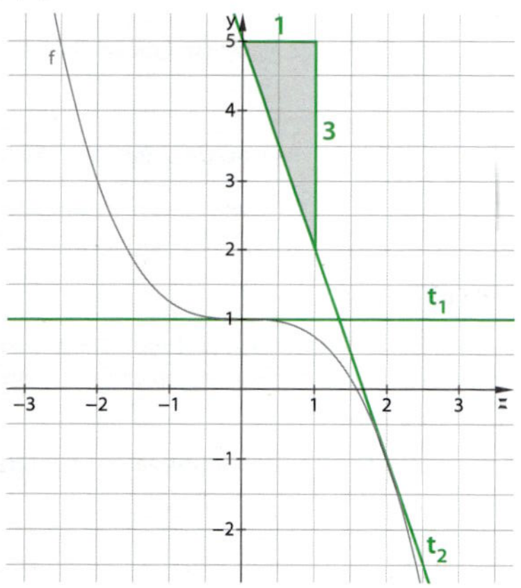

Weiterführende Aufgaben

11 Der Graph der Funktion f stellt die Fahrt einer S-Bahn zwischen den Haltestellen „H_1" und „H_2" dar.

a) Ergänzen Sie die Sätze zu wahren Aussagen.

① Die Steigung der Sekante s entspricht der **Durchschnittsgeschwindigkeit im Intervall [0; 1,25].**

② Die Steigung der Tangente t entspricht der **Momentangeschwindigkeit zum Zeitpunkt t = 0,625.**

b) Berechnen Sie mithilfe der Graphik die Durchschnittsgeschwindigkeit $\bar{v}$ der S-Bahn zwischen den Haltestellen H_1 und H_2 sowie die Momentangeschwindigkeit $v(0,625)$.

$\bar{v} = \frac{1125\,m}{1,25\,min} = 900\,\frac{m}{min} = 54\,\frac{km}{h}$

$v(0,625) \approx \frac{562,5\,m}{0,375\,min} = 1500\,\frac{m}{min} = 90\,\frac{km}{h}$

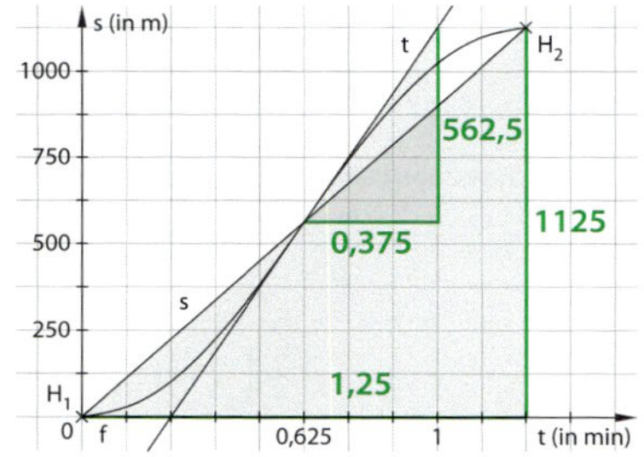

12 Paula erfasste alle fünf Minuten die Temperatur des beim Mittagessen übrig gebliebenen Eintopfs.

Zeit in min	0	5	10	15	20	25	30	35	40	45
Temperatur in °C	45	41	37,6	34,8	32,4	30,4	28,7	27,3	26,2	25,2

a) Veranschaulichen Sie den Temperaturverlauf im Koordinatensystem.

b) Geben Sie die kleinste und die größte mittlere Änderungsrate der Temperatur in den betrachteten 5-Minuten-Intervallen an. Was fällt Ihnen auf?

größte mittlere Änderungsrate: $\frac{41-45}{5-0} = -0,8$

kleinste mittlere Änderungsrate: $\frac{25,2-26,2}{45-40} = -0,2$

Die Beträge der Änderungsraten werden mit der Zeit geringer.

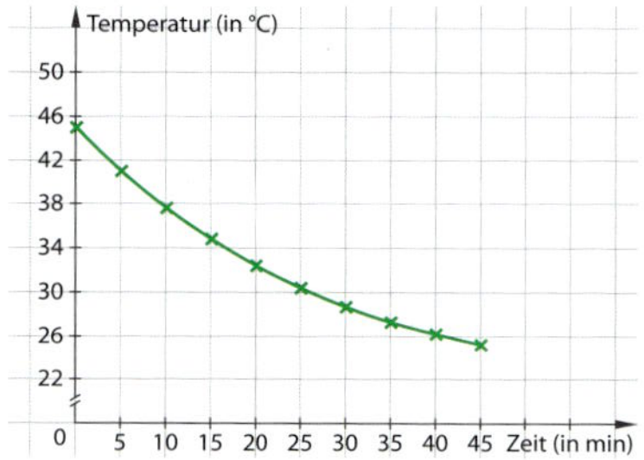

13 Die Abbildung zeigt den Pegelverlauf der Ems bei Rheine.

a) Berechnen Sie die mittlere Änderungsrate pro Tag vom 10. bis 18. 12. 2017. Runden Sie sinnvoll.

$\frac{570-320}{18-10} \approx 30$ Um ca. 30 cm stieg das Wasser pro Tag.

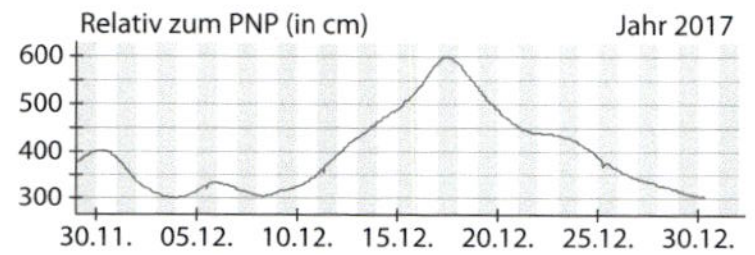

b) Erläutern Sie, dass die mittlere Änderungsrate pro Tag vom 1. bis 25. 12. 2017 keine sinnvolle Information über die tatsächliche Entwicklung liefert.

Am 1. und 25. 12. 2017 waren die Pegelstände fast identisch, somit ist die berechnete mittlere Änderungs- rate pro Tag ca. 0. Tritt im betrachteten Intervall entweder nur Zunahme oder nur Abnahme auf, dann liefert die mittlere Änderungsrate sinnvollere Information über die tatsächliche Entwicklung (z. B.: Anstieg um 30 cm pro Tag vom 10. bis 18. 12. 2017.)

Basisaufgaben

1 Ergänzen Sie die Anwendungen zum Begriff **1. Ableitung einer Funktion f an einer Stelle x_0.**

Hilfe: $f'(x_0) = \lim\limits_{h \to 0} \frac{f(x_0 + h) - f(x_0)}{h}$

a) Wenn sich der Differenzenquotient $\frac{f(x_0) - f(x)}{x_0 - x}$ einer Funktion f bei Annäherung an die Stelle x_0 von links oder rechts **immer ein und demselben Wert annähert, so gibt dieser Wert** die 1. Ableitung $f'(x_0)$ der Funktion f an der Stelle x_0 an.

b) Ist f(t) die Weg-Zeit-Funktion der geradlinigen Bewegung eines Massepunktes, dann gibt $f'(t_0)$ **die Momentangeschwindigkeit des Massepunktes zum Zeitpunkt t_0** an.

c) Die 1. Ableitung einer Funktion f an einer Stelle x_0 gibt die Steigung **der Tangente an den Graphen der Funktion f an der Stelle x_0** an.

d) Beschreibt die Funktion f das Wachstum einer Bakterienkultur in Abhängigkeit von der Zeit x, so gibt $f'(x_0)$ die **momentane** Wachstumsrate **zum Zeitpunkt x_0** an.

2 Behauptung: Die Funktion $f(x) = |x - 1|$ ist an der Stelle $x_0 = 1$ nicht differenzierbar.

a) Zeichnen Sie den Graphen der Funktion f im Intervall $-3 \le x \le 5$.

b) Beschreiben Sie mit Worten, woran man anhand des Graphen einer Funktion erkennen kann, ob die Funktion an einer Stelle nicht differenzierbar ist.

c) Füllen Sie die Lücken im rechnerischen Nachweis der Behauptung.

$|a| = \begin{cases} a; a \ge 0 \\ -a; a < 0 \end{cases}$

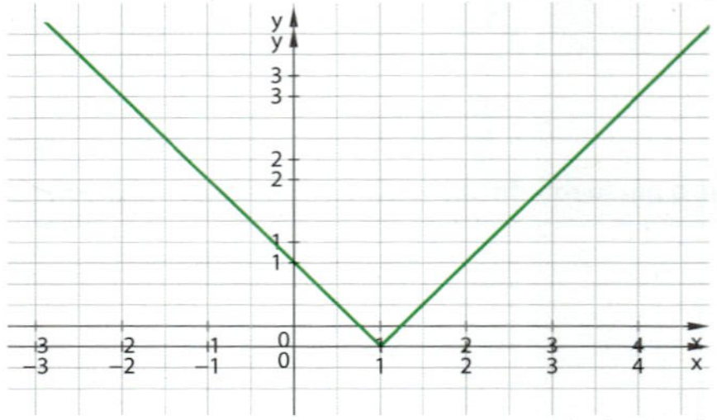

Beschreibung: **Wenn der Graph einer Funktion f an einer Stelle einen Knick aufweist, dann ist f an dieser Stelle nicht differenzierbar, weil dort eine Tangente an den Graphen nicht eindeutig bestimmt ist.**

Annäherung an die Stelle $x_0 = 1$ von rechts: $\lim\limits_{\substack{h \to 0 \\ h > 0}} \frac{|1 + h - 1| - |1 - 1|}{h} = \lim\limits_{\substack{h \to 0 \\ h > 0}} \frac{|h|}{h} = \lim\limits_{\substack{h \to 0 \\ h > 0}} \frac{h}{h} = 1$

Annäherung an die Stelle $x_0 = 1$ von links: $\lim\limits_{\substack{h \to 0 \\ h < 0}} \frac{|1 + h - 1| - |1 - 1|}{h} = \lim\limits_{\substack{h \to 0 \\ h < 0}} \frac{|h|}{h} = \lim\limits_{\substack{h \to 0 \\ h < 0}} \frac{-h}{h} = -1 \neq 1$

3 Behauptung: Die Funktion $f(x) = \begin{cases} x^2; x \le 2 \\ 4; x > 2 \end{cases}$ ist an der Stelle $x_0 = 2$ nicht differenzierbar.

a) Zeichnen Sie den Graphen der Funktion f im Intervall $-2 \le x \le 4$.

b) Führen Sie einen rechnerischen Nachweis der Behauptung.

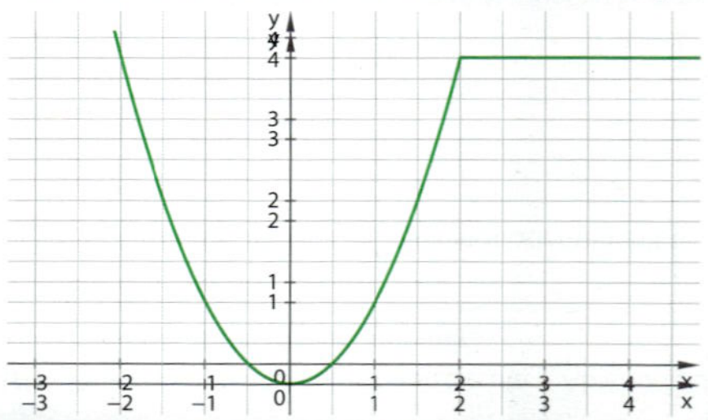

$\lim\limits_{\substack{h \to 0 \\ h < 0}} \frac{(2 + h)^2 - 2^2}{h} = \lim\limits_{\substack{h \to 0 \\ h < 0}} \frac{4h + h^2}{h} = \lim\limits_{\substack{h \to 0 \\ h < 0}} (4 + h) = 4$

$\lim\limits_{\substack{h \to 0 \\ h > 0}} \frac{4 - 4}{h} = \lim\limits_{\substack{h \to 0 \\ h > 0}} \frac{0}{h} = 0 \neq 4$

Der links- und rechtsseitige Grenzwert stimmen nicht überein: Die Behauptung gilt.

Weiterführende Aufgaben

4 Die Funktion $h(x) = \frac{1}{2}x^2$ ist an jeder Stelle x differenzierbar, die Funktion $g(x) = |x|$ ist an der Stelle $x_0 = 0$ nicht differenzierbar.

a) Ordnen Sie die Funktionen f_1, f_2 und f_3 durch Verbindungslinien den Graphen zu.

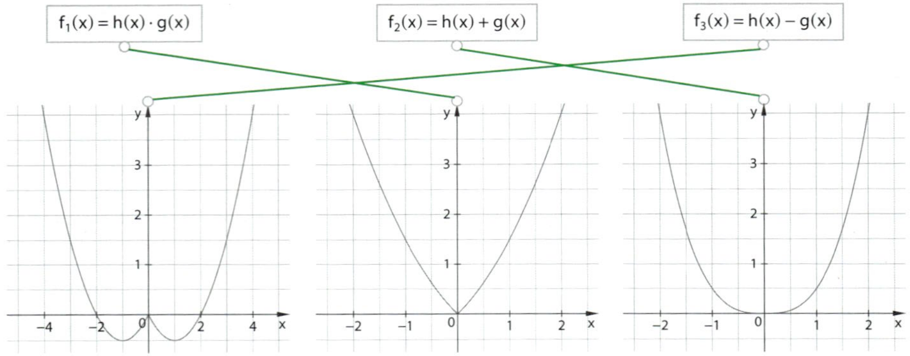

b) Entscheiden Sie, ob f_1, f_2 und f_3 an der Stelle $x_0 = 0$ differenzierbar sind. Geben Sie den Wert der 1. Ableitung an, falls die Funktion dort differenzierbar ist.

An der Stelle $x_0 = 0$ nicht differenzierbar sind f_2 und f_3, hingegen ist f_1 dort differenzierbar und hat die Ableitung $f_1'(0) = 0$.

c) Behauptung: f_4 mit $f_4(x) = \frac{h(x)}{g(x)}$ ist an der Stelle $x_0 = 0$ weder differenzierbar noch stetig. Ergänzen Sie die Begründung dieser Behauptung.

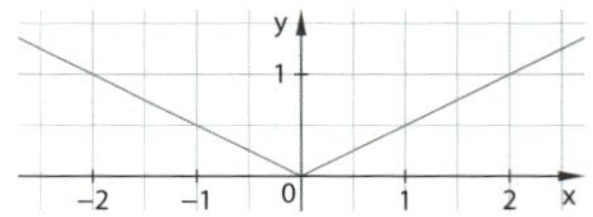

Begründung: $f_4(x) = \frac{\frac{1}{2}x^2}{|x|} = \frac{\frac{1}{2} \cdot |x| \cdot |x|}{|x|} = \frac{1}{2} \cdot |x|$ mit $x \neq 0$. Wegen **der (hebbaren) Definitionslücke** bei $x = 0$ ist f_4 mit $f_4(x) = \frac{h(x)}{g(x)}$ nicht stetig.

Annäherung an die Stelle $x_0 = 0$ von rechts: $\lim\limits_{\substack{h \to 0 \\ h > 0}} \frac{\frac{1}{2} \cdot |0 + h| - \frac{1}{2} \cdot |0|}{h} = \lim\limits_{\substack{h \to 0 \\ h > 0}} \frac{1}{2} \cdot \frac{|h|}{h} = \lim\limits_{\substack{h \to 0 \\ h > 0}} \frac{1}{2} \cdot \frac{h}{h} = \frac{1}{2}$

und von links: $\lim\limits_{\substack{h \to 0 \\ h < 0}} \frac{\frac{1}{2} \cdot |0 + h| - \frac{1}{2} \cdot |0|}{h} = \lim\limits_{\substack{h \to 0 \\ h < 0}} \frac{1}{2} \cdot \frac{|h|}{h} = \lim\limits_{\substack{h \to 0 \\ h > 0}} \frac{1}{2} \cdot \frac{-h}{h} = -\frac{1}{2} \neq \frac{1}{2}$

Der linksseitige Grenzwert des Differenzenquotienten an der Stelle $x_0 = 0$ und der rechtsseitige Grenzwert sind **nicht gleich**, deshalb ist $f_4(x)$ hier nicht differenzierbar.

5 Mit einer Mathematiksoftware wurde die 1. Ableitung von f mit $f(x) = x$ und $0 \le x \le 4$ berechnet. Kreuzen Sie an, wer Recht hat.

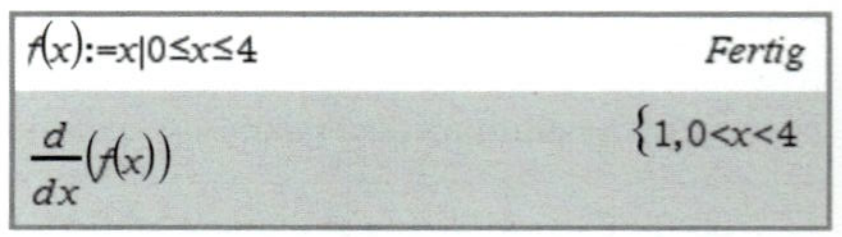

☐ Andrea: Die Software macht einen Fehler, denn die 1. Ableitung wird nur für das Intervall $0 < x < 4$ angegeben, aber f(x) ist definiert für $0 \le x \le 4$.

☒ Bea: Die Software macht keinen Fehler, denn an den Intervallgrenzen lassen sich nur einseitige Grenzwerte des Differenzenquotienten berechnen. Damit existiert die 1. Ableitung weder für $x = 0$ noch für $x = 4$ im definierten Sinne.

Basisaufgaben

1 Ableitung an einer Stelle: Berechnen Sie die 1. Ableitung der Funktion f an der Stelle x_0 als Grenzwert des Differenzenquotienten.

$f'(x) = \lim_{h \to 0} \frac{f(x) - f(x_0)}{x - x_0} = \lim_{h \to 0} \frac{f(x_0 + h) - f(x_0)}{h}$

a) $f(x) = 0{,}25x^2;\ x_0 = -4$

1. Einsetzen von x_0 in den Differenzenquotienten mit h

$\frac{f(x_0+h)-f(x_0)}{h}$

$= \frac{0{,}25(2+h)^2 - (0{,}25 \cdot (-4)^2)}{h}$

2. Umformen mit dem Ziel, h aus dem Nenner zu kürzen

$= \frac{0{,}25(-4+h)^2 - 0{,}25(-4)^2}{h} = \frac{0{,}25(16 - 8h + h^2) - 4}{h}$

$= \frac{4 - 2h + 0{,}25h^2 - 4}{h} = -2 + 0{,}25h$

3. Ermitteln des Grenzwerts für $h \to 0$

$f'(2) = \lim_{h \to 0}(1 + 0{,}25h) = 1$

b) $f(x) = 0{,}5x^2 - 1;\ x_0 = 1$

$\frac{f(x_0+h)-f(x_0)}{h}$

$= \frac{0{,}5(1+h)^2 - 1 - (0{,}5 \cdot 1^2 - 1)}{h}$

$= \frac{0{,}5(1+h)^2 - 1 - (0{,}5 \cdot 1^2 - 1)}{h} = \frac{0{,}5(1 + 2h + h^2) - 1 - 0{,}5 + 1}{h}$

$= \frac{0{,}5 + h + 0{,}5h^2 - 0{,}5}{h} = 1 + 0{,}5h$

$f'(1) = \lim_{h \to 0}(-1 + 0{,}5h) = -1$

2 Ergänzen Sie die Tabelle.

Funktion f und Stelle x_0	Differenzenquotient mit h als einziger Variable	Limes für h gegen 0
$f(x) = 5x^2;\ x_0 = 3$	$\frac{5(3+h)^2 - (5 \cdot 3^2)}{h}$	$f'(3) = \lim_{h \to 0}(30 + 5h) = 30$
$f(x) = 4x^2 - 6;\ x_0 = 5$	$\frac{4(5+h)^2 - 6 - ((4 \cdot 5^2) - 6)}{h}$	$f'(5) = \lim_{h \to 0}(40 + 4h) = 40$
$f(x) = (x-1)^3 \quad x_0 = 1$	$\frac{((1+h)-1)^3 - (1-1)^3}{h}$	$f'(1) = \lim_{h \to 0}(h^2) = 0$

Zusatzaufgabe: Formen Sie den Differenzenquotienten so um, dass h nicht im Nenner steht. **individuelle Lösung**

3 Ableitungsfunktionen und Ableitungen an der Stelle x: Tragen Sie die gegebenen Ableitungsfunktionen und Ableitungen an der Stelle x ein. Rechnen Sie, wenn nötig, auf einem zusätzlichen Blatt Papier.

$f'(x) = 2x$ | $f'(x) = 2x + 2$ | $f'(x) = -14x - 2$ | $f'(x) = 14x$ | $f'(-1) = 12$ | $f'(x) = -2x - 2$

$f'(2) = 6$ | $f'(x) = -2x + 2$ | $f'(6) = 12$ | $f'(10) = -18$ | $f'(0{,}5) = 7$ | $f'(2) = -6$

Funktion f	Ableitungsfunktion f'	Ableitung an der Stelle x
$f(x) = x^2$	$f'(x) = 2x$	$f'(6) = 12$
$f(x) = 7x^2$	$f'(x) = 14x$	$f'(0{,}5) = 7$
$f(x) = x^2 + 5$	$f'(x) = 2x$	$f'(6) = 12$
$f(x) = x^2 + 2x$	$f'(x) = 2x + 2$	$f'(2) = 6$
$f(x) = -x^2 + 2x$	$f'(x) = -2x + 2$	$f'(10) = -18$
$f(x) = -x^2 + 2x - 7$	$f'(x) = -2x + 2$	$f'(10) = -18$
$f(x) = -x^2 - 2x - 0{,}75$	$f'(x) = -2x - 2$	$f'(2) = -6$
$f(x) = -7x^2 - 2x - 4$	$f'(x) = -14x - 2$	$f'(-1) = 12$

4 Ableitungsfunktion: Betrachten Sie den Graphen von f mit $f(x) = x^3 - 6x^2 + 9x$ im Intervall $-0{,}1 < x < 4$.

Hilfe: Der Funktionswert der Ableitungsfunktion f' an der Stelle x entspricht der Steigung von f an dieser Stelle.

a) Ergänzen Sie die Zahlen und skizzieren Sie passende Tangenten am Graphen f.

① zur x-Achse parallele Tangenten

$f'(1) = 0$ **Hochpunkt** $\quad f'(3) = 0$ **Tiefpunkt**

② Tangenten mit positiver Steigung

$f'(x) > 0$ für $-0{,}1 < x < 1$ und $3 < x < 4$

③ Tangenten mit negativer Steigung

$f'(x) < 0$ für $1 < x < 3$

b) Skizzieren Sie die Ableitungsfunktion f' mit $f'(x) = 3(x-2)^2 - 3$ mit $S(2|-3)$. Nutzen Sie Ihre Ergänzungen bei Teilaufgabe a.

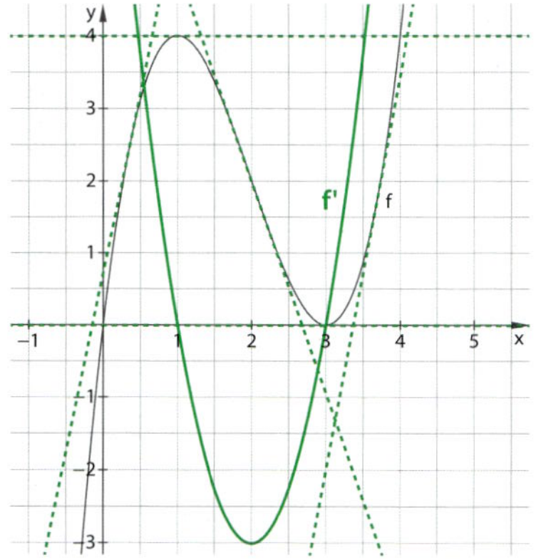

5 In dem Koordinatensystem ist der Graph einer Funktion f abgebildet.

a) Ergänzen Sie ganze Zahlen in der Tabelle.

Hilfe: Zeichnen Sie passende Tangenten an den Graphen von f.

x	0	1	2	3	4	5
f'(x)	−4	0	2	2	0	−4

b) Geben Sie passende Teilintervalle für den Graphen im Intervall $0 < x < 5$ an.

$f'(x) > 0$ für $1 < x < 4$

$f'(x) < 0$ für $0 < x < 1$ und $4 < x < 5$

c) Skizzieren Sie den Graphen der Ableitungsfunktion f' im Intervall $0 < x < 5$.

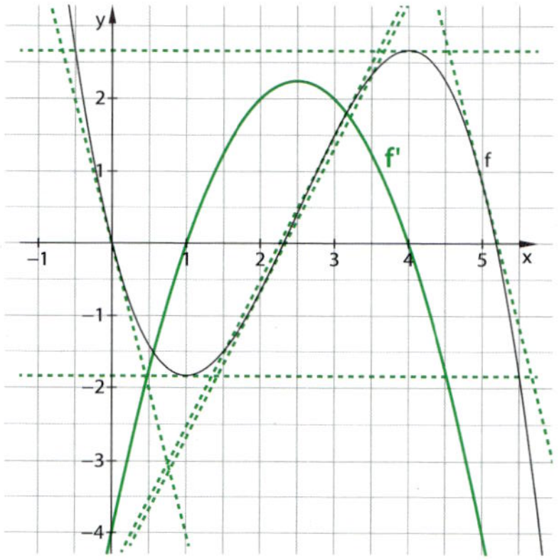

6 Eigenschaften einer Funktion und ihrer Ableitungsfunktion: Verbinden Sie zusammenpassende Paare mit Linien.

Der Graph von f …	Der Graph von f' …
ist fallend (Steigung m mit m < 0)	schneidet die x-Achse
parallel zur x-Achse	verläuft unterhalb der x-Achse
fällt am steilsten ab	verläuft entlang der x-Achse
ist steigend (Steigung m mit m > 0)	hat einen Hochpunkt
hat einen Extrempunkt	verläuft oberhalb der x-Achse
ist eine Gerade	hat einen Tiefpunkt
steigt am steilsten an	ist parallel zur x-Achse

Weiterführende Aufgaben

7 Die Abbildung zeigt das Weg-Zeit-Diagramm der geradlinigen Bewegungen eines Massepunktes von A über B nach C.
Kreuzen Sie richtige Lösungen an.

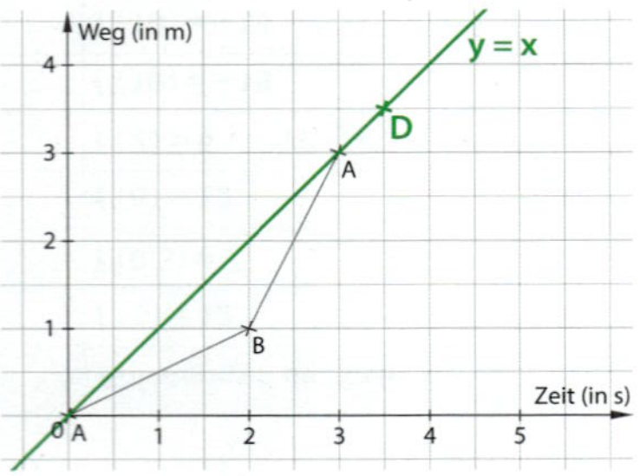

a) Die Durchschnittsgeschwindigkeit des Massepunktes zwischen A und C beträgt

- [ ] 2 m/s
- [x] 3,6 km/h
- [x] 6 dm/min
- [x] 1 m/s

b) Der Massepunkt muss sich von C aus in der nächsten Sekunde bis zu einem weiteren Punkt D mindestens noch so viele Meter bewegen, wenn er für den Gesamtweg von A nach D eine Durchschnittsgeschwindigkeit von 1 m/s nicht unterschreiten soll:

- [ ] 0,5 m
- [ ] 2,0 m
- [ ] 1,5 m
- [x] 1,0 m

8 Die Bewegung eines Fahrzeuges lässt sich für den Zeitraum $0 \le t \le 15$ mathematisch modellieren durch die Funktion v mit $v(t) = -0{,}01t^3 + 0{,}2t^2$; dabei beschreiben v die Geschwindigkeit in m/s und t die Zeit in s. Der Graph von v ist der Abbildung zu entnehmen. Entnehmen Sie der Gleichung oder dem Graphen Näherungswerte für

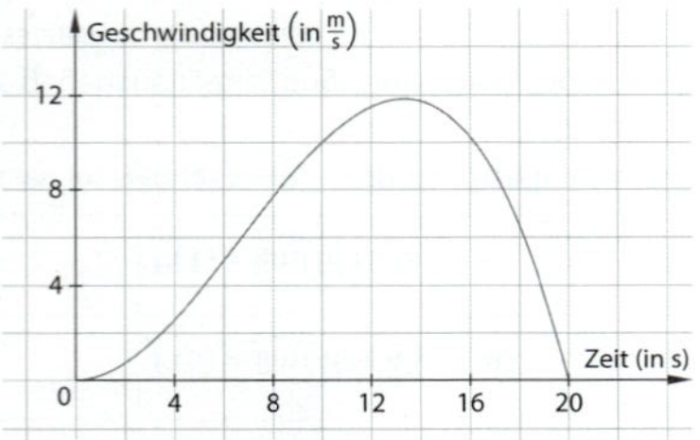

a) die Momentangeschwindigkeit für t = 2 s:
$v(2) \approx 0{,}72$ m/s (Funktionswert)

b) die Beschleunigung a(t) für t = 2:
$a(t) \approx 0{,}7$ m/s² (Tangentenanstieg)

c) die durchschnittliche Beschleunigung im Intervall $0 \le t \le 15$:
$\frac{\Delta v}{\Delta t} = \frac{v(15\,m/s) - v(0\,m/s)}{15\,s - 0s} \approx$ **0,75 m/s² (Sekantenanstieg)**

d) den zurückgelegten Weg im Intervall $6 \le t \le 10$: ca. **ca. 30 m (Trapezfläche)**

9 In ein zylinderförmiges Glas wird zügig Bier gegossen, so dass sich eine kräftige Schaumsäule bildet. Die Stoppuhr wird sofort in Gang gesetzt und die absolute Schaumhöhe wird im 30-Sekunden-Takt gemessen, insgesamt ca. 5 Minuten lang. Die Tabelle enthält die Messwerte.

t in min	0,5	1,0	1,5	2,0	2,5	3,0	3,5	4,0	4.5	5,0
h in cm	9,8	7,6	5,9	4,5	3,5	2,7	2,1	1,6	1,2	1,0
Änderungsrate	−4,4		−2,8		−1,6		−1,0		−0,4	

a) Veranschaulichen Sie die Messwerte im Diagramm.
b) Berechnen Sie die durchschnittliche Änderungsrate zweier paarweise aufeinander folgender Höhen und tragen Sie diese in die Tabelle ein.
c) Geben Sie einen Schätzwert an für die momentane Änderungsrate der Höhe für t = 3:
−1,4 cm/min

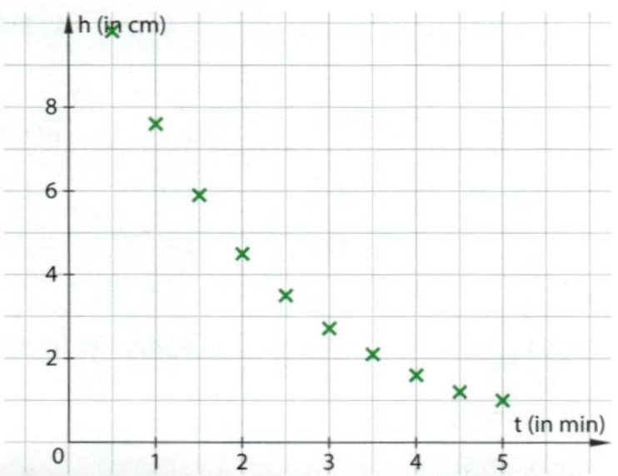

10 Graphen von Funktionen und Ableitungsfunktionen:
Ordnen Sie dem Graphen der Funktion den der Ableitungsfunktion zu.
Beschriften Sie dazu die Graphen mit f, g, h, k bzw. f′, g′, h′, k′.
Markieren Sie die für Ihre Entscheidung maßgeblichen Punkte auf den Graphen.
Zusatzaufgabe: Begründen Sie Ihre Zuordnungen.

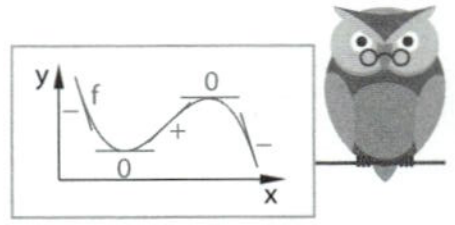

individuelle Lösung

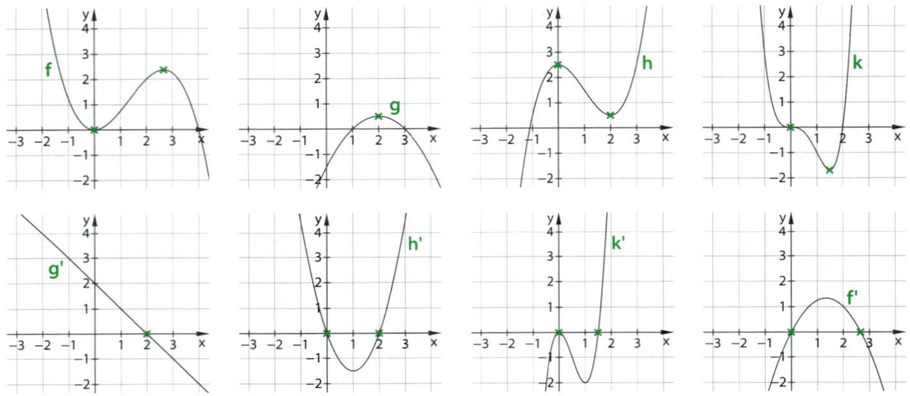

11 Die Abbildung zeigt das Weg-Zeit-Diagramm einer Autofahrt. Auf der Strecke besteht eine Geschwindigkeitsbegrenzung von $60\,\frac{km}{h}$.

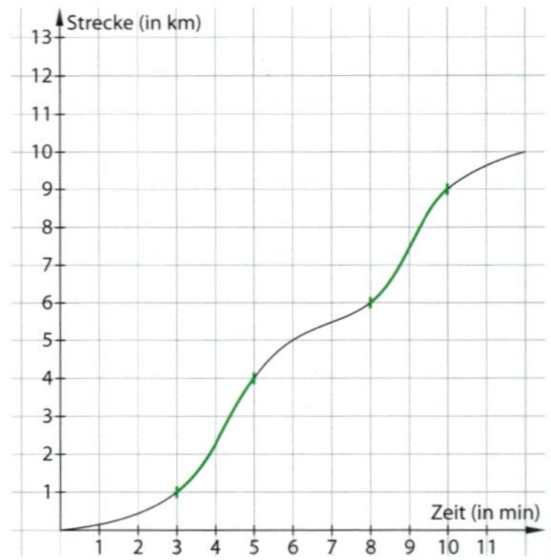

a) Berechnen Sie die Durchschnittsgeschwindigkeit im abgebildeten Intervall in Kilometern pro Stunde.
$\bar{v} = \frac{10\,km}{12\,min} = 50\,\frac{km}{h}$

b) Ermitteln Sie die Steigung des Graphen in $\frac{km}{min}$, die einer Momentangeschwindigkeit von $60\,\frac{km}{h}$ entspricht.
$\frac{60\,km}{1\,h} = \frac{60\,km}{60\,min} = 1\,\frac{km}{min}$

c) Markieren Sie die Teile des Graphen, bei denen die Höchstgeschwindigkeit von $60\,\frac{km}{h}$ überschritten wird.
Markiert sind die Intervalle [3; 6] und [8; 10].

12 Ergänzen Sie zu wahren Aussagen.
Wenn der Graph von f′ oberhalb der x-Achse verläuft, dann ist die Steigung von f **positiv.**
Wenn der Graph von f′ unterhalb der x-Achse verläuft, dann ist die Steigung von f **negativ.**
Wenn der Graph von f′ die x-Achse schneidet, dann hat f an der Stelle **einen Hoch- oder Tiefpunkt.**
Wenn der Graph von f′ eine Parabel ist, dann ist f **eine Funktion dritten Grades.**
Wenn der Graph von f eine Gerade ist, dann verläuft der Graph von f′ **parallel zur x-Achse.**
Betrachtet man die Funktion g = −f, dann gilt für g′: **g′ = −f′.**

Basisaufgaben

1 Potenzen mit natürlichen Exponenten: Kreuzen Sie die richtigen Antworten an.

$f(x) = x^3$:	☐ $f'(x) = x^2$	☐ $f'(x) = x^4$	☒ $f'(x) = 3x^2$
$f(x) = x^m$:	☐ $f'(x) = (m-1)x^m$	☐ $f'(x) = x^{m-1}$	☒ $f'(x) = mx^{m-1}$
$v(u) = u^5$:	☐ $v'(u) = u^4$	☐ $v'(u) = 4u^5$	☒ $v'(u) = 5u^4$
$f(x) = a^2$:	☐ $f'(x) = 2a^1$	☒ $f'(x) = 0$	☐ $f'(x) = a^2$
$a(t) = t$:	☐ $a'(t) = 0$	☒ $a'(t) = t^{1-1}$	☒ $a'(t) = 1$
$f(x) = x^{3n}$:	☐ $f'(x) = 3x^{2n}$	☐ $f'(x) = 3n \cdot x^{2(n-1)}$	☒ $f'(x) = 3n \cdot x^{2n-1}$

2 Potenzen mit rationalen Exponenten: Ordnen Sie durch Pfeile zu.

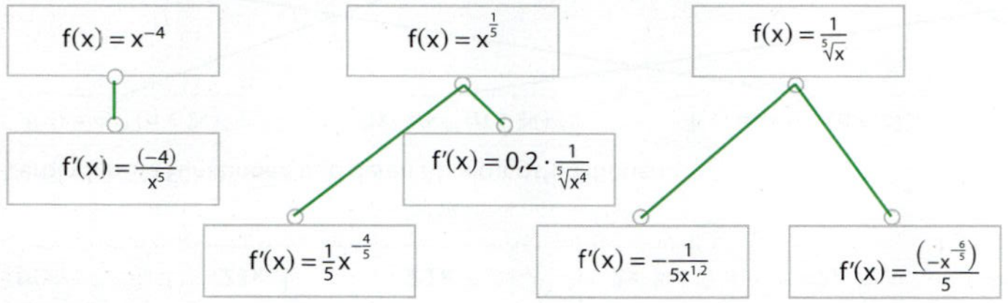

$f(x) = x^r;\ r \in \mathbb{Q}$
$f'(x) = r \cdot x^{r-1}$

3 Bestimmen Sie die Ableitung der Funktion f an der Stelle x_0, falls möglich.

Funktion f	Stelle x_0	Ableitungsfunktion f'	$f'(x_0)$
$f(x) = x^6$	$x_0 = -1$	$f'(x) = 6x^5$	$f'(-1) = -6$
$f(x) = \frac{1}{x}$	$x_0 = 0$	$f'(x) = -x^{-2}$	$f'(0) = $ n. d.
$f(x) = \frac{1}{\sqrt{x}}$	$x_0 = 1$	$f'(x) = -\frac{1}{2\sqrt{x^3}}$	$f'(1) = -\frac{1}{2}$
$f(x) = 5$	$x_0 = 5$	$f'(x) = 0$	$f'(5) = 0$

4 Gegeben ist die Funktion $f(x) = x^2$.

a) Ermitteln Sie die Stelle x_0, an der die Tangente an den Graph von f denselben Anstieg hat wie die Sekante durch die Punkte $P(0\,|\,f(0))$ und $Q(1\,|\,f(1))$.

b) Bestimmen Sie die Gleichung dieser Tangente.

Anstieg der Sekante: $m = \frac{1^2 - 0^2}{1 - 0} = 1$

Ableitung von f: $f'(x) = 2x$

Stelle x_0: $2 \cdot x_0 = 1 \Rightarrow x_0 = \frac{1}{2}$

Tangentengleichung: $\left(\frac{1}{2}\right)^2 = 1 \cdot \frac{1}{2} + n \Rightarrow n = -\frac{1}{4}$

$\Rightarrow y = x - \frac{1}{4}$

Zusatzaufgabe: Zeichnen Sie die Tangente ein.

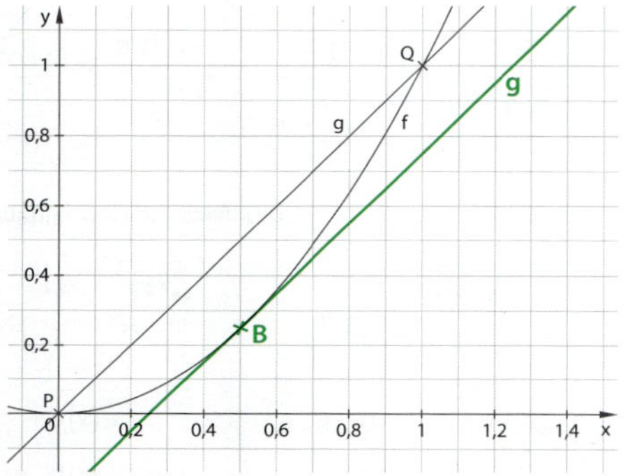

c) Beschreiben Sie, wie sich der Anstieg der Gerade durch die Punkte P und Q ändert, wenn Q entlang der Parabel immer näher an P heranrückt und schließlich P erreicht.

Der Anstieg wird kleiner und schließlich zu 0, aus der Sekante wird die Tangente in P.

Weiterführende Aufgaben

5 Kreuzen Sie alle die Funktionen f an, die zur gegebenen Ableitungsfunktion f' gehören.

$f'(x) = 7x^6$:	☐ $f(x) = 7x^7$	☒ $f(x) = x^7 + 7$	☒ $f(x) = x^7 - 7$
$f'(x) = \frac{1}{3\sqrt[3]{x^2}}$:	☒ $f(x) = \sqrt[3]{x} + 1$	☒ $f(x) = x^{\frac{1}{3}} - 2$	☒ $f(x) = x^{\frac{2}{6}}$
$f'(x) = \frac{-1}{2\sqrt{x^3}}$:	☒ $f(x) = x^{-\frac{1}{2}} - 2$	☒ $f(x) = \frac{1}{\sqrt{x}} + \pi$	☒ $f(x) = \frac{1}{x^{\frac{1}{2}}} + \sqrt{2}$
$f'(x) = -k \cdot x^{-(k+1)}$:	☐ $f(x) = -x^{k+1}$	☒ $f(x) = -x^{-k} + 1$	☒ $f(x) = 1 + \frac{1}{x^k}$

6 Zeichnen Sie Graphen möglicher Funktionen f ein, die zum abgebildeten Graphen der Ableitungsfunktion f' gehören.

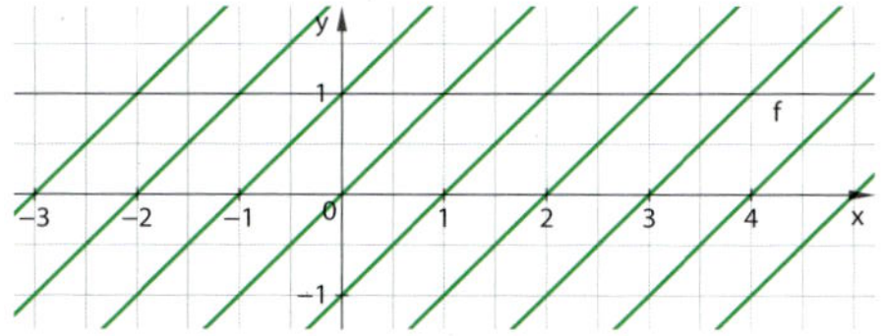

Als Lösungen kommen alle linearen Funktionen $f(x) = 1 \cdot x + n$ mit $n \in \mathbb{R}$ infrage.

7 Bestimmen Sie rechnerisch die Stellen, an denen die Funktionen $f(x) = x^2$ und $g(x) = x^3$ den gleichen Anstieg haben. Zeichnen Sie die zugehörigen Tangenten ein und geben Sie deren Gleichungen an.

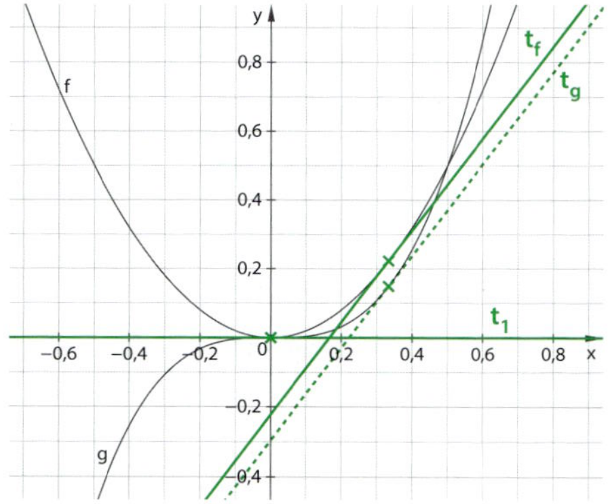

Ableitungen: $f'(x) = 2x;\ g'(x) = 3x^2$

Gleichsetzen:

$2x = 3x^2$

$0 = 3x^2 - 2x$

$0 = x \cdot (3x - 2)$

$x_1 = 0$ und $x_2 = \frac{2}{3}$

Die Funktionen f und g haben an den Stellen $x_1 = 0$ und $x_2 = \frac{2}{3}$ den gleichen Anstieg. Die gemeinsame Tangente bei $x_1 = 0$ hat die Gleichung $y = 0$.

Die parallelen Tangenten bei $x_2 = \frac{2}{3}$ haben die Gleichungen $y = \frac{4}{3}x - \frac{4}{9}$ (für die Funktion f) bzw. $y = \frac{4}{3}x - \frac{16}{27}$ (für die Funktion g).

8 Prüfen Sie durch handschriftliche Rechnung, ob der CAS-Rechner hier richtig gerechnet hat. Beurteilen Sie, ob die Warnung berechtigt ist.

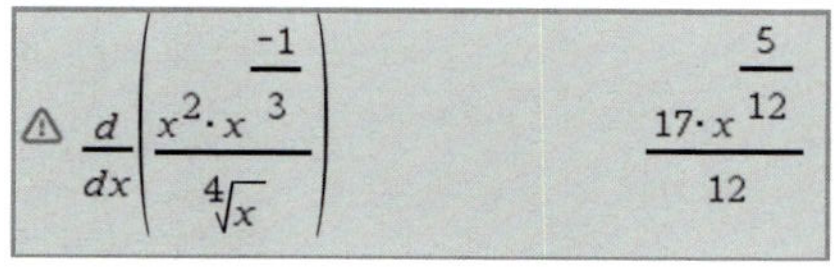

$\left(\frac{x^2 \cdot x^{-\frac{1}{3}}}{\sqrt[4]{x}}\right)' = \left(x^{\frac{24}{12}} \cdot x^{-\frac{4}{12}} \cdot x^{-\frac{3}{12}}\right)' = \left(x^{\frac{24}{12} - \frac{4}{12} - \frac{3}{12}}\right)' = \left(x^{\frac{17}{12}}\right)'$

$= \frac{17}{12} \cdot x^{\frac{17}{12} - 1} = \frac{17}{12} \cdot x^{\frac{5}{12}} \Rightarrow$ Stimmt!

Die Warnung ist berechtigt: Der Term $\frac{x^2 \cdot x^{-\frac{1}{3}}}{\sqrt[4]{x}}$ ist für $x = 0$ nicht definiert. Diese Einschränkung gilt beim Ergebnis $\frac{17}{12} \cdot x^{\frac{5}{12}}$ nicht.

Basisaufgaben

1 Potenzregel: Kreuzen Sie die Ableitungsfunktion der Potenzfunktion mit natürlichen Exponenten an.

Hilfe: Wenn $f(x) = x^n$ $(n \in \mathbb{N})$, dann gilt $f'(x) = n \cdot x^{n-1}$.

a) $f(x) = x^6$	☐ $f'(x) = 6x^6$	☒ $f'(x) = 6x^5$	☐ $f'(x) = 5x^6$
b) $g(x) = x^{13}$	☐ $g'(x) = 13x^{13}$	☒ $g'(x) = 13x^{12}$	☐ $g'(x) = 12x^{13}$
c) $h(x) = x$	☐ $h'(x) = -x$	☐ $h'(x) = x^{-1}$	☒ $h'(x) = 1$

2 Geben Sie die Gleichung der Ableitungsfunktion f′ an.

a) $f(x) = x^4$, $f'(x) =$ **$4x^3$**
b) $f(x) = x^{14}$, $f'(x) =$ **$14x^{13}$**
c) $f(x) = x^{44}$, $f'(x) =$ **$44x^{43}$**
d) $f(x) = x^{77}$, $f'(x) =$ **$77x^{76}$**

3 Leiten Sie die Potenzfunktionen mit rationalen Exponenten mithilfe der Potenzregel ab.

Hilfe: Wenn $f(x) = x^r$ $(r \in \mathbb{R})$, dann gilt $f'(x) = r \cdot x^{r-1}$.

f(x)	x^{-10}	x^{-20}	$-x^{-15}$	$x^{-0,1}$	$x^{-\frac{2}{5}}$	$x^{-2,1}$
f′(x)	$-10x^{-11}$	$-20x^{-21}$	$15x^{-16}$	$-0,1x^{-1,1}$	$-0,4x^{-1,4}$	$-2,1x^{-3,1}$

4 Schreiben Sie den Funktionsterm als Potenz mit der Basis x. Geben Sie die Gleichung der Ableitungsfunktion f′ an

f(x)	$\frac{1}{x^8} = x^{-8}$	$\frac{1}{x^4} = x^{-4}$	$\frac{1}{x^{-6}} = x^6$	$\sqrt[4]{x} = x^{\frac{1}{4}}$	$\sqrt[5]{x^2} = x^{\frac{2}{5}}$	$\sqrt[4]{x^3} = x^{\frac{3}{4}}$
f′(x)	$-8x^{-9}$	$-4x^{-5}$	$6x^5$	$\frac{1}{4}x^{-\frac{3}{4}}$	$\frac{2}{5}x^{-\frac{3}{5}}$	$\frac{3}{4}x^{-\frac{1}{4}}$

5 Faktorregel: Geben Sie den Funktionsterm der Ableitungsfunktion an.

Hilfe: Wenn $f(x) = k \cdot g(x)$ mit $k \in \mathbb{R}$, dann gilt $f'(x) = k \cdot g'(x)$.

f(x)	$7x^{-3}$	$-11x^{-2}$	$-\frac{2}{5}x^{-5}$	$4x^{-\frac{1}{2}}$	$-3x^{-\frac{1}{5}}$	$-\frac{2}{3}x^{-\frac{2}{3}}$
f′(x)	$-21x^{-4}$	$22x^{-3}$	$2x^{-6}$	$-2x^{-\frac{3}{2}}$	$\frac{3}{5}x^{-\frac{6}{5}}$	$\frac{4}{9}x^{-\frac{5}{3}}$

6 Verbinden Sie Funktionen und deren Ableitungsfunktionen.

$f(x) = 4x^n$ $(n \in \mathbb{N})$ | $f(x) = x^{2n}$ $(n \in \mathbb{N})$ | $f(x) = -x^{n+7}$ $(n \in \mathbb{N})$ | $f(x) = -1,5x^{20}$

$f'(x) = -(n+7) \cdot x^{n+6}$ | $f'(x) = 4n \cdot x^{n-1}$ | $f'(x) = 3x^{20}$ | $f'(x) = -30x^{19}$ | $f'(x) = 2n \cdot x^{2n-1}$

Zusatzaufgabe: Eine Ableitungsfunktion f′ bleibt übrig. Geben Sie dazu die Gleichung einer zugehörigen Funktion f an.
$f(x) = \frac{1}{7}x^{21}$

7 Korrigieren Sie, wenn nötig, die Ableitungsfunktion in der unteren Zeile.

f(x)	$2x^2$	$\frac{1}{5}x^5$	$\frac{1}{5x^5}$	$2x^{-7}$	$\frac{1}{\sqrt{x}}$	$2\sqrt[3]{x}$
f′(x)	~~x~~ **4x**	x^4	~~$\frac{1}{x^4}$~~ **$-\frac{1}{x^6}$**	**$-14x^{-8}$** ~~$-2\frac{1}{7x^8}$~~	$-\frac{1}{2}x^{-\frac{3}{2}}$	$2\frac{1}{3\sqrt[3]{x^2}}$

b) Nennen Sie naheliegende Fehlerursachen. **individuelle Lösung**

8 Summenregel: Leiten Sie die Funktion ab.
Multiplizieren Sie, wenn nötig, den Funktionsterm aus.

Hilfe: Wenn $f(x) = g(x) + k(x)$, dann gilt $f'(x) = g'(x) + k'(x)$.

a) $f(x) = x^3 + x^{17}$
$f'(x) =$ **$3x^2 + 17x^{16}$**

b) $f(x) = x^4 + 4x^2$
$f'(x) =$ **$4x^3 + 8x$**

c) $f(x) = 8x^5 + 4x^{-4}$
$f'(x) =$ **$40x^4 - 16x^{-5}$**

d) $f(x) = 7x^5 - 6x^3 + 7x - 4$
$f'(x) =$ **$35x^4 - 18x^2 + 7$**

e) $f(x) = \frac{(x+4)^2}{2} =$ **$0,5x^2 + 4x + 8$**
$f'(x) =$ **$x + 4$**

f) $f(x) = \frac{1}{x}(3x^5 - 2x^4 + x^2) =$ **$3x^4 - 2x^3 + x \quad (x \neq 0)$**
$f'(x) =$ **$12x^3 - 6x^2 + 1$**

g) $f(x) = x^2(4x - 7) =$ **$4x^3 - 7x^2$**
$f'(x) =$ **$12x^2 - 14x$**

h) $f(x) = r(sx^2 - tx + u) =$ **$rsx^2 - rtx + ru$**
$f'(x) =$ **$2rsx - rt$**

9 Ergänzen Sie zuerst die Ableitungsfunktionen g′, h′ sowie k′ und danach die Tabelle.

$g(x) = x^5$ | $h(x) = 3 \cdot \frac{1}{x^4}$ | $k(x) = \sqrt[3]{x^5}$

$g'(x) =$ **$5x^4$** | $h'(x) =$ **$-12x^{-5}$** | $k'(x) =$ **$\frac{5}{3}x^{\frac{2}{3}}$**

Funktion f	Struktur von f	Ableitungsfunktion f′
$x^5 + \sqrt[3]{x^5}$	$g(x) + k(x)$	$5x^4 + 1\frac{2}{3}x^{\frac{2}{3}}$
$x^5 - 3 \cdot \frac{1}{x^4}$	**$g(x) - h(x)$**	**$5x^4 + 12x^{-5}$**
$\sqrt[3]{x^5} + 3 \cdot \frac{1}{x^4}$	**$k(x) + h(x)$**	**$\frac{5}{3}x^{\frac{2}{3}} - 12x^{-5}$**
$x^5 + 3 \cdot \frac{1}{x^4} - 0,5x^2$	**$g(x) + h(x) - 0,5x^2$**	**$5x^4 - 12x^{-5} - x$**
$3 \cdot \frac{1}{x^4} - \sqrt[3]{x^5} + x$	**$h(x) - k(x) + x$**	**$-12x^5 - \frac{5}{3}x^{\frac{2}{3}} + 1$**
$x^5 - \sqrt[3]{x^5}$ **(… + c; c∈ℝ)**	$g(x) - k(x)$	**$5x^4 - \frac{5}{3}x^{\frac{2}{3}}$**
$x^5 + 3 \cdot \frac{1}{x^4}$ **(… + c; c∈ℝ)**	$g(x) + h(x)$	**$5x^4 - 12x^{-5}$**
$\sqrt[3]{x^5} - 3 \cdot \frac{1}{x^4} + x^5$ **(… + c; c∈ℝ)**	**$k(x) - h(x) + g(x)$**	$\frac{5}{3}x^{\frac{2}{3}} + 12x^{-5} + 5x^4$

10 Verbinden Sie jede Funktion mit ihrer Ableitungsfunktion.

$f(x) = 3x^4 + 2x^3 + x^2$ | $f(x) = 3x^4 - 3x^2 + 2x$ | $f(x) = x^{-1}(3x^4 + 2x^2 + x^3)$ | $f(x) = x(3x^3 + 2x^2 - x^{-2})$

$f'(x) = 12x^3 + 6x^2 + x^{-2}$ | $f'(x) = 12x^3 + 6x^2 - 2x$ | $f'(x) = 12x^2 + 4x + 3$ | $f'(x) = 12x^3 + 6x^2 + 2x$

$f'(x) = 9x^2 + 2x + 2$ | $f'(x) = 15x^4 + 4x^3 + 6x^2$ | $f'(x) = 12x^3 - 6x + 2$ | $f'(x) = 12x^3 + 3x^2$

11 Die Ableitungen sind fehlerhaft. Korrigieren Sie zuerst die Ableitung.
Geben Sie eine mögliche Fehlerursache an.

$f(x) = x^r$	$f'(x) = r \cdot x^{r-1}$
$g(x) = c$	$g'(x) = 0$
$m(x) = \sin(x)$	$m'(x) = \cos(x)$
$n(x) = \cos(x)$	$n'(x) = -\sin(x)$

a) $f(x) = 3x^2(x-4)$ $\quad f'(x) = 9x^2 - 8x$ $\quad f'(x) =$ $9x^2 - 24x$

z. B. Beim Ausmultiplizieren wurde einmal der Faktor 3 vergessen ($f(x) = 3x^3 - 12x^2$).

b) $f(x) = (x+2)(x+6)$ $\quad f'(x) = 2x + 20$ $\quad f'(x) =$ $2x + 8$

z. B. Beim Ableiten wurde die Konstante „mitgenommen“ ($f(x) = x^2 + 8x + 12$).

c) $f(x) = 5(x^2-2)(x^2+2)^2$ $\quad f'(x) = 5(6x^6 + 24x^4 + 24x^2)$ $\quad f'(x) =$ $5(6x^5 + 8x^3 - 8x)$

z. B. Beim Multiplizieren wurde das Minus vergessen, beim Ableiten die Exponenten $f(x) = 5(x^6 + 2x^4 - 4x^2 - 8)$.

d) $9x^4 - 3x^{-3} - 6\cos(x)$ $\quad f'(x) = 36x^3 - 9x^{-2} - 6\sin(x)$ $\quad f'(x) =$ $36x^3 + 9x^{-4} + 6\sin(x)$

z. B. Beim Ableiten wurde ein Exponent erhöht statt verkleinert und cos wird zu (−sin).

12 Ableitung an einer Stelle: Bestimmen Sie die Ableitung (Steigung) an der Stelle.

a) $f(x) = 0{,}1x^5$
$f'(x) =$ $0{,}5x^4$
$f'(0) =$ $0{,}5 \cdot 0^4 = 0$
$f'(2) =$ $0{,}5 \cdot 2^4 = 8$

b) $f(x) = 6x^3 + 3x - 7$
$f'(x) =$ $18x^2 + 3$
$f'(0) =$ $18 \cdot 0^2 + 3 = 3$
$f'(2) =$ $18 \cdot 2^2 + 3 = 75$

c) $f(x) = \frac{x^6 + x^2}{x^3} =$ $x^3 + x^{-1}$
$f'(x) =$ $3x^2 - \frac{1}{x^2}$
$f'(1) =$ $3 \cdot (1)^2 - \frac{1}{(1)^2} = 3 - 1 = 2$
$f'(-2) =$ $3 \cdot (-2)^2 - \frac{1}{(-2)^2} = 12 - 0{,}25 = 11{,}75$

d) $f(x) = (\sqrt{x} + 3)^2 =$ $x + 6\sqrt{x} + 9 = x + 6 \cdot x^{\frac{1}{2}} + 9$
$f'(x) =$ $1 + 3 \cdot x^{-\frac{1}{2}}$
$f'(4) =$ $1 + 3 \cdot 4^{-\frac{1}{2}} = 1 + 1{,}5 = 2{,}5$
$f'(9) =$ $1 + 3 \cdot 9^{-\frac{1}{2}} = 1 + 1 = 2$

13 Markieren Sie alle zu einer Funktion passenden Karten mit der gleichen Farbe (oder dem gleichen Symbol).

$f(x) = 2x^3$ A — $f(x) = 2x^3 - x$ B — $f(x) = 2x^3 + x^2$ C — $f(x) = x^2 + \cos(x)$ G
$f(x) = -3x^2$ D — $f(x) = 3x^2 + 3x$ E — $f(x) = 3x^2 + 3x^3$ F — $f(x) = x^{-2} - \sin(30°)$ H

$f'(x) = 6x^2$ A — $f'(x) = -2x^{-3}$ H — $f'(x) = 6x^2 + 2x$ C — $f'(x) = 6x^2 - 1$ B
$f'(x) = -6x$ D — $f'(x) = 6x + 9x^2$ F — $f'(x) = 6x + 3$ E — $f'(x) = 2x - \sin(x)$ G

$f'(-4) = -21$ E — $f'(5) = 255$ F — $f'(4) = 96$ A — $f'(5) = 149$ B — $f'(-2) = 0{,}25$ H
$f'(-5) = 195$ F — $f'(\pi) = 2\pi$ G — $f'(-5) = 149$ B — $f'(-5) = 30$ D — $f'(4) = 104$ C — $f'(1) = 8$ C

Weiterführende Aufgaben

14 Ableitungsregeln mit Abkürzungen angeben

a) Ergänzen Sie die vier Abkürzungen der Ableitungsregeln.

Pn	Potenzregel für natürliche Exponenten	F	Faktorregel
Pr	Potenzregel für rationale Exponenten	S	Summenregel

$f(x) = 3 \cdot \sqrt{x} - x^3$
F, Pr, S, Pn →
$f'(x) = 3 \cdot \frac{1}{2\sqrt{x}} - 3x^2$

b) Geben Sie an, in welcher Reihenfolge die Ableitungsregeln angewandt wurden.
z. B. 1. Möglichkeit: S – F – Pr – Pn
2. Möglichkeit: S – F – Pn – Pr

Zusatzaufgabe: Finden Sie eine weitere Möglichkeit.

c) Leiten Sie ab und ergänzen Sie die Kürzel der angewandten Regeln. Vergeben Sie, wenn nötig, weitere Kürzel.

① $f(x) = 7 \cdot x^4 + x^{-3}$
F, Pn, S, Pr →
$f'(x) =$ $7 \cdot 4x^3 + (-3) \cdot x^{-4}$

② $f(x) = \frac{2}{3} \cdot \sin(x) + 2 \cdot \sqrt{x}$
F, TR, S, F, Pr →
$f'(x) =$ $\frac{2}{3} \cdot \cos(x) + 2 \cdot \frac{1}{2\sqrt{x}}$

Anmerkung: Es gibt neben F, Pn, Pr und S weitere Ableitungsregeln.

15 Bestimmen Sie die Ableitung.
Bringen Sie dazu zuerst die Funktionsterme in eine geeignete Form.

$f(x) = \frac{1}{x} \cdot (x-1) \cdot (x^2 + 3x)$ $\quad (x \neq 0)$

$f(x) = \frac{1}{x} \cdot ($ $x^3 + 3x^2 - x^2 - 3x$ $) =$ $x^2 + 2x - 3$

$f'(x) =$ $2x + 2$

16 Wird der Graph einer Funktion f um a nach rechts in Richtung der x-Achse verschoben, so entsteht der Graph einer neuen Funktion g mit dem Funktionsterm $g(x) = f(x-a)$.

a) Gilt für die Ableitungsfunktion von g: $g'(x) = f'(x-a)$?
Begründen Sie Ihre Meinung.

Ja. Wenn der Graph von f um a in Richtung der x-Achse verschoben wird, werden auch die Tangenten an den Graphen von f um a in Richtung der x-Achse verschoben, wobei sich die Steigung nicht ändert.

b) Zeigen Sie die Gültigkeit der neuen Ableitungsregel aus **a)** am Beispiel der Funktion f mit $f(x) = 3x^2$.
Leiten Sie dazu die um 5 Einheiten nach rechts in Richtung der x-Achse verschobene Funktion zuerst mit der neuen Regel aus **a)** und danach mit den vorher bekannten Regeln ab.

Ableitungsregel aus a: $\quad f'(x) = 6 \cdot x$ $\quad g'(x) = f'(x-5) = 6 \cdot (x-5) = 6x - 30$

mit vorher bekannten Regeln: $\quad g(x) = f'(x-5) = 3 \cdot (x-5)^2 = 3 \cdot (x^2 - 10x + 25) = 3 \cdot x^2 - 30 \cdot x + 75$

$g'(x) = 3 \cdot 2x - 30 = 6x - 30$

Basisaufgaben

1 Tangentengleichung: Gegeben ist Funktion f mit $f(x) = -0{,}25x^3 + 1$.
Bestimmen Sie die Gleichung der Tangente t an den Stellen $x_1 = 2$ und $x_2 = 0$ zeichnerisch und rechnerisch.

Tangente t an der Stelle $x_1 = 2$:

$m = f'(2) =$ **−3**

$f(2) =$ **$-0{,}25 \cdot 2^3 + 1 = -1$** **$T_1(2\,|\,-1)$**

$-1 = -3 \cdot 2 + b,$ somit gilt b = **5.** $t_1(x) =$ **$-3x + 5$**

Tangente t an der Stelle $x_2 = 0$:
$m = f'(0) =$ **0**

$f(0) =$ **$-0{,}25 \cdot 0^3 + 1 = 1$** **$T_2(0\,|\,1)$**

$1 = -3 \cdot 0 + b$, somit gilt b = 1. **$t_2(x) = 1$**

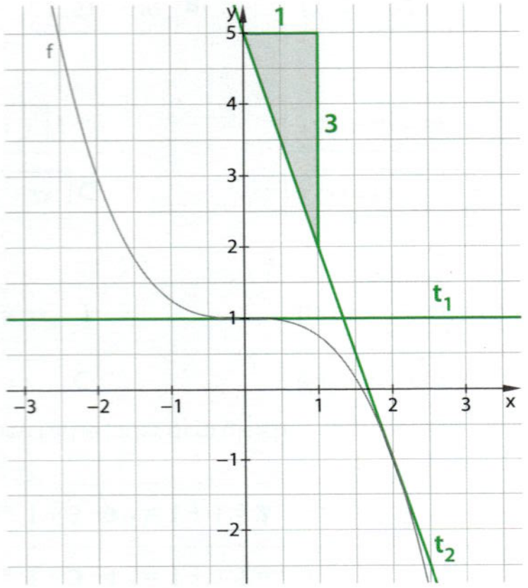

2 Die Parabel $f(x) = \frac{1}{2}x^2 - 2$ wird von der Geraden g in den Punkten $A(-2\,|\,f(-2))$ und $B(4\,|\,f(4))$ geschnitten.
Es gibt genau eine Tangente t an den Graphen von f, die parallel zur Geraden g verläuft.

a) Geben Sie in der Zeichnung die Steigung m der Geraden g an.
b) Ermitteln Sie die Koordinaten des Berührpunktes $P(x_P\,|\,y_P)$ von t an den Graphen von f und eine Gleichung der Tangente t. Zeichnen Sie die Tangente t ins Koordinatensystem ein.

$t(x_P) = mx_P + b$ bei $P(x_P\,|\,f(x_P))$
1. $m = f'(x_P)$ → m = …
2. $f(x_P) = m \cdot x_P + b$ → b = …

Gerade g und Tangente t haben **die gleiche Steigung,**

da beide zueinander parallel verlaufen. **(m = 1)**

Es gilt $f'(x) =$ **x,** somit gilt $f'(x_P) =$ **x_P.**

Es gilt $f'(x_P) = m =$ **1,** also gilt $x_P =$ **1.**

Damit ist $y_P = f(x_P) = \frac{1}{2}$ **1^2** $- 2 =$ **$-\frac{3}{2}$.**

Es gilt t(**1**) = **1** · **1** + b = **$-\frac{3}{2}$,** also gilt b = **$-\frac{5}{2}$.**

$t(x) =$ **$x - \frac{5}{2}$**

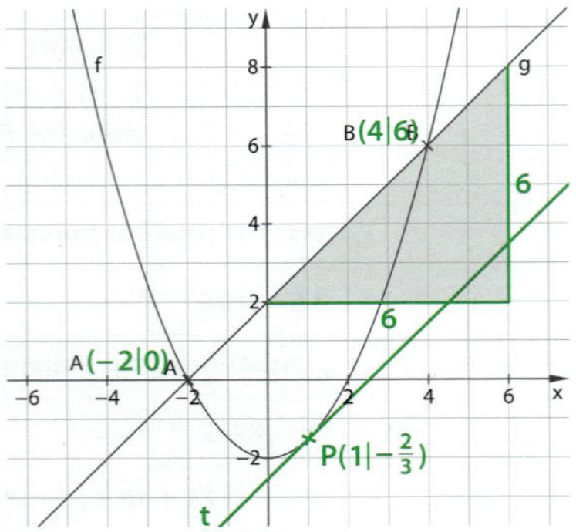

3 Steigungswinkel: Berechnen Sie mithilfe der 1. Ableitung die Steigungen des Graphen von f in den markierten Punkten sowie die Größe des Steigungswinkels.
Zusatzaufgabe: Prüfen Sie mithilfe der Zeichnung, ob ihre Ergebnisse stimmen können.

$f'(x) =$ **2x**

Punkt	Steigung	Steigungswinkel
A(−2|0)	**−4**	**−76,0°**
B(−1|3)	**−2**	**−63,4°**
C(0|−4)	**0**	**0°**
D(1,8|−0,76)	**3,6**	**74,5°**

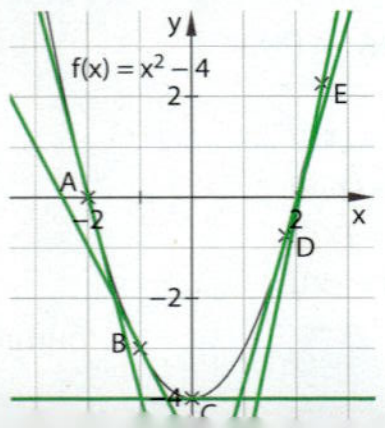

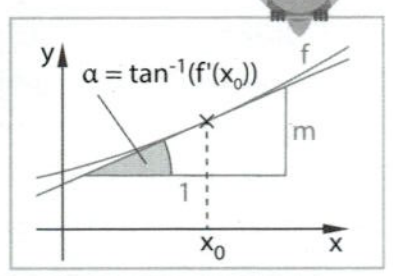

4 Ein maximales Gefälle von 15 Prozent, 18 Kurven, 122 Meter Höhenunterschied auf einer Länge von 1413 Metern - das sind die Kennzeichen der Bobbahn in Altenberg. Sie gilt als die schwierigste Kunsteisbahn der Welt.

a) Schätzen Sie den größten Steigungswinkel dieser Bobbahn. Kreuzen Sie an.
☐ 3° ☐ 6° ☒ 9° ☐ 12° ☐ 15° ☐ 18°

b) Berechnen Sie den größten Steigungswinkel dieser Bobbahn.

$\alpha = \tan^{-1}\left(\frac{15}{100}\right)$, somit gilt $\alpha \approx 8{,}53°$.

5 Schnittwinkel: Ordnen Sie den Schnittwinkeln deren Berechnung zu.
Ermitteln Sie die fehlenden Winkelgrößen.
Hilfe: Sind α und β die Steigungswinkel der Funktionen f und g an deren Schnittstelle x_0, so ist der Schnittwinkel von f und g der kleinere der beiden Winkel $|\alpha - \beta|$ und $180° - |\alpha - \beta|$.

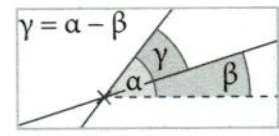

Schnittwinkel von …	Winkelberechnung:
f und x-Achse	**$\|76{,}0° - (-11{,}3°)\| = 87{,}3°$**
g und y-Achse	$\tan^{-1}(4) \approx 76{,}0°$
h und x-Achse	$180° - \|90° - (-11{,}3°)\| = 78{,}7°$
f und g	**$\tan^{-1}(-1{,}25) \approx 51{,}3°$**
h und g	**$180° - \|76{,}0° - (-11{,}3°)\| = 52{,}7°$**
h und f	$\|-11{,}5° - (-51{,}3°)\| = 40{,}0°$

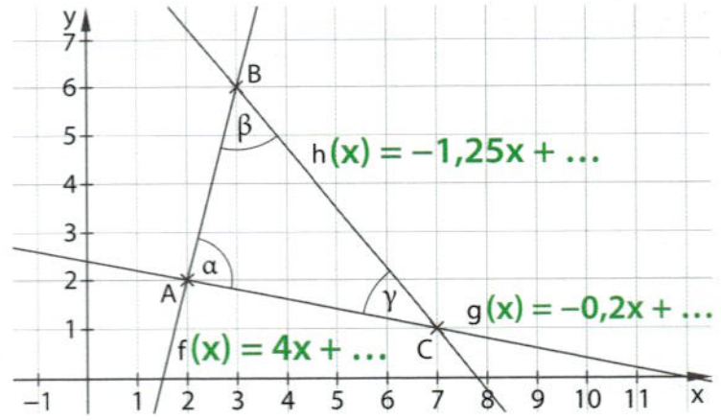

Weiterführende Aufgaben

6 Ein Schiff fährt von A aus in Richtung B einen geradlinigen Kurs.
Im Punkt B wird ein SOS-Ruf aufgenommen, der vom Punkt C kommt.
Ermitteln Sie, um wie viel Grad das Schiff den Kurs ändern sollte, um von B nach C auf geradem Wege zu kommen.

Kurs von A nach B: $m = \frac{9-3}{9-11} =$ **−3** $\alpha = \tan^{-1}($ **−3** $)$ $\alpha \approx$ **−71,57°**

Kurs von B nach C: **$m = \frac{11-9}{1-9} = -\frac{1}{4}$** $\beta = \tan^{-1}($ **−0,25** $)$ $\beta \approx$ **−14,04°**

Kurs-änderung: $\gamma = |\alpha - \beta| =$ **$|-71{,}57° - (-14{,}04°)| = 57{,}53°$**

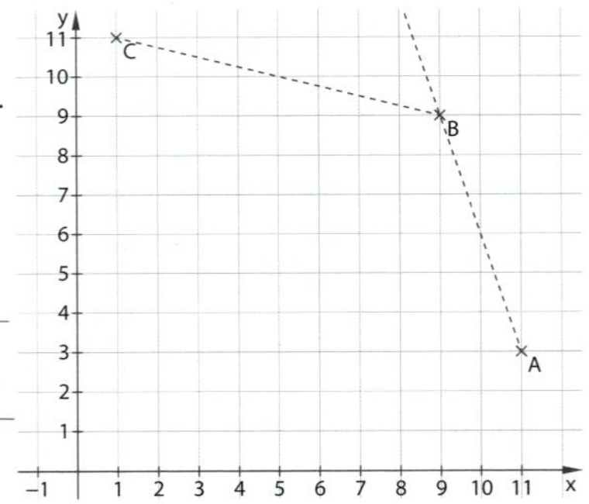

7 Ordnen Sie jeder Funktion f die passende Normale n an der Stelle $x_0 = 1$ zu.
Hilfe: Für die Steigung der Normalen gilt: $m = -\frac{1}{f'(x_0)}$.

$f(x) = x^2 - 3$	$f(x) = x^3 - 2$	$f(x) = x^2 + x - 2$	$f(x) = -x^2$	$f(x) = 1 - x^2$
$n(x) = -\frac{1}{3}x + \frac{1}{3}$	$n(x) = -\frac{1}{2}x - \frac{3}{2}$	$n(x) = 0{,}5x - 1{,}5$	$n(x) = \frac{1}{2}x - 0{,}5$	$n(x) = -\frac{1}{3}x - \frac{2}{3}$

1 Kreuzen Sie die passenden Ableitungsfunktionen an.

a) $f(x)=x^{11}$ [ ] $f'(x)=x^{10}$ [ ] $f'(x)=x^{12}$ [ ] $f'(x)=11x$ [x] $f'(x)=11x^{10}$

b) $f(x)=\frac{1}{2}x^3-\frac{1}{4}x^2+1$ [x] $f'(x)=\frac{3}{2}x^2-\frac{1}{2}x$ [ ] $f'(x)=\frac{3}{2}x^2-\frac{1}{2}$ [x] $f'(x)=1{,}5x^2-0{,}5x$ [x] $f'(x)=\frac{1}{2}x\cdot(3x-1)$

c) $f(x)=(0.2x^2-x)\cdot(x-0.2)$ [ ] $f'(x)=0.2x^3-1.06x^2+0.2x$ [x] $f'(x)=0.6x^2-2.08x+0.2$
[ ] $f'(x)=(0.4x-1)\cdot(1-0)$ [x] $f'(x)=\frac{x}{25}\cdot(15x-52)+\frac{1}{5}$

d) $f(x)=\frac{x^6-x^{-6}}{6}$ [x] $f'(x)=x^5+x^{-7}$ [ ] $f'(x)=x^5-x^{-5}$ [ ] $f'(x)=\frac{x^5-x^{-7}}{6}$ [ ] $f'(x)=\frac{6x^5-6x^{-7}}{6}$

e) $f(x)=x+1$ [x] $f'(x)=1$ [ ] $f'(x)=0{,}5x$ [ ] $f'(x)=x$ [ ] $f'(x)=2$

2 Gegeben ist die Funktion f mit $f(x)=x^3+1$.
Es sind Intervalle von f und mittlere Änderungsraten gegeben.
Verbinden Sie zusammenpassende Karten.

I = [–2;–1]	I = [–1;0]	I = [0;2]	I = [–1;2]	
m = 1	m = 4	m = 3	m = 7	m = –3

3 Kreuzen Sie alle Ergänzungen an, durch die man wahre Aussagen erhält.
Gegeben sind die Punkte $A(a\,|\,f(a))$, $B(b\,|\,f(b))$ und $P(x\,|\,f(x))$.

Der Differenzenquotient $\frac{f(b)-f(a)}{b-a}$ der Funktion f im Intervall [a; b] gibt … an.

- [ ] die lokale Änderungsrate
- [x] die mittlere Änderungsrate
- [ ] die Steigung der Passante durch A und B
- [ ] die Steigung der Tangenten von A und B
- [x] die Steigung der Sekante durch A und B

Der Wert des Differenzenquotienten $\frac{f(x)-f(x_0)}{x-x_0}$ für $x\to x_0$ gibt … an.

- [x] die lokale Änderungsrate an der Stelle x_0
- [ ] die lokale Änderungsrate an der Stelle x
- [ ] die mittlere Änderungsrate im Intervall $[x;x_0]$
- [x] die Steigung der Tangente im Punkt $P(x_0\,|\,f(x_0))$
- [ ] die Steigung der Sekante durch x

4 Gegeben ist der Graph der Funktion f mit $f(x)=x^2-3x$.
Kreuzen Sie Zutreffendes an und zeichnen Sie passende Geraden im Koordinatensystem ein.

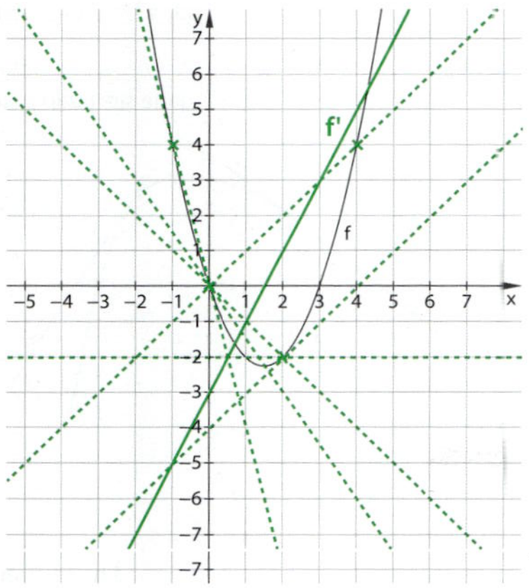

a) Die mittlere Änderungsrate ist –4 im Intervall …
[x] [–1; 0] [ ] [0; 1,5] [ ] [1,5; 3] [ ] [3; 4]

b) Die mittlere Änderungsrate m ist im Intervall [0; 4] …
[ ] m = 0 [ ] m = –1 [x] m = 1 [ ] m = 4

c) Der Steigungswinkel von f an der Stelle $x_0=-1$ ist α mit ….
[x] α ≈ –78° [ ] α ≈ –68° [ ] α ≈ 68° [ ] α ≈ 78°

d) Die lokale Änderungsrate ist 0 an der Stelle …
[ ] x = 0 [x] x = 1,5 [ ] x = 3 [ ] x = 4,2

e) Die lokale Änderungsrate ist 1 an der Stelle …
[ ] x = –1 [ ] x = 0 [ ] x = 1 [x] x = 2

f) Der Schnittwinkel von t mit $t(x)=-x$ und g mit $g(x)=4x$ ist β mit …
[ ] β ≈ 45° [x] β ≈ 59° [ ] β ≈ 76° [ ] β ≈ 124°

g) Die Steigung der Sekante durch die Punkte P(3 | 0) und Q(–1 | 4) kann berechnet werden mit …
[ ] $\frac{3-(-1)}{0-4}$ [ ] $\frac{-1-3}{4-0}$ [x] $\frac{4-0}{-1-3}$ [x] $\frac{0-4}{3-(-1)}$

5 Ergänzen Sie die Tabelle.

Funktion	$f(x)=-1$	$g(x)=\lvert x\rvert$	$h(x)=4x^2+7x$	$k(x)=0{,}5x^4+x^3$
Ableitungsfunktion	$f'(x)=0$	$g'(x)=\begin{cases}-1;\ x<0\\ 1;\ x>0\end{cases}$	$h'(x)=8x+7$	$k'(x)=2x^3+3x^2$
Ableitung an der Stelle x = 0	$f'(0)=0$	existiert nicht	$h'(0)=7$	$k'(0)=0$
Ableitung an der Stelle x = 2	$f'(2)=0$	$g'(2)=1$	$h'(2)=23$	$k'(2)=28$

6 Gegeben ist die Funktion f mit $f(x)=\frac{1}{3}x^3-3x^2+5x$.

a) Geben Sie die Ableitungsfunktion f' an. Ermitteln Sie eine Gleichung der Tangente t_A von f im Punkt A(0 | 0).
$f'(x)=x^2-6x+5$ $m=f'(0)=5$, somit gilt $t_A(x)=5x$.

b) Die Tangente t_B hat die gleiche Steigung wie die Tangente t_A im Punkt A(0 | 0).
Ermitteln Sie den Berührpunkt B und eine Gleichung von t_B.
$f'(x)=5$, also gilt $x^2-6x+5=5$. $x^2-6x=0$ hat die Lösungen $x_1=6$ und $x_2=0$.
$f(6)=\frac{1}{3}\cdot6^3-3\cdot6^2+5\cdot6=-6$ B(6 | –6); $t_B(6)=5\cdot6+b=-6$, somit gilt $b=-36$ und $t_B(x)=5x-36$.

c) Es gibt genau eine Stelle, an der der Graph von f die Steigung –4 hat.
Bestimmen Sie eine Gleichung der zugehörigen Tangente t.
$f'(x)=-4$, also gilt $x^2-6x+5=-4$. $x^2-6x+5=-4$ hat die Lösung $x=3$ (da $x^2-6x+9=(x-3)^2$).
$f(3)=\frac{1}{3}\cdot3^3-3\cdot3^2+5\cdot3=-3$ B(3 | –3); $t_B(3)=-4\cdot3+b=-3$, somit gilt $b=9$ und $t_B(x)=-4x+9$.

d) Bestimmen Sie die x-Koordinaten der Punkte des Graphen von f, in denen der Graph Tangenten besitzt, die parallel zur x-Achse verlaufen.
$f'(x)=0$, also gilt $x^2-6x+5=0$. $0=x^2-6x+5=(x-1)(x-5)$ hat die Lösungen $x_1=1$ und $x_2=5$.

7 Das Kreisviadukt von Brusio in der Schweiz hat einen Maximalanstieg von 7 %, damit die eingesetzten Züge den „Aufstieg" schaffen können. Anstieg von 7 % bedeutet, dass je 100 m horizontaler Entfernung 7 m in vertikaler Entfernung zurückgelegt werden.

a) Gedankenexperiment: Stellen Sie sich eine Bahntrasse mit einem Anstieg von 7 % als Gerade in einem Koordinatensystem vor.
Geben Sie die Steigung m und den Steigungswinkel α der Geraden an.
$m=\frac{7}{100}=0{,}07$ und $0{,}07=\tan(\alpha)$, somit gilt $\alpha\approx4°$.

b) Gedankenexperiment: Stellen Sie sich vor, dass eine Bahntrasse mit einer Maximalsteigung von 7 % zu bauen ist.
Die Funktionsgleichungen f_1, f_2 und f_3 beschreiben für x > 0 vorhandene Höhenunterschiede. Ermitteln Sie rechnerisch, bei welcher Variante die Bedingung am längsten erfüllt ist.

Variante ①: $f_1(x)=0{,}00005x^2$
Variante ②: $f_2(x)=0{,}000005x^3+7$
Variante ③: $f_3(x)=0{,}0000005x^3+0{,}05x^2$

$f_1'(x)=0{,}0001x$ $0{,}0001x\le0{,}07$ gilt für $x\le700$
$f_2'(x)=0{,}000015x^2$ $0{,}000015x^2\le0{,}07$ gilt für $x^2\le4666{,}\overline{6}$ also $x\le68{,}31$
$f_3'(x)=0{,}0000015x^2+0{,}1x$ $0{,}0000015x^2+0{,}1x\le0{,}07$ $0=x^2+66666{,}\overline{6}x-46666{,}\overline{6}$
also gilt $x_1=0{,}699$ und $x_2\approx-66667$, also $x\le0{,}699$.

Bei Variante ① ist die Bedingung am längsten erfüllt.

Basisaufgaben

1 **Monotonie einer Funktion:** Betrachten Sie den Graphen der Funktion f im Intervall $-3 < x < 3$.

Hilfe: f heißt streng monoton fallend, wenn für alle $x_1 > x_2$ gilt: $f(x_1) < f(x_2)$.
f heißt streng monoton steigend, wenn für alle $x_1 > x_2$ gilt: $f(x_1) > f(x_2)$.

a) Färben Sie Teile des Graphen passend ein.
☐ f ist streng monoton steigend. ·········
☐ f ist streng monoton fallend. – – – –

b) Geben Sie alle passenden Intervalle an.
① f ist streng monoton steigend für $-3 < x < -2{,}5$ und $-1 < x < 1{,}5$.

② f ist streng monoton fallend für $-2{,}5 < x < -1$ und $1{,}5 < x < 2$.

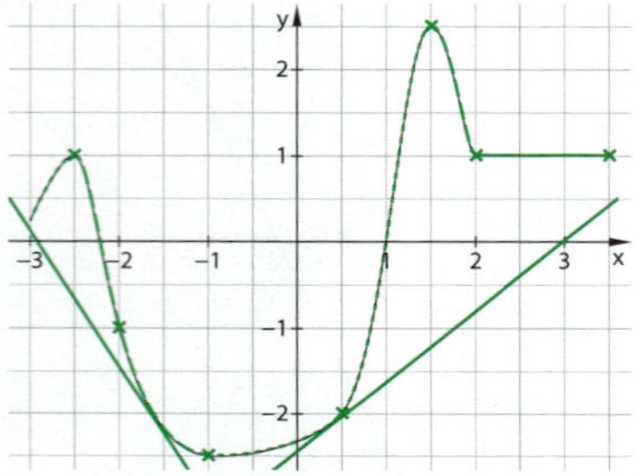

c) Zeichnen Sie Tangenten ein und kreuzen Sie Zutreffendes an.

Teile der Tangente am Graphen der Funktion f verlaufen sowohl durch den I. als auch den III. Quadranten, somit ist f an der Stelle streng monoton steigend. ☒ wahr ☐ falsch

Teile der Tangente am Graphen der Funktion f verlaufen sowohl durch den II. als auch den IV. Quadranten, somit ist f an der Stelle streng monoton fallend. ☒ wahr ☐ falsch

2 **Monotonieintervalle und Kriterium für Monotonie:** Gegeben sind Graphen.

Hilfe: Wenn $f'(x) < 0$ für alle x aus dem Intervall I, dann ist die Funktion f streng monoton fallend auf I.
Wenn $f'(x) > 0$ für alle x aus dem Intervall I, dann ist die Funktion f streng monoton steigend auf I.
Die Nullstellen der Ableitungsfunktion f′ unterteilen den Definitionsbereich von f in Monotonieintervalle.

a) Markieren Sie zuerst durch zur y-Achse parallele Geraden die Wechsel von streng monoton fallend zu steigend und die Wechsel von streng monoton steigend zu fallend am Graphen der Funktion f.
Färben Sie danach auf der x-Achse die Intervalle, in denen die Ableitungsfunktion f′ nur positive bzw. nur negative Werte annimmt, unterschiedlich ein.

☐ $f'(x) > 0$ und f ist streng monoton steigend. ·········

☐ $f'(x) < 0$ und f ist streng monoton fallend. – – – –

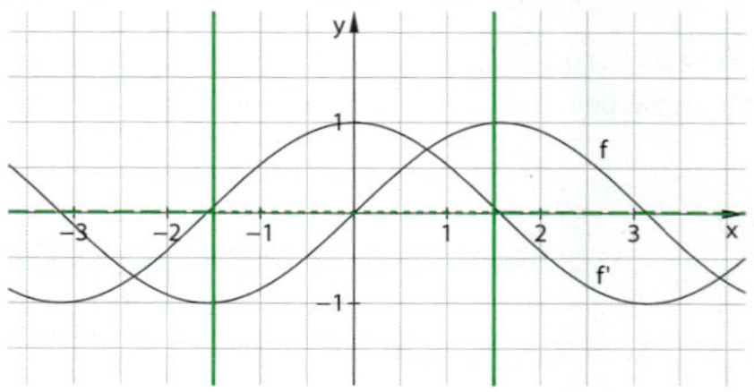

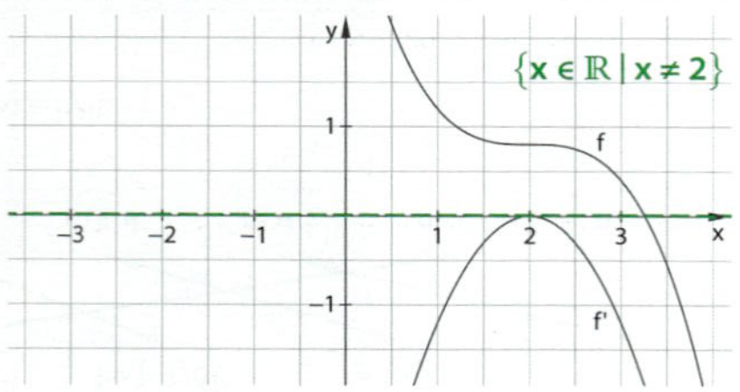

b) Einer der Graphen gehört zur Funktion f. Beschriften Sie diesen mit f.

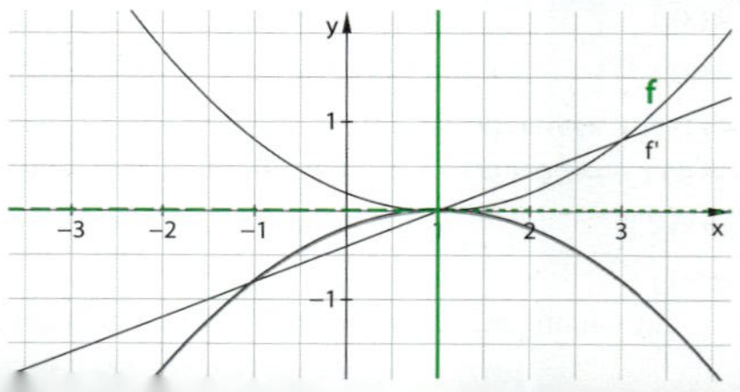

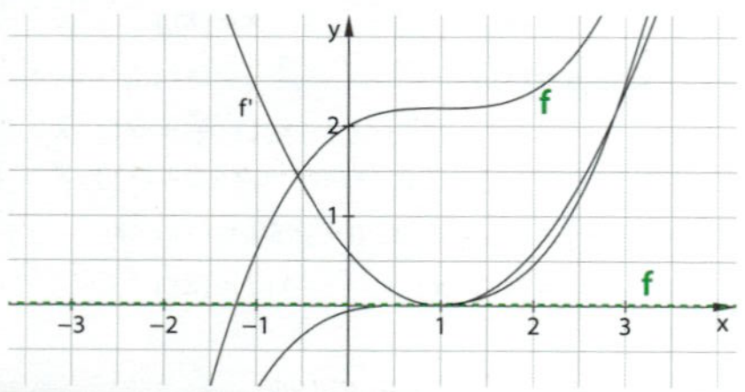

3 Untersuchen Sie die Funktion mithilfe der Ableitung auf Monotonie.

a) $f(x) = 0{,}25x^4 + 2x^3 + 2{,}5x^2 + 1$

1. Ermitteln der Ableitung von f′

$f'(x) = x^3 + 6x^2 + 5x$

2. Ermitteln der Nullstellen von f′

$0 = x^3 + 6x^2 + 5x$

$0 = x \cdot (x^2 + 6x + 5)$, also ist $x_1 = 0$.

$x_2 = -3 + \sqrt{3^2 - 5} = -1$

$x_3 = -3 - \sqrt{3^2 - 5} = -5$

b) $g(x) = -0{,}75x^4 + 4x^3 + 31{,}5x^2 + 6$

$g'(x) = -3x^3 + 12x^2 + 63x$

$0 = -3x^3 + 12x^2 + 63x$

$0 = -3x \cdot (x^2 - 4x - 21)$, also ist $x_1 = 0$.

$x_2 = 2 + \sqrt{2^2 + 21} = 7$

$x_3 = 2 - \sqrt{2^2 + 21} = -3$

3. Ermitteln des Vorzeichens (VZ) von f′(x) für eine Teststelle aus jedem Monotonieintervall und angeben, ob f auf I streng monoton steigt (↗) oder fällt (↘)

Monotonie-intervall	Test-stelle	VZ von f′(x)	Monotonieverhalten von f
$x < -5$	−10	−	↘
$-5 < x < -1$	−2	+	↗
$-1 < x < 0$	−0,5	−	↘
$0 < x$	1	+	↗

Monotonie-intervall	Test-stelle	VZ von f′(x)	Monotonie-verhalten von f
$x < -3$	−5	+	↗
$-3 < x < 0$	−1	−	↘
$0 < x < 7$	1	+	↗
$7 < x$	10	−	↘

Zusatzaufgabe: Skizzieren Sie einen möglichen Verlauf der Graphen f und g. **individuelle Lösung**

Weiterführende Aufgaben

4 Den Temperaturverlauf von 6:00 Uhr bis 21:00 Uhr an einem Sommertag beschreibt der Graph der Funktion f mit $f(t) = -\frac{1}{100} \cdot t^3 + \frac{23}{100} \cdot t^2 + 10$.

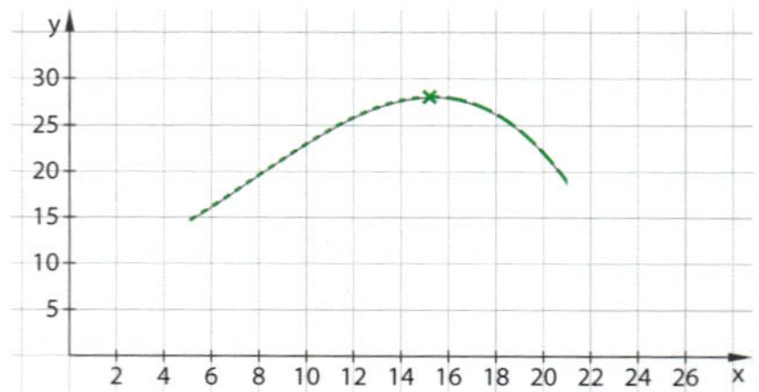

a) Markieren Sie die Bereiche, in denen die Temperatur steigt bzw. fällt, mit unterschiedlichen Farben.
☐ Temperatur steigt ☐ Temperatur fällt

b) Berechnen Sie den Zeitpunkt, an dem sich das Monotonieverhalten ändert, auf die Minute genau.

$f'(t) = -\frac{3}{100}t^2 + \frac{46}{100}t$

Nullstelle von f′:

$-\frac{3}{100}t^2 + \frac{46}{100}t = 0 \quad | \cdot 100$

$-3t^2 + 46t = 0$

$-3t \cdot \left(t - \frac{46}{3}\right) = 0$

$t = \frac{46}{3} = 15\frac{1}{3}$

Im betrachteten Bereich liegt nur diese Lösung.

Das Monotonieverhalten ändert sich um 15:20 Uhr.

Basisaufgaben

1 Extrempunkte (Hoch- und Tiefpunkte): Gegeben ist der Graph der Funktion f.

a) Ergänzen Sie die Tabelle zum Graphen der Funktion f.

b) Skizzieren Sie je eine Tangente links und rechts in der Umgebung der Extrempunkte. Geben Sie dort die Vorzeichen der Ableitung am Graphen an.

Extremstelle	$x = 1$	$x = 2$	$x = 3$	$x = 5$
Hochpunkt	$H_1(1\|2)$	–	$H_2(3\|1{,}5)$	–
lokales Maximum	$y = 2$	–	$y = 1{,}5$	–
Tiefpunkt	–	$T_1(2\|0{,}5)$	–	$T_2(5\|-1)$
lokales Minimum	–	$y = 0{,}5$	–	$y = -1$

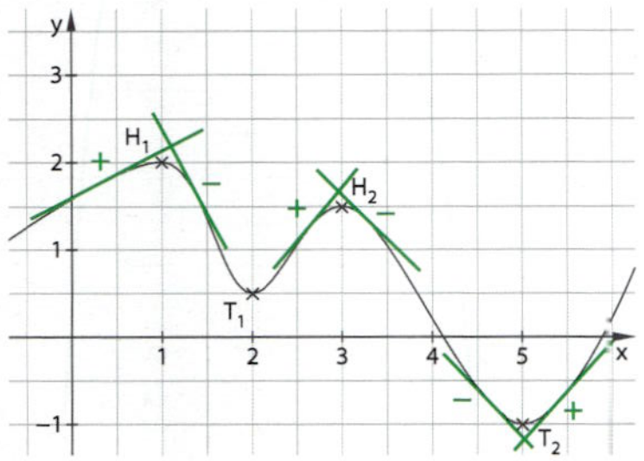

2 Notwendige Bedingung für lokale Extrempunkte: Berechnen Sie mithilfe der Ableitungsfunktion f', g', h' bzw. i' die Stellen, die als Extremstellen infrage kommen.

Hilfe: Wenn der Graph einer Funktion f an der Stelle x_E einen Hochpunkt oder Tiefpunkt hat, dann gilt $f'(x_E) = 0$.

a) $f(x) = x^2 - 4x + 4$

$f'(x) = 2x - 4$

$0 = 2x - 4$

$x = 2$

$x = 2$ kommt als Extremstelle infrage.

b) $g(x) = -x^3 + 3x^2 + 2$

$g'(x) = -3x^2 + 6x$

$0 = -3x^2 + 6x$

$0 = -x^2 + 2x = -x(x - 2)$

$x_1 = 0 \qquad x_2 = 2$

$x_1 = 0$ und $x_2 = 2$ kommen als Extremstellen infrage.

c) $h(x) = 0{,}25x^4 + \frac{1}{3}x^3 - x^2$

$h'(x) = x^3 + x^2 - 2x$

$0 = x^3 + x^2 - 2x$

$0 = x(x^2 + x - 2) = x(x - 1)(x + 2)$

$x_1 = 0 \qquad x_2 = 1 \qquad x_2 = -2$

$x_1 = 0, x_2 = 1$ und $x_3 = -2$ kommen als Extremstellen infrage.

d) $i(x) = x^3 + 3{,}5x^2 + 3{,}5x + 1$

$i'(x) = 3x^2 + 7x + 3{,}5$

$0 = x^2 + \frac{7}{3}x + \frac{7}{6}$

$x_1 = -\frac{7}{6} + \sqrt{\left(\frac{7}{6}\right)^2 - \frac{7}{6}} \approx -0{,}73$

$x_2 = -\frac{7}{6} - \sqrt{\left(\frac{7}{6}\right)^2 - \frac{7}{6}} \approx -1{,}61$

In der Nähe von $x_1 = -0{,}73$ und $x_2 = -1{,}61$ könnten Extremstellen liegen.

Zusatzaufgabe: Prüfen Sie, ob an den berechneten Stellen Sattelpunkte sein können. Nein

3 Ordnen Sie jedem Extrempunkt genau eine Funktion und ihre Ableitungsfunktion zu. Achtung, einer der Punkte ist ein Sattelpunkt. **Der Punkt T(0|0) ist Sattelpunkt von $f(x) = 0{,}25x^4 - 3x^3$.**

P(1|−2) Q(−1|0) R(−1|2) S(0|1) T(0|0) U(9|−546,75) V(1|0)

$f(x) = 9x + 10$ $f(x) = 9x^2$ $f(x) = x^3 - 3x$ $f(x) = x^4 - 2x^2 + 1$ $f(x) = 0{,}25x^4 - 3x^3$

$f'(x) = 9$ $f'(x) = x^3 - 9x^2$ $f'(x) = 18x$ $f'(x) = 4x^3 - 4x$ $f'(x) = 3x^2 - 3$

4 Hinreichende Bedingung für lokale Extrempunkte: Entscheiden Sie mithilfe des Vorzeichenwechsels (VZW) von f', ob an der Stelle x_E ein lokales Minimum oder ein lokales Maximum vorliegt. Füllen Sie die Lücken aus und kreuzen Sie Zutreffendes an.

Hilfe: Tiefpunkt an der Stelle x_E: $f'(x_E) = 0$ und das Vorzeichen von f' wechselt an der Stelle x_E von – nach +.
Hochpunkt an der Stelle x_E: $f'(x_E) = 0$ und das Vorzeichen von f' wechselt an der Stelle x_E von + nach –.

a) $f(x) = x^3 + 10{,}5x^2 + 18x \qquad f'(x) = 3x^2 + 21x + 18 \qquad x_1 = -1$ und $x_2 = -6$ sind vermutlich Extremstellen.

x	−2	−1	0
f'(x)	− (↘)	0	+ (↗)

x	−10	−6	−5
f'(x)	+ (↗)	0	− (↘)

☒ VZW von – nach + (Tiefpunkt bei – 1) ☐ VZW von + nach – (Hochpunkt bei – 1) ☐ VZW von – nach + (Tiefpunkt bei – 6) ☒ VZW von + nach – (Hochpunkt bei – 6)

b) $g(x) = x^5 - 1{,}25x^4 \qquad g'(x) = 5x^4 + 5x^3 = 5x^3(x - 1) \qquad x_1 = 0$ und $x_2 = 1$ sind vermutlich Extremstellen.

x	−1	0	0,5
f'(x)	+ (↗)	0	− (↘)

x	0,5	1	2
f'(x)	− (↘)	0	+ (↗)

☐ VZW von – nach + (Tiefpunkt bei 0) ☒ VZW von + nach – (Hochpunkt bei 0) ☒ VZW von – nach + (Tiefpunkt bei 1) ☐ VZW von + nach – (Hochpunkt bei 1)

5 Extrem- und Sattelpunkte: Vergleichen Sie die Vorzeichenwechsel (VZW) von f'.

a) Geben Sie die Extrem- und Sattelpunkte in der Tabelle an.

b) Schreiben Sie die Vorzeichen der Ableitung links und rechts in der Umgebung der Punkte an den Graphen.
Ergänzen Sie in der Tabelle die letzte Zeile zum VZW.

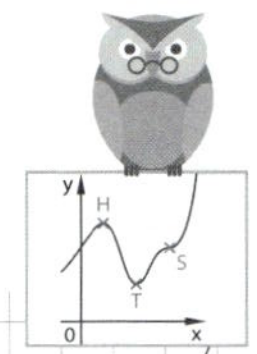

Hochpunkte	Tiefpunkte	Sattelpunkte
$H_1(0{,}5\|2{,}5)$	$T_1(1{,}5\|0{,}5)$	$S_1(1\|1{,}5)$
$H_2(2{,}5\|1)$	$T_2(4\|-1{,}5)$	$S_2(3{,}5\|-1)$
–	–	$S_3(5\|1)$
VZW von + nach –	VZW von – nach +	VZW Gibt es nicht.

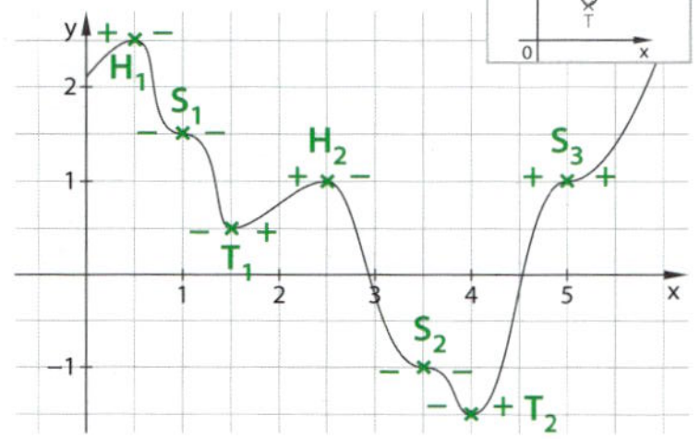

Zusatzaufgabe: Erläutern Sie mithilfe der Abbildung den Vorzeichenwechsel (VZW) an Extrem- und Sattelpunkten.
individuelle Lösung

6 Hinreichende Bedingung für Sattelpunkte: Entscheiden Sie mithilfe des Vorzeichenwechsels von f', ob x_S Sattelstelle ist. Geben Sie gegebenenfalls den Sattelpunkt an.

Hilfe: x_S ist Sattelstelle, wenn $f'(x_S) = 0$ ist und das Vorzeichen von f' an der Stelle x_S nicht wechselt.

a) $f(x) = x^5 + 9;\ x_s = 0 \qquad f'(x) = 5x^4$

x	−1	0	1
f'(x)	+ (↗)	0	+ (↗)

b) $f(x) = 0{,}5x^3 - 1{,}5x^2 + 1{,}5x;\ x_s = 1 \qquad f'(x) = 1{,}5x^2 - 3x + 1{,}5$

x	0	1	2
f'(x)	+ (↗)	0	+ (↗)

7 Geben Sie eine Funktion mit dem Sattelpunkt S(0|1) an.
$f(x) = -x^3 + 1 \quad (f(x) = ax^n + 1$ mit $n \in \mathbb{N}$, n ungerade, $a \neq 0)$

8 Entscheiden Sie, ob an den Nullstellen von f' ein Hoch-, Tief- oder Sattelpunkt bei f vorliegt.
$f'(x) = 5x \cdot (x-3) \cdot (x+8) \cdot (x-1)^2$

Faktor	$(x+8)$	$5x$	$(x-1)^2$	$(x-3)$
Nullstelle	−8	0	1	3
VZW bei f' an der Nullstelle	von − nach +	von + nach −	Gibt es nicht (von − nach −).	von − nach +
Art des Punktes	Tiefpunkt	Hochpunkt	Sattelpunkt	Tiefpunkt

9 Beschriften Sie die Graphen passend mit f, f', g, g', h, h', i und i'.
Markieren Sie die dabei hilfreichen Punkte bzw. Stellen in den Koordinatensystemen. **individuelle Lösung**

Graphen von Ableitungsfunktionen

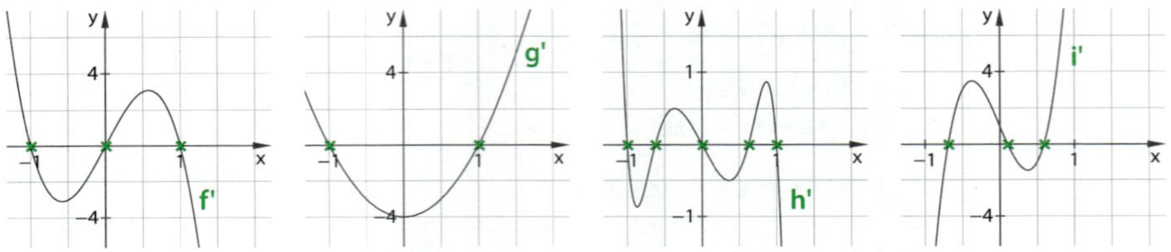

Graphen von Funktionen

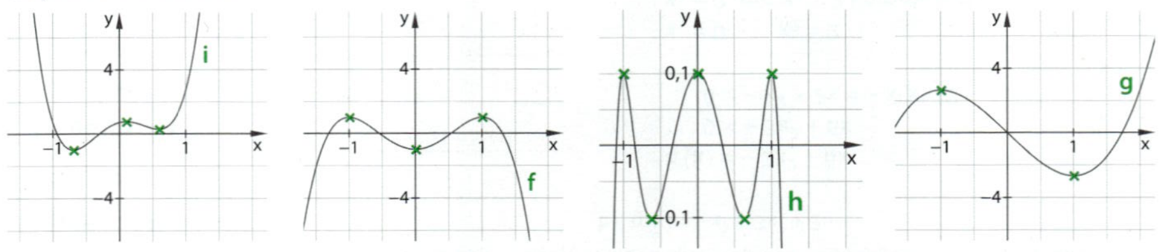

10 Berechnen Sie zuerst alle Extrem- und Sattelpunkte des Graphen von f mit $f(x) = 3x^4 - 8x^3 + 6x^2$.
Skizzieren Sie danach mithilfe Ihrer Ergebnisse den Graphen von f.

$f'(x) = 12x^3 - 24x^2 + 12x = 12x \cdot (x^2 - 2x + 1) = 12x \cdot (x-1)^2$
f' besitzt die Nullstellen $x_1 = 0$ und $x_2 = 1$.

Vorzeichenwechsel

x	−1	0	0,5	1	2
f'(x)	− (↘)	0	+ (↗)	0	+ (↗)

f'(0) = 0 und es gibt einen Vorzeichenwechsel von − nach +, somit erhält man den Tiefpunkt T(0|0). (f(0) = 0)

f'(1) = 0 und es gibt keinen Vorzeichenwechsel, somit erhält man den Sattelpunkt S(1|1). (f(1) = 1)

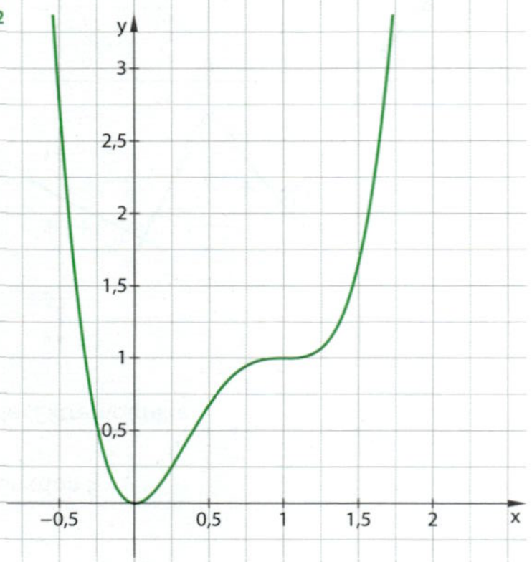

Weiterführende Aufgaben

11 Gegeben sind Graphen von Ableitungsfunktionen f'. Überlegen Sie zuerst, welche Punkte des Graphen von f' beim Skizzieren des Graphen von der Funktion f besonders hilfreich sind.
Skizzieren Sie danach den Graphen der Funktion f so, dass er durch den Punkt (0|1) verläuft.

a)

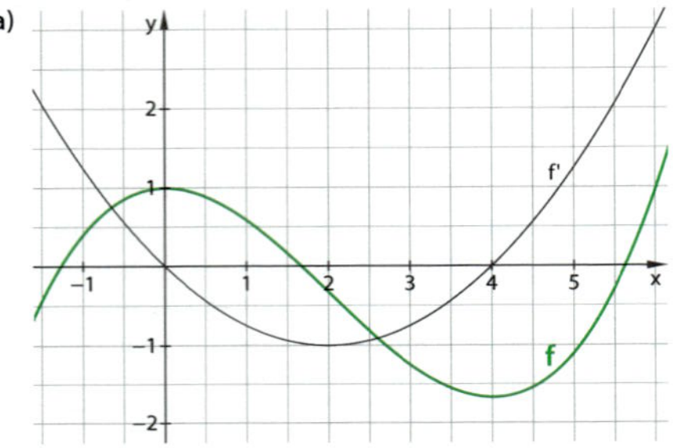

b)

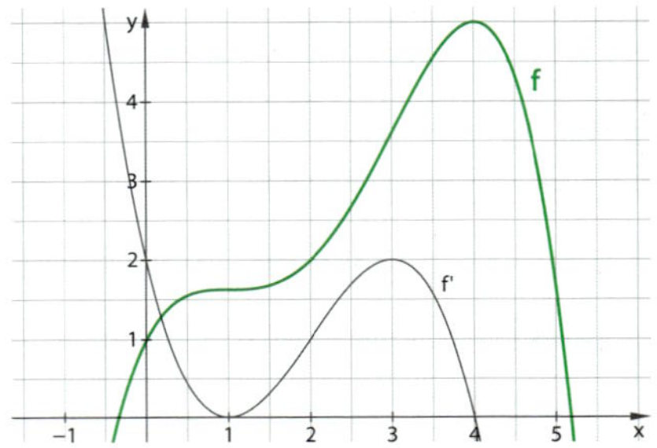

12 Die Funktion f mit $f(t) = -2t^3 + 75t^2 - 864t + 3159$ beschreibt für $9 \le t \le 19{,}5$ näherungsweise die Besucherzahl einer Ausstellung von 09:00 Uhr bis 19:30 Uhr. t gibt die Uhrzeit in Stunden an.
Berechnen Sie den Zeitpunkt, zu dem die Besucheranzahl am größten war. Geben Sie diese Anzahl an.

$f'(t) = -6t^2 + 150t - 864 = -6(t^2 - 25t + 144) = -6(t-9) \cdot (t-16)$
$f''(t) = -12t + 150$
Nullstellen von f': $t_1 = 9$ und $t_2 = 16$
$f''(9) = 42 > 0$ (Minimum) und $f''(16) = -42 < 0$ (Maximum)
$f(16) = 343$ $f(9) = f(9{,}5) = 0 < f(16)$

Die Anzahl der Besucher war um 16:00 Uhr am größten. Sie betrug 343.

Zusatzaufgabe: Begründen Sie, warum die Modellierung der Besucheranzahl durch die Funktion f sinnvoll sein kann.
f hat die Nullstellen 9 und 19,5. Die Funktionswerte zwischen den beiden Stellen sind positiv.

13 Gegeben ist die Funktion f mit $f(x) = (x-2)(0{,}5x^2 - 3{,}5x + 5)$.
a) Berechnen Sie die Koordinaten der Schnittpunkte des Graphen von f mit den Koordinatenachsen.

$0 = 0{,}5x^2 - 3{,}5x + 5 \quad | \cdot 2$ $\quad x_1 = \frac{7}{2} + \sqrt{\left(\frac{7}{2}\right)^2 - 10} = 5$ $\quad x_2 = \frac{7}{2} - \sqrt{\left(\frac{7}{2}\right)^2 - 10} = 2$

$0 = x^2 - 7x + 10$ $\quad f(x) = 0{,}5(x-2)^2(x-5)$ $\quad f(0) = -10$

Die Schnittpunkte mit der x-Achse sind $S_{x_1}(5|0)$ und $S_{x_2}(2|0)$ und mit der y-Achse $S_y(0|-10)$.

b) Berechnen Sie die Koordinaten der Extrempunkte des Graphen von f.

$f(x) = (x-2)(0{,}5x^2 - 3{,}5x + 5) = 0{,}5x^3 - 4{,}5x^2 + 12x - 10$
$f'(x) = 1{,}5x^2 - 9x + 12 = 1{,}5(x^2 - 6x + 8) = 1{,}5(x-2)(x-4)$

Vorzeichenwechsel

x	1	2	3	4	5
f'(x)	+ (↗)	0	− (↘)	0	+ (↗)

f(2) = 0 und f(4) = −2

Extrempunkte des Graphen von f sind der Hochpunkt H(2|0) und der Tiefpunkt T(4|−2).

Basisaufgaben

1 Links- und Rechtskurven: Markieren Sie unterschiedlich die Bereiche, in denen die Lok eine Links- bzw. Rechtskurve durchfährt.

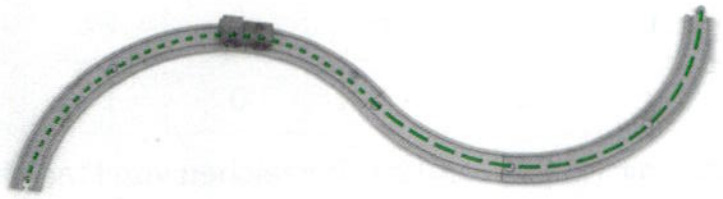

☐ Linkskurve (linksgekrümmt) – – – –
☐ Rechtskurve (rechtsgekrümmt) -------

Zusatzaufgabe: Ein Streckenabschnitt hat die Form: Linkskurve – Rechtskurve – Linkskurve. Mit welchem Buchstaben kann er beschrieben werden? **W**

2 Graphen von f, f' und f'': Gegeben sind die Graphen von Funktionen und deren ersten beiden Ableitungen.

① 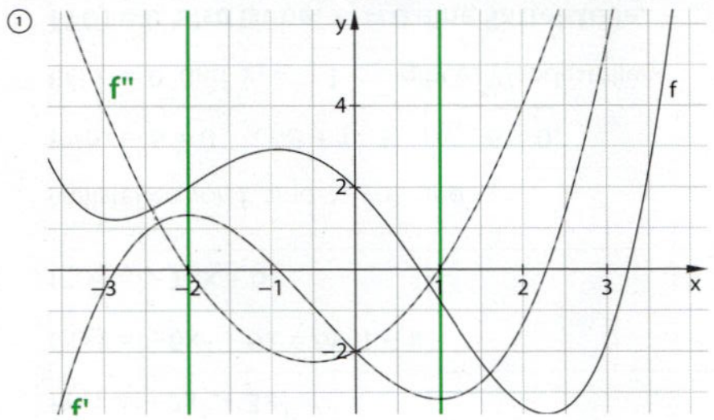

② 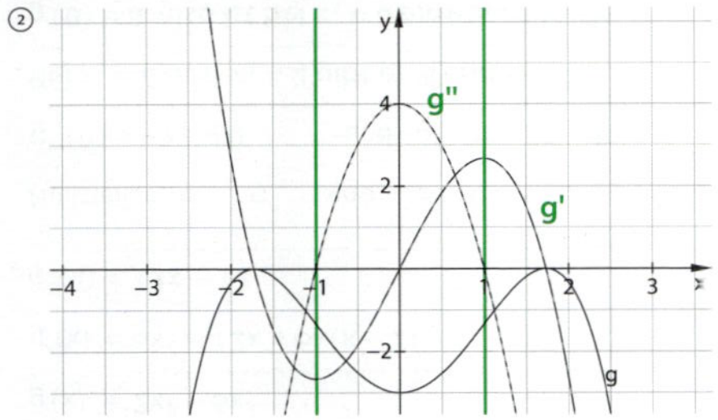

a) Beschriften Sie die Graphen der Ableitungsfunktionen.

b) Markieren Sie mit senkrechten Geraden alle passenden Stellen.

☐ bei f und g — Wechsel des Krümmungsverhaltens (Links- bzw. Rechtskrümmung)
☐ bei f' und g' — Wechsel des Monotonieverhaltens (streng monoton steigend bzw. fallend)
☐ bei f'' und g'' — Wechsel des Vorzeichens der Funktionswerte (positive bzw. negative Funktionswerte)

Was fällt Ihnen auf?
Es sind jeweils die gleichen Stellen.

c) Ergänzen Sie die Sätze zur Krümmung von f und g.

Der Graph von f ist linksgekrümmt für **$x < -2$ und $x > 1$.** Er ist rechtsgekrümmt für **$-2 < x < 1$.**

Der Graph von g ist linksgekrümmt für **$-1 < x < 1$.** Er ist rechtsgekrümmt für **$x < -1$ und $x > 1$.**

3 Krümmungsverhalten: Geben Sie an, auf welchen Intervallen der Graph von f links- bzw. rechtsgekrümmt ist. Belegen Sie Ihre Entscheidung mithilfe von Funktionswerten zu Teststellen aus den Intervallen.
Hilfe: Wenn $f''(x) < 0$ für alle x aus dem Intervall I, dann ist der Graph der Funktion f auf I rechtsgekrümmt.
Wenn $f''(x) > 0$ für alle x aus dem Intervall I, dann ist der Graph der Funktion f auf I linksgekrümmt.

a) $f''(x) = -x + 4$

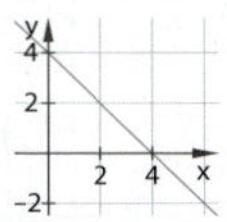

Linkskrümmung des Graphen von f für:
$x < 4$ $f''($ **0** $) =$ **4**

Rechtskrümmung des Graphen von f für:
$x > 4$ $f''($ **6** $) =$ **−2**

b) $f''(x) = 2x + 2$

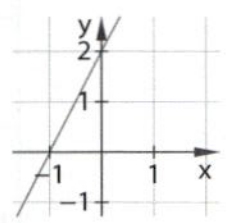

Linkskrümmung des Graphen von f für:
$x > -1$ $f''($ **0** $) =$ **2**

Rechtskrümmung des Graphen von f für:
$x < -1$ $f''($ **−2** $) =$ **−2**

4 Untersuchen Sie mithilfe der zweiten Ableitung das Krümmungsverhalten.
Hilfe: Die Nullstellen von f'' sind die Enden von Krümmungsintervallen.

a) $f(x) = 2x^3 - 3x^2 + 4x + 5$

$f'(x) =$ **$6x^2 - 6x + 4$**

$f''(x) =$ **$12x - 6$**

$0 =$ **$12x - 6$,** also ist $x =$ **0,5.**

Linkskrümmung für:
$x > 0{,}5$ $f''($ **1** $) =$ **6**

Rechtskrümmung für:
$x < 0{,}5$ $f''($ **0** $) =$ **−6**

b) $g(x) = -x^3 - 2x + 6$

$g'(x) = -3x^2 - 2$

$g''(x) = -6x$

$0 =$ **$-6x$,** also ist $x =$ **0.**

Linkskrümmung für:
$x < 0$ $f''($ **−1** $) =$ **6**

Rechtskrümmung für:
$x > 0$ $f''($ **1** $) =$ **−6**

Weiterführende Aufgaben

5 Ermitteln Sie die Hoch- und Tiefpunkte mithilfe von Ableitungen.
Hilfe: Eine hinreichende Bedingung für eine lokale Extremstelle x_E einer Funktion f ist: $f'(x_E) = 0$ und $f''(x_E) \neq 0$.
In diesem Fall gilt: Wenn $f''(x_E) > 0$, dann liegt ein Hochpunkt vor.
Wenn $f''(x_E) < 0$, dann liegt ein Tiefpunkt vor.

a) $f(x) = \frac{1}{3}x^3 - 3x^2 + 2$

$f'(x) =$ **$x^2 - 6x$** **$f'(x) = x(x - 6)$**

$f''(x) =$ **$2x - 6$**

Nullstellen von f' sind $x_1 = 0$ und $x_2 =$ **6.**

$f''(0) =$ **$-6 < 0$** und $f(0) = 2$, somit

gibt es bei $x_1 = 0$ den Hochpunkt H(0|2).

$f''($ **6** $) =$ **$6 > 0$** und $f($ **6** $) =$ **−34,** somit

gibt es bei $x_2 =$ **0** den **Tiefpunkt H(6|−34).**

b) $g(x) = x^3 + 1{,}5x^2 - 6x + 4$

$g'(x) = 3x^2 + 3x - 6 = 3(x - 1)(x + 2)$

$g''(x) = 6x + 3$

Nullstellen von g' sind $x_1 =$ **1** und $x_2 =$ **−2.**

$g''($ **1** $) =$ **$9 > 0$** und $g($ **1** $) =$ **0,5,** somit

gibt es bei $x_1 =$ **1** den **Tiefpunkt H(1|0,5).**

$g''($ **−2** $) =$ **$-9 < 0$** und $g($ **−2** $) =$ **14,** somit

gibt es bei $x_2 =$ **−2** den **Hochpunkt H(−2|14).**

6 Die Funktion h mit $h(t) = -\frac{1}{3}t^3 + 2t^2 + 21t + 10$ beschreibt ab dem Kaufdatum für einige Wochen die Höhe einer Pflanze. t steht für die Wochen nach diesem Zeitpunkt und h(t) für die jeweilige Höhe der Pflanze in Zentimetern.

a) Ermitteln Sie den Zeitpunkt, ab dem sich das Wachstum der Pflanze verlangsamt.

$h'(t) = -t^2 + 4t + 21$

$h''(t) = -2t + 4$; $h''(2) = 0$; $h''(x) > 0$ für $x < 2$ und $h''(x) < 0$ für $x > 2$

Nach der zweiten Woche verlangsamt sich das Wachstum der Pflanze.

b) Untersuchen Sie, bis zu welcher Woche die Funktion h das Wachstum relativ gut beschreiben könnte.

$h'(t) = -t^2 + 4t + 21 = -(t - 7)(t + 3)$

Nullstellen von h' sind $x_1 = 7$ und $x_2 = -3$ (ohne praktische Bedeutung).

$h''(7) < 0$ $t = 7$ ist die Maximumstelle. Die Pflanze ist nach 7 Wochen ausgewachsen.

Bis zur siebten Woche könnte die Funktion das Wachstum beschreiben.

Basisaufgaben

1 Wendepunkte von Funktionen und Graphen von Ableitungsfunktionen: Gegeben sind die Graphen von Funktionen und die der ersten beiden Ableitungen.

① 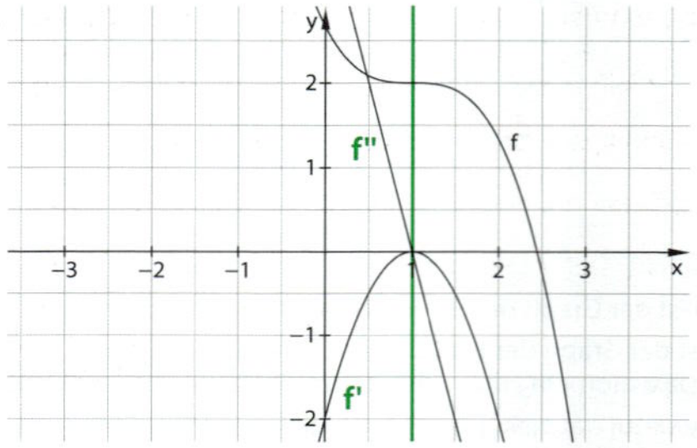

② 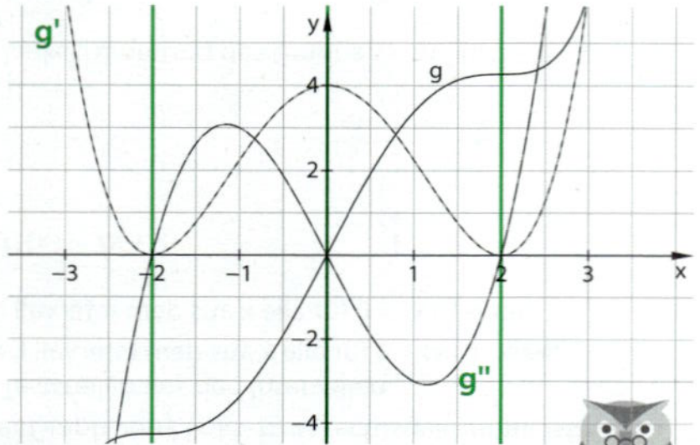

a) Markieren Sie die Wendepunkte der Funktionen f und g in den Zeichnungen.
Hilfe: Wendepunkte mit einer waagerechten Tangente sind Terrassenpunkte. Am Wendepunkt ändert sich das Krümmungsverhalten.

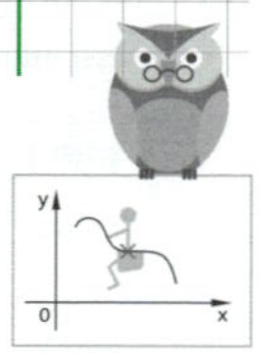

b) Beschriften Sie zuerst die Graphen der Ableitungsfunktionen mit f′, f″, bzw. g′, g″.
Markieren Sie danach mit senkrechten Geraden alle passenden Stellen.

- ☐ Wendestellen der Funktion f
- ☐ Extremstellen der ersten Ableitungsfunktion f′
- ☐ Nullstellen der zweiten Ableitungsfunktion f″
- ☐ Terrassenstellen der Funktion f

Zusatzaufgabe: Was fällt Ihnen auf? **Es sind jeweils die gleichen Stellen.**

2 Hinreichende Bedingungen für Wendepunkte: Graphen von f mit $f(x) = -0{,}5x^4 + x^3$ und g mit $g(x) = 0{,}5x^4 - 2x^3 + 6$.

a) Ermitteln Sie mithilfe von Ableitungen die Wendestellen. Prüfen Sie, ob es sich um eine Terrassenstelle handelt.
Hilfe: Wenn $f''(x_w) = 0$ und $f'''(x_w) \neq 0$, dann ist x_w Wendestelle. Wenn zusätzlich $f'(x_w) = 0$, dann ist x_w Terrassenstelle.

$f(x) = -0{,}5x^4 + x^3$

$f'(x) = -2x^3 + 3x^2$

$f''(x) = -6x^2 + 6x = 6x(1 - x)$

$f'''(x) = -12x + 6$

Nullstellen von f″ sind $x_1 = 0$ und $x_2 =$ **1.**

$f'''(0) =$ **$6 \neq 0$** und $f'''($ **1** $) =$ **$-6 \neq 0$.**

Bei $x_1 = 0$ und $x_2 =$ **1** gibt es Wendestellen.

$f'(0) = 0$, also ist bei $x_1 = 0$ eine Sattelstelle.

$f'(1) = 1 \neq 0$, also ist bei $x_2 = 1$ keine Sattelstelle.

$g(x) = 0{,}5x^4 - 2x^3 + 6$

$g'(x) = 2x^3 - 6x^2$

$g''(x) = 6x^2 - 12x = 6x(x - 2)$

$g'''(x) = 12x - 12$

Nullstellen von **g″** sind $x_1 =$ **0** und $x_2 =$ **2.**

$g'''(0) = -12 \neq 0$ und **$g'''(2) = 12 \neq 0$.**

Bei $x_1 = 0$ und $x_2 = 2$ gibt es Wendestellen.

$g'(0) = 0$, also ist bei $x_1 = 0$ eine Sattelstelle.

$g'(2) = -8 \neq 0$, also ist bei $x_2 = 2$ keine Sattelstelle.

b) Untersuchen Sie mithilfe der Tabellen, ob das Vorzeichen (VZ) von f″ an der Stelle x_w wechselt.
Hilfe: Wenn $f''(x_w) = 0$ und das Vorzeichen von f″ an der Stelle x_w wechselt, dann existiert bei x_w ein Wendepunkt.

x	−1	0	0,5	1	2
f″(x)	−12	0	1,5	0	−12
VZ	−		+		−

x	−1	0	1	2	3
g″(x)	18	0	−6	0	18
VZ	+		−		+

3 Welche Teilaussagen kommen in den notwendigen oder hinreichenden Bedingungen für die Aussagen ① bis ③ vor? Ordnen Sie diese zu.

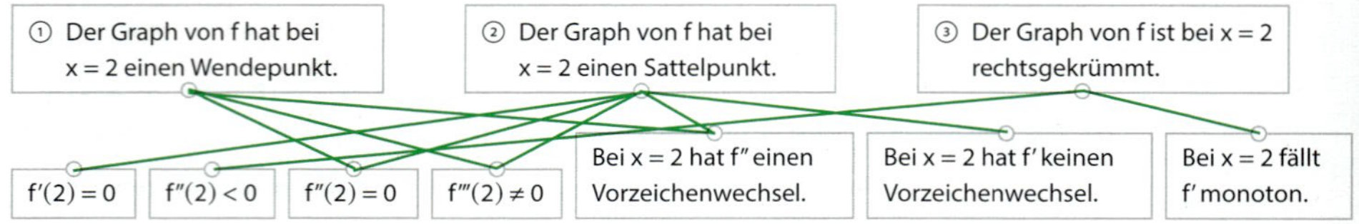

4 Berechnen Sie die Wendepunkte der Funktion f mit $f(x) = -\frac{1}{24}x^4 + \frac{1}{6}x^3 + 2$.
Untersuchen Sie auch, ob Sattelpunkte vorliegen.

$f'(x) = -\frac{1}{6}x^3 + \frac{1}{2}x^2$ **Nullstellen von f″ sind $x_1 = 0$ und $x_2 = 2$.**

$f''(x) = -\frac{1}{2}x^2 + x = -\frac{1}{2}x(x - 2)$ **$f'''(0) = 1 \neq 0$ und $f'(0) = 0$ $x_1 = 0$ ist Wende- und Sattelstelle.**
$f'''(2) = 1 \neq 0$ und $f'(2) \neq 0$ $x_2 = 2$ ist Wendestelle.

$f'''(x) = -x + 1$ **$f(0) = 2$ $f(2) = 2\frac{2}{3}$**

Wendepunkte sind $A(0\,|\,2)$ und $B\left(2\,|\,2\frac{2}{3}\right)$. Der Wendepunkt $A(0\,|\,2)$ ist ein Sattelpunkt.

Weiterführende Aufgaben

5 Beurteilen Sie die unten stehenden Aussagen.
Schreiben Sie die Nummern der passenden Begründungen auf.

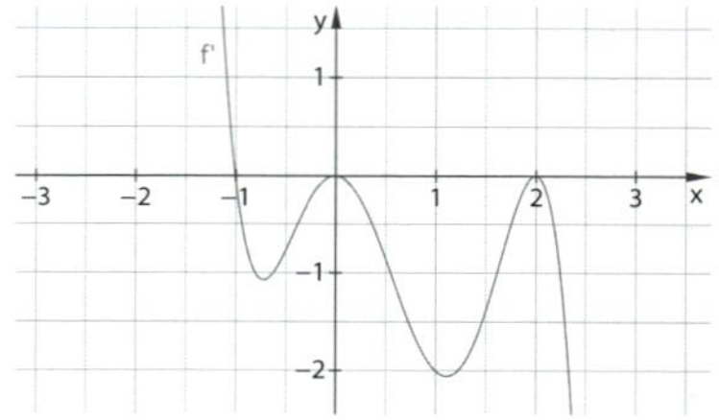

① $f'(x_0) = 0$ an der Stelle x_0.
② $f''(x_0) \neq 0$ an der Stelle x_0.
③ $f''(x_0) = 0$ an der Stelle x_0.
④ $f'(x_0) < 0$ an der Stelle x_0.
⑤ $f'''(x_0) \neq 0$ an der Stelle x_0.
⑥ $f'(x_0) \neq 0$ an der Stelle x_0.

Der Graph von f ist an der Stelle $x_0 = 1{,}5$ monoton steigend.	☐ wahr	☒ falsch	④
Der Graph von f hat an der Stelle $x_0 = 2$ eine Sattelstelle.	☒ wahr	☐ falsch	①, ③
An der Stelle $x_0 = 1$ ist das notwendige Kriterium für ein Extremum erfüllt.	☐ wahr	☒ falsch	⑥
Der Graph von f hat an der Stelle $x_0 = -1$ ein Extremum.	☒ wahr	☐ falsch	①, ②
Der Graph von f hat an der Stelle $x_0 = 0$ eine Wendestelle.	☒ wahr	☐ falsch	③, ⑤
An der Stelle $x_0 = 0$ ist das notwendige Kriterium für ein Extremum erfüllt.	☒ wahr	☐ falsch	①

6 Ermitteln Sie die Gleichung der Wendetangente der Funktion f mit $f(x) = x^3 - 6x^2 + 9x - 4$.

$f'(x) = 3x^2 - 12x + 9$ $f''(x) = 6x - 12$
Nullstelle von f″ ist $x = 2$. Es gibt bei $x = 2$ einen Vorzeichenwechsel ($f''(1) = -6$; $f''(3) = 6$).
Wendepunkt ist demzufolge der Punkt $W(2\,|\,-2)$.
($f'''(x) = 6$, also ungleich null, auch damit ist es ein Wendepunkt.)
$f'(2) = -3$ $-2 = -3 \cdot 2 + b$ gilt für $b = 4$.
Die Tangente durch den Wendepunkt hat die Gleichung $t_w(x) = -3x + 4$.

1 Auf dem Graphen der Funktion f sind Punkte markiert.

a) Ergänzen Sie zu wahren Aussagen und zeichnen Sie den Graphen mit den passenden Farben nach.

☐ $f'(x) > 0$ für alle x aus dem Intervall, demzufolge ist f streng monoton **steigend auf I. -------**

☐ $f'(x) < 0$ für alle x aus dem Intervall, demzufolge ist f streng monoton **fallend auf I. _ _ _ _**

☐ $f'(x) = 0$

Hinweis: Die ☐ sind für die Farben da.

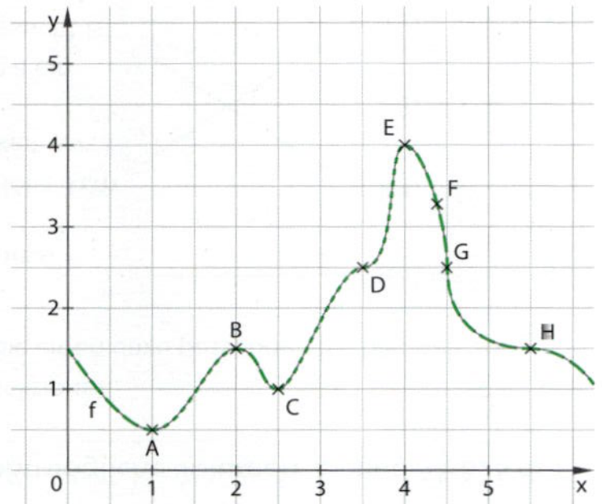

b) Kreuzen Sie Zutreffendes an.

Extrempunkte sind die Punkte …	☒ A	☒ B	☒ C	☐ D	☒ E	☐ F	☐ G	☐ H
Wendepunkte sind die Punkte …	☐ A	☐ B	☐ C	☒ D	☐ E	☐ F	☒ G	☒ H
Hochpunkte sind die Punkte …	☐ A	☒ B	☐ C	☐ D	☒ E	☐ F	☐ G	☐ H
Tiefpunkte sind die Punkte …	☒ A	☐ B	☒ C	☐ D	☐ E	☐ F	☐ G	☐ H
Sattelpunkte sind die Punkte …	☐ A	☐ B	☐ C	☒ D	☐ E	☐ F	☐ G	☒ H
Bei … ist der Graph der Funktion linksgekrümmt.	☒ A	☐ B	☒ C	☐ D	☐ E	☐ F	☐ G	☐ H

2 Kreuzen Sie alle zu $f(x) = \frac{1}{720}x^6 - \frac{1}{120}x^5 + \frac{1}{24}x^4 + \frac{5}{6}x^3 - \frac{7}{2}x^2 + 1984x - \pi$ passenden Ableitungen an.

☒ 0 **(7. und höher)** ☒ $0{,}5x^2 - x + 1$ **(4.)** ☐ $0{,}3x^3 - 0{,}5x^2 + x$ **$\frac{1}{6}x^3 - 0{,}5x^2 + x$ (3.)** ☒ $x - 1$ **(5.)**

3 Auf Notizzetteln stehen Schrittfolgen. Vervollständigen Sie die passenden Überschriften.

Ermitteln von **Hoch- und Tiefpunkten von f**

1. *Ermitteln von f′*
2. *Ermitteln der Nullstellen von f′*
3. *Untersuchen des Vorzeichenwechsels von f′ oder prüfen, ob f″(x) < 0 oder f″(x) > 0*

Ermitteln von **Wendestellen von f**

1. *Ermitteln von f′, f″ und f‴*
2. *Ermitteln der Nullstellen von f″*
3. *Untersuchen des Vorzeichenwechsels von f″ oder berechnen der dritten Ableitung an der potentiellen Stelle*

4 Kreuzen Sie die wahren Aussagen an.
Der Graph einer ganzrationalen Funktion …

☒ besitzt mindestens einen Wendepunkt, wenn er einen Hoch- und einen Tiefpunkt hat

☐ besitzt mindestens einen Hoch- und einen Tiefpunkt, wenn er einen Wendepunkt hat

☐ besitzt mindestens einen Tiefpunkt, wenn er einen Hoch- und einen Wendepunkt hat

☒ besitzt keinen weiteren Extrempunkt, wenn er einen Extrempunkt und keine Wendepunkte hat

☐ besitzt mehrere Extrempunkte, wenn er mehrere Wendepunkte hat

5 Ergänzen Sie in der Funktionsgleichung alle natürlichen Zahlen von 4 bis 9, so dass gilt:
Die Funktion ist punktsymmetrisch zum Ursprung
und für $x \to -\infty$ gilt $f(x) \to \infty$. **z. B.** $f(x) = $ **8** x^{7} − **6** x^{9} + **4** x^{5} **ungerade Exponenten**

6 Untersuchen Sie die Funktion f mit $f(x) = 0{,}125x^4 - 0{,}5x^3$ und mithilfe der Ableitungen.

a) Monotonie **streng monoton fallend auf I: $f'(x) < 0$ streng monoton steigend auf I: $f'(x) > 0$**

$f'(x) = 0{,}5x^3 - 1{,}5x^2$
$0 = 0{,}5x^3 - 1{,}5x^2 = 0{,}5x^2(x-3)$
$x_1 = 0$ $x_2 = 3$

Teststellen:
$f'(-1) = 0{,}5 \cdot (-1)^3 - 1{,}5 \cdot (-1)^2 < 0$ (↘)
$f'(1) = 0{,}5 \cdot 1^3 - 1{,}5 \cdot 1^2 < 0$ (↘)
$f'(4) = 0{,}5 \cdot 4^3 - 1{,}5 \cdot 4^2 > 0$ (↗)

f ist monoton steigend für **$x > 3$.** f ist monoton fallend für **$x < 3$.**

b) Krümmung **linksgekrümmt auf I: $f''(x) > 0$ rechtsgekrümmt auf I: $f''(x) < 0$**

$f''(x) = 1{,}5x^2 - 3x$
$0 = 1{,}5x^2 - 3x = x(1{,}5x - 3)$
$x_1 = 0$ $x_2 = 2$

Teststellen:
$f''(-1) = 1{,}5 \cdot (-1)^2 - 3 \cdot (-1) > 0$
$f''(1) = 1{,}5 \cdot 1^2 - 3 \cdot 1 < 0$
$f''(4) = 1{,}5 \cdot 4^2 - 3 \cdot 4 > 0$

Der Graph ist für **$x < 0$ und $x > 2$** linksgekrümmt. Der Graph ist für **$0 < x < 2$** rechtsgekrümmt.

c) Extrempunkte **$f'(x_E) = 0$ und $f''(x_E) \neq 0$ (Minimumstelle: $f''(x_E) > 0$; Maximumstelle: $f''(x_E) < 0$)**

$f'(x) = 0{,}5x^3 - 1{,}5x^2$ $x_1 = 0$ $x_2 = 3$
$f''(0) = 1{,}5 \cdot 0^2 - 3 \cdot 0 = 0$ **Es ist keine Aussage zu Extrema möglich. Eventuell liegt ein Sattelpunkt vor.**
$f''(3) = 1{,}5 \cdot 3^2 = 4{,}5 > 0$ **Tiefpunkt T(3|−3,375)** $(f(3) = 0{,}125 \cdot 3^4 - 0{,}5 \cdot 3^3 = -3{,}375)$

Es gibt nur einen Extrempunkt, den Tiefpunkt T(3|−3,375). (siehe Hinweis unter d)

d) Wendepunkte **$f''(x_W) = 0$ und $f'''(x_W) \neq 0$ (Sattelpunkt: $f'(x_W) = 0$)**

$f''(x) = 1{,}5x^2 - 3x$ $x_1 = 0$ $x_2 = 2$
$f'''(x) = 3x - 3$
$f'''(0) = 3 \cdot 0 - 3 = -3 \neq 0$ **Sattelpunkt** $W_1(0|0)$ $(f(0) = 0{,}125 \cdot 0^4 - 0{,}5 \cdot 0^3 = 0)$
$f'''(2) = 3 \cdot 2 - 3 = 3 \neq 0$ **Wendepunkt** $W_2(2|-2)$ $(f(2) = 0{,}125 \cdot 2^4 - 0{,}5 \cdot 2^3 = -2)$

Wendepunkte sind die Punkte $W_1(0|0)$ und $W_2(2|-2)$. $W_1(0|0)$ ist ein Sattelpunkt.

e) Kreuzen Sie die Zeichnung an, die den Graphen von f enthält. Zeichnen Sie beide Koordinatenachsen ein.

☐ ☐ ☒ ☐

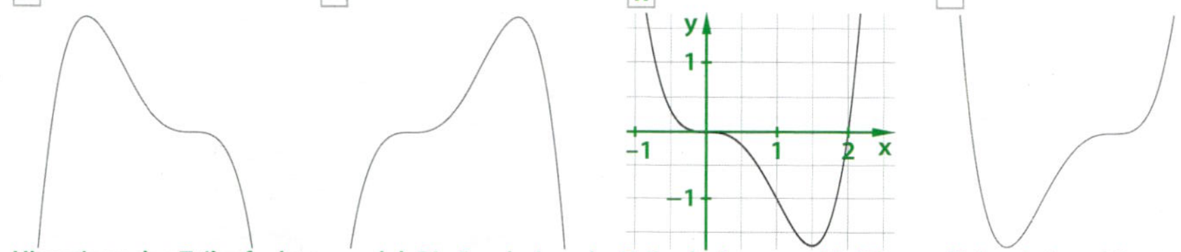

Hinweis zu den Teilaufgaben c und d: Die Ergebnisse der Teilaufgaben a und b führen effizient(er) zur Lösung. Aus f(0) = 0 und f(3) = −3,375 folgt, dass T(3|−3,375) Tiefpunkt und S(0|0) Sattelpunkt des Graphen ist.

7 Der Wasserstand in einem Regenwasserspeicher kann in den ersten drei Regenstunden durch die Funktion f mit $f(t) = -\frac{1}{32}t^3 + \frac{3}{16}t^2 + 3{,}74$ modelliert werden.

Berechnen Sie den Zeitpunkt, zu dem der Wasserstand am stärksten angestiegen ist.

$f''(t) = -\frac{3}{16}t + \frac{3}{8}$ $f'''(t) = -\frac{3}{16}$ $f''(2) = 0$ und $f'''(2) = -\frac{3}{16} < 0$, also ist W(2|4,24) Wendepunkt mit lokal maximaler Steigung. Der stärkste Anstieg erfolgte nach 2 Stunden.

Basisaufgaben

1 Lösungsstrategie für Extremalprobleme: Wenden Sie die vorgegebene Schrittfolge an.

a) Zwei Mauern bilden eine rechtwinklige Ecke.
Zur Abgrenzung einer möglichst großen rechteckigen Fläche in dieser Ecke stehen 20 m Zaun zur Verfügung.
Berechnen Sie, wie lang die Zaunseiten a und b sein sollten.

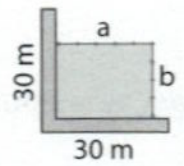

1. Gleichung
2. Nebenbedingungen
3. Zielfunktion
4. lokale Extrema
5. Randwerte
6. Interpretation

1. *Gleichung*
   Flächeninhalt A eines Rechtecks: $A = a \cdot b$
2. *Nebenbedingungen*
   Länge des Zaunes, verteilt auf die Rechteckseiten: **$a + b = 20$ somit gilt $b = 20 - a$**
3. *Zielfunktion* $A(a) = a \cdot (20 - a) = 20a - a^2$ mit $0 \le a \le 20$
4. *lokale Extrema*
   erste und zweite Ableitung: $A'(a) = 20 - 2a$ $A''(a) = -2$
   Notwendige Bedingung (mögliche Extremstelle): $A'(a) = 0$ also gilt **$20 - 2a = 0$,** also gilt **$a = 10$.**
   Hinreichende Bedingung: $A''(a) = -2 < 0$ Es liegt **ein lokales Maximum** vor.
5. *Randwerte*
   Das lokale Maximum ist das globale Maximum, da $A(0) = A(20) = 0$ und $0 < A(10)$.
6. *Interpretation*
   Die abzugrenzende Fläche hat einen möglichst großen Flächeninhalt, wenn **jede Zaunseite 10 m lang ist (100 m²).**

b) Aus einer 3 m langen Stahlstange soll das Kantengerüst eines Quaders mit quadratischer Grundfläche und maximalem Volumen hergestellt werden. Ermitteln Sie die Längen seiner Kanten a und b.

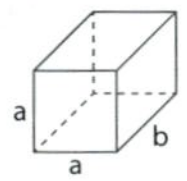

1. *Gleichung*
   Volumen des Quaders: **$V = a^2 \cdot b$**
2. *Nebenbedingungen*
   Gesamtlänge der Kanten als Summe: **$3 = 8a + 4b$ somit gilt $b = 0{,}75 - 2a$**
3. *Zielfunktion* **$0 \le a \le 0{,}375$, damit $V > 0$** **$V(a) = a^2 \cdot (0{,}75 - 2a) = 0{,}75a^2 - 2a^3$**
4. *lokale Extrema*
   erste und zweite Ableitung: **$V'(a) = 1{,}5a - 6a^2$ $V''(a) = 1{,}5 - 12a$**
   Notwendige Bedingung (mögliche Extremstelle): **$a \cdot (1{,}5 - 6a) = 0$, also gilt $a = 0{,}25$ $(a \neq 0)$.**
   Hinreichende Bedingung: **$V''(0{,}25) = -1{,}5 < 0$ Es liegt ein lokales Maximum vor.**
5. *Randwerte*
   Das lokale Maximum ist das globale Maximum, da **$V(0) = 0$ und $V(0{,}375) = 0$, aber $V(0{,}25) > 0$**
6. *Interpretation*
   Wenn jede Kante 0,25 m lang ist, hat der Körper das größtmögliche Volumen. Es sind 15,625 dm³.

2 Zielfunktionen: Verbinden Sie die Sachverhalte mit passenden Zielfunktionen.
Zusatzaufgabe: Die Gleichung einer Zielfunktion bleibt übrig. Geben Sie einen dazu passenden Sachverhalt an.

Sachverhalt	verbunden mit
Bei einem Rechteck ist die Seite a 3 m kürzer als die Seite b. Gesucht ist die Zielfunktion für seinen Flächeninhalt in Abhängigkeit von a.	$f(a) = a^2 + 3 \cdot a$
Bei einem Prisma mit quadratischer Grundfläche mit Seitenlänge a ist die Höhe 3 cm größer als a. Gesucht ist die Zielfunktion für sein Volumen in Abhängigkeit von a.	$f(a) = a^3 + 3 \cdot a^2$
Bei einer geraden Pyramide mit quadratischer Grundfläche ist die Höhe a ein Drittel mal so groß wie die Länge x der Seitenkante der Grundfläche. Gesucht ist die Zielfunktion für das Volumen der Pyramide in Abhängigkeit von a.	$f(a) = 3 \cdot a^3$

Zielfunktionen: $f(a) = a^2 + 3 \cdot a$; $f(a) = 3 \cdot a^3$; $f(a) = 3 \cdot a^2$; $f(a) = a^3 + 3 \cdot a^2$

3 Figuren unter Funktionsgraphen: Der Punkt Q liegt auf der x-Achse im Intervall $-2 \le x \le 2$.
Senkrecht über Q liegt der Punkt R auf der Parabel $f(x) = 4 - x^2$.
Der Punkt P hat die Koordinaten $P(-2|0)$. Untersuchen Sie, bei welcher Lage von R der Flächeninhalt des Dreiecks PQR ein lokales Maximum annimmt.

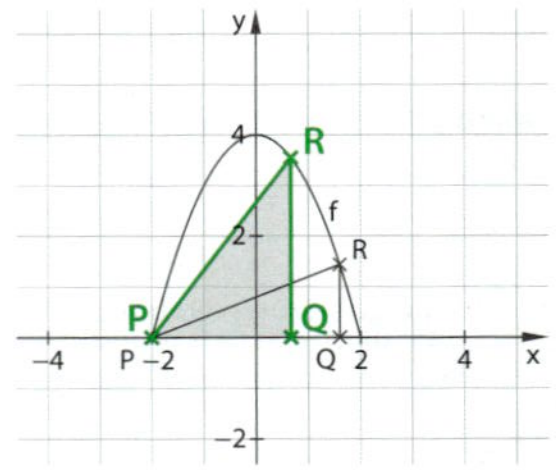

a) Kreuzen Sie die Gleichung der Zielfunktion z für $-2 \le x \le 2$ an.
[x] $z(x) = \frac{1}{2} \cdot (2 + x) \cdot (4 - x^2)$ [x] $z(x) = 4 + 2x - x^2 - \frac{1}{2}x^3$

b) Kreuzen Sie die Extremstelle für ein lokales Maximum an.
[ ] $x = -2$ [x] $x = \frac{2}{3}$

c) Formulieren Sie einen Antwortsatz.
Der Flächeninhalt des Dreiecks PQR hat für $R\left(\frac{2}{3}\middle|\frac{32}{9}\right)$ ein lokales Maximum.

4 Der Punkt R wandert auf dem Graphen von $f(x) = \frac{1}{5} \cdot x^2 \cdot (4 - x)$ im Intervall $0 \le x \le 4$. Der Punkt P liegt im Ursprung und der Punkt Q senkrecht unter R auf der x-Achse.
Gesucht ist die Lage von R, bei der das Dreieck PQR maximalen Flächeninhalt besitzt.
Kreuzen Sie Zutreffendes an. Korrigieren Sie falsche Aussagen.

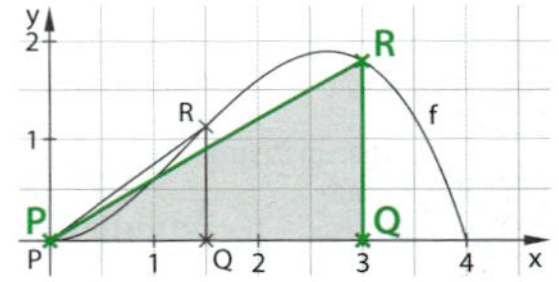

a) Die Zielfunktion hat die Gleichung $A(x) = \frac{2}{5} \cdot x^3 - \frac{1}{10} \cdot x^4$ [x] wahr [ ] falsch

b) Mögliche Extremstellen sind $x_1 = 0$ und $x_2 = 2$. **$x_1 = 0$ und $x_2 = 3$** [ ] wahr [x] falsch

c) Der maximale Flächeninhalt beträgt 2,7 Flächeneinheiten. [x] wahr [ ] falsch

Weiterführende Aufgaben

5 Die Oberflächeninhalte von zylinderförmigen Dosen sollen möglichst gering sein.
Zu berechnen sind dafür der Radius der Grundfläche und die Höhe des Zylinders in Abhängigkeit von V. Das Volumen der Dose ist dabei vorgegeben.
Hilfe: Volumen eines Zylinders: $V = \pi \cdot r^2 \cdot h$; Flächeninhalt eines Kreises: $A = \pi \cdot r^2$

a) Kreuzen Sie Zutreffendes an. Begründen Sie Ihre Entscheidung mithilfe der Lösungsstrategie für Extremalprobleme.
[x] $r = \sqrt[3]{\frac{V}{2\pi}}$ und $h = \sqrt[3]{4} \cdot \sqrt[3]{\frac{V}{\pi}}$ [x] $r = \frac{2^{\frac{2}{3}} \cdot V^{\frac{1}{3}}}{2 \cdot \pi^{\frac{1}{3}}}$ und $h = \frac{2^{\frac{2}{3}} \cdot V^{\frac{1}{3}}}{\pi^{\frac{1}{3}}}$ [ ] $r = \frac{1}{2} \cdot \sqrt[3]{\frac{V}{\pi}}$ und $h = 2 \cdot \sqrt[3]{\frac{V}{2\pi}}$

1. Gleichung	**$A = 2\pi r^2 + 2\pi r \cdot h$**	
2. Nebenbedingungen	**$V = \pi r^2 h$ somit gilt $h = \frac{V}{\pi r^2}$.**	
3. Zielfunktion	**$A(r) = 2\pi r^2 + \frac{2V}{r}$**	**mit $0 < r < \infty$**
Ableitungen	**$A'(r) = 4\pi r - \frac{2V}{r^2}$**	**$A''(r) = 4\pi + \frac{4V}{r^3}$**
4. lokale Extrema	**$A'(r) = 0$ somit gilt $r = \sqrt[3]{\frac{V}{2\pi}}$.**	**$A''\left(\sqrt[3]{\frac{V}{2\pi}}\right) = 4\pi + \frac{4V}{\frac{V}{2\pi}} > 0$**
5. Randwerte	**$\lim_{r \to 0} A(r) = \infty$ und $\lim_{r \to \infty} A(r) = \infty$**	
6. Interpretation	**Für $r = \sqrt[3]{\frac{V}{2\pi}}$ und $h = \sqrt[3]{4} \cdot \sqrt[3]{\frac{V}{\pi}}$ hat ein Zylinder minimale Oberfläche.**	

b) Eine der Dosen ist rund 12 cm hoch und hat einen Durchmesser von rund 10 cm.
Beurteilen Sie diese Maße in Hinblick auf das zur Herstellung der Dose benötigte Material und ihr Volumen.
$V \approx 942\,\text{cm}^3$, $r = \sqrt[3]{\frac{942\,\text{cm}^3}{2\pi}} \approx 5{,}3$ cm und $h = \sqrt[3]{4} \cdot \sqrt[3]{\frac{942\,\text{cm}^3}{\pi}} \approx 10{,}6$ cm, somit sind sie beinahe optimal.

Basisaufgaben

1 Gleichungssysteme lösen: Ergänzen Sie die Lösungsschritte.
Berücksichtigen Sie dabei die Vorgaben.

① $x + y + z = 1$
② $x - y - 2z = 0$
③ $x + 2z = 3$

$2x - z = 1$ | $+z-1$ ① und ② addieren (Additionsverfahren).

④ $2x - 1 = z$

$x + 2\cdot(2x-1) = 3$ | $+2$ ④ in ③ einsetzen (Einsetzungsverfahren).

$5x = 5$ | $:5$

$x = 1$

$1 + 2z = 3$ | -1 Zahl „1" in ③ für x einsetzen.

$2z = 2$ | $:2$

$z = 1$

$1 + y + 1 = 1$ | -2 Zahl „1" für x und für z in ① einsetzen.

$y = -1$

Probe: ① $1 + (-1) + 1 = 1$ wahre Aussage

② $1 - (-1) - 2\cdot 1 = 0$ wahre Aussage

③ $1 + 2\cdot 1 = 3$ wahre Aussage L = {(1; −1; 1)}

Gleichungssystem:
$x + 2 = y$
$x = -y + 4$

Additionsverfahren:
$x + 2 + x = \underline{y} + (\underline{-y} + 4)$

Einsetzungsverfahren:
$x = -(x+2) + 4$

2 Ordnen Sie mithilfe von Linien jedem Gleichungssystem eine Lösungsmenge zu.
Zusatzaufgabe: Lösen Sie die Gleichungssysteme auf einem zusätzlichen Blatt.

$a + b + 7c = 13$ $3a + 2b + 3c = 7$ $6a + b + 2c = 18$	$x + y + z = 8$ $3x + 2y + z = 12$ $6x + y = 0$	$a + b = 1$ $a + 2b + c = -1$ $2a + b - c = 0$	$x + y + z = 0$ $9x + 3y + z = 1$ $25x + 5y + z = 4$
$L = \{(3; -4; 2)\}$	$L = \left\{\left(\frac{1}{4}; -\frac{1}{2}; \frac{1}{4}\right)\right\}$	$L = \{(-1; 6; 3)\}$	$L = \{\}$

3 Eigenschaften in Gleichungen übersetzen: Geben Sie ein oder zwei passende Ausdrücke an.

a) Der Graph der Funktion f verläuft durch den Hochpunkt P(−1 | 2). $f(-1) = 2$ $f'(-1) = 0$

b) Der Graph der Funktion f hat an der Stelle x = 3 einen lokalen Tiefpunkt. $f'(3) = 0$ $f''(3) > 0$

c) Der Graph einer Funktion f hat im Punkt W(2 | −5) einen Wendepunkt. $f(2) = -5$ $f''(2) = 0$

d) Der Graph von f ist symmetrisch zur y-Achse. $f(x) = f(-x)$

e) Der Graph von f hat eine Nullstelle bei $x = x_0$. $f(x_0) = 0$

4 Funktionsgleichung bestimmen – Steckbriefaufgaben: Der Graph einer ganzrationalen Funktion dritten Grades besitzt einen lokalen Hochpunkt H(0 | 0), eine Nullstelle bei x = 3 und einen Tiefpunkt T(2 | −1).
Ermitteln Sie eine Gleichung der beschriebenen Funktion.
Rechnen Sie, wenn nötig, auf einem zusätzlichen Blatt.

1. Eigenschaften
2. Funktion und Ableitungen
3. Gleichungssystem und Funktionsterm
4. Überprüfen

1. Angeben der allgemeinen Gleichung und der ersten beiden Ableitungen

$f(x) = a\cdot x^3 + b\cdot x^2 + c\cdot x + d$ $f'(x) = 3a\cdot x^2 + 2b\cdot x + c$

$f''(x) = 6a\cdot x + 2b$

2. Aufstellen eines Gleichungssystems mithilfe der Eigenschaften und Ermitteln der Lösungen

Eigenschaft	Bedingung	Gleichungen des Gleichungssystems
H(0 | 0) liegt auf dem Graphen von f.	$f(0) = 0$	$d = 0$
H(0 | 0) ist Hochpunkt des Graphen von f.	$f'(0) = 0$	$c = 0$
x = 3 ist Nullstelle.	$f(3) = 0$	$27a + 9b = 0$
T(2 | −1) liegt auf dem Graphen von f.	$f(2) = -1$	$8a + 4b = -1$
T(2 | −1) ist Tiefpunkt des Graphen von f.	$f'(2) = 0$	$12a + 4b = 0$
		Lösungen: $a = \frac{1}{4}$ und $b = -\frac{3}{4}$

3. Die Funktion hat die Gleichung
$f(x) = \frac{1}{4}x^3 - \frac{3}{4}x^2$.

4. Überprüfen Sie, ob der Graph von f die gegebenen Eigenschaften besitzt.
Markieren Sie dazu die Hoch- und Tiefpunkte, sowie die Nullstellen.

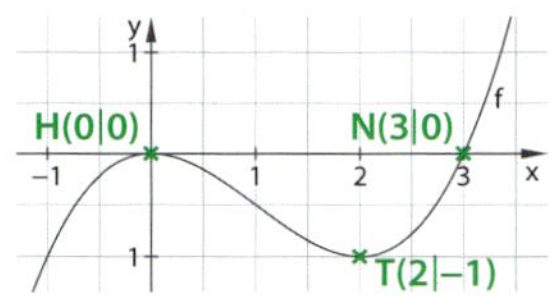

5 Prozesse modellieren: Bei einer Testfahrt mit konstanter Geschwindigkeit wird durchgehend der „lokale" Kraftstoffverbrauch in Milliliter pro Kilometer in Abhängigkeit von der zurückgelegten Wegstrecke in Kilometern gemessen.

Strecke s in km	0	1	2	3	4
Verbrauch V in $\frac{ml}{km}$	70	88	90	82	70

Der Zusammenhang zwischen der Strecke s und dem lokalen Verbrauch V lässt sich modellhaft durch eine ganzrationale Funktion
$V(s) = a\cdot s^3 - 11s^2 + 28s + d$ mit $0\,km \le s \le 4\,km$ beschreiben.

a) Ermitteln Sie die Parameter a und d der Funktion.
$V(0) = a\cdot 0^3 - 11\cdot 0^2 + 28\cdot 0 + d = 70$, somit gilt $d = 70$.
$V(1) = a\cdot 1^3 - 11\cdot 1^2 + 28\cdot 1 + 70 = 88$, somit gilt $a = 1$.

b) Erläutern Sie, wie Sie den größten und den kleinsten Wert für den lokalen Kraftstoffverbrauch im Streckenabschnitt von 0 km bis 4 km ermitteln. Geben Sie beide Werte an. Rechnen Sie, wenn nötig, auf einem zusätzlichen Blatt.
Mithilfe der 1. Ableitung der Funktion V(s) wird $s \approx 1{,}64$ km als Stelle des höchsten lokalen Verbrauches bestimmt. Der lokale Verbrauch ist dort etwa $90{,}75\,\frac{ml}{km}$.
Der kleinste Verbrauch liegt an den Intervallenden, also bei s = 0 km und s = 4 km mit $70\,\frac{ml}{km}$ vor.

6 Randkurven beschreiben: Die Randkurve vom Umriss des Schulgespenstes wird durch den Graphen einer ganzrationalen Funktion f beschrieben.

a) Begründen Sie, dass die Funktion f mindestens vom Grad n = 4 ist.

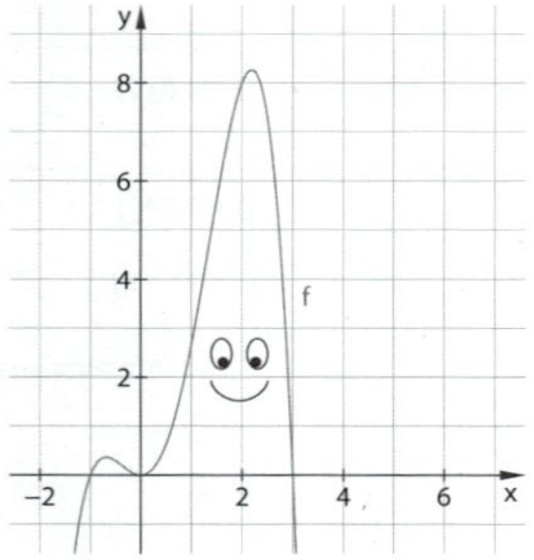

Der Graph hat mindestens drei lokale Extrema, somit muss die 1. Ableitung der Funktion f mindestens drei Nullstellen haben, also mindestens vom Grad n − 1 = 3 sein. Demzufolge muss die Funktion f selbst mindestens vom Grad n = 4 sein.

b) Die Randkurve kann durch eine Funktion f mit der Gleichung $f(x) = a \cdot x^4 + b \cdot x^3 + 2 \cdot x^2$ beschrieben werden. Berechnen Sie a und b. Entnehmen Sie dazu die ganzzahligen Nullstellen der Funktion der Zeichnung.

$f(-1) = 0$ somit gilt $a - b + 2 = 0.$
$f(3) = 0$ somit gilt $81a + 27b + 18 = 0.$

Die Lösung ist $a = -\frac{2}{3}$ und $b = \frac{4}{3}.$

7 Ordnen Sie den Teilen der Maske die passende Funktion zu.
Zeichnen Sie das zu den Funktionen gehörende Koordinatensystem ein.

Teil der Maske	Funktion
Kinn	$f_2(x) = x^2 - 4$ mit $-2 \le x \le 2$
linkes Auge	$f_4(x) = -(x+1)^2 - 1$ mit $-1{,}3 \le x \le -0{,}7$
Mund	$f_3(x) = \frac{1}{2}x^2 - \frac{5}{2}$ mit $-\frac{1}{2} \le x \le \frac{1}{2}$
rechtes Auge	$f_5(x) = f_4(-x)$
Ohren	$f_1(x) = -\frac{1}{2}x^4 + 2x^2$ mit $-2 \le x \le 2$

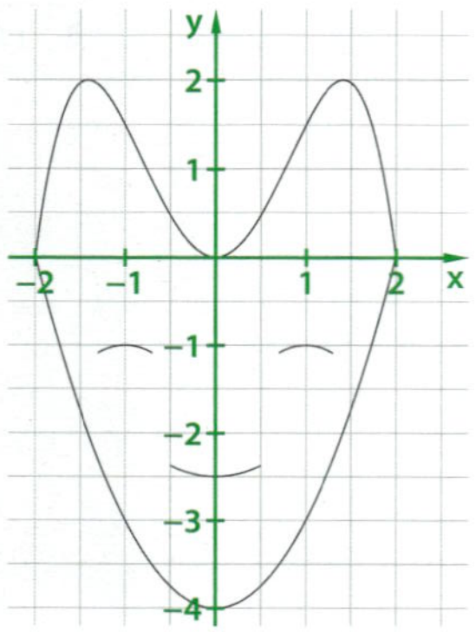

8 Funktionsscharen: Die Graphen gehören zur Funktionenschar $f_a(x) = 0{,}2x^2 \cdot (x - a)$ mit $a \in \mathbb{R}$.

a) Ordnen Sie den Graphen den Wert des Parameters a zu.

Graph	①	②	③
Wert von a	−4	0	5

b) Zeichnen Sie den Graphen von f_a für a = 3 ein.

c) Kreuzen Sie die Gleichungen an, die die 1. Ableitungsfunktion von $f_a(x)$ wiedergeben.

- [x] $f_a'(x) = 0{,}6x^2 - 0{,}4a \cdot x$
- [x] $f_a'(x) = 0{,}4x \cdot (x - a) + 0{,}2x^2$
- [ ] $f_a'(x) = 0{,}6x^2 - 0{,}4a$

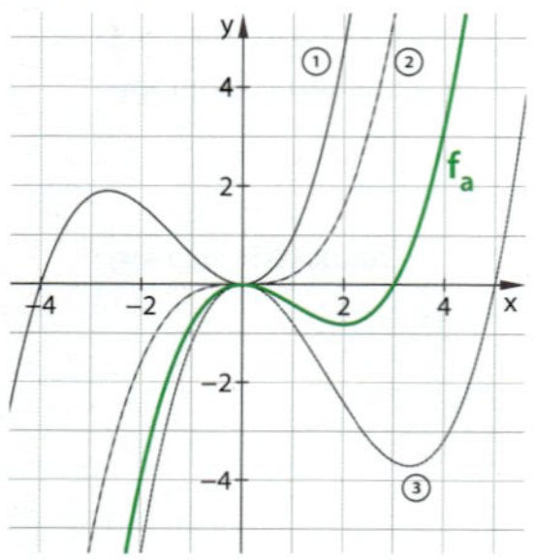

Weiterführende Aufgaben

9 Vor dem Öffnen des Fallschirms fällt ein Springer im freien Fall immer schneller. Die Änderungsrate der Fallgeschwindigkeit verringert sich durch die Luftreibung mit der Zeit. Es wird angenommen, dass sich der Sachverhalt im Intervall 0 s ≤ t ≤ 15 s durch eine ganzrationale Funktion dritten Grades modellieren lässt.

Zeit t im freien Fall in Sekunden	0	5	10	12,5
Geschwindigkeit v in Meter pro Sekunde	0	42	54	56

a) Kreuzen Sie die passende Funktion an.

- [ ] $v(t) = \frac{2}{75}t^3 - \frac{4}{5}t^2 + \frac{35}{3}t$
- [ ] $v(t) = \frac{2}{75}t^3 + t^2 + \frac{191}{15}t$
- [x] $v(t) = \frac{2}{75}t^3 - t^2 + \frac{191}{15}t$

b) Zeichnen Sie den Graphen der bei Teilaufgabe **a)** ermittelten Funktion im Intervall 0 s ≤ t ≤ 25 s.
Begründen Sie mithilfe des Graphen, weshalb diese Funktion für t > 12,5 s als mathematisches Modell ungeeignet ist.

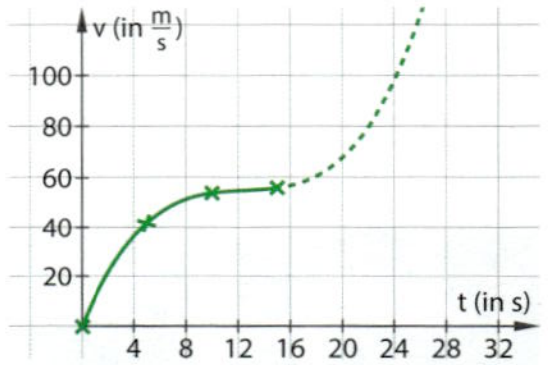

Die Änderungsrate der Geschwindigkeit wird für t > 12,5 s größer. Dies steht im Widerspruch zum Aufgabentext „Die Änderungsrate der Fallgeschwindigkeit verringert sich …"

10 Die Graphen mehrerer ganzrationaler Funktionen vierten Grades verlaufen symmetrisch zur y-Achse. Sie haben an der Stelle x = 2 eine waagerechte Tangente und gehen durch den Punkt P(−2 | 0).

a) Weisen Sie nach, dass $y = f_a(x) = a \cdot x^4 - 8a \cdot x^2 + 16a$ mit $a \in \mathbb{R}; a \neq 0$ alle derartigen Funktionen beschreibt.

ganzrationale Funktionen vierten Grades und zur y-Achse symmetrischer Graph: $f(x) = a \cdot x^4 + b \cdot x^2 + c$ mit $f(-x) = f(x)$
$f'(x) = 4ax^3 + 2b \cdot x$
waagerechte Tangente an der Stelle x = 2: $f'(2) = 0$ $32a + 4b = 0$
Graph durch den Punkt P(−2 | 0): $f(-2) = 0$ $16a + 4b + c = 0$
Lösungen: $b = -8a$, $c = 16a$

b) Kreuzen Sie die wahren Aussagen an. Korrigieren Sie falsche Aussagen.

- [x] ① Für a > 0 besitzen die Graphen genau einen lokalen Hochpunkt.
- [x] ② Für a = 0,125 schneidet der Graph von f die y-Achse im Punkt Q(0 | 2).
- [ ] ③ Für $a = -\frac{1}{3}$ ist y = 3x − 7 die Gleichung der Tangente an den Graphen von f_a an der Stelle x = 1.

y = 4x − 7

11 An einem Wintertag wurde in Abständen von zwei Stunden die Temperatur T gemessen. Um 10:00 Uhr erfolgte die erste Messung. Der Temperaturverlauf in diesem Zeitraum soll durch eine ganzrationale Funktion dritten Grades modelliert werden.
Ermitteln Sie mit dieser Gleichung die Zeit, zu der die Höchsttemperatur erreicht wurde. Geben Sie beides an.

Zeit in h	0	2	4	6
T in °C	0	2	3	0

$f(x) = a \cdot x^3 + b \cdot x^2 + c \cdot x + d$ $f(0) = 0,$ somit gilt $d = 0.$
$f(2) = 2$, somit gilt ① $8a + 4b + 2c = 2.$
$f(4) = 3$, somit gilt ② $64a + 16b + 4c = 3.$
$f(6) = 0$, somit gilt ③ $216a + 36b + 6c = 0.$
„① : 2" und von ③ subtrahieren: $32a + 4b = -1,$ somit gilt $b = -0{,}25 - 8a.$
Term für b in „① : 2" einsetzen: $4a + 2 \cdot (-0{,}25 - 8a) + c = 1,$ somit gilt $c = 1{,}5 + 12a.$
Terme für b und c in ② einsetzen: $64a + 16 \cdot (-0{,}25 - 8a) + 4 \cdot (1{,}5 + 12a) = 3,$ somit gilt $a = -0{,}0625.$
$f(x) = -0{,}0625x^3 + 0{,}25x^2 + 0{,}75x$ ist die gesuchte Gleichung der Funktion.
$f'(x) = -0{,}1875x^2 + 0{,}5x + 0{,}75$ $0 = -0{,}1875x^2 + 0{,}5x + 0{,}75$ somit gilt $x_1 \approx 3{,}74$ (x_2 ist negativ.).
$f''(x) = -0{,}375x + 0{,}5$ $f''(3{,}74) < 0$ Das lokale Maximum liegt bei $x \approx 3{,}74$ mit $f(3{,}74) \approx 3{,}03.$
Die Höchsttemperatur wird etwa 13:45 Uhr erreicht. Sie beträgt etwa 3,03 °C.

1 Ordnen Sie den Gleichungssystemen Lösungen zu.

$a - 3b + 4c = -5$
$2a + 5b + 2c = 27$
$4a - b = -13$

$10 = 2x + 3y + z$
$13 = 3x + y + 2z$
$20 = 4x + 6y + 2z$

$L = \{(-2; 5; 1)\}$

$L = \left\{\left(\frac{29}{7}; \frac{4}{7}; 0\right)\right\}$

$L = \{(-2; 5; 3)\}$

$L = \{(-3; 2; 10)\}$

2 Beurteilen Sie, ob der Ausdruck den Sachverhalt wiedergibt.
Rechnen Sie, wenn nötig, auf einem zusätzlichen Blatt.

a) Sachverhalt: Eine Funktion f hat an der Stelle 6 den Funktionswert 12. ☐ ja ☒ nein
Ausdruck: $f(12) = 6$ $\quad f(6) = 12$

b) Sachverhalt: Der Graph einer Funktion f hat an der Stelle x = 1 einen Tiefpunkt. ☐ ja ☒ nein
Ausdruck: $f'(1) \geq 0$ $\quad f'(1) = 0$ und $f''(1) > 0$

c) Sachverhalt: Der Graph einer Funktion f hat im Punkt P(1 | 2) einen Wendepunkt. ☐ ja ☒ nein
Ausdruck: $f(2) = 1$ und $f''(2) = 0$ $\quad f(1) = 2$ und $f''(1) = 0$

d) Sachverhalt: Der Graph einer Funktion ist punktsymmetrisch zum Ursprung. ☒ ja ☐ nein
Ausdruck: $f(-x) = -f(x)$

3 Der Graph der ganzrationalen Funktion f dritten Grades ist punktsymmetrisch zum Ursprung.
Er verläuft durch den Punkt P(3 | −1) und hat dort die Steigung −3.
Prüfen Sie die Aussagen über f auf ihren Wahrheitsgehalt.
Rechnen Sie, wenn nötig, auf einem zusätzlichen Blatt.
Unterstreichen Sie die Fehler.

a) Die Funktion f hat die Gleichung $f(x) = -\frac{4}{27}x^3 + x$. ☒ wahr ☐ falsch

b) Die Funktion f hat den lokalen Hochpunkt $H\left(\frac{3}{2} \,|\, \underline{-1}\right)$. $\quad H\left(\frac{3}{2} \,|\, 1\right)$ ☐ wahr ☒ falsch

c) Für $x \to -\infty$ gehen die Funktionswerte von f gegen ∞. ☒ wahr ☐ falsch

d) Zwei Tangenten am Graphen von f an zweien seiner Nullstellen haben die Gleichung $y = -2x + \underline{2} \cdot \sqrt{3}$ und $y = -2x + \underline{2\sqrt{2}}$. $\quad y = -2x + 3 \cdot \sqrt{3}$ und $y = -2x - 3 \cdot \sqrt{3}$ ☐ wahr ☒ falsch

4 Gegeben ist ein Prisma mit der Höhe h. Seine Grundfläche ist quadratisch und hat die Seitenlänge a.
Gesucht sind Werte für a und h, für die das Prisma bei konstantem Volumen V eine minimale Oberfläche A_o hat.

a) Kreuzen Sie die passende Zielfunktion an.
Unterstreichen Sie drei zur Ermittlung der Zielfunktion benötigte Gleichungen.

☐ $\underline{V = a^2 \cdot h}$ ☐ $a = \sqrt{h} : V$ ☐ $\underline{h = \frac{V}{a^2}}$ ☐ $h = \frac{a^2}{V}$

☐ $O(a) = 2a^2 + 4a \cdot \frac{a^2}{V}$ ☐ $O(a) = a^2 + \frac{4V}{a}$ ☐ $\underline{O(a) = 2a^2 + 4a \cdot h}$ ☒ $O(a) = 2a^2 + \frac{4V}{a}$

b) Ermitteln Sie a und h, für die das Prisma bei konstantem Volumen V eine minimale Oberfläche O hat.

$A_o'(a) = 4a - \frac{4V}{a^2}$

$A_o''(a) = 4 + \frac{8V}{a^3} > 0$

$a = \sqrt[3]{V} \qquad h = \sqrt[3]{V}$

Wenn $\sqrt[3]{V} = a = h$, dann ist die Oberfläche minimal. Das Prisma ist ein Würfel.

c) Berechne a für h = 3 cm und O(a) = 14 cm².

a = 1 cm

5 Die Abbildung zeigt den Graphen einer ganzrationalen Funktion g.

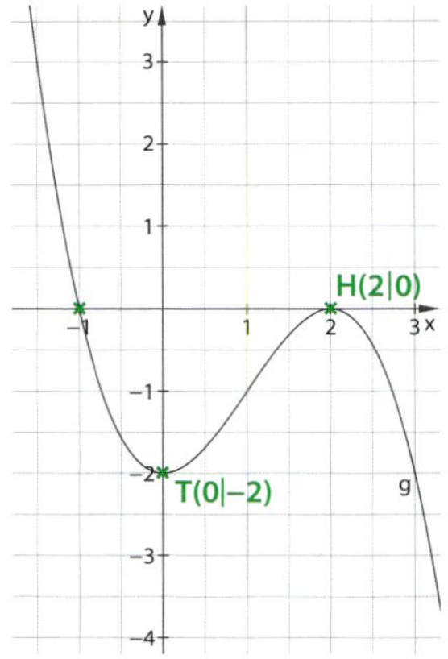

a) Begründen Sie, dass g mindestens dritten Grades sein muss.

Da der Graph von g mindestens zwei lokale Extrempunkte hat, muss die notwendige Bedingung zur Existenz lokaler Extrempunkte mindestens auf eine quadratische Gleichung mit zwei reellen Lösungen führen. Die Funktion g′ muss deshalb mindestens eine quadratische Funktion sein, d. h. die Funktion g selbst muss mindestens dritten Grades sein.

b) Lesen Sie die Koordinaten der lokalen Extrempunkte und die Nullstellen ab.
Ermitteln Sie die Funktionsgleichung dritten Grades von g.

Lokalen Extrempunkte sind H(2 | 0) und T(0 | −2). Nullstellen liegen bei x = −1 und x = 2.

$g(x) = a \cdot x^3 + b \cdot x^2 + c \cdot x + d$ $\qquad g'(x) = 3a \cdot x^2 + 2b \cdot x + c$

$g(0) = -2$ somit gilt $d = -2$. $\qquad g'(0) = 0$ somit gilt $c = 0$.

$g(2) = 0$ somit gilt $8a + 4b - 2 = 0$. $\qquad g'(2) = 0$ somit gilt $12a + 4b = 0$.

$8a + 4b - 2 = 0$
$12a + 4b = 0$ $\quad$ Die Lösung des Gleichungssystems ist $a = -\frac{1}{2}$ und $b = \frac{3}{2}$.

$g(x) = -\frac{1}{2}x^3 + \frac{3}{2}x^2 - 2$ ist die gesuchte Funktionsgleichung.

6 Die Abbildung zeigt den Graphen einer ganzrationalen Funktion f vierten Grades, der achsensymmetrisch zur y-Achse ist, mit den Koordinaten eines der Hochpunkte.

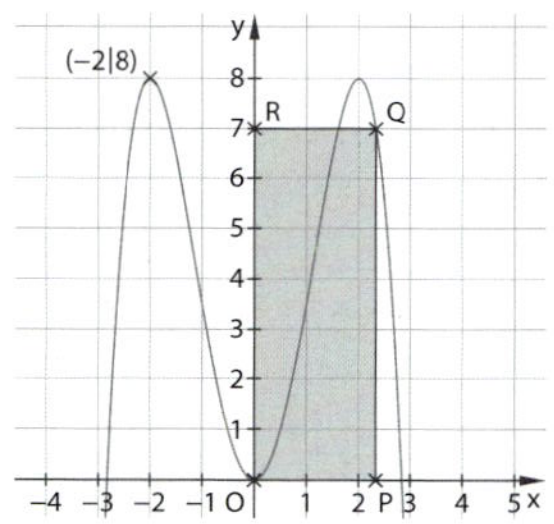

a) Kreuzen Sie die Gleichungen von f an.
☐ $f(x) = 0{,}5x^4 - 4x^2$ ☒ $f(x) = -\frac{1}{2}x^4 + 4x^2$ ☒ $f(x) = 4x^2 \cdot (1 - 0{,}125x^2)$

b) Der Punkt Q liegt im I. Quadranten auf dem Graphen von f. Er bildet zusammen mit dem Ursprung O sowie den Punkten P und R ein Rechteck.
Untersuchen Sie, ob der Flächeninhalt des Rechtecks OPQR ein lokales Maximum annimmt, wenn Q mit dem Hochpunkt von f im I. Quadranten zusammenfällt.

Der Hochpunkt des Graphen von f im I. Quadranten hat wegen der Achsensymmetrie die Koordinaten H(2 | 8).

Zu bestimmen ist zum Vergleich die x-Koordinate von Q, für die das Rechteck OPQR maximalen Flächeninhalt hat.

$A(x) = x \cdot f(x) = x \cdot \left(-\frac{1}{2}x^4 + 4x^2\right) = -\frac{1}{2}x^5 + 4x^3$ mit $0 \leq x \leq 2 \cdot \sqrt{2}$

$A'(x) = -\frac{5}{2}x^4 + 12x^2 \qquad A''(x) = -10x^3 + 24x$

$A'(x) = 0$ somit gilt $-\frac{5}{2}x^4 + 12x^2 = 0$ also $-\frac{1}{2}x^2 \cdot (5x^2 - 24) = 0$

$x_1 = 0; x_2 = -\frac{2}{5} \cdot \sqrt{30}; x_3 = \frac{2}{5} \cdot \sqrt{30} \approx 2{,}19 > 2 \qquad A''\left(\frac{2}{5} \cdot \sqrt{30}\right) = -\frac{48}{5} \cdot \sqrt{30} \approx -52{,}6 < 0$

Das lokale Maximum für den Flächeninhalt liegt an der Stelle $x_3 = \frac{2}{5} \cdot \sqrt{30} \approx 2{,}19$, also fällt Q nicht mit dem lokalen Hochpunkt H(2 | 8) des Graphen von f zusammen.

Basisaufgaben

1 Das Diagramm zeigt den Zu- bzw. Abfluss aus einem Wasserbecken. Vervollständigen Sie korrekt.

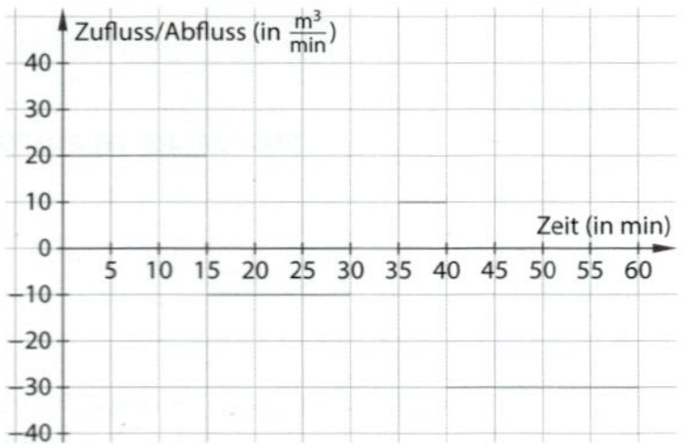

Die Beobachtung erfolgt über **60** Minuten. Zu Beginn gibt es einen Zufluss von **20** Kubikmeter pro **Minute**.

Dieser ist 15 Minuten **konstant**.

Nach 15 Minuten sind **300** Kubikmeter Wasser **mehr** im Becken als zu Beginn. Danach fließen **15** Minuten lang **10** Kubikmeter Wasser pro Minute **ab**, das sind in dieser Zeit insgesamt **150** Kubikmeter.

Nach 30 Minuten befinden sich im Becken insgesamt **150** Kubikmeter Wasser **mehr als** zu Beginn.

2 Zu- und Abnahme eines Bestandes als Flächenbilanz: Die Diagramme zeigen jeweils den Wasserzu- bzw. -abfluss in einem zu Beginn leeren Wasserbecken im Verlauf einer Stunde.

Hilfe: Die Zu- und Abnahme eines Bestandes F in einem Zeitintervall entspricht der Flächenbilanz zwischen dem Graphen der Änderungsrate f und der x-Achse.

A

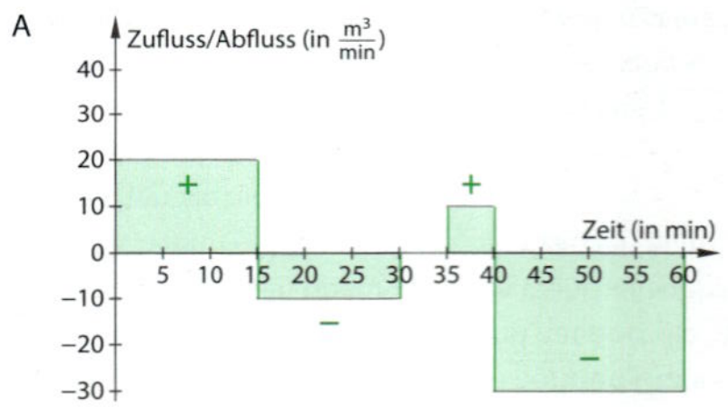

B

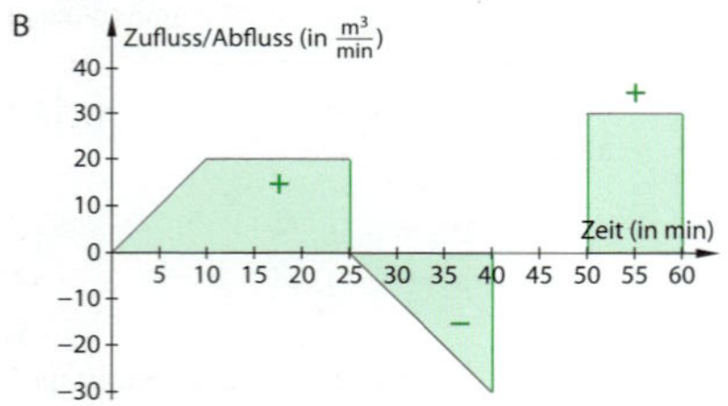

a) Markieren Sie die Flächen, deren Inhalte ein Maß für das zu- oder abgeflossene Wasservolumen sind.

b) Ergänzen Sie in der Tabelle für die angegebenen Zeiten (in min) die Bilanz des Wasserzu- und -abflusses in m³.

Zeit	10	20	30	40	50	60
Bilanz (A)	200	250	150	200	−100	−400
Bilanz (B)	100	300	375	175	175	475

c) Geben Sie jeweils begründet an, wie viel Wasser zu Beginn mindestens in dem Becken gewesen sein muss und welches Fassungsvermögen das Wasserbecken mindestens haben muss. Wählen Sie geeignete Intervalle.

In Becken A müssen zu Beginn mindestens **400** m³ gewesen sein, denn **der kleinste Bilanzwert ist −400.**

Sein Fassungsvermögen muss mindestens **700** m³ betragen, denn **am Anfang fließen 300 Liter zu.**

In Becken B müssen zu Beginn mindestens **0** m³ gewesen sein, da **es keine negativen Bilanzwerte gibt.**

Sein Fassungsvermögen muss mindestens **475** m³ betragen, da **dies der maximale Bilanzwert ist.**

d) „Es gibt einen Zeitpunkt, zu dem sich genauso viel Wasser im Becken befindet wie zu Beginn."
Kreuzen Sie Zutreffendes an. ☒ Gilt für Becken A. ☐ Gilt für Becken B.

Zusatzaufgabe: Geben Sie diesen Zeitpunkt, wenn möglich, an.
Nach 46 Minuten 40 Sekunden, denn ab der 40. Minute fließt in dem linken Becken ein halber

3 Gegeben sind die Graphen von Änderungsraten f′ und Beständen f. Ordnen Sie die Graphen einander zu.
Zusatzaufgabe: Begründen Sie die Zuordnung.

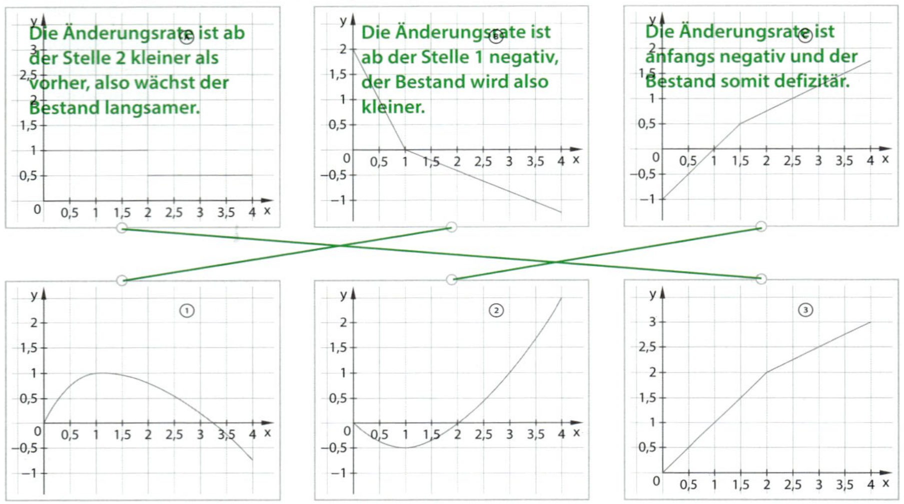

Weiterführende Aufgaben

4 In der Abbildung ist der Graph der Funktion f mit $f(x) = \sin(x)$ dargestellt.
Gesucht ist eine Abschätzung für den Inhalt der Fläche, die der Graph von f über dem Intervall $[0; \pi]$ mit der x-Achse einschließt.

a) Ermitteln Sie die Gleichungen der Tangenten an den Graphen von f in den Punkten $B_1(0|0)$, $B_2\left(\frac{\pi}{2}\middle|1\right)$ und $B_3(\pi|0)$.

$f'(x) = \cos(x)$

$t_1(x) = x$

$t_2(x) = 1$

$t_3(x) = \pi - x$

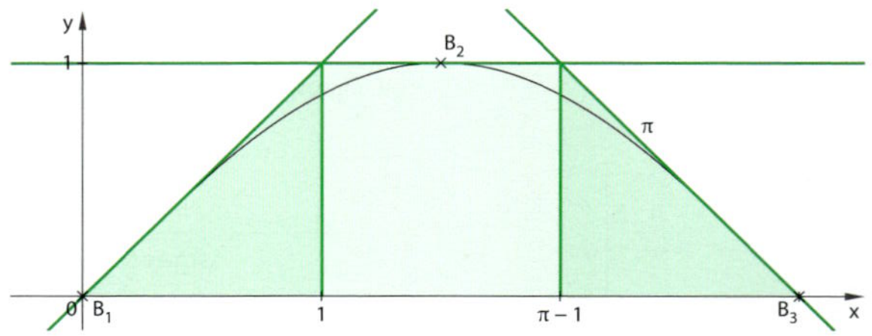

b) Zeichnen Sie die Tangenten in die Abbildung ein und geben Sie die gesuchte Abschätzung an (in Flächeneinheiten).

Man erhält zwei Dreiecke und ein Rechteck: $A = \frac{1}{2} \cdot 1 \cdot 1 + (\pi - 2) \cdot 1 + \frac{1}{2} \cdot 1 \cdot 1 = \pi - 1 \approx 2{,}14$

oder ein Trapez: $A = \frac{1}{2} \cdot (\pi + \pi - 2) \cdot 1 = \pi - 1 \approx 2{,}14$

Zusatzaufgabe: Bestimmen Sie einen Näherungswert für den Flächeninhalt, den der Graph zu $f(x) = -x^2 + 2x$ mit der x-Achse einschließt. Nutzen Sie dabei auch die Tangenten in den Punkten $\left(\frac{1}{2}\middle|f\left(\frac{1}{2}\right)\right)$ und $\left(\frac{3}{2}\middle|f\left(\frac{3}{2}\right)\right)$.

$f\left(\frac{1}{2}\right) = f\left(\frac{3}{2}\right) = \frac{3}{4}$; $A \approx \frac{11}{8} = 1{,}375$

Basisaufgaben

1 **Flächen zwischen Graph und x-Achse:** Die Größe der krummlinig begrenzten Fläche zwischen dem Funktionsgraphen und der x-Achse kann mithilfe von Unter- und Obersummen (U_n und O_n) näherungsweise ermittelt werden.

a) Vervollständigen Sie die Wertetabelle für $f(x) = 4 - \frac{1}{4}x^2$ im Intervall [0; 4].

x	0	$\frac{1}{2}$	1	$\frac{3}{2}$	2	$\frac{5}{2}$	3	$\frac{7}{2}$	4
f(x)	**4**	$\frac{63}{16}$	$\frac{15}{4}$	$\frac{55}{16}$	**3**	$\frac{39}{16}$	$\frac{7}{4}$	$\frac{15}{16}$	**0**

b) Veranschaulichen Sie U_4 und O_4 in der Zeichnung mithilfe gleich breiter Rechtecke im Intervall [0; 4].

c) Ergänzen Sie die Berechnung der Unter- und Obersummen.

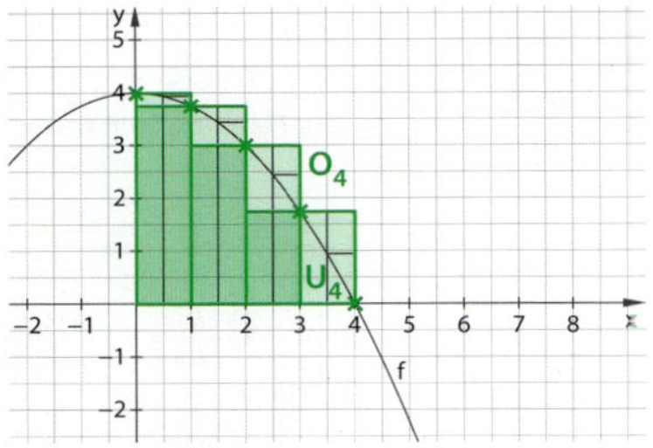

$O_4 = 1 \cdot 4 + 1 \cdot \frac{15}{4} + \mathbf{1 \cdot 3} + \mathbf{1 \cdot \frac{7}{4}} = \frac{\mathbf{25}}{2}$

$U_4 = 1 \cdot \left(\frac{15}{4} + 3 + \frac{7}{4} + 0\right) = \frac{17}{2}$

$O_8 = \frac{1}{2} \cdot \left(4 + \frac{63}{16} + \frac{15}{4} + \frac{55}{16} + 3 + \frac{39}{16} + \frac{7}{4} + \frac{15}{16}\right) = \frac{93}{8}$

$U_8 = \frac{1}{2} \cdot \left(\frac{63}{16} + \frac{15}{4} + \frac{55}{16} + 3 + \frac{39}{16} + \frac{7}{4} + \frac{15}{16} + 0\right) = \frac{77}{8}$

d) Kreuzen Sie wahre Aussagen an. Betrachten Sie dabei die Beträge und die Zeichnung.

☐ $O_8 < U_8$ ☐ $O_8 \geq O_4$ ☒ $O_8 \geq O_{16}$ ☒ $U_4 \leq U_{16}$ ☒ $U_n \leq O_n$ ☒ $U_n \leq U_{n+1}$

2 **Bestimmtes Integral als Grenzwert von Ober- und Untersummen:** f sei eine Funktion über einem Intervall [a; b]. Kreuzen Sie Zutreffendes an.

Hilfe: Wenn die Ober- und Untersummen einer Funktion f auf dem Intervall [a; b] einen gemeinsamen Grenzwert haben, dann heißt die Funktion integrierbar. Der gemeinsame Grenzwert heißt bestimmtes Integral von f in den Grenzen von a bis b.

a) Der Grenzwert der Ober- und Untersummen von f über [a; b] ist das bestimmte Integral. ☒ wahr ☐ falsch

b) Wenn Ober- und Untersummen von f über [a; b] sich einem gemeinsamen Grenzwert annähern, dann wird die Differenz der jeweiligen Ober- und Untersumme kleiner. ☒ wahr ☐ falsch

c) Das bestimmte Integral gibt die Flächenbilanz zwischen dem Graphen der Funktion und der x-Achse auf dem Intervall [a; b] an. ☒ wahr ☐ falsch

d) Das bestimmte Integral ist der Grenzwert der Differenz zwischen Ober- und Untersummen für f über [a; b]. **Dieser Grenzwert ist 0.** ☐ wahr ☒ falsch

e) Wenn der Graph von f eine parallele Gerade zur x-Achse ist, kann man das bestimmte Integral nicht bestimmen. ☐ wahr ☒ falsch
Der Flächeninhalt des Rechtecks kann berechnet werden (f(x) · (b − a)).

3 **Integral als Flächenbilanz:** Ordnen Sie jeder Beschreibung eine Funktionsgleichung zu.

Beschreibung	Funktionsgleichung
Das Integral ist positiv.	$f(x) = x^2$ über [−4; −1]
Das Integral ist negativ.	$f(x) = -x^2$ über [1; 4]
Das Integral hat den Wert 0.	$f(x) = x^3$ über [−1; 1]

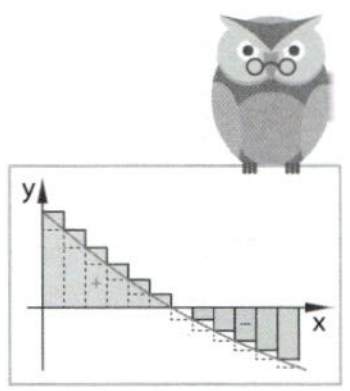

4 Kreuzen Sie alle wahren Aussagen an.

☒ $\int_0^2 x\,dx < \int_0^3 x\,dx$ ☐ $\int_0^2 (4 - x^2)\,dx < \int_0^3 (4 - x^2)\,dx$ ☒ $\int_0^3 -x\,dx > \int_0^4 -x\,dx$

5 In der Abbildung ist der Graph der Funktion f dargestellt.

Es gilt: $\int_0^1 f(x)dx = \frac{2}{3}$ und $\int_1^2 f(x)dx = -\frac{4}{3}$.

Hilfe: $\int_a^b f(x)dx$: Flächenbilanz zwischen dem Graphen von f und der x-Achse im Intervall [a; b].

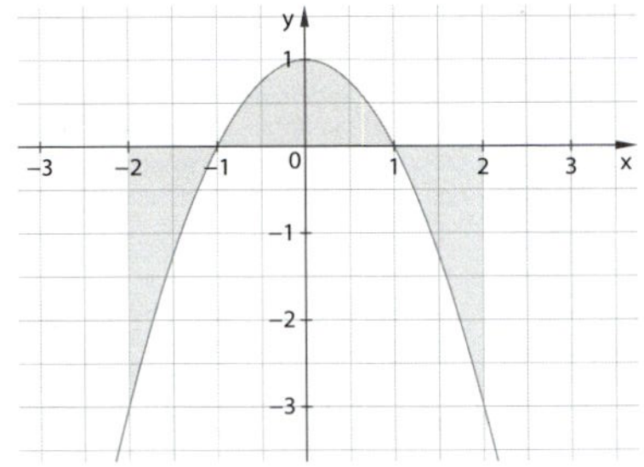

Kreuzen Sie alle wahren Aussagen an. Begründen Sie kurz.

☒ $\int_{-2}^{-1} f(x)dx = \int_1^2 f(x)dx$ — **Symmetrie zur y-Achse**

☒ $\int_{-2}^{0} f(x)dx = -\frac{2}{3}$ — $-\frac{4}{3} + \frac{2}{3} = -\frac{2}{3}$

☒ $\int_{-1}^{2} f(x)dx = 0$ — $\frac{2}{3} + \frac{2}{3} - \frac{4}{3} = 0$

☐ $\int_{-1}^{0} f(x)dx = -\frac{2}{3}$ — **falsches Vorzeichen; Fläche oberhalb der x-Achse**

☐ $\int_{-2}^{2} f(x)dx = 4$ — **Flächenbilanz:** $\int_{-2}^{2} f(x)dx = 2\left(-\frac{4}{3}\right) + 2\left(\frac{2}{3}\right) = -\frac{4}{3}$

☐ $\int_{-1}^{0} f(x)dx = -\int_0^1 f(x)dx$ — **falsches Vorzeichen; beide Flächen oberhalb der x-Achse; Achsensymmetrie**

☒ $\int_{-2}^{1} f(x)dx = 0$ — $-\frac{4}{3} + \frac{2}{3} + \frac{2}{3} = 0$

Weiterführende Aufgaben

6 Gegeben ist die Funktion f mit $f(x) = -x^2 + 4x$ mit $0\,m \leq x \leq 4\,m$. Sie beschreibt ein großes Kirchenfenster mit Buntglas.

a) Ermitteln Sie die Nullstellen von f.
$-x^2 + 4x = x \cdot$ **(−x + 4)** $x_1 =$ **0** und $x_2 =$ **4**

b) Skizzieren Sie den Graphen.
Schätzen Sie die Fenstergröße. **10 m² bis 11 m²**

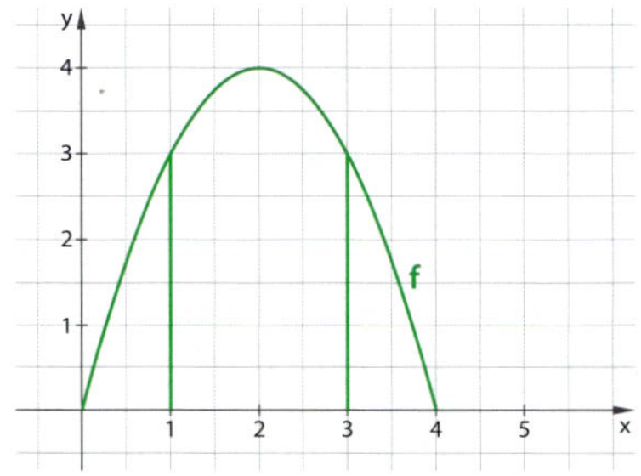

c) Ermitteln Sie die Größe des Fensters in Quadratmetern.
Es gilt $\int_0^1 (-x^2 + 4x)\,dx = 1\frac{2}{3}$ und $\int_2^3 (-x^2 + 4x)\,dx = 3\frac{2}{3}$.
$\int_0^4 (-x^2 + 4x)\,dx = 2\left(1\frac{2}{3} + 3\frac{2}{3}\right) \approx 10{,}67$

Das Kirchenfenster mit Buntglas ist **rund 10,67 m² groß.**

d) Durchgehende senkrechte Linien grenzen größere Teile voneinander ab, beispielsweise den Bereich $1\,m \leq x \leq 3\,m$. Veranschaulichen Sie diesen in der Skizze und berechnen Sie deren Größe.

$2 \cdot 2\frac{2}{3} = 7\frac{1}{3} \approx 7{,}33$

Das Beispielteil des Kirchenfensters ist **rund 7,33 m² groß.**

Basisaufgaben

1 Stammfunktion: Ordnen Sie jeder Funktion eine Stammfunktion zu. Ergänzen Sie dafür passende Großbuchstaben.
Hilfe: Eine Funktion F heißt Stammfunktion zu der Funktion f, wenn für jede Stelle x gilt: $F'(x) = f(x)$.

a(x)	b(x)	c(x)	d(x)	e(x)	f(x)	g(x)
$a(x) = x$	$b(x) = 3x + 2$	$c(x) = 3$	$d(x) = 3x$	$e(x) = 0$	$f(x) = 2x - 3$	$g(x) = 2x$

C $(x) = 3x + 2$ A $(x) = \frac{1}{2}x^2 + 2$ B $(x) = \frac{3}{2}x^2 + 2x$ D $(x) = \frac{3}{2}x^2 + 2$

G $(x) = x^2 + 3$ F $(x) = x^2 - 3x + 2$ E $(x) = 3$

2 Gesamtheit aller Stammfunktionen: Kreuzen Sie alle Stammfunktionen der Funktion $f(x) = 5x + 4$ an.
Hilfe: Alle Stammfunktionen einer Funktion f unterscheiden sich nur durch eine Konstante.

☐ $F(x) = \frac{5}{2}x + 4$ ☐ $F(x) = 5x^2 + 4x$ ☒ $F(x) = \frac{5}{2}x^2 + 4x - 3$
☒ $F(x) = \frac{5}{2}x^2 + 4x + 3$ ☐ $F(x) = \frac{5}{4}x^2 + 4x - 2$ ☒ $F(x) = \frac{5}{2}x^2 + 4x - \frac{7}{4}$

3 Stammfunktionen grafisch bestimmen: Ordnen Sie jedem Funktionsgraphen den Graphen einer Stammfunktion zu.

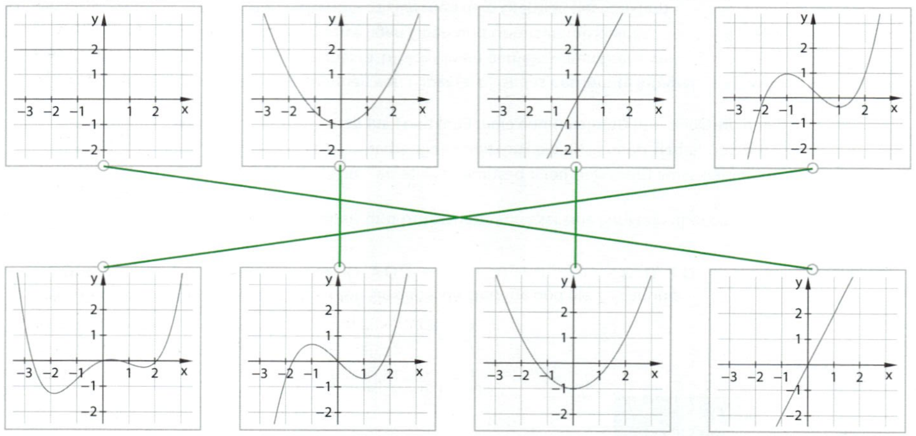

4 Potenzregel: Vervollständigen Sie.
Hilfe: Zur Funktion f mit $f(x) = x^r$ und $r \in \mathbb{R}, r \neq -1$ ist F mit $F(x) = \frac{1}{r+1}x^{r+1}$ eine Stammfunktion.

$f(x) = x$ $F(0) = 5$ $F(x) = \frac{1}{2}x^2 + 5$
$g(x) = 3x^2$ $G(1) = 5$ $G(x) = x^3 + 4$
$h(x) = x^7$ $H(-1) = \frac{1}{4}$ $H(x) = \frac{1}{8}x^8 + \frac{1}{8}$

$F'(x) = f(x)$

5 Lineare Kettenregel: Kreuzen Sie an, welche Funktion F eine Stammfunktion zu $f(x) = (6x + 11)^5$ ist.
☐ $F(x) = \frac{6}{6}(6x + 11)^6$ ☒ $F(x) = \frac{1}{36}(6x + 11)^6$ ☐ $F(x) = \frac{5}{6}(6x + 11)^6$ ☐ $f(x) = 30(6x + 11)^4$

6 Kreuzen Sie alle Regeln an, die man zur Bestimmung der Stammfunktion verwenden muss.
$f(x) = 5x^3 + 4x - 1$
☒ Faktorregel ☒ Summenregel ☒ Potenzregel ☐ lineare Kettenregel

7 Kreuzen Sie Zutreffendes an. Begründen Sie die Entscheidung.

a) Zu $f(x) = 5x + 5x^2$ ist $F(x) = 5\left(\frac{1}{2}x^2 + \frac{1}{3}x^3\right)$ die Stammfunktion. ☐ wahr ☒ falsch
Es ist nur eine Stammfunktion von f. $F(x) = 5\left(\frac{1}{2}x^2 + \frac{1}{3}x^3\right) + C$ gibt alle Stammfunktionen an.

b) Zu $f(x) = 8x^3$ ist $F(x) = 32x^4$ keine Stammfunktion. ☒ wahr ☐ falsch
$F'(x) = 4 \cdot 32x^{4-1} = 128x^3$, aber für $G(x) = 2x^4$ gilt $G'(x) = 4 \cdot 2x^{4-1} = 8x^3$.

c) Zu $f(x) = 8x^3$ ist $F(x) = 2x^4$ eine Stammfunktion. ☒ wahr ☐ falsch
$F'(x) = 2 \cdot 4x^3 = 8x^3$

d) Zu $f(x) = 2x \cdot 7x$ kann man nur mithilfe der Faktorregel eine Stammfunktion bestimmen. ☐ wahr ☒ falsch
Man benötigt auch die Potenzregel bei $f(x) = 14x^2$.

e) Zu $f(x) = \frac{1}{x^3}$ kann man nur mithilfe der Potenzregel eine Stammfunktion bestimmen. ☒ wahr ☐ falsch
$f(x) = \frac{1}{x^3} = x^{-3}$ und $F(x) = -\frac{1}{4}x^{-4} + C$

8 F und G seien die Stammfunktionen von f und g. Kreuzen Sie alle wahren Aussagen an.
Geben Sie, wenn möglich, ein Gegenbeispiel mit Funktionsgleichungen von f oder g an.

☒ F + G ist Stammfunktion zu f + g. aufgrund der Summenregel	☐ F · G ist Stammfunktion zu f · g. Gegenbeispiel: $f(x) = g(x) = 1$	☒ $F(x) + x + 4$ ist Stammfunktion zu $f(x) + 1$. aufgrund der Potenzregel	☒ $2 \cdot F - 3 \cdot G$ ist Stammfunktion zu $2 \cdot f - 3 \cdot g$. aufgrund der Summenregel	☐ $x^2 \cdot G(x)$ ist Stammfunktion zu $x \cdot g(x)$. Gegenbeispiel: $g(x) = x$

Weiterführende Aufgaben

9 Der Graph f im linken Bild veranschaulicht die Wachstumsgeschwindigkeit einer Fichte in Abhängigkeit von der Zeit.

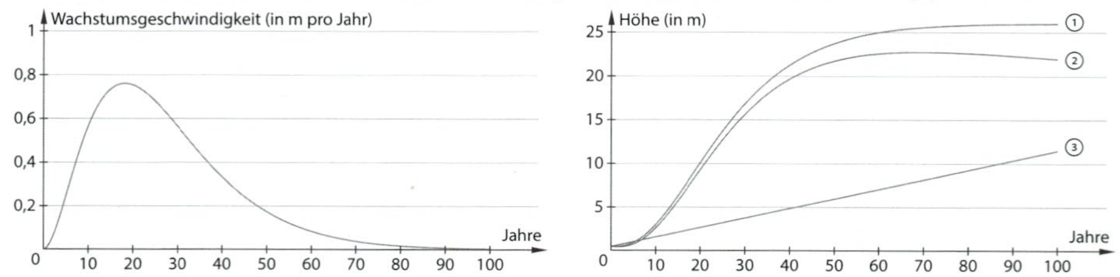

a) Begründen Sie, dass die Funktion der Fichtenhöhe in Abhängigkeit von der Zeit eine Stammfunktion von f ist.
Die Wachstumsgeschwindigkeit ist die Änderungsrate der Höhe der Fichte.
Die Stammfunktion der Wachstumsgeschwindigkeit der Fichte, also der Änderung ihrer Höhe, beschreibt die Höhe der Fichte (Fläche unter der Kurve).

b) Erläutern Sie, welche Graphen vom rechten Bild die Fichtenhöhe beschreiben können.
(1) kommt in Frage, da das Wachstum sich mit der Zeit verlangsamt.
(2) kommt nicht in Frage, da f keine negativen Werte annimmt.
(3) kommt nicht in Frage, da das Wachstum unterschiedlich ist.

Basisaufgaben

1 Ergänzen Sie den Text zu sinnvollen Aussagen zum Thema „Rekonstruktion aus Änderungsraten".
Kennt man den Bestand einer Größe (z. B. den in einer bestimmten Zeit zurückgelegten Weg) und möchte wissen, wie sich dieser ändert, dann ist **die momentane Änderungsrate des Bestandes** zu betrachten. Die momentane Änderungsrate wird mathematisch durch die **1. Ableitung** der Bestandsfunktion beschrieben (im Beispiel durch die Geschwindigkeit).
Kennt man die Änderungsrate und möchte umgekehrt von der Ableitung zurück zum Bestand (im Beispiel von der Geschwindigkeit zum zurückgelegten Weg in einem Zeitintervall), muss man **integrieren** (im Beispiel: Der im Intervall $(t_1; t_2)$ bei einer Geschwindigkeit v zurückgelegte Weg s wird berechnet durch $s = \int_{t_1}^{t_2} v(t)dt$).

2 Der im Zeitraum [0 s; 8 s] zurückgelegte Weg s kann durch die Geschwindigkeits-Zeit-Funktion

$$v(t) = \begin{cases} 2\cdot\sqrt{x}, & 0 \le t \le 4 \\ 4, & 4 < t \le 8 \end{cases}$$

näherungsweise beschrieben werden.
Kreuzen Sie alle richtigen Angaben an. (Hinweis: Im Antwortsatz müssen die Einheiten angegeben werden!)

a) Der im Zeitraum $0 \le t \le 4$ zurückgelegte Weg lässt sich berechnen durch

☐ $\int 2\cdot\sqrt{t}\,dt$ ☒ $\int_0^4 2\cdot t^{\frac{1}{2}}\,dt$ ☒ $\frac{4}{3}\cdot\sqrt{4^3}$ ☒ $\frac{4}{3}\cdot 2^3$

b) Der im Zeitraum $4 < t \le 8$ zurückgelegte Weg lässt sich ermitteln durch

☐ $(4\,\frac{m}{s})\cdot(4\,s)$ ☒ $\int_4^8 4\,dt$ ☒ $(4\cdot 8)-(4\cdot 4)$ ☒ $4\cdot[8-4]$

3 In ein zum Zeitpunkt t = 0 (Zeit t in Minuten) leeres Gefäß fließt Wasser ein.
Das Diagramm zeigt die Zuflussrate des Wassers in Liter pro Minute.
Beurteilen Sie, ob die Aussagen wahr sind.
Korrigieren Sie falsche Aussagen.

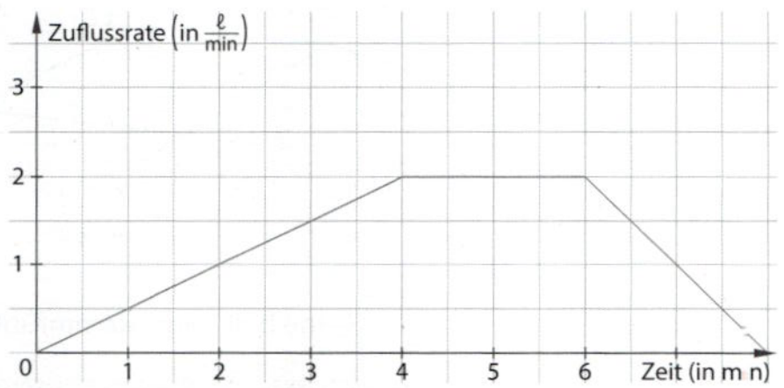

Aussage	Wahr?	Korrektur
Im Intervall [4; 6] fließt kein Wasser zu.	**falsch**	**Im Intervall [4; 6] fließen insgesamt 4 Liter Wasser zu:** $\int_4^6 2\,dt = 4\,\ell$
Vier Minuten nach Füllbeginn sind 2 Liter Wasser im Gefäß.	**falsch**	**Vier Minuten nach Füllbeginn sind** $\int_0^4 0{,}5\,\frac{\ell}{min.}\cdot t\,dt = 4\,\ell$ **im Gefäß.**
Nach 8 Minuten ist das Gefäß wieder leer.	**falsch**	$\int_0^4 0{,}5\,\frac{\ell}{min.}\cdot t\,dt + \int_4^6 2\,dt + \int_6^8 (-t+8)dt$ $= 4\,\ell + 4\,\ell + \left(-\frac{t^2}{2}+8t\right)_6^8\,\ell = 10\,\ell$

Weiterführende Aufgaben

4 Vervollständigen Sie die Tabelle. Wählen Sie für die letzte Zeile ein eigenes Beispiel.

Abhängige Größe als momentane Änderungsrate	Unabhängige Größe	Deutung des bestimmten Integrals
Anzahl Geburten b(t) pro Tag	Zeit t in Tagen	$\int_0^n b(t)dt$ **beschreibt die Gesamtanzahl von Geburten in n Tagen**
Momentaner Kraftstoffverbrauch v(s) in Liter pro 100 km	Weg in km	$\frac{1}{100}\cdot\int_{s_1}^{s_2} v(s)ds$ beschreibt den Gesamtkraftstoffverbrauch im Intervall $[s_1; s_2]$
Momentangeschwindigkeit v(t) in m/s	**Zeit t in Sekunden**	$\int_{t_1}^{t_2} v(t)dt$ **beschreibt den zurückgelegten Gesamtweg im Intervall** $[t_1; t_2]$
Momentaner Schadstoffaustausch a(t) in mg/min	Zeit t in Minuten	$\int_{t_1}^{t_2} a(t)dt$ **beschreibt die gesamte ausgestoßene Schadstoffmenge im Intervall** $[t_1; t_2]$
z. B. Momentane Abflussrate f(t) einer Flüssigkeit in Liter/min	Zeit t in Minuten	$\int_{t_1}^{t_2} f(t)dt$ **beschreibt die gesamte Abflussmenge im Intervall** $[t_1; t_2]$

5 Der Zu- und Abfluss einer Flüssigkeit in einen Behälter kann durch Ventile gesteuert werden. Die momentane Änderungsrate im Zeitintervall [0 min; 5,5 min] wird näherungsweise beschrieben durch die Funktion
$f(t) = 0{,}5t\cdot(t-3)\cdot(t-5)$.

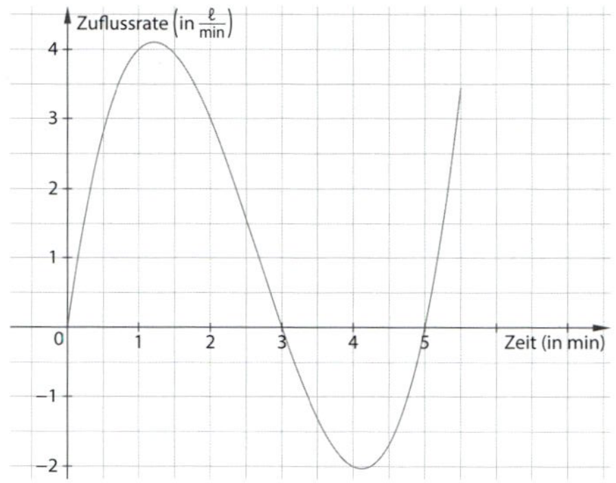

a) Geben Sie an, in welchen Zeiträumen Zufluss bzw. Abfluss zu verzeichnen ist.
Zufluss: **[0 min; 3 min] und [5,0; 5,5]**
Abfluss: **[3 min; 5,5 min]**

b) Berechnen Sie die Volumenbilanz im Zeitraum [0 min; 5,5 min].

$$\int_0^{5,5} (0{,}5t\cdot(t-3)\cdot(t-5))dt$$
$$= \int_0^{5,5} \left(\tfrac{1}{2}t^3 - 4t^2 + \tfrac{15}{2}t\right)dt = \left[\tfrac{3}{24}t^4 - \tfrac{32}{24}t^3 + \tfrac{90}{24}t\right]_0^{5,5} \approx 6{,}0 \text{ Liter}$$

6 Die von einer Ölquelle geförderte Ölmenge geht von 450 Tonnen pro Tag kontinuierlich um eine halbe Tonne pro Tag zurück.
Interpretieren Sie die 2. und 3. Zeile der CAS-Rechnung im Sachzusammenhang.
Nach 880 Tagen werden nur noch 10 t pro Tag gefördert. Das Integral gibt die Menge an.

$f(t):=450-0.5\cdot t$	*Fertig*
solve$(f(t)=10,t)$	$t=880.$
$\int_0^{880} f(t)\,dt$	

Basisaufgaben

1 Vervollständigen Sie die Tabelle.

Funktion f	Stammfunktion F (C = 0)	a	b	F(b) – F(a)
$f(x) = 1$	$F(x) = x$	3	5	$5 - 3 = 2$
$f(x) = x$	$F(x) = \frac{1}{2}x^2$	4	6	$18 - 8 = 10$
$f(x) = \frac{1}{2}x^3$	$F(x) = \frac{1}{8}x^4$	1	2	$2 - \frac{1}{8} = \frac{15}{8}$
$f(x) = x^5$	$F(x) = \frac{1}{6}x^6$	0	2	$\frac{32}{3}$

2 Hauptsatz der Differential- und Integralrechnung: Ordnen Sie Funktion und Intervall den Inhalt der Fläche zwischen Funktionsgraph und x-Achse (in Flächeneinheiten) zu.

Hilfe: Ist F eine beliebige Stammfunktion einer Funktion f, so gilt: $\int_a^b f(x)dx = F(b) - F(a)$

$f(x) = x$ [0; 4]	$g(x) = 3x + 2$ [0; 2]	$h(x) = 3$ [–3; 5]	$i(x) = 0$ [–2; 2]	$j(x) = 2x - 3$ [0; 1]	$k(x) = 2x$ [–1; 1]
8	10	24	0	–2	0

Auswahl: –2 | 8 | 10 | 24 | 0 | 4c

3 Eingeschlossene Fläche zwischen Graph und x-Achse:
Gegeben ist die Funktion f mit $f(x) = 12 \cdot (x^2 - 1) \cdot (x - 2)$.
Die Abbildung zeigt den Graphen von f.
Es soll der Inhalt der Fläche bestimmt werden, die der Graph von f mit der x-Achse einschließt.

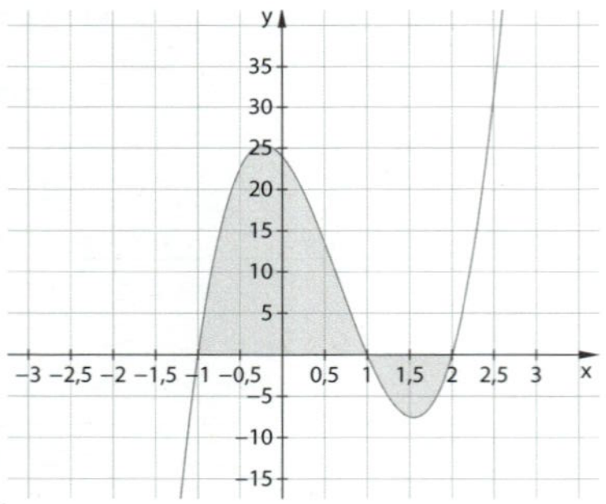

a) Lesen Sie die Nullstellen von f ab und erläutern Sie, wie man diese Nullstellen auch rechnerisch herleiten kann.
Funktionsterm mit der 3. binomischen Formel
faktorisieren: $f(x) = 12 \cdot (x + 1) \cdot (x - 1) \cdot (x - 2)$,
dann kann man die Nullstellen –1, 1, 2 direkt ablesen.

b) Multiplizieren Sie zuerst den Funktionsterm von f aus.
Geben Sie danach eine Stammfunktion von f an.
$f(x) = 12 \cdot (x^3 - 2x^2 - x + 2) = 12x^3 - 24x^2 - 12x + 24$ $F(x) = 3x^4 - 8x^3 - 6x^2 + 24x$

Zusatzaufgabe: Schätzen Sie den gesuchten Inhalt des eingefärbten Flächenstücks.
Beachten Sie die unterschiedlichen Einheiten auf den Koordinatenachsen. **zwischen 30 und 40 FE**

c) Berechnen Sie die Integrale zwischen benachbarten Nullstellen.
$\int_{-1}^{1} f(x)dx = [F(x)]_{-1}^{1} = 3 - 8 - 6 + 24 - (3 + 8 - 6 - 24) = 32$
$\int_{1}^{2} f(x)dx = [F(x)]_{1}^{2} = 48 - 64 - 24 + 48 - (3 - 8 - 6 + 24) = -5$

d) Geben Sie den gesuchten Flächeninhalt A an.
$A = 32 + |-5| = 32 + 5 = 37$

$\int_a^b f(x)\,dx = F(b) - F(a)$

4 Fläche zwischen Graph und x-Achse über einem Intervall: Die Funktion f mit $f(x) = x^2 - x$ schließt mit der x-Achse über dem Intervall [–1; 3] ein (mehrteiliges) Flächenstück ein, dessen Flächeninhalt bestimmt werden soll.

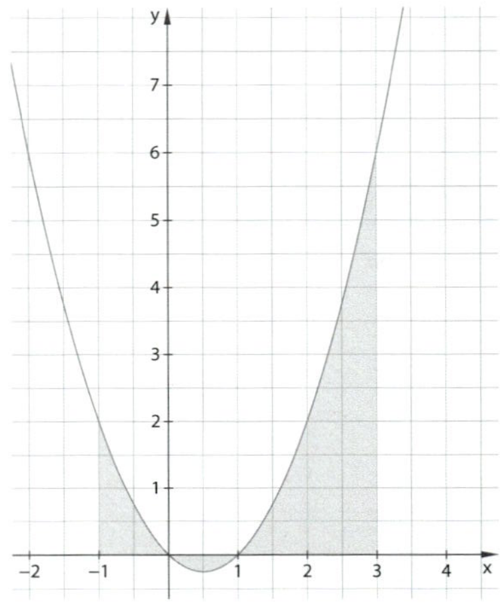

a) Geben Sie alle Nullstellen innerhalb des Intervalls an.
$x_1 = 0$ und $x_2 = 1$

b) Berechnen Sie die Integrale über den drei Teilintervallen.
$\int_{-1}^{0} f(x)dx = \left[\frac{1}{3}x^3 - \frac{1}{2}x^2\right]_{-1}^{0} = 0 - \left[-\frac{1}{3} - \frac{1}{2}\right] = \frac{5}{6}$
$\int_{0}^{1} f(x)dx = \left[\frac{1}{3}x^3 - \frac{1}{2}x^2\right]_{0}^{1} = \left(\frac{1}{3} - \frac{1}{2}\right) - 0 = -\frac{1}{6}$
$\int_{1}^{3} f(x)dx = \left[\frac{1}{3}x^3 - \frac{1}{2}x^2\right]_{1}^{3} = 9 - \frac{9}{2} - \left[\frac{1}{3} - \frac{1}{2}\right] = \frac{14}{3}$

c) Geben Sie den gesuchten Flächeninhalt A an.
$A = \frac{5}{6} + \left|-\frac{1}{6}\right| + \frac{14}{3} = \frac{17}{3}$

5 Von zwei Funktionsgraphen eingeschlossene Fläche:
Die Abbildung zeigt die Graphen der Funktionen f und g mit $f(x) = -x^3 + x^2 + x + 2$ und $g(x) = -x^2 + x + 2$.
Ermitteln Sie die Größe der Fläche in zwei Schritten.

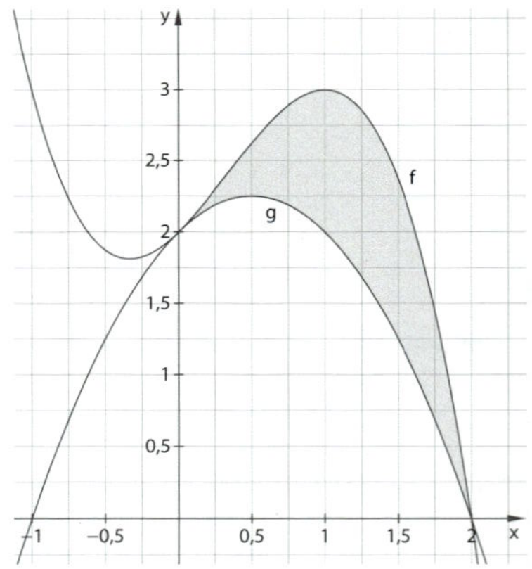

1. Lesen Sie die Schnittstellen der Graphen ab.
Zeigen Sie rechnerisch, dass es keine weiteren Schnittstellen außerhalb des abgebildeten Bereichs gibt.
$x_1 = 0$ und $x_2 = 2$
Durch Gleichsetzen erhält man:
$-x^2 + x + 2 = -x^3 + x^2 + x + 2$
$x^3 - 2x^2 = 0 \Leftrightarrow x^2 \cdot (x - 2) = 0$

2. Berechnen Sie die Größe des Flächenstücks.
$\int_0^2 f(x) - g(x)dx = \left[-\frac{1}{4}x^4 + \frac{2}{3}x^3\right]_0^2 = -4 + \frac{16}{3} = \frac{4}{3}$

Weiterführende Aufgaben

6 Für a > 0 ist die Funktion f_a gegeben durch
$f_a(x) = -\frac{1}{4}x^2 + \frac{1}{2}a \cdot x$.
In der Abbildung sind für einige Werte von a die Graphen von f_a dargestellt.

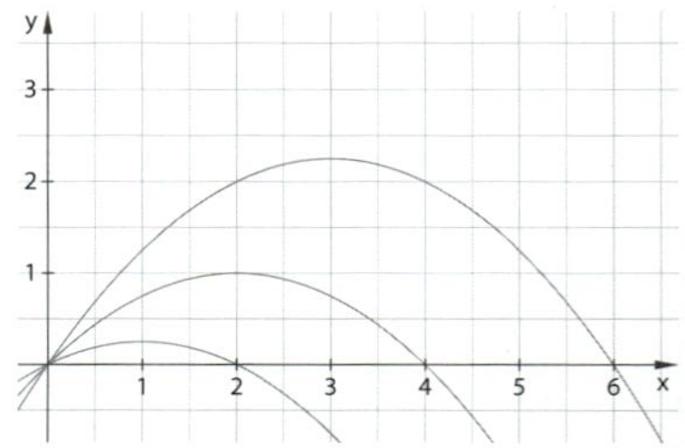

a) Zeigen Sie, dass der Graph von f_a mit der x-Achse ein Flächenstück mit dem Flächeninhalt $\frac{1}{3}a^3$ einschließt.
$f_a(x) = -\frac{1}{4}x \cdot (x - 2a)$ **f_a hat die Nullstellen 0 und 2a.**
$\int_0^{2a} f_a(x)dx = \left[-\frac{1}{12}x^3 + \frac{1}{4}ax^2\right]_0^{2a} = -\frac{2}{3}a^3 + a^3 = \frac{1}{3}a^3$

b) Bestimmen Sie a so, dass der Graph von f_a mit der x-Achse ein Flächenstück mit dem Inhalt 9 FE einschließt.
Nach Teilaufgabe a) muss gelten: $\frac{1}{3}a^3 = 9 \Leftrightarrow a = 3$
Nullstellen: 0 und 6

Basisaufgaben

1 Integration durch Substitution: Vervollständigen Sie den Satz zu einer wahren Aussage:
Wenn f mit $f(x) = g(a \cdot x + b)$ eine verkettete Funktion mit einer linearen Funktion als innerer Funktion ist, dann ist $F(x) = \frac{1}{a} \cdot G(a \cdot x + b)$ eine Stammfunktion von f.

2 Geben Sie die innere Funktion von f(x) an.

Verkettete Funktion	$f(x) = \sqrt{3 - 2x}$	$f(t) = 2 \cdot e^{-t+1}$	$f(x) = \cos(5x)$
Innere Funktion	$z(x) = 3 - 2x$	$z(t) = -t + 1$	$z(x) = 5x$

3 Ergänzen Sie die Lücken im Beispiel: $\int (2x+4)^{10}\,dx$
Innere Funktion: $z(x) = 2x + 4$, also ist $a = 2$. Äußere Funktion: $g(z) = z^{10}$

Stammfunktion der äußeren Funktion: $G(z) = \frac{1}{11} \cdot z^{11}$

$\int (2x+4)^{10}\,dx = \frac{1}{2} \cdot \frac{1}{11} \cdot (2x+4)^{11} + c = \frac{1}{22} \cdot (2x+4)^{11} + c$

Probe: Es muss gelten $F'(x) = f(x)$.
$\left(\frac{1}{22} \cdot (2x+4)^{11} + c\right)' = 11 \cdot \frac{1}{22} \cdot (2x+4)^{10} \cdot 2 = (2x+4)^{10}$

$\int f(a \cdot x + b)\,dx = \frac{1}{a} \cdot F(a \cdot x + b) + c$

4 Ordnen Sie jeder Funktion f durch Pfeile eine mögliche Stammfunktion F zu.

$f(x) = (1-x)^5$	$f(x) = \left(\frac{1}{2}x - 5\right)^5$	$f(x) = \frac{(x-10)^5}{2}$
$F(x) = \frac{(x-10)^6}{192}$	$F(x) = \frac{(x-10)^6}{12} - 1$	$F(x) = -\frac{(x-1)^6}{6} + 4$

$f(x) = (1-x)^5$ → $F(x) = -\frac{(x-1)^6}{6} + 4$
$f(x) = \left(\frac{1}{2}x - 5\right)^5$ → $F(x) = \frac{(x-10)^6}{192}$
$f(x) = \frac{(x-10)^5}{2}$ → $F(x) = \frac{(x-10)^6}{12} - 1$

5 Kreuzen Sie richtige Ergebnisse an.

a) $\int_2^3 \sqrt{2x-3}\,dx$ — [x] $\frac{3^{\frac{3}{2}} - 1^{\frac{3}{2}}}{3}$ — [ ] $3^{\frac{3}{2}} - 1$ — [x] $\sqrt{3} - \frac{1}{3}$ — [x] $\frac{3\sqrt{3} - 1}{3}$

b) $\int_5^7 \frac{2}{4-x}\,dx$ — [ ] $2 \cdot \ln(3)$ — [x] $-2 \cdot \ln(3) - 2 \cdot \ln(1)$ — [ ] $\ln(3)$ — [x] $-2 \cdot \ln(3)$

c) $\int_0^{\frac{\pi}{2}} \sin(2x)\,dx$ — [ ] -1 — [ ] $-\frac{\cos(2\pi)}{2} + \frac{\cos(0)}{2}$ — [x] 1 — [ ] 0

d) $\int_{-3}^{1} e^{1-x}\,dx$ — [ ] $1 - e^4$ — [x] $-e^0 - (-e^4)$ — [ ] $e^2 - 1$ — [x] $e^4 - 1$

e) $\int_{-1}^{2} \left(\frac{1}{2}x + 1\right)^{-2}\,dx$ — [ ] $-\frac{4}{4} - \left(\frac{4}{1}\right)$ — [x] $-1 - \left(-\frac{4}{-1+2}\right)$ — [x] 3 — [ ] -5

6 Ermitteln Sie die Menge aller Stammfunktionen von $f(x) = (1-x)^{-2}$. Erklären Sie die Anzeige des CAS.

$F(x) = \frac{1}{-1} \cdot \frac{1}{-2+1} \cdot (1-x)^{-2+1} + c = \frac{1}{1-x} + c$

$$\int_{-2}^{2} (1-x)^{-2}\,dx \qquad \infty$$

Das CAS zeigt ∞ als Ergebnis an, weil im Integrationsintervall [−2; 2] die Stelle x = 1 liegt, an der f(x) nicht definiert ist. Die Funktionswerte gehen dort asymptotisch gegen ∞, so dass auch symbolisch für das bestimmte Integral der Wert ∞ angezeigt wird.

7 Partielle Integration: Vervollständigen Sie den Text: Bei der Berechnung von Integralen, bei denen der Integrand das **Produkt** zweier Funktionen ist, führt in vielen Fällen die **partielle** Integration zum Ziel. Man wählt eine der Funktionen im Integranden als u(x), die andere als v'(x). Die Auswahl sollte so erfolgen, dass sich die weitere Berechnung **vereinfacht**.

$\int u(x) \cdot v'(x)\,dx = u(x) \cdot v(x) - \int u'(x) \cdot v(x)\,dx$

Vervollständigen Sie die Berechnung von $\int x \cdot \sin(x)\,dx$.

Wahl von u und v':	$u(x) = x$	$v'(x) = \sin(x)$
Bestimmung von u' und v:	$u'(x) = 1$	$v(x) = -\cos(x)$.
Partielle Integration:	$\int x \cdot \sin(x)\,dx$	$= x \cdot (-\cos(x)) - \int 1 \cdot (-\cos(x))\,dx$

Vereinfachung: $\int x \cdot \sin(x)\,dx = -x \cdot \cos(x) + \int \cos(x)\,dx = -x \cdot \cos(x) + \sin(x) + c$

Probe (Ableitung mit Produktregel):
$(-x \cdot \cos(x) + \sin(x) + c)'$
$= (-1) \cdot \cos(x) + (-x) \cdot (-\sin(x)) + \cos(x) + 0$
$= x \cdot \sin(x)$

Hilfe: Produktregel: $(u \cdot v)' = u' \cdot v + u \cdot v'$

Begründen Sie kurz, weshalb die Wahl von $u(x) = \sin(x)$ und $v'(x) = x$ nicht zielführend für die Integration gewesen wäre.
Für $u(x) = \sin(x)$, $v'(x) = x$ ist $u'(x) = \cos(x)$ und $v(x) = \frac{1}{2} \cdot x^2$, also $\int u'(x) \cdot v(x)\,dx = \frac{1}{2} \cdot \int \cos(x) \cdot x^2\,dx$.
Dieses Integral stellt keine Vereinfachung gegenüber $\int x \cdot \sin(x)\,dx$ im Hinblick auf das Integrieren dar.

8 Ergänzen Sie die Berechnung von $\int \sin^2(x)\,dx$.
$\sin^2(x)$ als Produkt: $\sin(x) \cdot \sin(x)$ mit $u(x) = \sin(x)$ und $v'(x) = \sin(x)$, $u'(x) = \cos(x)$ und $v(x) = -\cos(x)$

$\int \sin^2(x)\,dx = -\sin(x) \cdot \cos(x) + \int \cos^2(x)\,dx$. Mit $\cos^2(x) = 1 - \sin^2(x)$ („Winkelpythagoras") folgt:

$\int \sin^2(x)\,dx = -\sin(x) \cdot \cos(x) + \int (1 - \sin^2(x))\,dx = -\sin(x) \cdot \cos(x) + \int 1\,dx - \int \sin^2(x)\,dx$

Auf beiden Seiten $\int \sin^2(x)\,dx$ addieren: $2 \cdot \int \sin^2(x)\,dx = -\sin(x) \cdot \cos(x) + x$

Durch 2 dividieren: $\int \sin^2(x)\,dx = \frac{1}{2} \cdot (x - \sin(x) \cdot \cos(x))$

9 Ordnen Sie den unbestimmten Integralen die richtige Stammfunktion zu.

$\int \sin(x) \cdot e^x\,dx$	$\int \cos(x) \cdot e^x\,dx$	$\int \cos(x) \cdot e^{-x}\,dx$
$\frac{e^{-x}}{2} \cdot (\sin(x) - \cos(x))$	$\frac{e^x}{2} \cdot (\sin(x) - \cos(x))$	$\frac{e^x}{2} \cdot (\sin(x) + \cos(x))$

$\int \sin(x) \cdot e^x\,dx$ → $\frac{e^x}{2} \cdot (\sin(x) - \cos(x))$
$\int \cos(x) \cdot e^x\,dx$ → $\frac{e^x}{2} \cdot (\sin(x) + \cos(x))$
$\int \cos(x) \cdot e^{-x}\,dx$ → $\frac{e^{-x}}{2} \cdot (\sin(x) - \cos(x))$

10 Für die Berechnung der folgenden Integrale können Sie die angegebenen Hilfen anwenden. Rechnen Sie auf einem Extrablatt und geben Sie hier die Ergebnisse an.

a) $\int x \cdot \sqrt{2x - 1}\,dx$
$= \frac{1}{15} \cdot (2x-1)^{\frac{3}{2}} \cdot (3x+1)$

b) $\int x^2 \cdot \sin(2x)\,dx$
$= \left(\frac{1}{4} - \frac{x^2}{2}\right) \cdot \cos(2x) + \frac{x}{2} \cdot \sin(2x)$

c) $\int \frac{\sin(x)}{e^x}\,dx$
$= -\frac{e^{-x}}{2} \cdot (\cos(x) + \sin(x))$

Hilfe:
a) Integration durch lineare Substitution und partielle Integration
b) Integration durch lineare Substitution und zweimal partielle Integration
c) Schreiben Sie den Quotienten als Produkt und wenden Sie partielle Integration an.

1 Die Abbildung zeigt die Änderungsrate einer Staulänge in Abhängigkeit von der Zeit.
Tragen Sie im Satz die Zeitpunkte a, b oder c passend ein.
Ergänzen Sie die Begründungen.

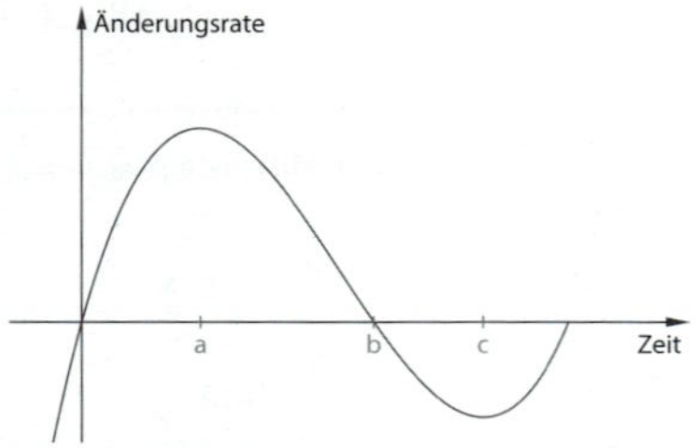

a) Der Stau erreicht seine größte Länge zum Zeitpunkt **b**, da bis zu diesem Zeitpunkt die Änderungsraten **positiv sind, also ein Zuwachs des Staus vorliegt.**

b) Der Stau nimmt zum Zeitpunkt **a** am stärksten zu, da an diesem Zeitpunkt die Änderungsrate **maximal ist.**

c) Zusatzaufgabe: Vervollständigen Sie den Satz.
Die Funktion ist zur Modellierung des Staus geeignet, weil …
die Bilanz des Staus in dem betrachteten Bereich positiv ist. Es gibt keine negativen Staulängen.

2 Kreuzen Sie alle wahren Aussagen über Obersummen bzw. Untersummen an.
Zusatzaufgabe: Korrigieren Sie falsche Aussagen.

- [x] Für $f(x) = x^2$ im Intervall [0; 1] gilt: $O_2 = \frac{1}{2}\left(\frac{1}{4} + 1\right)$.
- [x] Für $f(x) = x^2$ im Intervall [0; 1] gilt: $O_2 = \frac{1}{2}\left(f\left(\frac{1}{2}\right) + f(1)\right)$.
- [ ] Für $f(x) = x^2$ im Intervall [0; 1] gilt: $U_2 = \frac{1}{2}\left(f\left(\frac{1}{2}\right) + f(1)\right)$. **$U_2 = \frac{1}{2}\left(f(0) + f\left(\frac{1}{2}\right)\right)$**
- [ ] Für $f(x) = x^2$ im Intervall [−1; 0] gilt: $U_2 = \frac{1}{2}\left(f\left(-\frac{1}{2}\right) + f(-1)\right)$. **$U_2 = \frac{1}{2}\left(f\left(-\frac{1}{2}\right) + f(0)\right)$**
- [ ] Jede Untersumme ist größer als jede Obersumme. **Untersummen kleiner als Obersummen**
- [x] Eine Untersumme mit mehr Zwischenwerten ist größer als die Untersumme mit weniger Zwischenwerten, wenn man jeweils den Betrag betrachtet.

3 Ordnen Sie den Funktionen mindestens eine Stammfunktion zu.
Ergänzen Sie bei Bedarf eine Stammfunktion.

Funktion	Stammfunktion
$f(x) = 7x^8$	$F(x) = 5 + \frac{7}{9}x^9$
$f(x) = x \cdot 5x^4$	$F(x) = \frac{5}{6}x^6 + \frac{7}{9}$
$f(x) = \frac{1}{\sqrt{x}} + 1$	$F(x) = 2\sqrt{x} + x + \frac{7}{8}$
$f(x) = \frac{1}{\sqrt{x^3}} + x^4$	**$F(x) = -\frac{2}{\sqrt{x}} + \frac{1}{5}x^5$**

4 Vervollständigen Sie die Tabelle.

Funktion Intervall	Nullstellen im Intervall	Flächeninhalt gleich Integral?	Begründung
$f(x) = x$ [−1; 1]	**$x = 0$**	**nein**	**Fläche teils unterhalb, teils oberhalb der x-Achse**
$f(x) = 3x^2$ [−1; 1]	**$x = 0$**	**ja**	**Graph berührt x-Achse, schneidet nicht**
$f(x) = -x^2 + 1$ [−1; 1]	**$x_1 = -1, x_2 = 1$**	**ja**	**Nullstellen am Rand des Intervalls**
$f(x) = -x^2 + 1$ [−2; 2]	**$x_1 = -1, x_2 = 1$**	**nein**	**Fläche teils unterhalb, teils oberhalb der x-Achse**

5 Berechnen Sie den Flächeninhalt zwischen dem Graphen der Funktion f und der x-Achse im Intervall [−5; 5].
$f(x) = 2x + 3$

Integrationsgrenzen: −5; **−1,5; 5** **(Intervallgrenzen und ggf. Nullstellen)**

Stammfunktion mit C = 0: $F(x) =$ **$x^2 + 3x$**

Einsetzen der Integrationsgrenzen in F: $F(-5) =$ **10** **$F(-1{,}5) = -2{,}25$** **$F(5) = 40$**

$A =$ **$|-12{,}25| + |42{,}25| = 54{,}5$** **A = 54,5 FE**

6 Kreuzen Sie alle korrekten Berechnungen des Inhalts der Fläche zwischen beiden Funktionsgraphen an.

- [x] $f(x) = x^2, g(x) = 4$ — $d(x) = f(x) - g(x) = x^2 - 4 = (x+2)(x-2)$, Intervall [−2; 2], $D(x) = -4x + \frac{1}{3}x^3$, $A = D(2) - D(-2) = \left|\frac{16}{3}\right| - \left|\frac{16}{3}\right| = \frac{32}{3}$ [FE]
- [ ] $f(x) = -x^2 + 1, g(x) = -3$ — $d(x) = -3 + x^2 - 1 = x^2 - 4 = (x+2)(x-2)$, Intervall [−3; 3], $D(x) = \frac{1}{3}x^3 - 4 \cdot x$, $A = D(3) - D(-3) = \left|\frac{1}{3}3^3 - 4 \cdot 3\right| - \left|\frac{1}{3}(-3)^3 - 4 \cdot (-3)\right| = |9 - 12| - |-9 + 12| = 0$ [FE] **[−2,2], $A = \frac{32}{3}$ FE**
- [x] $f(x) = -x^2 + x + 14, g(x) = x + 5$ — $d(x) = -x^2 + 9$; Intervall [−3; 3]; $D(x) = -\frac{1}{3}x^3 + 9x$; $A = D(3) - D(-3) = 18 - (-18) = 36$

7 Ermitteln Sie den Inhalt der Fläche zwischen den beiden Funktionsgraphen im Intervall I = [−2; 4].

a) $f(x) = \frac{1}{4}x^3 + 2, g(x) = x + 2$

$d(x) =$ **$\frac{1}{4}x^3 - x = \frac{1}{4} \cdot x \cdot (x^2 - 4) = \frac{1}{4} \cdot x \cdot (x+2)(x-2)$** Integrationsgrenzen: **−2; 0; 2; 4**

$D(x) =$ **$\frac{1}{16}x^4 - \frac{1}{2}x^2$** **$D(0) = 0$** **$D(2) = D(-2) = 1 - 2 = -1$** **$D(4) = 8$** $A =$ **9 FE**

b) $f(x) = \frac{1}{4}x^3 - 2, g(x) = x - 2$ $A =$ **9 FE (Beide Graphen sind um 4 Einheiten nach unten verschoben.)**

8 Die Graphen der Funktionen f mit $f(x) = -\frac{2}{3}x^3 + 2x^2$ und g mit $g(x) = -\frac{2}{3}x^3 - x^2 - 3x + 60$ schließen ein Flächenstück ein. Es ist ein künstlich angelegter See.

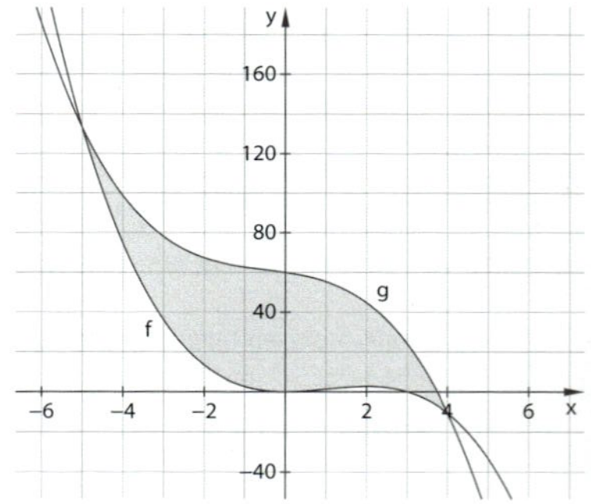

a) Bestätigen Sie rechnerisch, dass das zu berechnende Flächenstück über dem Intervall [−5; 4] begrenzt wird.

$-\frac{2}{3}x^3 + 2x^2 = -\frac{2}{3}x^3 - x^2 - 3x + 60$

$3x^2 + 3x - 60 = 0$

$x^2 + x - 20 = 0$

$(x + 5) \cdot (x - 4) = 0$

Die Intervallgrenzen sind demzufolge -5 und 4.

b) Berechnen Sie den Flächeninhalt des eingeschlossenen Flächenstücks.

Differenzfunktion: $d(x) =$ **$g(x) - f(x) = -3x^2 - 3x + 60$**

Stammfunktion: $D(x) =$ **$-x^3 - \frac{3}{2}x^2 + 60x$**

Flächeninhalt: $A =$ **$[D(x)]_{-5}^{4} = -64 - 24 + 240 - (125 - 37{,}5 - 300) = 364{,}5$** **A = 364,5 FE**

9 Bestimmen Sie den Wert des Parameters k so, dass die Gleichung erfüllt ist: $\int_{-k}^{k} (3x^2 + 2x)dx = 54$

$\int_{-k}^{k} (3x^2 + 2x)dx = [x^3 + x^2]_{-k}^{k} = [k^3 + k^2] - [-k^3 + k^2] = 2k^3$

$2k^3 = 54 \Leftrightarrow k^3 = 27 \Leftrightarrow k = 3$

Basisaufgaben

1 Ableitung beliebiger Exponentialfunktionen: In der Abbildung sind die Graphen der Funktionen f, g, h und i dargestellt, die Graphen ihrer Ableitungsfunktionen farblich passend, aber gestrichelt.

a) Den Funktionsgleichungen sind folgende Graphen zugeordnet.

$f(x) = 4^x$ **C** $g(x) = 3^x$ **B**

$h(x) = 2^x$ **A** $i(x) = 1{,}5^x$ **D**

b) Vervollständigen Sie für die Funktionen der Form $f(x) = b^x$.

Für b = **1,5** und b = **2** gilt $f'(x) < f(x)$.

Für b = **4** und b = **3** gilt $f'(x) > f(x)$.

c) "Der Graph der Ableitungsfunktion und der Graph der Funktion sind fast gleich."

Das gilt für b = **3** und genau für b = **e** ≈ **2,71.**

Je größer x ist, desto **größer** ist die Steigung f'(x).

Zusatzaufgabe: Überprüfen Sie die letzte Aussage für $j(x) = 0{,}5^x$.

individuelle Lösung

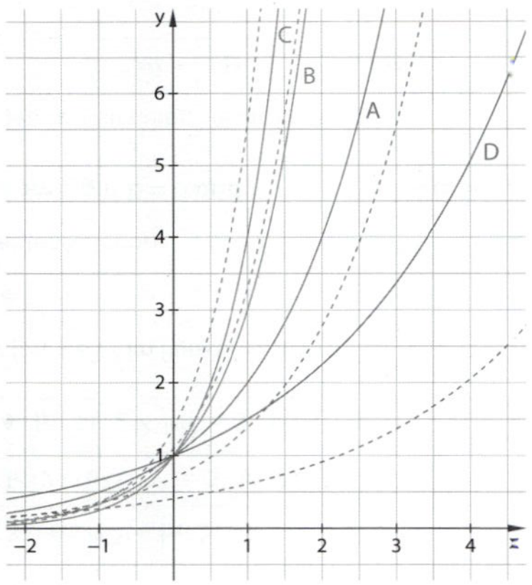

2 Der Graph der Funktion f mit $f(x) = e^{0{,}6x+2}$ ist rot dargestellt.

a) Kreuzen Sie den Graphen der Ableitungsfunktion f' an und begründen Sie Ihre Wahl.

[x] A [ ] B [ ] C [ ] D

z. B. **Es gilt $f'(x) = 0{,}6e^{0{,}6x+2}$, der Graph muss wegen des Faktors 0,6 unterhalb des Funktionsgraphen verlaufen und weniger steil sein. Bei C und D ist Anstieg zu steil.**

B,C und D verlaufen oberhalb des Funktionsgraphen.

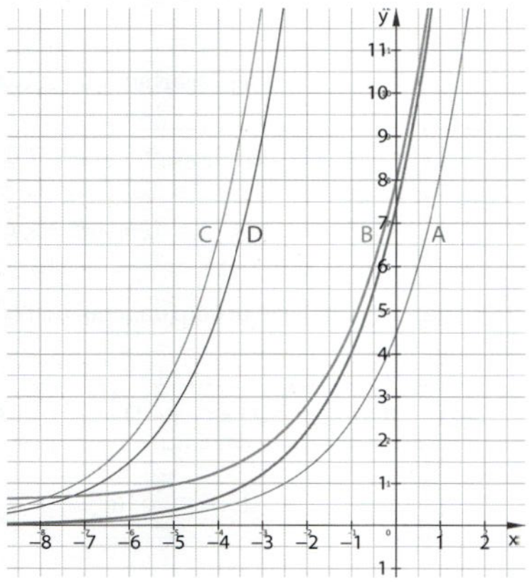

b) Ergänzen Sie einen passenden Buchstaben.

"Die Funktionsgleichung $g(x) = 0{,}6 + e^{0{,}6x+2}$ kann zum Graphen von **B** gehören."

3 Kreuzen Sie die Ableitungsfunktion an.

a) $f(x) = e^x$	[x] $f'(x) = e^x$	[ ] $f'(x) = x^e$	[ ] $f'(x) = -e^x$	
b) $f(x) = e^{-x}$	[ ] $f'(x) = e^{-x}$	[ ] $f'(x) = x^{-e}$	[x] $f'(x) = -e^{-x}$	
c) $f(x) = e^{2x}$	[ ] $f'(x) = 2e^x$	[x] $f'(x) = 2e^{2x}$	[ ] $f'(x) = -e^{0{,}5x}$	
d) $f(x) = e^{0{,}5x}$	[ ] $f'(x) = 0{,}5e^x$	[ ] $f'(x) = x^{0{,}5e}$	[x] $f'(x) = 0{,}5e^{0{,}5x}$	
e) $f(x) = -e^x$	[x] $f'(x) = -e^x$	[ ] $f'(x) = x^e$	[ ] $f'(x) = e^{-x}$	
f) $f(x) = -e^{-x}$	[x] $f'(x) = e^{-x}$	[ ] $f'(x) = x^e$	[ ] $f'(x) = -e^x$	
g) $f(x) = 2e^x$	[x] $f'(x) = 2e^x$	[ ] $f'(x) = x^{2e}$	[ ] $f'(x) = -e^{2x}$	
h) $f(x) = 3 + e^x$	[x] $f'(x) = e^x$	[ ] $f'(x) = x^e$	[ ] $f'(x) = -e^x$	
i) $f(x) = x - e^x$	[ ] $f'(x) = e^x$	[ ] $f'(x) = x^e$	[x] $f'(x) = 1 - e^x$	

Für $f(x) = b^x$ gilt:
$f'(x) = f'(0) \cdot b^x$
($b \in \mathbb{R}, b > 0$)

Für $f(x) = e^x$ gilt:
$f'(x) = f(x)$

4 Lineare Kettenregel: Verbinden Sie Funktionen mit deren Ableitungsfunktionen.

$f(x) = (7x-3)^4$	$f'(x) = 28 \cdot (7x-3)^3$
$f(x) = (28-2x)^2$	$f'(x) = -4 \cdot e^{-4x+6} + 8x^7$
$f(x) = e^{5x+1}$	$f'(x) = 5 \cdot e^{5x+1}$
$f(x) = e^{-4x+6} + x^8$	$f'(x) = -4 \cdot (28-2x)$
$f(x) = 4x^2 + \sqrt{1-x}$	$f'(x) = 8x - \frac{1}{2\sqrt{1-x}}$
$f(x) = (x-e)^5$	$f(x) = 5(x-e)^4$

(Lösung – Verbindungen: $(7x-3)^4$ – $28 \cdot (7x-3)^3$; $(28-2x)^2$ – $-4 \cdot (28-2x)$; e^{5x+1} – $5 \cdot e^{5x+1}$; $e^{-4x+6} + x^8$ – $-4 \cdot e^{-4x+6} + 8x^7$; $4x^2 + \sqrt{1-x}$ – $8x - \frac{1}{2\sqrt{1-x}}$; $(x-e)^5$ – $5(x-e)^4$)

$f(x) = g(ax+b)$
$f'(x) = a \cdot g'(ax+b)$

$f(x) = e^{ax+b}$
$f'(x) = a \cdot e^{ax+b}$

$f(x) = g(ax^2+bx+c)$
$f'(x) = (2ax+b) \cdot g'(ax^2+bx+c)$

$f(x) = e^{ax^2+bx+c}$
$f'(x) = (2ax+b) \cdot e^{ax^2+bx+c}$

Weiterführende Aufgaben

5 Quadratische Kettenregel: Korrigieren Sie, wenn nötig, die Ableitungsfunktionen.

f(x)	$(5x^2+4)^6$	e^{2x^2-1}	$(x^2-x)^2$	$4 \cdot e^{4x^2}$	$1 + (x^2-19)^3$
f'(x)	~~$6 \cdot (5x^2+4)^5$~~	$4x \cdot e^{2x^2-1}$	~~$2x \cdot (x^2-x)$~~	~~$16 \cdot e^{4x^2}$~~	$6x \cdot (x^2-19)^2$

Zusatzaufgabe: Nennen Sie naheliegende Fehlerursachen. **individuelle Lösung**

$60x \cdot (5x+4)^5$ **$2 \cdot (2x-1) \cdot (x^2-x)$** **$32x \cdot e^{4x^2}$**

6 Geben Sie die Ableitungsfunktionen an.

a) $f(x) = (9-x)^3$
$f'(x) =$ **$-3 \cdot (9-x)^2$**

b) $f(x) = e^{7x-5}$
$f'(x) =$ **$7 \cdot e^{7x-5}$**

c) $f(x) = (4x^2-2x)^4$
$f'(x) =$ **$4 \cdot (8x-2) \cdot (4x^2-2x)^3$**

d) $f(x) = e^{x^2+1}$
$f'(x) =$ **$2x \cdot e^{x^2+1}$**

e) $f(x) = \frac{1}{(3x+5)^2}$
$f'(x) =$ **$-6 \cdot (3x+5)^{-3} = -\frac{6}{(3x+5)^3}$**

f) $f(x) = \sqrt{8x-2} + x$
$f'(x) =$ **$\frac{4}{\sqrt{8x-2}} + 1$**

7 Gegeben ist die Funktion f mit $f(x) = 4e^{-x} - 2$.
Ermitteln Sie, wenn möglich, die Angaben.
Skizzieren Sie den Graphen.

Schnittpunkt P mit der y-Achse: **$f(0) = 4e^{-0} - 2 = 2$** **P(0|2)**

Schnittpunkt Q mit der x-Achse: **$0 = 4e^{-x} - 2$**, **$0{,}5 = e^{-x}$**, **$-\ln(0{,}5) \approx 0{,}69$**, **Q(0,69|0)**

Extremstellen und Wendepunkte: **$f'(x) = -4e^{-x} < 0$** **Beides gibt es nicht.**

Verhalten im Unendlichen: Für $x \to \infty$ gilt $f(x) \to$ **-2.** | Für $x \to -\infty$ gilt $f(x) \to$ **∞.**

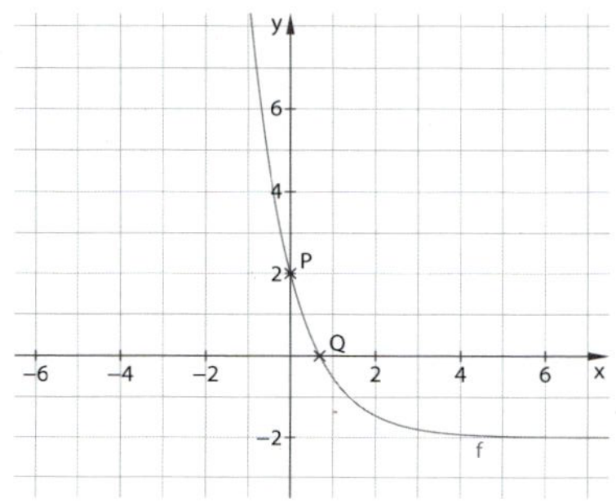

8 Allgemeine Kettenregel: Haben die Funktionen u und v die Ableitungsfunktionen u' und v', dann hat f mit $f(x) = u(v(x))$ die Ableitung $f'(x) = u'(v(x)) \cdot v'(x)$. ($f(x) = e^{v(x)}$ und $f'(x) = e^{v(x)} \cdot v'(x)$)
Bestimmen Sie die Ableitungsfunktion mit dieser Regel.
Überprüfen Sie Ihre Ergebnisse, wenn möglich, mithilfe der linearen oder der quadratischen Kettenregel.

a) $f(x) = (2x^6 - 3x^3)^2$
$f'(x) =$ **$2 \cdot (12x^5 - 9x^2) \cdot (2x^6 - 3x^3)$**

b) $f(x) = 2 \cdot e^{x+2x^2}$
$f'(x) =$ **$2 \cdot (1+4x) \cdot e^{x+2x^2}$**

c) $f(x) = \sqrt{x^6 + 5x^3 + 1}$
$f'(x) =$ **$\frac{6x^5 + 15x^2}{2\sqrt{x^6 + 5x^3 + 1}}$**

Basisaufgaben

1 Natürliche Logarithmus: Vereinfachen Sie die Terme.

a) $e^{\ln(3)} =$ **3**   b) $\ln(e^7) =$ **7**   c) $\ln(e^2 \cdot \sqrt{e}) =$ **2,5**

d) $e^{\ln(6) - \ln(1,5)} =$ **4**   e) $\frac{1}{e^{-\ln(7)}} =$ **7**   f) $\sqrt{\ln(e^{361})} =$ **19**

g) $\ln\left(e^{\ln(5) + \ln(0,2)}\right) =$ **0**   h) $\ln(\sqrt{e^3}) =$ **1,5**   i) $\ln(e^e) \cdot e^{-1} =$ **1**

$\ln(a \cdot c) = \ln(a) + \ln(c)$
$\ln\left(\frac{a}{c}\right) = \ln(a) - \ln(c)$
$\ln(a^r) = r \cdot \ln(a)$
$e^{\ln(a)} = a$ $\ln(e) = 1$
$\ln(e^a) = a$ $\ln(1) = 0$

2 Markieren Sie gleichwertige Terme mit der gleichen Farbe oder oder dem gleichen Symbol.

$\ln(\sqrt{e})$ A	$\ln\left(\frac{e^{x^2}}{e^4}\right)$ B	$\ln(e^3 \cdot (e^x)^2)$ C	$\ln(e^{17})$ D	$e^{3 \cdot \ln(0,5)}$ E
$\ln(\sqrt[6]{e^2})$ F	$e^{3 \cdot \ln(5)}$ G	$4 \cdot e^{3 + \frac{1}{2} \cdot \ln(9)}$ H	$\ln\left(\frac{\sqrt{e}}{\sqrt[3]{e}}\right)$ I	$\ln\left(\frac{1}{\sqrt{e}}\right)$ J

$\frac{1}{8}$ **E**	$\frac{1}{6}$ **I**	$\frac{1}{3}$ **F**	$\frac{1}{2}$ **A**	$-0,5$ **J**	17 **D**	125 **G**	$3 + 2x$ **C**	$x^2 - 4$ **B**	$12e^3$ **H**

3 Exponentialfunktionen mit der Basis e darstellen: Schreiben Sie die Exponentialfunktion in der Form $f(x) = e^{g(x)}$.
Hilfe: Wegen $b = e^{\ln(b)}$ erhält man: $f(x) = b^x = \left(e^{\ln(b)}\right)^x = e^{x \cdot \ln(b)}$

a) $f(x) = 5^x =$ **$e^{x \cdot \ln(5)}$**   c) $f(x) = 7^{3x} =$ **$e^{3x \cdot \ln(7)}$**

b) $f(x) = 3 \cdot 2^x =$ **$e^{x \cdot \ln(2) + \ln(3)}$**   d) $f(x) = 0,2 \cdot 5^{2x-3} =$ **$e^{\ln(0,2) + (2x-3) \cdot \ln(5)}$**

Zusatzaufgabe: Begründen Sie, dass sich die Funktion aus **d** als $f(x) = e^{(2x-4) \cdot \ln(5)}$ darstellen lässt.
$f(x) = 0,2 \cdot 5^{2x-3} = 5^{-1} \cdot 5^{2x-3} = 5^{2x-4} = e^{(2x-4) \cdot \ln(5)}$

4 Ableitung der Funktion f mit $f(x) = b^x$: Bestimmen Sie die Ableitung mithilfe der linearen Kettenregel.
Hilfe: Wegen $b = e^{\ln(b)}$ erhält man: $f(x) = b^x = e^{\ln(b)^x} = e^{x \cdot \ln(b)}$, $f'(x) = \ln(b) \cdot b^x$

a) $f(x) = 3^x =$ **$e^{x \cdot \ln(3)}$** $f'(x) =$ **$\ln(3) \cdot e^{x \cdot \ln(3)} = \ln(3) \cdot 3^x$**

b) $f(x) = 2^{5x} =$ **$e^{5x \cdot \ln(2)}$** $f'(x) =$ **$5 \cdot \ln(2) \cdot e^{5x \cdot \ln(2)} = 5 \cdot \ln(2) \cdot 2^{5x}$**

c) $f(x) = \frac{3}{4} \cdot 5^{4x} =$ **$\frac{3}{4} \cdot e^{4x \cdot \ln(5)}$** $f'(x) =$ **$\frac{3}{4} \cdot 4 \cdot \ln(5) \cdot e^{4x \cdot \ln(5)} = 3 \cdot \ln(5) \cdot 5^{4x}$**

5 Bestimmen Sie eine Gleichung der Tangente an den Graphen von f mit $f(x) = e^{0,5x}$ im Punkt $B(2 | f(2))$.

y-Koordinate von B: $f(2) =$ **$e^{0,5 \cdot 2} = e^1 = e$** $B(2 |$ **e** $)$

Ableitung: $f'(x) =$ **$0,5e^{0,5x}$**   Tangentensteigung: $m =$ **$f'(2) = 0,5e^{0,5 \cdot 2} = 0,5e$**

Tangente: **$t(x) = 0,5e \cdot x + b$**   **$e = 0,5e \cdot 2 + b$ somit gilt $b = 0$ und**   **$t(x) = 0,5e \cdot x$**

6 Exponentialgleichungen: Ordnen Sie den Gleichungen Lösungsmengen zu. Markieren Sie die Paare.

$e^x = 5$ A	$3e^x = 12$ B	$5e^{2x-6} - 3 = 17$ C	$e^{0,25x} = 7$ D	$e^{11x} = 1$ E
$e^{-x} = 2$ F	$7e^{-x} - 4 = 3$ G	$e^x + 9 = 7$ H	$2e^{3x} = 16$ I	$e^{4x} = 3e^{3x}$ J

$L = \{0\}$ **E,G**	$L = \left\{\frac{1}{3} \cdot \ln(8)\right\} = \{\ln(2)\}$ **I**	$L = \{\ln(4)\}$ **B**	$L = \{-\ln(2)\}$ **F**	$L = \{\ln(5)\}$ **A**
$L = \{\ln(3)\}$ **J**	$L = \{4 \cdot \ln(7)\}$ **D**	$L = \{\}$ **H**	$L = \left\{\frac{1}{2} \cdot \ln(4) + 3\right\} = \{\ln(2) + 3\}$ **C**	

7 Unterstreichen Sie alle Fehler. Geben Sie die Lösungsmenge an.

a) $e^{3x} = 9$ $L = \{$**0,73**$\}$
$\ln(e^{3x}) = \ln(9)$
$3x = \ln(9)$
$x = \ln(3)$ **$x = \frac{\ln(9)}{3}$**
$x \approx 0,48$ **$x \approx 0,73$**

b) $8e^{2x} = 8$ $L = \{$**0**$\}$
$8 \cdot (\ln(e^{2x})) = \ln(8)$ **$8 \cdot e^{2x} = 8$**
$8 \cdot (\ln(e^{2x})) = 8 \cdot \ln(1)$ **$e^{2x} = 1$**
$2x = \ln(1)$
$\ln(e^{2x}) = 1 \cdot \ln(1)$ **$2x = 0$**
$x = 0$ **$x = 0$**

8 Ermitteln Sie die Lösungsmenge der Gleichung. Nutzen Sie dabei den Satz vom Nullprodukt.

a) $(e^x - e) \cdot (x^2 - 196) = 0$
$(e^x - e) \cdot (x + 14) \cdot (x - 14) = 0$
$L =$ **$\{1; -14; 14\}$**

b) $e^x \cdot x^2 + 10 \cdot e^x = e^x \cdot 7x$
$e^x \cdot (x^2 - 7x + 10) = 0$
$e^x \cdot (x - 2) \cdot (x - 5) = 0$
$L =$ **$\{2; 5\}$**

c) $(e^{2x} - 9) \cdot (x^3 - 16x) = 0$
$(e^x - 3) \cdot (e^x + 3) \cdot x \cdot (x + 4) \cdot (x - 4) = 0$
$L =$ **$\{-4; 0; \ln(3), 4\}$**

d) $x \cdot e^{2x} + 2x = 3x \cdot e^x$
$x \cdot (e^{2x} - 3 \cdot e^x + 2) = 0$
$x \cdot (e^x - 2) \cdot (e^x - 1) = 0$
$L =$ **$\{0; \ln(2)\}$**

9 Ordnen Sie den Gleichungen Lösungen zu – ohne Rechner oder schriftliche Rechnung.

$e^{x-1} = e$	$x = 2$
$x^2 \cdot e^x = 0$	$x = 0$
$e^{x+1} = x \cdot e^x$	$x = e$
$-2e^x = 4$	keine Lösung

Weiterführende Aufgaben

10 Berechnen Sie die gemeinsamen Punkte der Funktionsgraphen.

Hinweis: $\ln(f(x)) = \ln(g(x))$

a) $f(x) = e^{-x^2}$ und $g(x) = e^{1-2x}$
$-x^2 = 1 - 2x$
$x^2 - 2x + 1 = 0$
$(x - 1)^2 = 0$
$x = 1$ **$f(1) = e^{-1}; P\left(1 \middle| \frac{1}{e}\right)$**

b) $f(x) = e^{x-3}$ und $g(x) = e^{-2x+6}$
$x - 3 = -2x + 6$
$3x = 9$
$x = 3$ **$f(3) = 1; P(3 | 1)$**

11 Kommentieren Sie die Schritte zur Lösung der Gleichung $2 \cdot e^{7x} - 32 \cdot e^{4x} + 126 \cdot e^x = 0$.

$2 \cdot e^x \cdot (e^{6x} - 16 \cdot e^{3x} + 63) = 0$	**optimal ausklammern**
$2 \cdot e^x \cdot ((e^{3x})^2 - 16 \cdot e^{3x} + 63) = 0$	**quadratischen Term erzeugen (Ziel: Substitution von e^{3x})**
$e^{3x} = 8 \pm \sqrt{8^2 - 63} = 8 \pm 1$	Möglichkeit 1: **p-q-Formel anwenden (e^{3x} statt x)**
$2 \cdot e^x \cdot (e^{3x} - 7) \cdot (e^{3x} - 9) = 0$	Möglichkeit 2: **direkt faktorisieren**
$e^{3x} - 7 = 0$ oder $e^{3x} - 9 = 0$	**Satz vom Nullprodukt**
$L = \left\{\frac{\ln(7)}{3}; \frac{\ln(9)}{3}\right\}$	**Exponentialgleichungen lösen**

Basisaufgaben

1 Wachstumsfunktion: Die Entwicklung einer Tierpopulation kann durch die Funktion $f(t) = 1000 \cdot e^{0,14 \cdot t}$ beschrieben werden.
Kreuzen Sie Zutreffendes an.

Anfangsbestand	[x] 1000	[ ] e	[ ] 0,14
Bestand nach 10 Jahren	[ ] $10 \cdot e^{0,14 \cdot t}$	[x] $1000 \cdot e^{1,4}$	[ ] $1000 \cdot e^{10}$
Wachstumskonstante	[ ] 1000	[ ] e	[x] 0,14
Verdopplungszeit	[x] 4,95	[ ] 0,07	[ ] 500

$f(t) = a \cdot e^{k \cdot t}$ $(k \neq 0)$
Wachstumskonstante k
Anfangsbestand $a = f(0)$

$k > 0$: Exponentielle Zunahme,
Verdopplungszeit $T_V = \frac{\ln(2)}{k}$

$k < 0$: Exponentielle Abnahme,
Halbwertzeit $T_H = \frac{\ln(\frac{1}{2})}{k}$

2 Entscheiden Sie zuerst, ob eine exponentielle Zunahme (Z) oder eine exponentielle Abnahme (A) vorliegt und beschriften Sie die Graphen.
Ermitteln Sie danach mithilfe der Funktionsgleichungen oder der Graphen die Verdopplungs- bzw. Halbwertszeit.

$f(t) = 3 \cdot e^{-0,099 \cdot t}$ **A** $T_H = \frac{\ln(0,5)}{-0,099} \approx 7$

$g(t) = 2 \cdot e^{0,348 \cdot t}$ **Z** $T_V = \frac{\ln(2)}{0,348} \approx 2$

$h(t) = 5 \cdot e^{-0,23 \cdot t}$ **A** $T_H = \frac{\ln(0,5)}{-0,23} \approx 3$

$k(t) = 3 \cdot e^{0,099 \cdot t}$ **Z** $T_V = \frac{\ln(2)}{0,099} \approx 7$

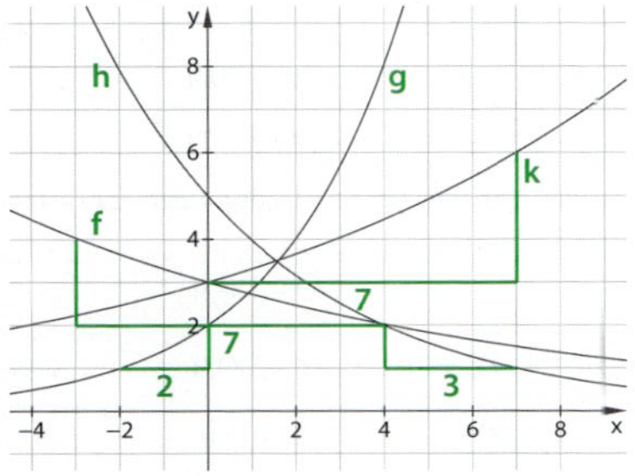

3 Wachstumskonstante: Ein Patient erhält 3 mg eines Medikaments. Berechnen Sie die Wachstumskonstante.

a) Das Medikament wird im Körper des Patienten pro Stunde um 12 % abgebaut. **$k = \ln(1 - 0,12) = \ln(0,88) \approx -0,128$**

b) Nach einer Stunde sind noch 2,7 mg des Medikaments im Blut. **$k = \ln\left(\frac{2,7}{3}\right) \approx -0,105$**

c) Die Halbwertzeit des Medikaments beträgt 3 Stunden. **$k = \frac{\ln(0,5)}{3} \approx -0,231$**

4 Werte bestimmen: Die Menge eines Narkosemittels im Blut eines Patienten kann durch die Funktion f mit $f(t) = 7,5 \cdot e^{-0,15 \cdot t}$ beschrieben werden (f(t) in mg pro Liter Blut, t in Stunden). Ergänzen Sie die Rechnung.

a) Menge des Narkosemittels im Blut zu Beginn: **$f(0) = 7,5\,mg$**

b) Menge des Narkosemittels im Blut nach 3 Stunden: **$f(3) = 7,5 \cdot e^{-0,15 \cdot 3} = 7,5 \cdot e^{-0,45} \approx 4,78\,mg$**

c) Menge des Narkosemittels im Blut nach 255 min: **$f(4,25) = 7,5 \cdot e^{-0,15 \cdot 4,25} = 7,5 \cdot e^{-0,6375} \approx 3,96\,mg$**

d) Wann liegt die Menge des Narkosemittels unterhalb der Schwelle von 2 mg pro Liter Blut?
$f(t) = 7,5 \cdot e^{-0,15 \cdot t} < 2$ $t \geq \frac{\ln(4:15)}{-0,15} \approx 8,8\,h$ Nach knapp 9 h liegt der Gehalt unter der genannten Schwelle.

5 Wachstumsfunktion aufstellen: Eine Pflanze, die zuerst 30 cm hoch war, vergrößert ihr Wachstum pro Woche exponentiell. Stellen Sie eine exponentielle Funktionsgleichung auf, die die Höhe der Pflanze beschreibt.

a) Die Pflanzenhöhe nimmt um 5 % pro Woche zu.
$a = 30\,cm, b = 1 + 0,05 = 1,05, k = \ln(b) = \ln(1,05) \approx 0,05, f(t) = 30 \cdot e^{0,05 \cdot t}$ (in cm)

b) Die Pflanze ist nach 3 Wochen etwa 38 cm hoch.
$a = 30\,cm, f(3) = 30 \cdot e^{k \cdot 3} \approx 38, k \approx \frac{\ln(38) - \ln(30)}{3} \approx 0,08, f(t) \approx 30 \cdot e^{0,08 \cdot t}$ (in cm)

c) Die Pflanze ist nach 10 Wochen doppelt so groß.
$T_V = \frac{\ln(2)}{k} = 10, k = \frac{\ln(2)}{10} \approx 0,07, f(t) = 30 \cdot e^{0,07 \cdot t}$ (in cm)

6 Wachstumsgeschwindigkeit: Eine Funktion f mit $f(t) = a \cdot e^{k \cdot t}$ beschreibt eine exponentielle Zu- oder Abnahme.
Kreuzen Sie alle wahren Aussagen an.
- [x] f' mit $f'(t) = a \cdot k \cdot e^{k \cdot t}$ gibt die Änderungsgeschwindigkeit zum Zeitpunkt t an.
- [x] Die Wachstumsgeschwindigkeit ist proportional zum Bestand.
- [ ] f beschreibt eine exponentielle Abnahme, wenn $k > 0$ gilt.

7 Wachstumsgeschwindigkeit bestimmen: Die Menge eines Wirkstoffs (in mg) im Blut eines Tieres lässt sich in Abhängigkeit von der Zeit in Stunden durch die Funktion f mit $f(t) = 5 \cdot e^{-0,2 \cdot t}$ beschreiben.

a) Bestimmen Sie die Wachstumsgeschwindigkeit nach 5 Stunden.
$f'(t) = -e^{-0,2 \cdot t}$ $f'(5) = -e^{-0,2 \cdot 5} \approx -0,37$

b) Ermitteln Sie den Zeitpunkt, zu dem der Wirkstoffgehalt um 0,3 mg pro Stunde abnimmt.
$f'(t) = -e^{-2,0 \cdot t} = -0,3$ $t = \frac{\ln(0,3)}{-0,2} \approx 6$

c) Bestimmen Sie die durchschnittliche Wachstumsgeschwindigkeit in den ersten 3 Stunden.
$\frac{f(3) - f(0)}{3 - 0} = \frac{5 \cdot e^{-0,6} - 5}{3} \approx -0,75$

8 Ergänzen Sie die Tabelle.

	$f(t) = 4 \cdot e^{0,3219 \cdot t}$	$f(t) = 362 \cdot e^{0,01 \cdot t}$	$f(t) = 0,2 \cdot e^{0,138 \cdot t}$
Bestand nach 10 Stunden	$f(10) \approx 100$	$f(10) \approx 400$	$f(10) \approx 0,8$
Verdopplungszeit	$T_V \approx 2,15$ (2 h 9 min)	$T_V \approx 69,3$ (69 h 18 min)	$T_V \approx 5$ (5 h)
Wachstumsgeschwindigkeit nach 10 Stunden	$f'(10) \approx 32,2$	$f'(10) \approx 4$	$f'(10) \approx 0,11$
Zeitpunkt, zu dem der Bestand um 1000 wächst	$t \approx 20,67$	$t \approx 562,13$	$t \approx 76,1$
durchschnittliche Wachstumsgeschwindigkeit in den ersten 10 Stunden	$\frac{f(10) - f(0)}{10 - 0} = \frac{100 - 4}{10} = 9,6$	$\frac{f(10) - f(0)}{10 - 0} = \frac{400 - 362}{10} = 3,8$	$\frac{f(10) - f(0)}{10 - 0} = \frac{0,8 - 0,2}{10} = 0,06$

Weiterführende Aufgaben

9 Ein Bakterienbestand lässt sich durch die Funktion f mit $f(t) = 15 \cdot 1,2^t$ beschreiben (t in Stunden und f(t) in mg).

a) Geben Sie die Wachstumskonstante k an und stellen Sie f in der Form $f(t) = a \cdot e^{k \cdot t}$ dar.
$k = \ln(1,2) \approx 0,1823$ $f(t) = 15 \cdot e^{0,1823 \cdot t}$

b) Berechnen Sie, nach wie vielen Stunden sich der Bestand etwa verdoppelt hat.
$T_V = \frac{\ln(2)}{\ln(1,2)} \approx 4$

c) Kreuzen Sie den Term zur Bestimmung der Zeit, nach der der Bestand sich etwa verdreifacht hat, an. Formulieren Sie einen Antwortsatz.
[ ] $\ln(2) \cdot \ln(1,2)$ [ ] $\ln(3) \cdot \ln(1,2)$ [ ] $\ln(3) \cdot \ln(1,3)$ [ ] $\ln(3) - \ln(1,2)$ [x] $\frac{\ln(3)}{\ln(1,2)}$ [ ] $\frac{\ln(2)}{\ln(1,2)}$
Der Bakterienbestand hat sich nach etwa 6 Stunden verdreifacht.

d) Berechnen Sie, nach wie vielen Stunden sich der Bestand etwa verzehnfacht hat.
$T_{10} = \frac{\ln(10)}{\ln(1,2)} \approx 12,6$
Der Bakterienbestand hat sich nach etwa 13 Stunden verzehnfacht.

Basisaufgaben

Produktregel
$(u \cdot v)' = u' \cdot v + u \cdot v'$

1 Produktregel: Gegeben ist die Funktion $f(x) = (x^3 - 2x) \cdot e^{-x}$.
Ergänzen Sie die Schritte zur Bestimmung von f'.

$u(x) = x^3$ **$- 2x$** und $u'(x) =$ **$3x^2 - 2$** laut der Summenregel und Ableitung der Potenzfunktion

$v(x) =$ **e^{-x}** und $v'(x) =$ **$-e^{-x}$** laut der Ableitung der e-Funktion und Kettenregel

$f'(x) =$ **$(3x^2 - 2) \cdot e^{-x} + (x^3 - 2x) \cdot (-e^{-x})$** laut der Produktregel

$f'(x) = ($ **$-x^3 + 3x^2 + 2x - 2$** $) \cdot e^{-x}$ nach dem Ordnen und Zusammenfassen

2 Vervollständigen Sie die Ermittlung der ersten Ableitung der Funktion.

a) $f(x) = e^{2x-1} \cdot (3x^2 - 1)$

$u(x) =$ **e^{2x-1}** $u'(x) =$ **$2e^{2x-1}$**

$v(x) =$ **$3x^2 - 1$** $v'(x) =$ **$6x = 2 \cdot 3x$**

$f'(x) =$ **2** $e^{2x-1} \cdot (3x^2 +$ **$3x - 1$** $)$

b) $g(x) = (x^4 + 4x^5) \cdot e^{-x}$

$u(x) =$ **$x^4 + 4x^5$** $u'(x) =$ **$4x^3 + 20x^4$**

$v(x) =$ **e^{-x}** $v'(x) =$ **$-e^{-x}$**

$g'(x) = (-4x^5 +$ **$19x^4$** $+$ **$4x^3$** $) \cdot e^{-x}$

c) $h(t) = (t - e^t) \cdot e^{3t-2}$

$u(t) =$ **$t - e^t$** $u'(t) =$ **$1 - e^t$**

$v(t) =$ **e^{3t-2}** $v'(t) =$ **$3e^{3t-2}$**

$h'(t) = -($ **$4e^t - 3t$** $-1) \cdot e^{3t-2}$

3 Berechnen Sie die erste Ableitung zuerst mit Produktregel und danach ohne Produktregel.

a) $f(x) = x^5 \cdot (3 - x)$ **b)** $g(x) = e^{-x} \cdot e^{x+1}$ **c)** $h(x) = (x^2 + 5) \cdot (x^2 - 5)$

Berechnung der ersten Ableitung mit der Produktregel:

a) $u(x) =$ **x^5** $u'(x) =$ **$5x^4$**
$v(x) =$ **$3 - x$** $v'(x) =$ **-1**
$f'(x) =$ **$5x^4 \cdot (3 - x) + x^5 \cdot (-1)$**
$f'(x) = 15x^4 - 5x^5 - x^5$
$f'(x) = 15x^4 - 6x^5$

b) $u(x) =$ **e^{-x}** $u'(x) =$ **$-e^{-x}$**
$v(x) =$ **e^{x+1}** $v'(x) =$ **e^{x+1}**
$g'(x) =$ **$(-e^{-x}) \cdot e^{x+1} + e^{-x} \cdot e^{x+1}$**
$g'(x) = -e^{-x+x+1} + e^{-x+x+1}$
$g'(x) = -e + e = 0$

c) $u(x) =$ **$x^2 + 5$** $u'(x) =$ **$2x$**
$v(x) =$ **$x^2 - 5$** $v'(x) =$ **$2x$**
$h'(x) =$ **$2x \cdot (x^2 - 5) + (x^2 + 5) \cdot 2x$**
$h'(x) = 2x^3 - 10x + 2x^3 + 10x$
$h'(x) = 4x^3$

Berechnung der ersten Ableitung ohne die Produktregel (beispielsweise erst ausmultiplizieren, danach ableiten):

a) $f(x) =$ **$3x^5 - x^6$**
$f'(x) =$ **$15x^4 - 6x^5$**

b) $g(x) =$ **$e^{-x+x+1} = e$**
$g'(x) =$ **0**

c) $h(x) =$ **$(x^2)^2 - 5^2 = x^4 - 25$**
$h'(x) =$ **$4x^3$**

4 Kreuzen Sie die korrekt gebildeten 1. Ableitungen an. Korrigieren Sie gegebenenfalls die Fehler.

☐ $f(x) = (2x + 3) \cdot e^x$
$f'(x) = 2 \cdot e^x$
$f'(x) = (2x + 5) \cdot e^x$

☐ $g(x) = (x^2 + 1) \cdot e^{2x}$
$g'(x) = (2x) \cdot e^{2x} \cdot 2$
$g'(x) = (2x^2 + 2x + 2) \cdot e^{2x}$

☒ $h(x) = (x^3 + x) \cdot e^{-2}$
$h'(x) = (3x^2 + 1) \cdot e^{-2}$

5 Ordnen Sie den Funktionen ihre 2. Ableitung zu. Rechnen Sie, wenn nötig, auf einem zusätzlichen Blatt.

$f(x) = (x^3 - 4x) \cdot e^{1-x}$	$f(x) = (x^3 - 3x + 1) \cdot e^{-x+1}$	$f(x) = (x - 3) \cdot (3 + x) \cdot \frac{e}{e^x}$
$f''(x) = (x^2 - 4x - 7) \cdot e^{1-x}$	$f''(x) = (x^3 - 6x^2 + 3x + 7) \cdot e^{1-x}$	$f''(x) = (x^3 - 6x^2 + 2x + 8) \cdot e^{1-x}$

(Zuordnung per Linien: $(x^3 - 4x) \cdot e^{1-x}$ → $(x^3 - 6x^2 + 2x + 8) \cdot e^{1-x}$; $(x^3 - 3x + 1) \cdot e^{-x+1}$ → $(x^3 - 6x^2 + 3x + 7) \cdot e^{1-x}$; $(x - 3) \cdot (3 + x) \cdot \frac{e}{e^x}$ → $(x^2 - 4x - 7) \cdot e^{1-x}$)

6 Gegeben ist eine Stammfunktion F einer Funktion f.
Ermitteln Sie die zugehörige Funktion f.

$F'(x) = f(x)$

a) $F(x) = (x - 1) \cdot e^x + 1$

$f(x) =$ **$F'(x) = 1 \cdot e^x + (x - 1) \cdot e^x + 0$**
$f(x) = e^x + x \cdot e^x - e^x = x \cdot e^x$

b) $F(x) = x^2 \cdot e^{x^2} + c$

$f(x) =$ **$F'(x) = 2x \cdot e^{x^2} + x^2 \cdot 2x \cdot e^{x^2} + 0$**
$f(x) = (2x + 2x^3) \cdot e^{x^2} = 2 \cdot (x + x^3) \cdot e^{x^2}$

7 Bilden Sie die ersten fünf Ableitungen von $f(x) = x \cdot e^{-x}$.
Welchen Term vermuten Sie für die n-te Ableitung dieser Funktion? Schreiben Sie ihn auf.

$f'(x) =$ **$-(x - 1) \cdot e^{-x}$**
$f''(x) =$ **$(x - 2) \cdot e^{-x}$**
$f'''(x) =$ **$-(x - 3) \cdot e^{-x}$**
$f^{(4)}(x) =$ **$(x - 4) \cdot e^{-x}$**
$f^{(5)}(x) =$ **$-(x - 5) \cdot e^{-x}$**
$f^{(n)}(x) = (-1)^n \cdot$ **$(x - n) \cdot e^{-x}$ mit $n \in \mathbb{N}$**

Weiterführende Aufgaben

8 Gegeben ist eine Stammfunktion einer Funktion f. Kreuzen Sie passende Funktionen an.

$F(x) = \frac{1}{2}e^x \cdot (2x - e^x - 2)$ ☒ $f(x) = (x - e^x) \cdot e^x$ ☐ $f(x) = (x - 1) \cdot e^x + x - 2$ ☒ $f(x) = x \cdot e^x - e^{2x}$

9 Markieren Sie zuerst alle Fehler. Ermitteln Sie danach die Ableitungsfunktionen von f und g.

$f(x) = \frac{x+1}{e^{x^2}} = (x + 1) \cdot e^{-x^2}$
$f'(x) = 1 \cdot e^{-x^2} + (x + 1) \cdot \underline{(-x^2)} \cdot e^{-x^2}$
$f'(x) = (1 - \underline{x^3} + x^2) \cdot e^{-x^2}$
$f'(x) = 1 \cdot e^{-x^2} + (x + 1) \cdot (-2x) \cdot e^{-x^2}$
$f'(x) = (-2x^2 - 2x + 1) \cdot e^{-x^2}$

$g(x) = \frac{e^{x+2}}{2x}$
$g(x) = e^{x+2} \cdot \underline{2x^{-1}}$
$g'(x) = 2e^{x+2} \cdot \underline{\frac{1}{x}}$
$g'(x) = e^{x+2} \cdot (2x)^{-1} + e^{x+2} \cdot (-1) \cdot (2x)^{-2} \cdot 2$
$g'(x) = e^{x+2} \cdot ((2x)^{-1} - 2 \cdot (2x)^{-2}) = \frac{e^{x+2}}{2x^2} \cdot (x - 1)$

10 Die Produktregel gilt auch für Produkte aus drei oder mehr Faktoren, z. B. ist $(u \cdot v \cdot w)' = u' \cdot v \cdot w + u \cdot v' \cdot w + u \cdot v \cdot w'$.
Berechnen Sie f' von $f(x) = x^2 \cdot x^4 \cdot x^6$ zuerst mit und danach ohne diese Produktregel.
Geben Sie eine allgemeine Begründung für das Ergebnis an.

Berechnung von f' mit der Produktregel:

$u(x) =$ **x^2** $u'(x) =$ **$2x$** $v(x) =$ **x^4** $v'(x) =$ **$4x^3$** $w(x) =$ **x^6** $w'(x) =$ **$6x^5$**

$f'(x) =$ **$2x \cdot x^4 \cdot x^6 + x^2 \cdot 4x^3 \cdot x^6 + x^2 \cdot x^4 \cdot 6x^5 = 12x^{11}$**

Berechnung von f' ohne die Produktregel (erst ausmultiplizieren, danach ableiten):

$f(x) =$ **$x^{2+4+6} = x^{12}$** $f'(x) =$ **$12x^{11}$**

Allgemeine Begründung von $(u \cdot v \cdot w)' = u' \cdot v \cdot w + u \cdot v' \cdot w + u \cdot v \cdot w'$ mithilfe der Produktregel für zwei Faktoren:

$(u \cdot v)' = u' \cdot v + u \cdot v'$ laut der Produktregel für die Faktoren **u** und **v**

$((u \cdot v) \cdot w)' = (u \cdot v)' \cdot w +$ **$(u \cdot v) \cdot w'$** laut der Produktregel für die Faktoren **$(u \cdot v)$** und **w**

$((u \cdot v) \cdot w)' = (u' \cdot v + u \cdot v') \cdot$ **$w + (u \cdot v) \cdot w' = (u' \cdot v) \cdot w + (u \cdot v') \cdot w + (u \cdot v) \cdot w'$**

Basisaufgaben

1 Eigenschaften zusammengesetzter Funktionen: Gegeben ist die Funktion $f(x) = x^2 \cdot e^x$ mit $x \in \mathbb{R}$.

a) Untersuchen Sie die Funktion auf Nullstellen, lokale Extrempunkte und das Globalverhalten.

Satz vom Nullprodukt und Produktregel

Nullstellen $(f(x) = 0)$: $f(x) = x^2 \cdot e^x = 0$ gilt genau dann, wenn $x = 0$, denn $e^x \neq 0$.

Die Stelle **x = 0 ist (doppelte)** Nullstelle von f.

lokale Extrempunkte: $f'(x) = 2x \cdot e^x + x^2 \cdot e^x = (2x + x^2) \cdot e^x$

$f''(x) = (2 + 2x) \cdot e^x + (2x + x^2) \cdot e^x = (2 + 4x + x^2) \cdot e^x$

notwendige Bedingung

$f'(x) = 0$: $(2x + x^2) \cdot e^x = x \cdot (2 + x) \cdot e^x = 0$

$x_1 = 0$ und $x_2 = -2$ $(e^x \neq 0)$

hinreichende Bedingung

$f''(x) \neq 0$: $f''(0) = 2 > 0$ Es gibt ein lokales **Minimum.**

$f''(-2) = -2 \cdot e^{-2} < 0$ Es gibt **ein lokales Maximum.**

Globalverhalten:

x	10	100	−10	−100
f(x)	2,2 · 10⁶	2,7 · 10⁴⁷	0,005	3,7 · 10⁻⁴⁰

Für $x \to +\infty$ gilt $f(x) \to +\infty$. Für $x \to -\infty$ gilt $f(x) \to 0$

Die **x**-Achse ist eine **waagerechte** Asymptote.

b) Skizzieren Sie den Graphen von f im Intervall $-6 \leq x \leq 1$ mithilfe der Angaben aus Teilaufgabe **a)**.

Geben Sie in der Zeichnung die Koordinaten des lokalen Hochpunktes H und des lokalen Tiefpunktes T an.

x	−6	−4	−3	−2	−1	0	1
f(x)	0,09	0,29	0,45	0,54	0,37	0	2,71

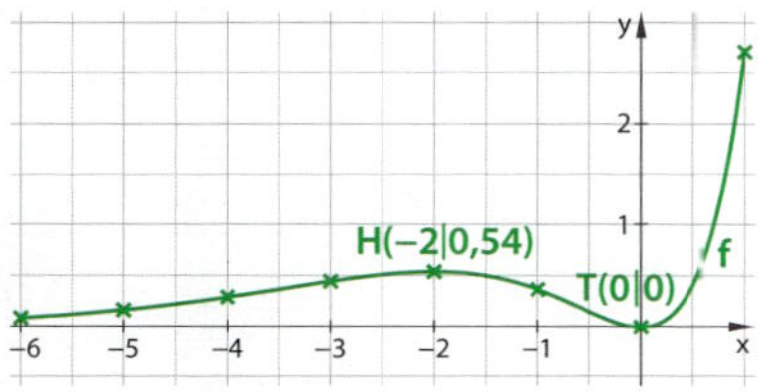

2 Ordnen Sie den Funktionen f und g Eigenschaften zu. Skizzieren Sie damit die Graphen der Funktionen f und g.

- $f(x) = (x-1)^2 \cdot e^x$
- $g(x) = (x^2 - 1) \cdot e^x$

- Tiefpunkt: $T(\sqrt{2} - 1 \mid 2 \cdot (1 - \sqrt{2}) \cdot e^{\sqrt{2} - 1})$
- Für $x \to -\infty$ gilt $f(x) \to 0$.
- Nullstelle: $x_0 = 1$
- Asymptote: $y = 0$
- Hochpunkt: $H\left(-1 \mid \frac{4}{e}\right)$
- Wendepunkte bei $x = -2 \pm \sqrt{3}$

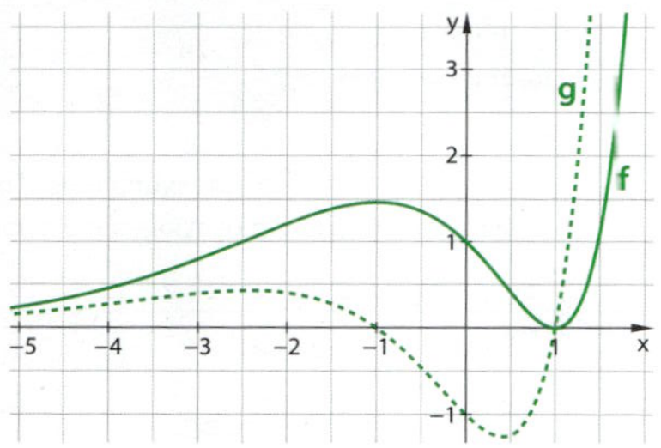

Zusatzaufgabe: Prüfen Sie, ob f eine Stammfunktion von g ist. **$f'(x) = (x^2 - 1) \cdot e^x = g(x)$ Sie ist wahr.**

3 Sachsituationen und zusammengesetzte Funktionen: Das Profil eines zuerst bergauf und dann bergab führenden Weges wird für $x \geq 0$ näherungsweise durch die Funktion $f(x) = 4x^2 \cdot e^{-x}$ beschrieben. Dabei gibt x die horizontale Länge in km und f(x) die Höhe über dem Meeresspiegel in km an.

a) Ermitteln Sie die größte Höhe des Profils über Normalnull.

$f'(x) = (8x - 4x^2) \cdot e^{-x} = 4x \cdot (2 - x) \cdot e^{-x}$

$f''(x) = (4x^2 - 16x + 8) \cdot e^{-x}$

$f'(x) = 0$ gilt für **x = 0 und x = 2**

$f''(0) = 8 > 0$ **Es gibt ein Minimum.**

$f''(2) = -8e^{-2} < 0$ **Es gibt ein Maximum.**

$f(2) \approx 2{,}17$ **Die größte Höhe beträgt etwa 2170 m**

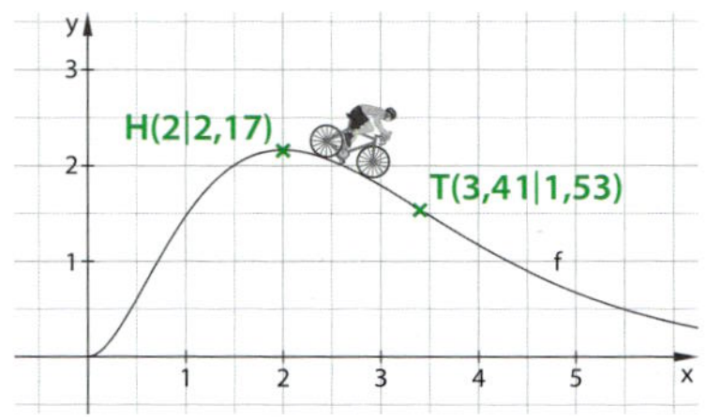

b) Berechnen Sie die Koordinaten des Punktes mit dem stärksten Gefälle. Tragen Sie ihn in die Zeichnung ein. Geben Sie den Neigungswinkel der Straße gegen die Horizontale an dieser Stelle an.

$f''(x) = 0$ gilt für **$x_{w1} \approx 0{,}59$ und $x_{w2} \approx 3{,}41$.** **Wegen $x > 2$ kommt nur x_{w2} in Betracht.**

$f'''(3{,}41) \approx 0{,}37$ W(3,41 | 0,37) ist ein R-L-Wendepunkt. $f'(3{,}41) \approx -0{,}64$ somit gilt $\alpha \approx -32{,}4°$.

Der Neigungswinkel des Gefälles des Weges bei 3410 m beträgt rund 32,4°.

4 Bestände und Änderungsraten: Es sei f(t) der Bestand an Mäusen auf einem Acker zum Zeitpunkt t. g(t) beschreibt die Änderungsrate von f(t). Die Variable t gibt die Zeit an $(t \geq 0)$. Ordnen Sie den Aussagen alle passenden Terme zu.

- Anfangsbestand
- Wert der Bestandsfunktion zum Zeitpunkt t = 5
- Änderungsrate des Bestandes zum Zeitpunkt t = 5
- Änderungsrate des Bestandes zum Zeitpunkt t = 0

- f'(5)
- f(5)
- f(0)
- f'(0)
- g(0)
- g(5)
- $\int_0^5 g(x)\,dx + f(0)$

5 Ein Ballon schwebt zu Beobachtungsbeginn 20 m über dem Erdboden. In den folgenden acht Minuten lässt sich seine Höhe beschreiben durch die Funktion h mit $h(t) = -(2t^2 + 6) \cdot e^{-\frac{t}{2}} + 8$. Dabei ist t die seit Beobachtungsbeginn vergangene Zeit in Minuten und für die Höhe h(t) gilt: 1 Längeneinheit = 10 Meter. Mit v(t) wird die Geschwindigkeit des Ballons in vertikaler Richtung bezeichnet, sie wird in der Einheit 10 Meter pro Minute angegeben. Ergänzen Sie zu wahren Aussagen.

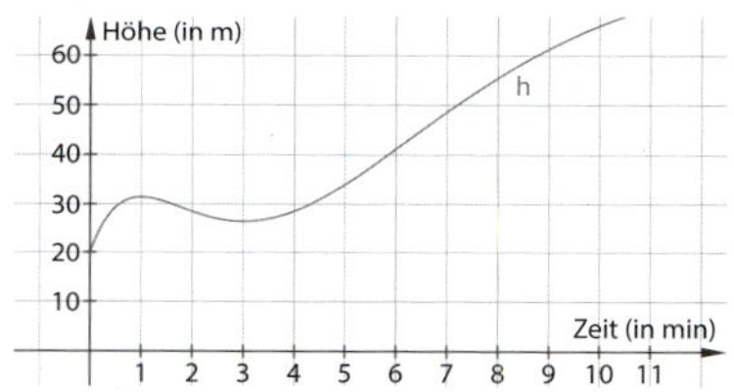

a) Die Geschwindigkeitsfunktion $v(t) =$ **$(t^2 - 4t + 3) \cdot e^{-\frac{t}{2}}$** ist die 1. Ableitungsfunktion von h(t).

b) In den Teilintervallen, in denen h(t) streng monoton steigend ist, ist v(t) **positiv.**

c) In den Teilintervallen, in denen h(t) streng monoton fallend ist, ist v(t) **negativ.**

d) An den Stellen t_0, an denen h(t) **einen lokalen Extrempunkt** hat, gilt $v(t_0) = 0$.

e) Die Funktion h(t) ist eine **Stammfunktion** von v(t).

6 Das Wasservolumen in einem Vorratsbehälter ändert sich durch den Zu- und Ablauf mit der Zeit.
Das Volumen V lässt sich in Abhängigkeit von der Zeit t durch die Funktion $V(t) = (t^3 - 3t^2 - t + 3) \cdot e^{-0{,}6t} + 3$ für $0 \le t \le 12$ beschreiben. Ihr Graph ist abgebildet.
Die markierten Punkte kennzeichnen besondere Eigenschaften des Graphen wie globale oder lokale Extrempunkte und Wendepunkte.

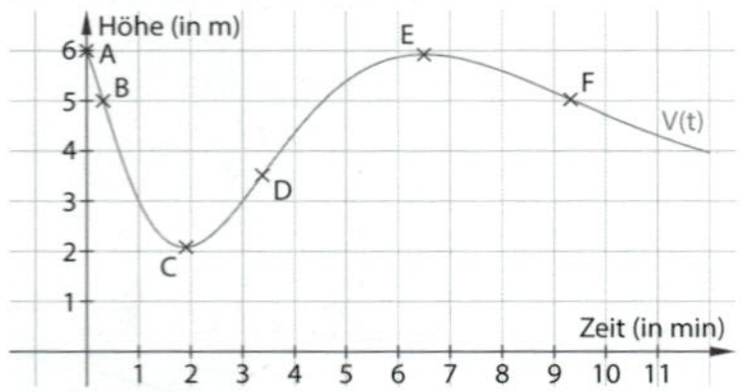

a) Lesen Sie Näherungswerte für die Koordinaten der Punkte ab. Tragen Sie die Werte in der ersten Spalte ein. Schreiben Sie in der zweiten Spalte mindestens eine Eigenschaft zu jedem Punkt auf. Kreuzen Sie in den beiden letzten Spalten passende Punkte an.

Punkt	Eigenschaft	Das Volumen nimmt am schnellsten …	
		zu	ab
A(0 | 6)	globales Maximum		
B(0,3 | 5)	Wendepunkt		x
C(1,9 | 2,0)	globales und lokales Minimum		
D(3,4 | 3,5)	Wendepunkt	x	
E(6,5 | 5,9)	lokales Maximum		
F(9,3 | 5)	Wendepunkt		

b) Ermitteln Sie eine Gleichung für die Funktion, die die Änderungsrate V′(t) des Volumens beschreibt.

$V'(t) = (3t^2 - 6t - 1) \cdot e^{-0{,}6t} + (t^3 - 3t^2 - t + 3) \cdot e^{-0{,}6t} \cdot (-0{,}6)$

$V'(t) = (-0{,}6t^3 + 4{,}8t^2 - 5{,}4t - 2{,}8) \cdot e^{-0{,}6t}$

c) Geben Sie mithilfe der Überlegungen aus Teilaufgabe **a** die Nullstellen von V′(t) für $0 \le t \le 12$ an.

Nullstellen von V′(t) für $0 \le t \le 12$ sind dort, wo V(t) lokale Extrema hat, also bei $x \approx 1{,}9$ und $x \approx 6{,}5$.

d) Ergänzen Sie die Wertetabelle.

t	0	0,3	1	1,9	3,4	5	6,5	9,3	12
V′(t)	−2,8	−3,3	−2,2	0	1,4	0,8	0	−0,5	−0,3

e) Skizzieren Sie den Graphen der Funktion V′(t) mithilfe der Überlegungen aus den Teilaufgaben **a** bis **d**.
Beachten Sie dabei die Vorzeichen der Funktionswerte und die Monotonie in den Teilintervallen, die durch die Punkte A bis F gebildet werden.

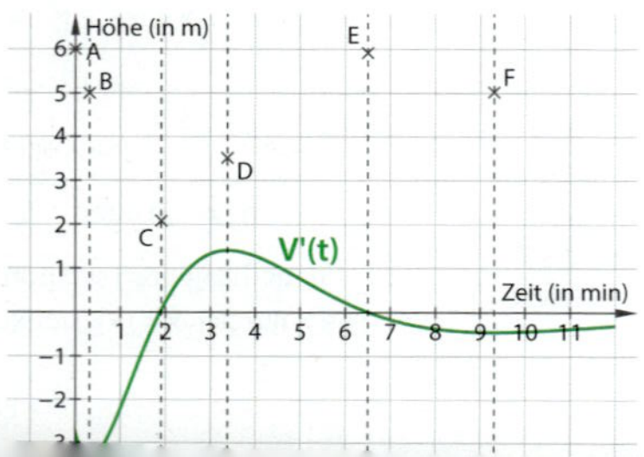

Weiterführende Aufgaben

7 Der Zu- und Abfluss einer Flüssigkeit in einen und aus einem Behälter werden über Ventile gesteuert. Angenommen, die Zuflussgeschwindigkeit v(t) kann im Intervall $0 \le t \le 10$ näherungsweise durch die Funktion $v(t) = (t^2 - 5t + 4) \cdot e^{-0{,}4t}$ modelliert werden. Die Zeit t wird in Minuten gemessen und die Zuflussgeschwindigkeit v(t) in Liter pro Minute.

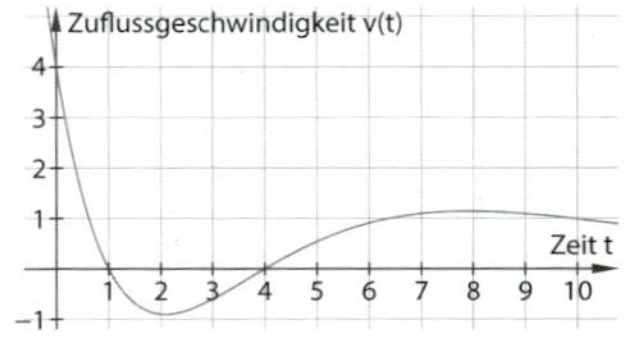

a) Kreuzen Sie die wahren Aussagen an.

☐ Bis etwa t = 2 fließt Flüssigkeit ab.	☒ Im Intervall 1 < t < 4 fließt Flüssigkeit ab.	☐ Für t = 0 sind vier Liter in dem Behälter.	☐ Bei t = 1 ist der Behälter leer.

b) Weisen Sie nach, dass $V(t) = (-2{,}5t^2 - 10) \cdot e^{-0{,}4t} + 12$ eine Stammfunktion von v(t) ist.

$V'(t) = -5t \cdot e^{-0{,}4t} + (-2{,}5t^2 - 10) \cdot e^{-0{,}4t} \cdot (-0{,}4) = (t^2 - 5t + 4) \cdot e^{-0{,}4t} = v(t)$

c) Geben Sie die praktische Bedeutung von V(t) für t = 0 sowie von V(t) für $0 < t \le 10$ an.

V(0) = 2 gibt die Menge an Flüssigkeit im Behälter für t = 0 an. Es sind zwei Liter.

V(t) gibt das Volumen der Flüssigkeit in Liter im Behälter zu jedem Zeitpunkt t mit $0 < t \le 10$ an.

d) Ermitteln Sie das kleinste und das größte Volumen der Flüssigkeit im Intervall $0 \le t \le 10$.
Zum Beispiel durch eine grafische Darstellung von V(t) findet man das globale Minimum $V_{min}(4) \approx 1{,}9$ Liter und das globale Maximum $V_{max}(10) \approx 7{,}2$ Liter.

8 Auf einem Hühnerhof mit 5000 Hühnern breitet sich eine ansteckende Krankheit aus.
Die Anzahl der infizierten Tiere lässt sich für die ersten drei Wochen durch die Funktion $f(x) = 5x^2 \cdot e^{-x}$ mit $0 \le x \le 3$ modellieren.
Die Zeit x wird in Wochen und die Anzahl f(x) infizierter Tiere in Tausend angegeben.
Ab Ende der dritten Woche wird den Hühnern ein Medikament gegeben.
Erfahrungsgemäß ist die Abnahme der Infektion linear.
Am Ende der vierten Woche gilt die Krankheit als besiegt.

a) Ermitteln Sie, wann die meisten Hühner infiziert sind. Bestimmen Sie deren Anzahl.

$f'(x) = 10x \cdot e^{-x} - 5x^2 \cdot e^{-x} = (10x - 5x^2) \cdot e^{-x}$ mit $0 \le x \le 3$
$f'(x) = (10x - 5x^2) \cdot e^{-x} = 0$ gilt genau dann, wenn $(10x - 5x^2) = 5x \cdot (2 - x) = 0$ ($e^{-x} \ne 0$).
Diese Gleichung ist erfüllt für x = 0 und x = 2.
$f''(x) = (10 - 10x) \cdot e^{-x} - (10x - 5x^2) \cdot e^{-x}$
$f''(0) = 10 > 0$ Es ist das globale Minimum im Intervall.
$f''(2) = (10 - 20) \cdot e^{-2} - (20 - 20) \cdot e^{-2} = -10e^{-2} < 0$ Es ist das globale Maximum im Intervall.
$1000 \cdot f(2) = 1000 \cdot 5 \cdot 2^2 \cdot e^{-2} = 20\,000 \cdot e^{-2} \approx 2707$ (Ränder: $1000 \cdot f(0) = 0$ und $1000 \cdot f(3) \approx 2240$)
Am Ende der zweiten Woche waren rund 2707 Hühner infiziert. Es war das Maximum an Infizierten.

b) Berechnen Sie, wie viele Tage nach dem Beginn des Medikamenteneinsatzes nur noch 500 Hühner infiziert sind.

$f(3) = h(3) = 5 \cdot 3^2 \cdot e^{-3} \approx 2{,}24$ Am Ende der dritten Woche waren rund 2240 Hühner infiziert.
$h(x) = -\frac{45}{e^3}(x - 4)$ beschriebt die lineare Abnahme zwischen den Punkten $A(3 \mid 45 \cdot e^{-3})$ und $B(4 \mid 0)$.
$\frac{500}{1000} = -2{,}24(x - 4)$
$\frac{500}{1000} = -2{,}24x + 8{,}96$
$-8{,}46 = -2{,}24x$ $3{,}78 \approx x$ $3{,}78 - 3 = 0{,}78$ $0{,}78 \cdot 7 \approx 5{,}5$

Nach rund 6-tägigen Medikamenteneinsatz gibt es nach diesem Modell noch 500 infizierte Hühner.

Basisaufgaben

1 Die Funktion $f(t) = 60 \cdot e^{-0{,}02t}$ beschreibt den Zerfallsprozess einer Substanz, wobei t die Zeit in Tagen und f(t) die Menge der Substanz in Milligramm angibt. Der Zeitpunkt t = 0 stellt den Beobachtungsbeginn dar. Vervollständiger Sie die Tabelle.

Sachverhalt	Mathematisches Modell	Ergebnis
Menge der Substanz 20 Tage nach Beobachtungsbeginn.	$f(20) = 60 \cdot e^{-0{,}02 \cdot 20}$	$f(20) \approx 40{,}2$ mg
Menge der Substanz 24 Stunden nach Beobachtungsbeginn.	**$f(1) = 60 \cdot e^{-0{,}02 \cdot 1}$**	**$f(1) \approx 58{,}8$ mg**
Anzahl der Tage (von t = 0 an), bis noch 48 mg übrig sind.	$48 = 60 \cdot e^{-0{,}02t}$	**$t \approx 11{,}2$ Tage**
Halbwertszeit dieses Zerfallsprozesses	**$60 \cdot e^{-0{,}02 \cdot 34{,}66} \approx 30$**	$t \approx 34{,}66$ Tage
Menge der Substanz sechs Stunden vor Beobachtungsbeginn.	**$f(-0{,}25) = 60 \cdot e^{-0{,}02 \cdot (-0{,}25)}$**	**$f(-0{,}25) \approx 60{,}3$ mg**
Zeitpunkt, an dem die Zerfallsgeschwindigkeit $-1 \frac{mg}{Tag}$ beträgt.	**$-1 = -1{,}2 \cdot e^{-0{,}02t}$**	**$t \approx 9{,}12$ Tage nach Beobachtungsbeginn**

2 Die Abbildung zeigt den stark vereinfachten Graphen der Änderungsrate des Wasservolumens in einem zum Zeitpunkt t = 0 min leeren Gefäß.
Kreuzen Sie wahre Aussagen an.

- Zum Zeitpunkt t = 1,5 min beträgt die Zuflussgeschwindigkeit 1 Liter/min. ☒
- Nach 3 min sind 2 Liter im Gefäß. ☐
- Nach 4 min sind 4 Liter im Gefäß. ☒
- Im Zeitraum [4s; 7s] fließen 1,5 Liter Wasser aus dem Gefäß ab. ☒
- Nach 7 min. ist das Gefäß wieder leer. ☐
- Am schnellsten fließt das Wasser zwischen der dritten und vierten Minute ab. ☐
- Zwischen der sechsten und siebten Minute verringert sich der Abfluss und kommt dann ganz zum Erliegen. ☒
- Nach 7 min sind 2,5 Liter Wasser im Gefäß. ☒
- Zur sechsten Minute ist die Abflussgeschwindigkeit am größten. ☒

Änderungsrate f'(t)
$\Rightarrow$ Bestand in $[t_1; t_2] = \int_{t_1}^{t_2} f'(t)dt$

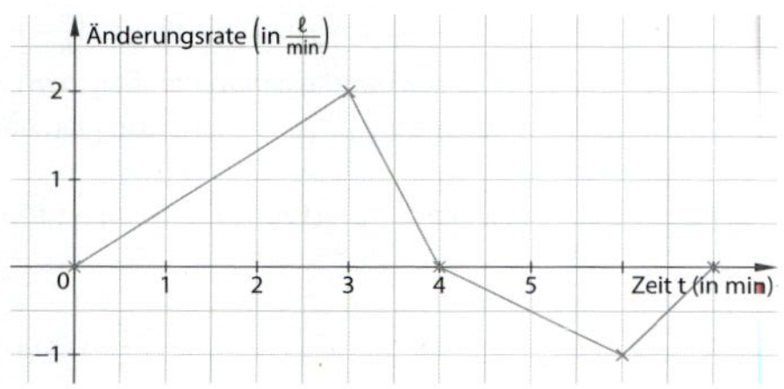

3 Eine Pflanze ist zum Beobachtungsbeginn 6 cm hoch. In den nächsten zehn Tagen vergrößert sich das Wachstum mit einer Wachstumsgeschwindigkeit v mit $v(t) = e^{0{,}2t}$. Gesucht ist die Höhe der Pflanze nach zehn Tagen. Streichen Sie falsche Ansätze durch und berechnen Sie die gesuchte Höhe.

~~$e^{0{,}2 \cdot 10} + 6$~~	$6 + \int_0^{10} e^{0{,}2t}dt$	~~$\int_0^{10} e^{0{,}2t}dt$~~	$\int_0^{10} (\sqrt[5]{e})^t dt + 6$

Höhe: h = **$(5e^2 + 1)$cm $\approx 37{,}9$ cm**

Weiterführende Aufgaben

4 Die Geschwindigkeit eines Fahrzeugs in m/s auf gerader Strecke wird für $0 \le t \le 10$ (t in s) durch die in der Abbildung grafisch dargestellte Funktion $v(t) = 2 \cdot e^{0{,}1t}$ mathematisch modelliert.

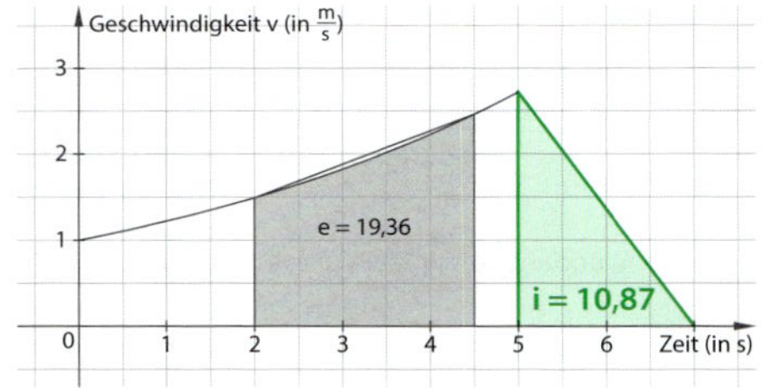

a) Der im Intervall [4s, 9s] zurückgelegte Weg kann durch den Flächeninhalt der blauen Trapezfläche näherungsweise bestimmt werden. Ermitteln Sie diesen Näherungswert.
$A_{Trapez} \approx \frac{3+5}{2} \frac{m}{s} \cdot 5\,s = 20\,m$

b) Berechnen Sie den genauen Wert dieses Weges durch eine geeignete Integration von v(t).
$\int_4^9 2 \cdot e^{0{,}1t}dt = [20 \cdot e^{0{,}1t}]_4^9 = 20 \cdot (e^{0{,}9} - e^{0{,}4}) \approx 19{,}4\,m$

c) Von t = 10 s ab bremst das Fahrzeug mit konstanter (negativer) Beschleunigung und kommt bei t = 14 s zum Stillstand. Veranschaulichen Sie diesen Bremsvorgang im v-t-Diagramm. Berechnen Sie die Größe der Bremsbeschleunigung sowie die Länge des Bremsweges.

Bremsbeschleunigung: **$a(t) = \frac{0 - v(10)}{14 - 10} = -\frac{1}{2} \cdot e \approx -1{,}36 \frac{m}{s^2}$**

Bremsweg: **$s = \int_{10}^{14} \left(-\frac{1}{2}e \cdot x + 7e\right)dx = \left[-\frac{1}{4}e \cdot x^2 + 7e \cdot x\right]_{10}^{14} = 4e \approx 10{,}9\,m$**

5 Die produzierte Gesamtmenge einer neuen Ware lässt sich nach dem Anlaufen der Produktion für die ersten 15 Tage durch die Funktion $p(t) = \frac{t}{2} \cdot e^{-(0{,}2t-3)^2}$ (t in Tagen; p in 1000 Stück) mathematisch näherungsweise beschreiben.

a) Vervollständigen Sie die Tabelle. Stellen Sie mithilfe der Tabelle den Warenbestand für die ersten 15 Tage grafisch dar.

Tag	2	4	6	8	10	12	15
Menge	**1**	**16**	**117**	**563**	**1839**	**4186**	**7500**

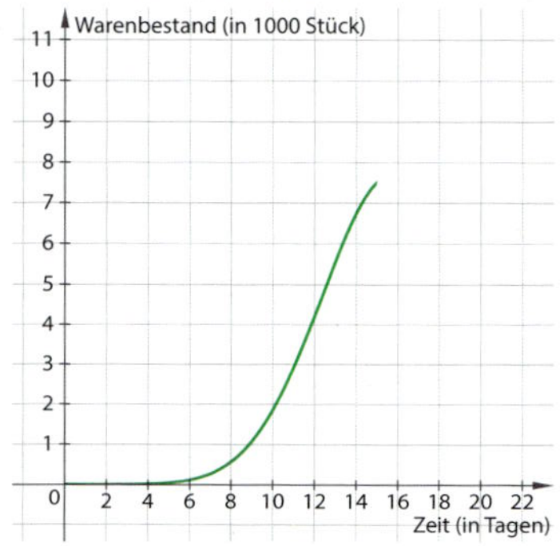

b) Schätzen Sie anhand der Grafik, zu welchem Zeitpunkt der Zuwachs der Produktionsmenge am größten war.
Der Zuwachs ist am Wendepunkt am größten; dieser liegt bei t = 12,3 Tagen.

6 In ein zu Beginn mit 40 Liter gefülltes Becken fließt in den ersten zehn Minuten Wasser gemäß der Funktion $w(t) = 8 \cdot t$ Wasser zu (w(t) in Litern pro Minute, t in Minuten).
Nach zehn Minuten wird der Zufluss beendet. Danach fließen vier Liter Wasser pro Minute ab.

a) Geben Sie eine Funktion an, die die Wassermenge im Becken beschreibt.
$f(t) = \begin{cases} 40 + \int_0^{10} 8 \cdot t\,dt, & 0 \le t \le 10 \\ 440 - 4 \cdot (t - 10), & t > 10 \end{cases}$

b) Ermitteln Sie, wann das Becken leer ist.
$440 - 4 \cdot (t - 10) = 0 \Rightarrow t = 120$ min

1 Kreuzen Sie Zutreffendes an. Rechnen Sie, wenn nötig, auf einem zusätzlichen Blatt.

a) $f(x) = e^{-4x+5} - 3$	☐ $f'(x) = 5e^{-4x+5}$	☒ $f'(x) = -4e^{-4x+5}$	☒ $f''(x) = 16e^{-4x+5}$
b) $f(x) = (2x-1)^3$	☐ $f''(x) = 12(2x-1)$	☐ $f'(x) = 3(2x-1)^2$	☒ $f'(x) = 6(2x-1)^2$
c) $f(x) = \sqrt{3x}$	☒ $f'(x) = \frac{3}{2\sqrt{3x}}$	☐ $f'(x) = \frac{3}{\sqrt{3x}}$	☐ $f''(x) = \frac{1}{2\sqrt{3x}}$
d) $f(x) = x^5 + \sqrt{x}$	☒ $f'(x) = 5x^4 + \frac{1}{2\sqrt{x}}$	☒ $f''(x) = 20x^3 - \frac{1}{4\sqrt{x^3}}$	☐ $f'(x) = \frac{5x^4}{2\sqrt{x}}$
e) $f(x) = (-x^2-2)^2$	☒ $f''(x) = 12x^2 + 8$	☒ $f'(x) = 4x^3 + 8x$	☒ $f'(x) = -4x \cdot (-x^2 - 2)$
f) $f(x) = \sqrt{(x^2+3)}$	☐ $f'(x) = \frac{x^2}{2\sqrt{x^2+3}}$	☒ $f'(x) = \frac{x}{\sqrt{x^2+3}}$	☐ $f''(x) = 2x \cdot \sqrt{x^2+3}$
g) $f(x) = e^x + e^{-x^3}$	☐ $f''(x) = e^x - e^{-x^3}$	☐ $f'(x) = e^x - 3e^{-x^3}$	☒ $f'(x) = e^x - 3x^2e^{-x^3}$
h) $f(x) = 3e^{x^3-x}$	☐ $f'(x) = 9x^2 \cdot e^{x^3-x}$	☐ $f'(x) = 3x \cdot e^{x^3-x}$	☒ $f'(x) = (9x^2-3) \cdot e^{x^3-x}$
i) $f(x) = \frac{1}{4x^2-5x}$	☒ $f'(x) = -\frac{8x-5}{(4x^2-5x)^2}$	☐ $f'(x) = \frac{8x-5}{4x^2-5x}$	☒ $f'(x) = (5-8x)(4x^2-5x)^{-2}$

2 Vervollständigen Sie die Gleichungen.

a) $\ln(a \cdot c) = \ln(a)$ **+** $\ln(c)$ **b)** $e^{\ln(a)} + \ln($ **1** $) = a$ **c)** $\ln(a^r) - \ln($ **e** $) =$ **r ·** $\ln(a) - 1$ **d)** $\ln\left(\frac{a}{c}\right) = \ln(a)$ **− ln(c)**

3 Kreuzen Sie alle wahren Aussagen über Exponentialfunktionen der Form $f(x) = c \cdot e^{a \cdot x + b}$, $c > 0$ an.

☒ f ist streng monoton fallend für $a < 0$.	☐ $(0\|c)$ liegt auf dem Graphen von f.
☐ f hat die Nullstelle $-\frac{b}{a}$.	☒ $\left(-\frac{b}{a}\middle\|c\right)$ liegt auf dem Graphen von f.
☒ f hat den Wertebereich $W = \mathbb{R}^{>0}$.	☐ $(0\|b)$ liegt auf dem Graphen von f.

4 Kreuzen Sie alle richtig angegebenen Werte an. Zusatzaufgabe: Korrigieren Sie falsche Werte.

a) $f(x) = 2^x$	☐ $f(1) = 4$ **2**	☒ $f(10) = 1024$	☐ $f(0{,}1) \approx 2{,}07$ **1,07**
b) $f(x) = e^x$	☐ $f(1) \approx 2$ **2,72**	☒ $f(10) \approx 22026$	☐ $f(0{,}1) \approx 2{,}1$ **1,1**
c) $f(x) = e^{3x+5}$	☒ $f(1) \approx 2981$	☐ $f(2) \approx 598$ **59874**	☒ $f(0{,}1) \approx 200$
d) $f(x) = 5 \cdot e^{7x-2}$	☒ $f(1) \approx 742$	☒ $f(0) \approx 0{,}68$	☐ $f(0{,}1) \approx 3{,}4$ **1,36**

5 Stellen Sie nach x um.

a) $6 \cdot e^x = 3$ $e^x = \frac{1}{2}$ $x = -\ln(2)$

b) $5 \cdot e^{7x-2} = 30$ $e^{7x-2} = 6$ $7x - 2 = \ln(6)$ also gilt $x = \frac{1}{7} \cdot (\ln(6) + 2)$

c) $x^2 \cdot e^{2x} + 36 \cdot e^{2x} = 12x \cdot e^{2x}$ $(x^2 - 12x + 36) \cdot e^{2x} = 0$ $(x-6)^2 \cdot e^{2x} = 0$ also gilt $x = 6$

d) $e^{8x} - 4 \cdot e^{4x} + 3 = 0$ $(e^{4x} - 1) \cdot (e^{4x} - 3) = 0$ $x = 0$ oder $x = \frac{1}{4} \cdot \ln(3)$

6 Kreuzen Sie alle wahren Aussagen an.

☒ Die Wachstumsgeschwindigkeit eines exponentiellen Wachstums ist proportional zum Bestand.
☐ Die Wachstumsgeschwindigkeit eines exponentiellen Wachstums ist selbst nicht exponentiell.
☒ Für $f(x) = a \cdot e^{k \cdot t}$ gilt: $f'(x) = k \cdot f(t)$.
☒ Für $f(x) = a \cdot e^{k \cdot t}$ gilt: $f'(x) = a \cdot k \cdot e^{k \cdot t}$.

7 Gesucht ist der Extrempunkt des Graphen der Funktion f mit $f(x) = e^x - e \cdot x$.

$f'(x) = e^x - e$ $f''(x) = e^x$

Nullstelle(n) von f': $f'(x) = 0$ **$e^x - e = 0$ gilt für $x = 1$**

Hinreichende Bedingung: $f'($ 1 $) = 0$ und $f''($ 1 $) =$ **$e^1 = e > 0$** , also hat f an der Stelle **1 ein lokales Minimum. $f(1) = 0$ Der Graph von f hat den Tiefpunkt $T(1|0)$.**

8 Das Bevölkerungswachstum eines Landes verläuft über einen gewissen Zeitraum exponentiell: $f(t) = 12{,}7 \cdot e^{0{,}0149 \cdot t}$. Dabei gibt t die Zeit in Jahren und f(t) die Bevölkerungszahl in Millionen an.

a) Berechnen Sie, um wie viel Prozent die Bevölkerung pro Jahr zunimmt.

$e^{0{,}0149} \approx 1{,}015$ Die Bevölkerungszahl wächst jährlich um ca. 1,5 %.

b) Berechnen Sie, nach wie vielen Jahren die Bevölkerungszahl auf ca. 15 Millionen angestiegen ist.

$12{,}7 \cdot e^{0{,}0149 \cdot t} = 15$ $t = \frac{1}{0{,}0149} \cdot \ln\left(\frac{15}{12{,}7}\right) \approx 11{,}17$ Nach gut 11 Jahren werden 15 Millionen erreicht.

c) Berechnen Sie die Wachstumsgeschwindigkeit der Bevölkerung nach 10 Jahren.

$f'(t) = 0{,}18923 \cdot e^{0{,}0149 \cdot t}$, $f'(10) \approx 0{,}2196$ Nach 10 Jahren wächst sie um ca. 220 000 pro Jahr.

d) Tatsächlich ist die Bevölkerung nach 10 Jahren auf 18,3 Millionen angewachsen. Geben Sie die Wachstumsfunktion für den Fall an, das dieses Wachstum exponentiell verlaufen ist.

$12{,}7 \cdot e^{10k} = 18{,}3$ $k = \frac{1}{10} \cdot \ln\left(\frac{18{,}3}{12{,}7}\right) \approx 0{,}03653$, also $f(t) = 12{,}7 \cdot e^{0{,}03653 \cdot t}$

9 Bestimmen Sie die Extrem- und Wendestellen der Funktion f mit $f(x) = 2 \cdot (x-1)^2 \cdot e^{-0{,}5 \cdot x}$.
Sie können die Ableitungen ohne Nachweis verwenden (oder selbst bestimmen und vergleichen).
$f'(x) = (x-1) \cdot (5-x) \cdot e^{-0{,}5 \cdot x}$; $f''(x) = \frac{1}{2} \cdot (x^2 - 10x + 17) \cdot e^{-0{,}5 \cdot x}$; $f'''(x) = -\frac{1}{4} \cdot (x^2 - 14x + 37) \cdot e^{-0{,}5 \cdot x}$

Extremstellen: $f'($ 1 $) = 0$ und $f''($ 1 $) =$ **$4 \cdot e^{-0{,}5} > 0$ Also hat f an der Stelle 1 ein lokales Minimum.**

$f'($ **5** $) =$ **0 und $f''(5) = -4 \cdot e^{-2{,}5} < 0$ Also hat f an der Stelle 5 ein lokales Minimum.**

Notwendige Bedingung für eine Wendestelle: **$f''(x) = 0$**

p-q-Formel: $x_{1,2} = 5 \pm \sqrt{8}$ $f'''(x_1) \approx -0{,}95 \neq 0$ und $f'''(x_2) \approx 0{,}06 \neq 0$,

also hat f bei $x_1 = 5 - \sqrt{8} \approx 2{,}17$ und bei $x_2 = 5 + \sqrt{8} \approx 7{,}83$ Wendestellen.

10 In toten Organismen wird der Anteil am radioaktiven Kohlenstoffisotop ^{14}C, der in lebenden Organismen nahezu konstant ist, mit einer Halbwertzeit von 5730 Jahren abgebaut.
Der Rest an ^{14}C wird durch die Funktion f mit $f(t) = 100 \cdot e^{-k \cdot t}$ beschrieben (t in Jahren und f(t) in Prozent).

a) Zeigen Sie, dass der Wert der Wachstumskonstante $k \approx 0{,}000121$ ist.
$f(5730) = 50$, also ist **$100 \cdot e^{k \cdot 5730} = 50$ also gilt $k = \frac{1}{5730} \cdot \ln\left(\frac{1}{2}\right) \approx 0{,}000121$.**

b) Im Schwarzlaichmoor bei Peiting in Oberbayern wurde ein Sarg mit der gut erhaltenen Moorleiche einer etwa 25-jährigen Frau gefunden. Bei der Untersuchung des Sarges ergab sich, dass noch ca. 90 % der ^{14}C-Atome vorhanden waren. Bestimmen Sie einen Näherungswert für das Alter.

$f(t) = 90$ $100 \cdot e^{-0{,}000121 \cdot t} = 90$ $t = \frac{\ln(0{,}9)}{-0{,}000121} \approx 870$ Die Moorleiche ist etwa 900 Jahre alt.

c) In der Höhle von Lascaux in Frankreich wurden Höhlenmalereien gefunden. Ein Kunsthistoriker stellt auf Grund stilistischer Vergleiche die These auf, dass die Höhlenmalereien ca. 10 000 Jahre alt sind.
Berechnen Sie, wie viel Prozent der ursprünglichen ^{14}C-Atome nach dieser These in einer Materialprobe noch vorhanden sein müssten.

$f(10\,000) = 100 \cdot e^{-0{,}000121 \cdot 10\,000} \approx 29{,}8$ Es müssten noch ca. 30 % vorhanden sein.

d) Bei einer Gewebeprobe aus dem Turiner Grabtuch wurde ein Gehalt von 92 % der ursprünglichen ^{14}C-Atome festgestellt. Wie alt ist diese Gewebeprobe?

$f(t) = 92$ $100 \cdot e^{-0{,}000121 \cdot t} = 92$ $t = \frac{\ln(0{,}92)}{-0{,}000121} \approx 689$ Das Tuch ist etwa 700 Jahre alt.

Inhaltsverzeichnis

*) Mit einem Stern sind speziell für das Leistungsfach geeignete Inhalte gekennzeichnet.

1 Vervollständigen Sie die Definition:
Eine **Folge** (a_n) ist eine Funktion, die jeder ________ Zahl n eine ________ Zahl a_n zuordnet.

2 Die Anfangsglieder a_1 bis a_6 jeder Zahlenfolge sind nach einem bestimmten Muster gebildet. Versuchen Sie, diese Muster zu erkennen und nach diesem Muster a_7 zu bilden. Beschreiben Sie kurz jedes Muster.

	a_1	a_2	a_3	a_4	a_5	a_6	a_7	Beschreibung
a)	3	4	6	9	13	18		
b)	3	5	10	12	24	26		
c)	3	5	7	11	13	17		
d)	3	5	7	9	11	13		

3 Ergänzen Sie den Text zu den Bildungsvorschriften für Zahlenfolgen. (Beispiel: Folge der ungeraden Zahlen)

Explizite Darstellung:
$a_n = 2n - 1$
Gegeben ist das n-te Folgenglied a_n durch

____

a_n lässt sich ________ berechnen.

Rekursive Darstellung:
$a_{n+1} = a_n + 2$ mit $a_1 = 1$
Gegeben sind das erste Folgenglied ____ und eine Gleichung, mit der zu jedem Folgenglied ____ das nächste Folgenglied ____ berechnet werden kann.

4 Ordnen Sie durch Pfeile zu, welche expliziten und rekursiven Darstellungen ein und dieselbe Zahlenfolge beschreiben.

$a_n = 2n$	$a_n = n^2$	$a_n = 2^n$
$a_{n+1} = a_n + 2n - 1$ mit $a_1 = 1$	$a_{n+1} = 2 \cdot a_n$ mit $a_1 = 2$	$a_{n+1} = a_n + 2$ mit $a_0 = 0$

5 Ergänzen Sie die Definitionen für Monotonie und Beschränktheit von Zahlenfolgen.

a) Eine Folge (a_n) heißt **monoton steigend**, wenn für alle $n \in \mathbb{N}$ gilt: ________

b) Eine Folge (a_n) heißt ________, wenn für alle $n \in \mathbb{N}$ gilt: $a_{n+1} \le a_n$

c) Eine Folge (a_n) heißt **nach oben beschränkt**, wenn es eine **obere Schranke** $S_o \in \mathbb{R}$ gibt, sodass für alle $n \in \mathbb{N}$ gilt: ________ Eine Folge (a_n) heißt ________, wenn es eine ________ gibt, sodass für alle $n \in \mathbb{N}$ gilt: $a_n \ge S_u$.

6 Geben Sie zutreffende Eigenschaften an. S_u: größte untere Schranke, S_o: kleinste obere Schranke.

Graph	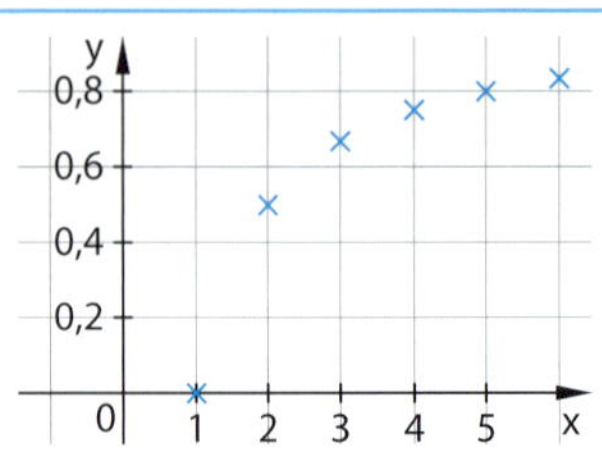	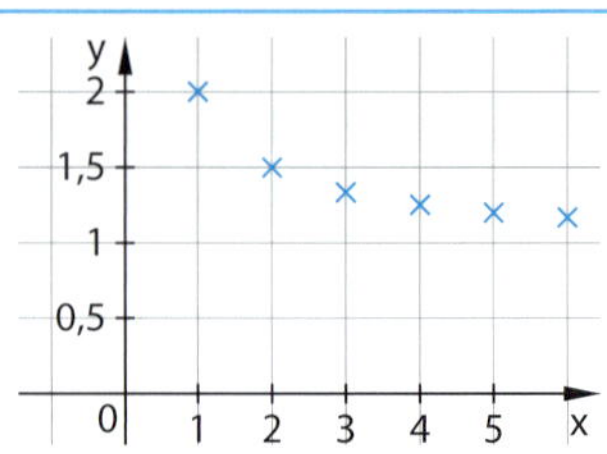	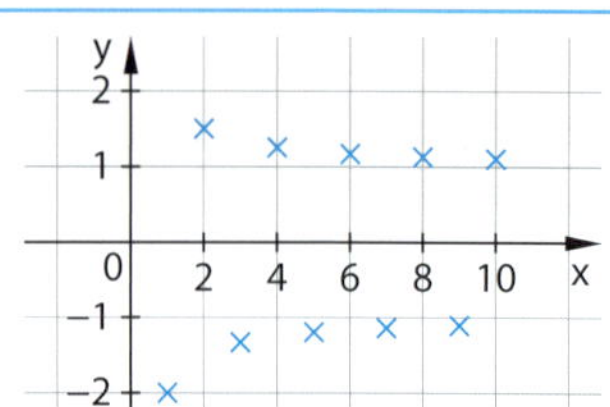
Gleichung	$a_n = 1 - \frac{1}{n}$	$a_n = 1 + \frac{1}{n}$	$a_n = (-1)^n \cdot \left(1 + \frac{1}{n}\right)$
Monotonie			
Schranken	$S_u =$ ____ , $S_o =$ ____	$S_u =$ ____ , $S_o =$ ____	$S_u =$ ____ , $S_o =$ ____

7 Berechnen Sie für die Zahlenfolge (a_n) mit $n \in \mathbb{N}; n \geq 1$ die ersten vier Glieder.

a) $a_n = 2n - 1$ $a_1 =$ ____ $a_2 =$ ____ $a_3 =$ ____ $a_4 =$ ____

b) $a_n = 0{,}2^n$ $a_1 =$ ____ $a_2 =$ ____ $a_3 =$ ____ $a_4 =$ ____

c) $a_n = (-1)^{n+1}$ $a_1 =$ ____ $a_2 =$ ____ $a_3 =$ ____ $a_4 =$ ____

d) $a_n = \cos(2\pi \cdot n)$ $a_1 =$ ____ $a_2 =$ ____ $a_3 =$ ____ $a_4 =$ ____

e) $a_n = 2 + \left(-\frac{1}{2}\right)^n$ $a_1 =$ ____ $a_2 =$ ____ $a_3 =$ ____ $a_4 =$ ____

f) $a_n = (-1)^n \cdot \left(1 - \frac{1}{n}\right)$ $a_1 =$ ____ $a_2 =$ ____ $a_3 =$ ____ $a_4 =$ ____

8 Ermitteln Sie die die nächsten vier Glieder der mit rekursiver Bildungsvorschrift gegebenen Zahlenfolgen.

a) $a_{n+1} = 2 \cdot a_n - 1$ mit $a_1 = 5$: $a_2 =$ ____ $a_3 =$ ____ $a_4 =$ ____ $a_5 =$ ____

b) $a_{n+1} = \frac{a_n}{2} + 1$ mit $a_1 = 0$: $a_2 =$ ____ $a_3 =$ ____ $a_4 =$ ____ $a_5 =$ ____

c) $a_{n+2} = a_{n+1} + a_n$ mit $a_2 = -1; a_1 = 1$: $a_3 =$ ____ $a_4 =$ ____ $a_5 =$ ____ $a_6 =$ ____

d) $a_{n+1} = \frac{1}{2} \cdot \left(a_n + \frac{1}{a_n}\right)$ mit $a_1 = 1$: $a_2 =$ ____ $a_3 =$ ____ $a_4 =$ ____ $a_5 =$ ____

9 Tragen Sie die Nummern der Zahlenfolgen der Aufgaben 7a-7f bzw. 8a-8d ein, auf welche die Eigenschaft zutrifft.

Die Zahlenfolge ist alternierend.	
Es handelt sich um eine konstante Zahlenfolge.	
Die Zahlenfolge ist monoton steigend.	
Die Zahlenfolge ist monoton fallend.	
Die Zahlenfolge ist beschränkt.	

10 Geben Sie eine explizite und, wenn möglich, auch eine rekursive Bildungsvorschrift für die Zahlenfolge an, für die die ersten fünf Glieder gegeben sind.

Anfang der Zahlenfolge	explizit mit $n \in \mathbb{N}; n \geq 1$	rekursiv
$\{2; 4; 6; 8; 10\}$		
$\left\{\frac{2}{3}; \frac{4}{9}; \frac{8}{27}; \frac{16}{81}; \frac{32}{243}\right\}$		
$\left\{2; 1; \frac{1}{2}; \frac{1}{4}; \frac{1}{8}\right\}$		

11 Ein Fahrrad hat nach acht Jahren noch ungefähr 25 % des Neuwertes. Kreuzen Sie an, wie groß der durchschnittliche prozentuale Wertverlust pro Jahr ist. (Annahme: Der prozentuale Wertverlust ist von Jahr zu Jahr konstant.)

☐ 12,5 % ☐ 84 % ☐ 20 % ☐ 16 %

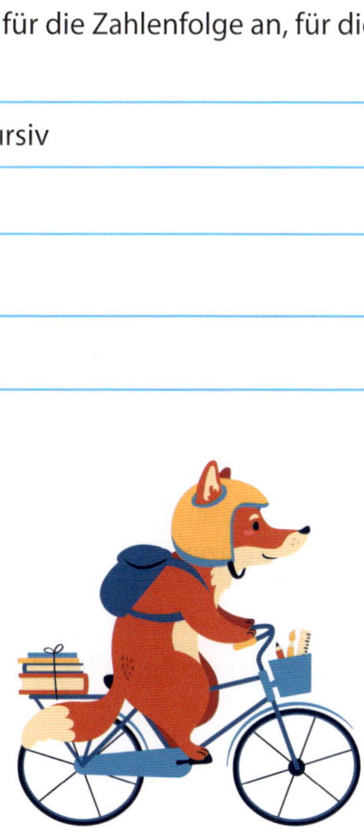

12 Geben Sie die nächsten sechs Zahlenfolgenglieder der Zahlenfolge an, für die $a_1 = a_2 = 1$ und $a_{n+2} = a_{n+1} + a_n$ gilt. Diese berühmte Zahlenfolge ist nach dem Mathematiker **Leonardo Fibonacci** (ca. 1170-1240 in Pisa) bezeichnet.

____

13 Begründen Sie: $\sin(1000°)$, $\sin(10\,000°)$, $\sin(100\,000°)$, … ist eine konstante Folge.

____

____

1 Grenzwert: Ergänzen Sie die Definition.

Eine Folge (a_n) heißt konvergent mit dem Grenzwert g, ______________________________

eine natürliche Zahl n > 0 existiert, so dass von diesem n an immer $|a_n - g|$ ___ gilt.

2 Kreuzen Sie an, welche Beschreibung für den Grenzwertbegriff zutreffend ist.

☐ Die Zahl g ist Grenzwert einer Zahlenfolge (a_n), wenn ab einem beliebigen Folgenglied a_n für alle nachfolgenden Folgenglieder der Abstand zum Grenzwert g kleiner als eine noch so kleine Zahl $\varepsilon > 0$ ist.

☐ Die Zahl g ist Grenzwert einer Zahlenfolge (a_n), wenn fast alle a_n in jeder noch so kleinen ε–Umgebung von g liegen, d. h. wenn nur endlich viele Folgenglieder außerhalb jeder ε–Umgebung liegen.

☐ Die Zahl g ist Grenzwert einer Zahlenfolge (a_n), wenn unendlich viele Folgenglieder a_n in jeder noch so kleinen ε–Umgebung von g liegen.

3 Ordnen Sie die grafischen Darstellungen den Zahlenfolgen (a_n) bzw. (b_n) mit $a_n = 2 + \frac{1}{n}$, $b_n = (-1)^n \cdot \left(1 - \frac{1}{n}\right)$ zu.
Begründen Sie, weshalb (a_n) einen Grenzwert besitzt, (b_n) hingegen nicht konvergent ist.

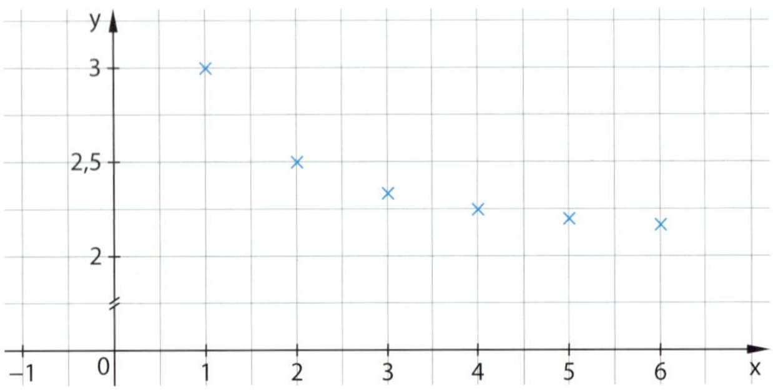

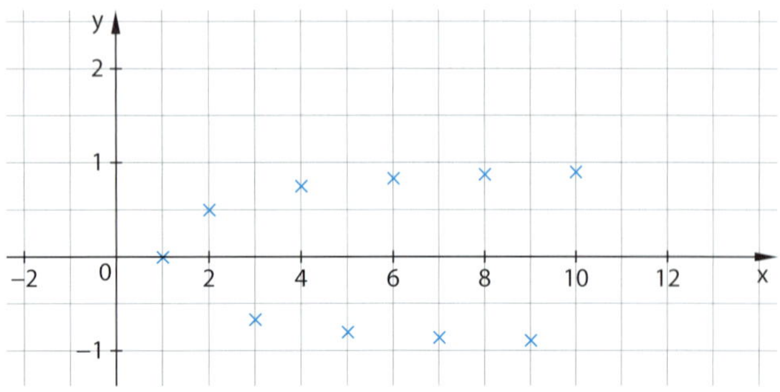

Zuordnung Zahlenfolge: ______ Zahlenfolge: ______

Begründung: ______________________________

____

____

____

____

4 Kreuzen Sie die richtige Antwort an.

a) Gegeben sind die Zahlenfolge $(a_n) = \left(\frac{1}{n}\right)$ und die reelle Zahl $\varepsilon = 10^{-3}$. Die Zahlenfolgenglieder liegen in der ε–Umgebung des Grenzwertes g von (a_n) ab

☐ n = 100 ☐ n = 1000 ☐ n = 1010 ☐ n = 1001

b) Gegeben sind die konstante Zahlenfolge $(b_n) = (1)$ und die reelle Zahl $\varepsilon = 10^{-4}$. Die Zahlenfolgenglieder liegen in der ε–Umgebung des Grenzwertes g von (b_n) ab

☐ n = 100 ☐ n = 10 ☐ n = 10001 ☐ n = 1

c) Gegeben sind die Zahlenfolge $(c_n) = \left(2 - \frac{1}{2^n}\right)$ und die reelle Zahl $\varepsilon = 10^{-4}$. Die Zahlenfolgenglieder liegen in der ε–Umgebung des Grenzwertes g von (c_n) ab

☐ n = 1 ☐ n = 10 ☐ n = 13 ☐ n = 14

d) Gegeben sind die Zahlenfolge $(d_n) = \left(\frac{2n+1}{n-1}\right)$ und die reelle Zahl $\varepsilon = 10^{-2}$. Die Zahlenfolgenglieder liegen in der ε–Umgebung des Grenzwertes g von (b_n) ab

☐ n = 100 ☐ n = 301 ☐ n = 1000 ☐ n = 302

5 **Grenzwertsätze:** Vervollständigen Sie zu wahren Aussagen.

Gegeben seien die Folgen a_n und b_n, die jeweils die Grenzwerte g_a und g_b haben. Dann gilt:

$\lim\limits_{n\to\infty}(a_n + b_n) = \lim\limits_{n\to\infty}(a_n)$ ____ $\lim\limits_{n\to\infty}(b_n) = g_a$ ____ g_b $\qquad \lim\limits_{n\to\infty}(a_n - b_n) =$ ____________

$\lim\limits_{n\to\infty}(a_n \cdot b_n) =$ ____________ $\qquad \lim\limits_{n\to\infty}\left(\frac{a_n}{b_n}\right) =$ ____________

6 Ordnen Sie den Zahlenfolgen (a_n) den richtigen Grenzwert g zu.

$a_n = \frac{1+3n}{1-5n}$ ○	$a_n = \frac{3^{n+1}-2}{3^n}$ ○	$a_n = \frac{n^2-2n+1}{2+n+n^2}$ ○	$a_n = \frac{(1-2n)^3}{(3-n)^3}$ ○
○ $g = \log_2 8$	○ $g = 0{,}001^0$	○ $g = \binom{8}{7}$	○ $g = -0{,}6$

7 Ein Teich hat eine Gesamtoberfläche von einem Hektar. Davon sind beim Beobachtungsbeginn $10\,m^2$ von einer Algensorte bedeckt, von der man annimmt, dass sie kontinuierlich wöchentlich um 5 % zunimmt.

a) Ermitteln Sie die Größe der von Algen bedeckten Fläche nach einer Woche, zwei Wochen, drei Wochen, vier Wochen nach Beobachtungsbeginn. (Tipp: Nutzen Sie die Konstantenautomatik des Taschenrechners.)

```
DEG
10                 10
ans*1.05         10.5
ans*1.05       11.025
```

```
DEG
ans*1.05
          11.57625
ans*1.05
        12.1550625
```

b) Bestimmen Sie die Länge der Zeit, bis der Teich zur Hälfte von Algen bedeckt ist.

____

8 Ergänzen Sie die Sätze zum Konvergenzkriterium für Zahlenfolgen.

① Jede monoton fallende und nach ____________ Folge ist konvergent.

② Jede ____________ und nach oben beschränkte Folge ist konvergent.

9 Begründen Sie, dass die Folge 0,6; 0,66; 0,666; 0,6666; … konvergent ist. Geben Sie den Grenzwert an.

____

____

10 Kreuzen Sie an, ob die Aussage wahr ist.

- ☐ Jede monotone Folge ist konvergent.
- ☐ Jede konvergente Folge ist monoton und beschränkt.
- ☐ Die Folge $\left(\frac{1+(-1)^n}{n}\right)$ ist konvergent.
- ☐ Jede beschränkte Folge ist konvergent.
- ☐ Wenn (a_n) divergent ist, so ist $\left(\frac{1}{a_n}\right)$ konvergent.

11 Stellen Sie eine Vermutung über den Grenzwert der Folge $\left(1 + \frac{1}{n}\right)^{n+1}$ auf. Nutzen Sie ggf. Ihren Taschenrechner oder eine Tabellenkalkulation.

____

____

____

____

1 Die Anfangsglieder a_1 bis a_6 jeder Zahlenfolge sind nach einem bestimmten Muster gebildet. Versuchen Sie, dieses Muster zu erkennen und nach diesem Muster a_7 zu bilden. Beschreiben Sie kurz jedes Muster.

	a_1	a_2	a_3	a_4	a_5	a_6	a_7	Beschreibung
a)	1	4	9	16	25	36		
b)	1	2	1	2	1	2		
c)	0	1	1	2	3	5		
d)	1	$\frac{1}{2}$	$\frac{1}{4}$	$\frac{1}{8}$	$\frac{1}{16}$	$\frac{1}{32}$		

2 Ermitteln Sie die die nächsten vier Glieder der mit rekursiver Bildungsvorschrift gegebenen Zahlenfolgen.

a) $a_{n+1} = a_n + 2$ mit $a_1 = 5$: $a_2 =$ ______ $a_3 =$ ______ $a_4 =$ ______ $a_5 =$ ______

b) $a_{n+1} = \frac{a_n}{2} + 1$ mit $a_1 = 0$: $a_2 =$ ______ $a_3 =$ ______ $a_4 =$ ______ $a_5 =$ ______

c) $a_{n+2} = a_{n+1} - a_n$ mit $a_2 = -1$; $a_1 = 1$: $a_3 =$ ______ $a_4 =$ ______ $a_5 =$ ______ $a_6 =$ ______

d) $a_{n+1} = \sqrt{a_n}$ mit $a_1 = 64$: $a_2 =$ ______ $a_3 =$ ______ $a_4 =$ ______ $a_5 =$ ______

3 Tragen Sie die Nummern der Zahlenfolgen der Aufgaben 2a-2d ein, auf welche die Eigenschaft zutrifft.

Die Zahlenfolge ist nach unten beschränkt.	
Die Zahlenfolge ist nach oben beschränkt.	
Die Zahlenfolge ist monoton steigend.	
Die Zahlenfolge ist monoton fallend.	
Die Zahlenfolge ist konvergent.	

4 Gegeben ist die Zahlenfolge $(a_n) = \left(\frac{3n+1}{2+4n}\right)$.

a) Geben Sie die Folgenglieder als dezimale Näherungswerte auf vier Nachkommastellen gerundet an.

$a_1 \approx$ ______ $a_{10} \approx$ ______ $a_{100} \approx$ ______ $a_{1000} \approx$ ______

b) Zeigen Sie, dass sich der Term $\frac{3n+1}{2+4n}$ in der Form $\frac{3}{4} - \frac{1}{4 \cdot (2n+1)}$ schreiben lässt.

$\frac{3}{4} - \frac{1}{4 \cdot (2n+1)} =$ ______________________________

c) Erläutern Sie, wie man an der Form $\frac{3}{4} - \frac{1}{4 \cdot (2n+1)}$ erkennen kann, dass (a_n) monoton steigend ist.

____

____

d) Begründen Sie mithilfe von Grenzwertsätzen, dass die Folge konvergiert und g = ____ Grenzwert der Folge ist.

$\lim\limits_{n\to\infty} \left(\frac{3n+1}{2+4n}\right) = \lim\limits_{n\to\infty} \left(\qquad \right) = \lim\limits_{n\to\infty} \left(\qquad \right) - \lim\limits_{n\to\infty} \left(\qquad \right) =$ ____ $-$ ____ $= \frac{3}{4}$

e) Ergänzen Sie die Berechnung dafür, ab welcher Zahl n alle Folgenglieder a_n in der $\frac{1}{100}$–Umgebung des Grenzwertes g liegen.

Es muss gelten: $|a_n - g| < \varepsilon$ für fast alle natürlichen Zahlen n.

$\left| \qquad - \frac{3}{4} \right| < \frac{1}{100} \Rightarrow \left| \frac{\qquad}{4 \cdot (2n+1)} \right| < \frac{1}{100} \Rightarrow$ ______ $< \frac{1}{100}$

$\Rightarrow$ ______ $> 100 \Rightarrow$ ______

Ab ____ liegen alle Folgenglieder in der $\frac{1}{100}$–Umgebung des Grenzwertes g.

5 Geben Sie folgende Eigenschaften von (a_n) mit $a_n = \frac{3n+2}{5n}$ mit $n \varepsilon \mathbb{N}; n \geq 1$ an.
(a_n) ist streng monoton ________.

(a_n) hat die kleinste obere Schranke $S_o =$ ________.

(a_n) hat die größte untere Schranke $S_u =$ ________.

(a_n) hat den Grenzwert $g =$ ________.

Für $\varepsilon =$ ________ liegen nur 4000 Zahlenfolgenglieder außerhalb der ε–Umgebung von g.

6 Geben Sie eine explizite Bildungsvorschrift und die ersten zehn Folgenglieder einer Zahlenfolge an, die nicht den Grenzwert 2 hat, obwohl in jeder ε–Umgebung von 2 unendlich viele Glieder der Zahlenfolge liegen.
Beispiel: $(a_n) =$ ________________

n	1	2	3	4	5	6	7	8	9	10
a_n										

7 Ordnen Sie den Zahlenfolgen (a_n) den richtigen Grenzwert g zu.

$a_n = \frac{1}{1-2n}$	$a_n = \frac{2^n-1}{2^n}$	$a_n = \frac{1-2\cdot n^2}{2+n+n^2}$	$a_n = \frac{(1+2n)^2}{(1-n)^2}$
○	○	○	○
○	○	○	○
$g = 2^0$	$g = -\sqrt{4}$	$g = \binom{4}{3}$	$g = \log_{10} 1$

8 Ein Patient nimmt täglich 10 mg eines Medikamentes ein. Im Laufe des Tages baut der Körper 45% des am Morgen bereits im Körper befindlichen Wirkstoffs ab und scheidet diesen Anteil aus.

a) Kreuzen Sie an, welche der rekursiven Bildungsvorschriften die Anreicherung des Wirkstoffes im Körper mathematisch zutreffend modelliert.

☐ $a_{n+1} = 10 - 0{,}45 \cdot a_n$ und $a_1 = 10$ ☐ $a_{n+1} = 10 + 0{,}45 \cdot a_n$ und $a_1 = 0$
☐ $a_{n+1} = 10 + 0{,}55 \cdot a_n$ und $a_1 = 10$ ☐ $a_n = 10 + 0{,}55 \cdot a_{n-1}$ und $a_1 = 10$

b) Geben Sie an, wie groß die Menge des Wirkstoffes im Körper nach 1, 5, 10, 15, 20 Tagen ist.

Tag	1	5	10	15	20
Menge in mg (auf 2 Dezimalstellen gerundet)					

Zusatzaufgabe: Äußern Sie eine Vermutung über die Höhe des Medikamentenspiegels, auf die sich das Medikament längerfristig einpegelt.

9 Gegeben ist die Zahlenfolge $a_{n+1} = 300 \cdot a_n \cdot (1 - a_n)$ und $a_1 = \frac{299}{300}$.

a) Zeigen Sie, dass die Zahlenfolge konstant ist.

____

____

b) Bestimmen Sie ersten zehn Folgenglieder als Dezimalzahlen mit einem Taschenrechner. Erläutern Sie das dabei zu beobachtende Phänomen.

____

____

____

____

Basisaufgaben

1 Eine lineare Funktion f hat den Anstieg −2 und ihr Graph verläuft durch den Punkt P(0|4).

a) Zeichnen Sie den Graphen von f.

b) Kreuzen Sie alle wahren Aussagen an.

- ☐ f hat die Nullstelle $x = 2$.
- ☐ Anstiegswinkel des Graphen von f: $\alpha = 120°$.
- ☐ Der Punkt $Q\left(-\frac{2}{3}\middle|\frac{16}{3}\right)$ liegt auf dem Graphen.
- ☐ Der Graph von f schließt mit den Koordinatenachsen eine Fläche mit dem Inhalt A = 4 FE ein.
- ☐ Die Gerade $y = g(x) = \frac{1}{2}x + 1$ schneidet den Graphen von f im Punkt $R\left(\frac{6}{5}\middle|\frac{8}{5}\right)$.

c) Geben Sie eine Gleichung der Geraden h durch die Punkte $Q\left(-\frac{2}{3}\middle|\frac{16}{3}\right)$ und $R\left(\frac{6}{5}\middle|\frac{8}{5}\right)$ an.

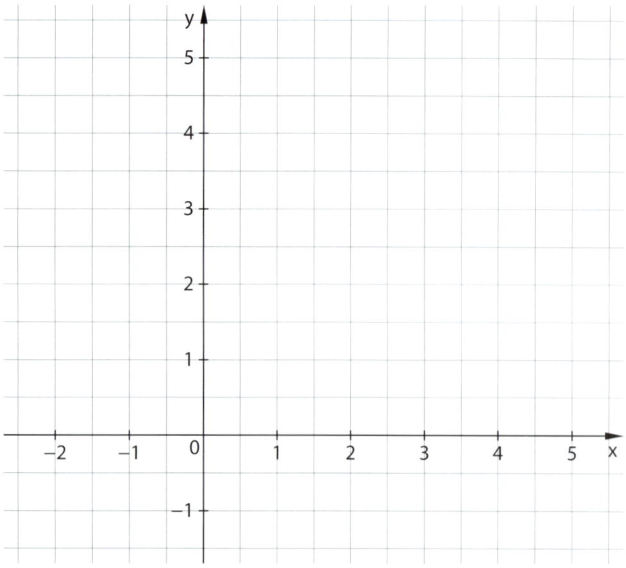

____

2 Ermitteln Sie die Koordinaten des Scheitelpunktes und die Nullstellen der Funktion $y = f(x) = x^2 - 4x + 3$.
Skizzieren Sie den Graphen von f.

Scheitelpunkt:

____

____

Nullstellen: ______________________________

____

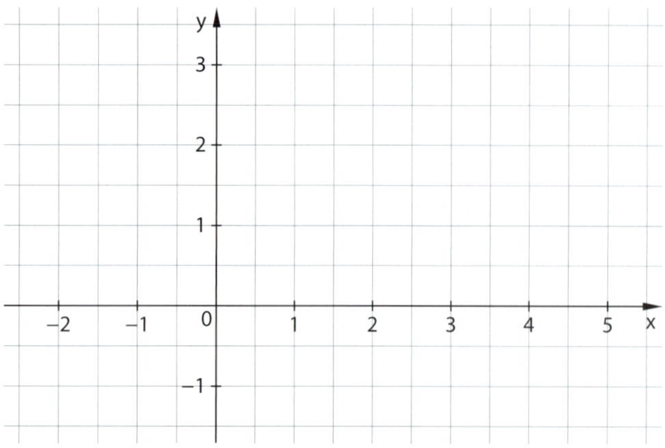

3 Ordnen Sie jeder Funktion den passenden Graphen zu.
Eine Funktion bleibt übrig, skizzieren Sie deren Graphen.

$f(x) = -x^3$ A ______ $g(x) = x^4 - 2$ B ______

$h(x) = \frac{1}{x-2} + 3$ C ______ $k(x) = \frac{1}{x-3}$ D ______

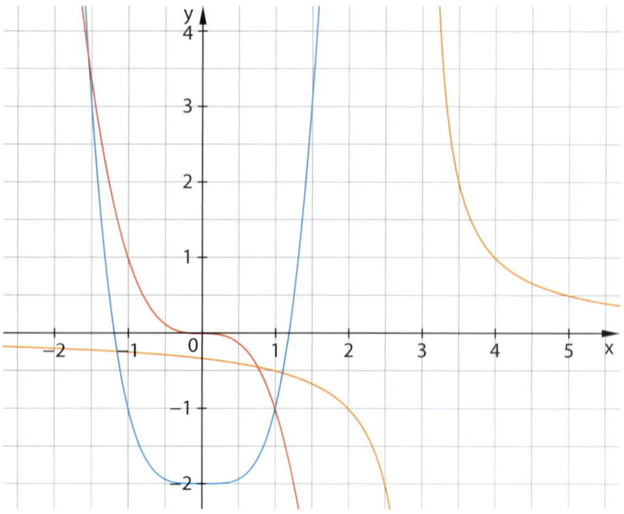

Geben Sie Definitions- und Wertebereich der Funktion an.

	f	g	h	k
D: x ∈				
W: y ∈				

4 Kreuzen Sie wahre Aussagen an.

- ☐ Jede Potenzfunktion f mit $f(x) = -x^n$ $(n \in \mathbb{N})$ ist symmetrisch zur y-Achse.
- ☐ Jede lineare Funktion f mit $f(x) = 2x + n (n \in \mathbb{R})$ hat einen konstanten Differenzenquotienten $\frac{\Delta y}{\Delta x}$.
- ☐ Jede quadratische Funktion f mit $f(x) = a \cdot x^2$ $(a \in \mathbb{R}; a \neq 0)$ hat einen größten Funktionswert.
- ☐ Jede quadratische Funktion f mit $f(x) = a \cdot x^2 - 1$ $(a \in \mathbb{R}; a > 0)$ besitzt genau zwei Nullstellen.

5 Ralf läuft um 08:00 Uhr los. Chris folgt ihm drei Minuten später.

a) Ermitteln Sie aus dem Weg-Zeit-Diagramm die Geschwindigkeiten (in km/h), mit denen jeder läuft.

Ralf: ______________________

Chris: ______________________

b) Kreuzen Sie an, wie lange Chris laufen muss, bis er Ralf eingeholt hat.

- ☐ 6 min
- ☐ er holt ihn nie ein
- ☐ 5,4 min
- ☐ $\frac{1}{12}$ h und 24 s

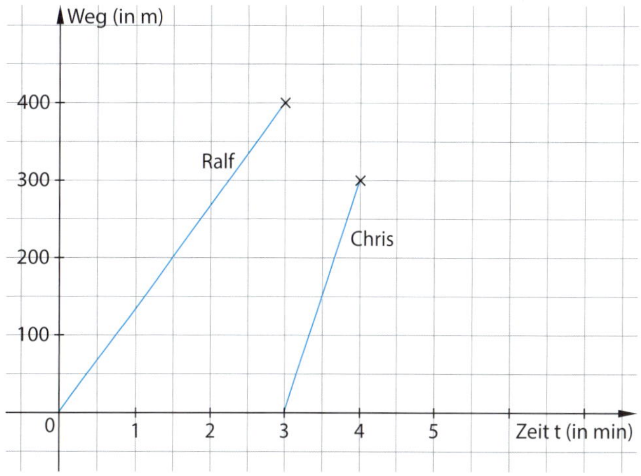

Weiterführende Aufgaben

6 Geben Sie an, welche der Aussagen über die Funktionen f und g mit $f(x) = -\frac{1}{2}x^2 + x + 4$ und $g(x) = x + n$ mit $n \in \mathbb{R}$ wahr sind. Korrigieren Sie falsche Aussagen.

Aussage	Wahr?	Korrektur
Der Graph von g ist streng monoton steigend für alle $n \in \mathbb{R}$.		
Der Graph von f ist streng monoton steigend für alle $x > 1$.		
Die Graphen von f und g haben genau zwei Schnittpunkte für $n = 4$.		
Die Graphen von f und g berühren einander für $n = 4$.		
Für $n = 2$ schneiden sich die Graphen von f und g in den Punkten $A(2\|2)$ und $B(-2\|0)$.		

7 Bestimmen Sie näherungsweise auf grafischem Wege und exakt durch eine Rechnung den Punkt auf der Geraden $y = -\frac{2}{3}x + 5$, der vom Ursprung den kleinsten Abstand hat.

$f \perp g$
$\Leftrightarrow m_f \cdot m_g = -1$

Zeichnung:

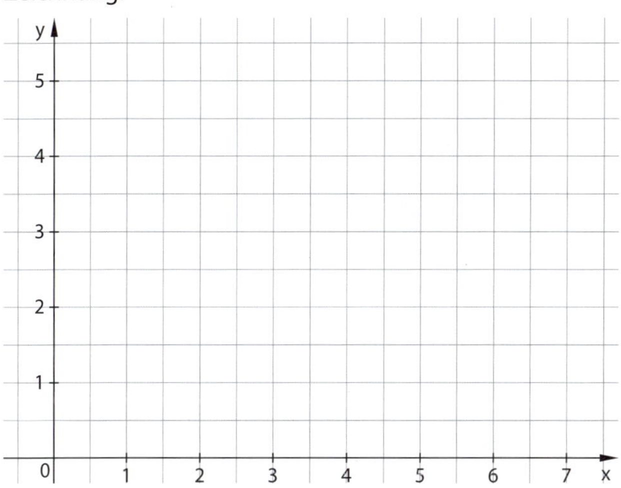

Rechnung:

____

____

____

____

Basisaufgaben

1 Grad einer ganzrationalen Funktion und Punkte auf ihrem Graphen:

Funktion	Grad	Punkte
$f_1(x) = x^3 - 2x^2 + 1$	3	E; F
$f_2(x) = 4x \cdot (x - x^2)$		
$f_3(x) = -2$		
$f_4(x) = 1{,}5 + x$		
$f_5(x) = (x + 1) \cdot (x - 1)$		

$H\left(-1 \middle| \frac{1}{2}\right)$ $A(0|-1)$ $G\left(\frac{1}{2} \middle| \frac{1}{16}\right)$

$K(1000|-2)$ $B(3|8)$ $E(\sqrt{2}|2\sqrt{2} - 3)$

$C(-2|-2)$ $F(1|0)$ $D(-0{,}5|1{,}5)$

a) Geben Sie den Grad der ganzrationalen Funktion an.
Ordnen Sie die Punkte den Graphen der ganzrationalen Funktionen zu.
Hilfe: Der höchste Exponent gibt den Grad an. P(2|29) liegt auf $f(x) = x^5 - 3$, denn $2^5 - 3 = 32 - 3 = 29$.

b) Einer der Punkte lässt sich keinem der Graphen der gegebenen Funktionen zuordnen.
Geben Sie eine Gleichung einer ganzrationalen Funktion an,
auf deren Graph dieser Punkt liegt. ______

c) Ermitteln Sie die fehlenden ganzzahligen Koordinaten der Punkte auf dem Graphen von $f_1(x) = x^3 - 2x^2 + 1$.
$P(-1|\_\_)$ $Q(10|\_\_)$ $R(\_\_|10)$ $S_1(\_\_|1)$ und $S_2(\_\_|1)$

2 Koeffizienten ganzrationaler Funktionen: Die Koeffizienten sind die Faktoren bei den Potenzen.

$x^0 = 1 \ (x \neq 0)$
$5x^0 = 5 \ (x \neq 0)$
$0x^4 = 0$

a) Markieren Sie, soweit möglich, die Koeffizienten der ganzrationalen Funktion.
Geben Sie den häufigsten Koeffizienten an.
$f(x) = x^7 + 0{,}2x^6 + x^5 \cdot 6 - 7x^4 - x - 1$ Der häufigste Koeffizient ist ______

b) Die Gleichung $f(x) = 2x^4 + 3x^3 + 2x^2 + 2x + 3$ ist ein Beispiel für eine ganzrationale Funktion vierten Grades, in der ausschließlich die Koeffizienten 2 oder 3 vorkommen. Notieren Sie drei Gleichungen von ganzrationalen Funktionen vierten Grades, in denen ausschließlich die Koeffizienten 1 oder 5 vorkommen.

______

Zusatzaufgabe: Wie viele derartige Funktionen gibt es?

c) Geben Sie den Grad und die Koeffizienten von $f(x) = (x^3 - x^2) \cdot (x + 5)$ an.

______

3 Graphen und Funktionsgleichungen: Beschriften Sie die Graphen, ohne ein digitales Hilfsmittel zu nutzen.

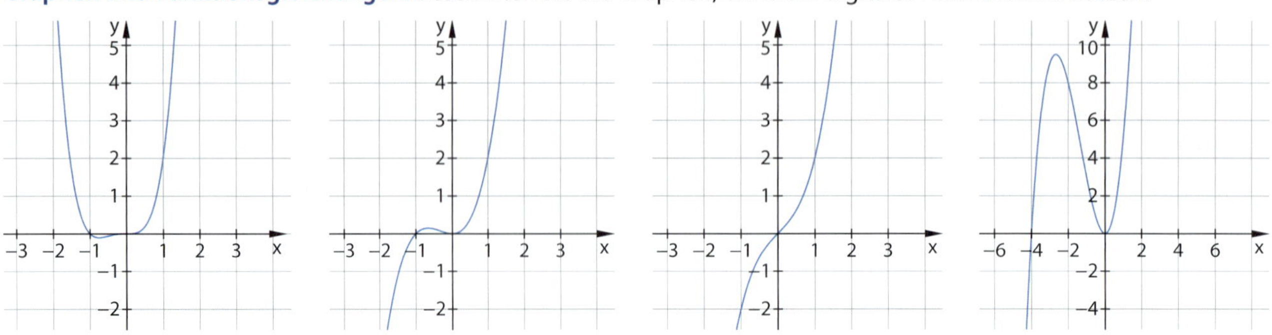

$f(x) = x^3 + x^2$ | $g(x) = x^3 + x$ | $h(x) = x^3 + x^4$ | $i(x) = x^3 + 4x^2$ | $k(x) = -x^3 + x^2$ | $l(x) = -x^4 + x^3 + 3$

Zusatzaufgabe: Zwei Funktionsgleichungen bleiben übrig. Skizzieren Sie passende Graphen.

4 Gegeben sind die Funktionen $f(x) = x^2$ und $g(x) = 2 - x$, beide sind für $x \in \mathbb{R}$ definiert.

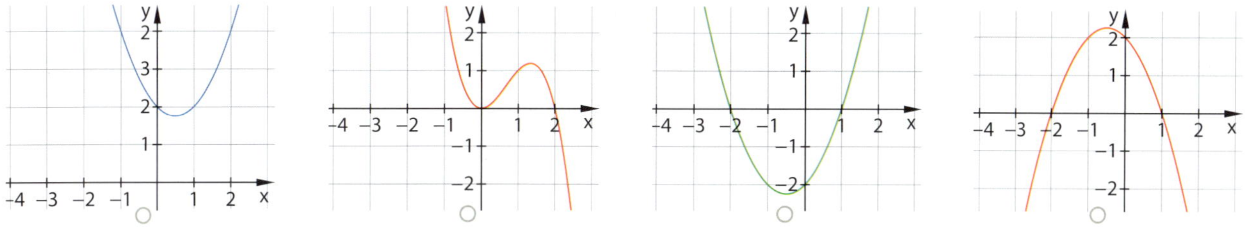

$j(x) = f(x) \cdot g(x)$ $j(x) = -x^3$	$k(x) = f(x) + g(x)$ $k(x) =$	$m(x) = g(x) - f(x)$ $m(x) =$	$l(x) = f(x) - g(x)$ $l(x) =$

a) Ergänzen Sie die Funktionsterme und ordnen Sie diese den abgebildeten Graphen zu.
Zusatzaufgabe: Begründen Sie eine Ihrer Entscheidungen.

b) Kreuzen Sie die ganzrationalen Funktionen an.
☐ $m(x) = 2:g(x)$ ☐ $n(x) = 2 \cdot g(x)$ ☐ $o(x) = g(x):2$ ☐ $p(x) = g(x)^2$

c) Beschreiben Sie den Einfluss des Parameters a auf die Nullstellen der Funktionen $s_a(x) = f(x) \cdot (a - x)$.

____

Weiterführende Aufgaben

5 Ein rechteckiges Beet ist 4 m lang und 6 m breit.
Es wird von gleich breiten Wegen umgeben.

a) Beschriften Sie die Zeichnung so, dass der Flächeninhalt des Weges mit $A(x) = (4 + 2x) \cdot (6 + 2x) - 6 \cdot 4$ berechnet werden kann.

b) Der gesamte Weg und das Beet haben gleich große Flächeninhalte.
Ermitteln Sie die Breite des Weges.

____

6 Graphen ganzrationaler Funktionen mit den Punkten A, B, C und D

Funktion 3. Grades: $f(x) =$ ____ x^3 ____ $\cdot x^2$ ____ $\cdot x$ ____

Funktion 4. Grades: $g(x) =$ ____ $\cdot x^4$ ____ $\cdot x^3 - 2 \cdot x^2$ ____ $\cdot x$ ____

a) Tragen Sie „1“ und „–1“ als passende Koeffizienten ein.

b) Skizzieren Sie die Graphen im Koordinatensystem.

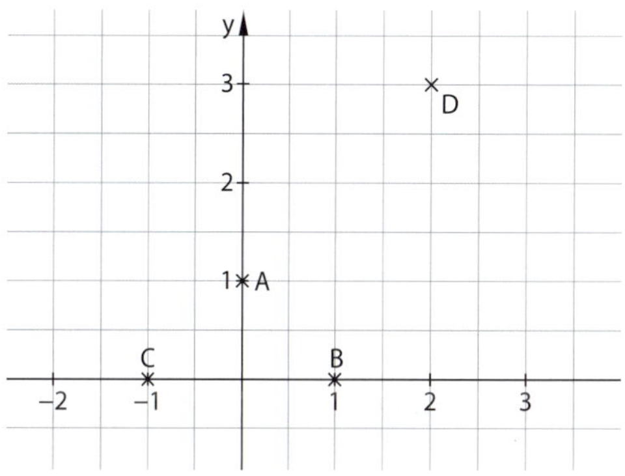

Basisaufgaben

1 Globalverhalten: Ordnen Sie den Funktionen f mithilfe des vermutlichen Globalverhaltens Graphen zu. Geben Sie je eine Funktion g mit $g(x) = a_n\ x^n$ an, die das gleiche Globalverhalten wie f hat.

Hilfe: Der Graph einer ganzrationalen Funktion f mit $f(x) = a_n x^n + a_{n-1} x^{n-1} + \ldots + a_1 x + a_0$ mit $a_n \neq 0$ verhält sich für $x \to +\infty$ und $x \to -\infty$ wie der Graph von g mit $g(x) = a_n x^n$.

$f(x) = x^3 - 3x - 1$ | $f(x) = 0{,}1x^6 - 0{,}2x - 1$ | $f(x) = -0{,}01x^5 + 0{,}2x^2 - 1$ | $f(x) = x - x^4 - 1$

①
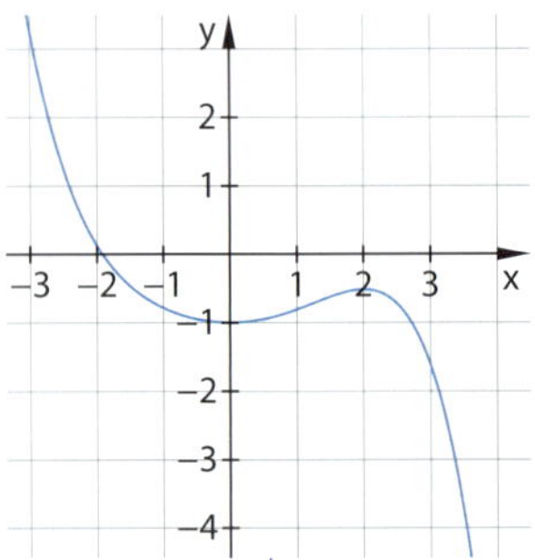

Für $x \to -\infty$ gilt $f(x) \to \infty$. | Für $x \to \infty$ gilt $f(x) \to -\infty$.

f(x) = ____________

g(x) = ____________

②
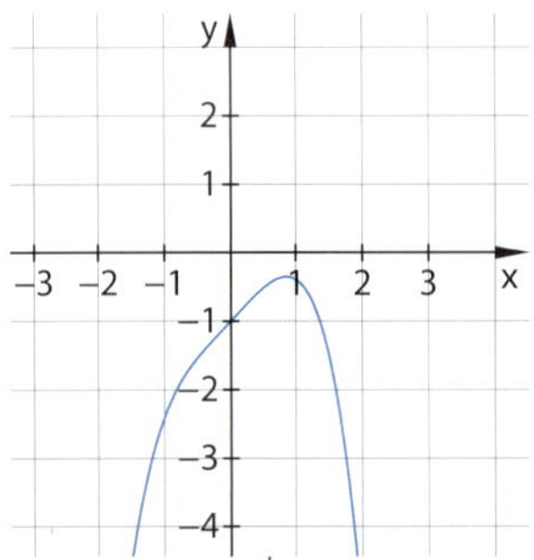

Für $x \to -\infty$ gilt $f(x) \to -\infty$. | Für $x \to \infty$ gilt $f(x) \to -\infty$.

f(x) = ____________

g(x) = ____________

③
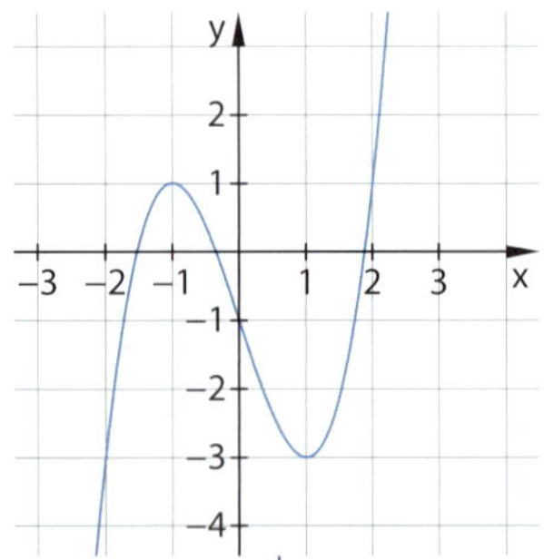

Für $x \to -\infty$ gilt $f(x) \to -\infty$. | Für $x \to \infty$ gilt $f(x) \to \infty$.

f(x) = ____________

g(x) = ____________

④
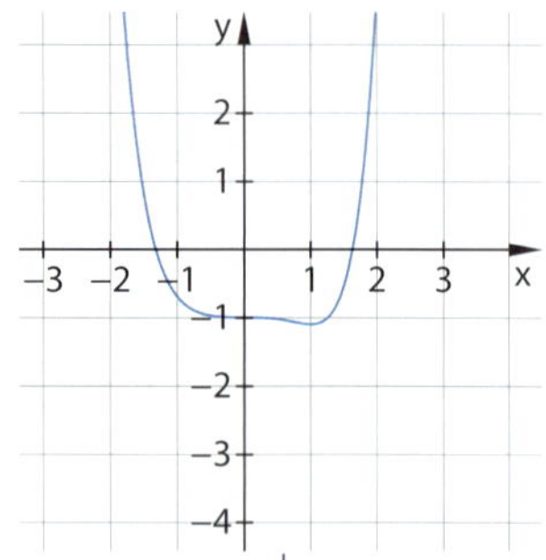

Für $x \to -\infty$ gilt $f(x) \to \infty$. | Für $x \to \infty$ gilt $f(x) \to \infty$.

f(x) = ____________

g(x) = ____________

2 Kreuzen Sie Zutreffendes an.

$f_1(x) = 0{,}5x^3 - 2x^2 - 2$ | $f_2(x) = 2x^4 - 2x^2 + x + 1$ | $f_3(x) = -x^5 + 2x^4 - x$ | $f_4(x) = -0{,}2x^6 + 0{,}1x^5 + 3$

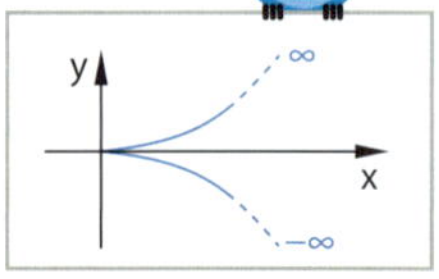

Funktion	Grad n der Funktion		a_n		Verhalten für $x \to \infty$		Verhalten für $x \to -\infty$	
	gerade	ungerade	positiv	negativ	$f(x) \to \infty$	$f(x) \to -\infty$	$f(x) \to \infty$	$f(x) \to -\infty$
f_1								
f_2								
f_3								
f_4								

Zusatzaufgabe: Formulieren Sie zwei Aussagen zum Globalverhalten einer Funktion mit $g(x)=a_n\ x^n$.

3 Linda betrachtet den Graphen der Funktion $f(x) = -0{,}02x^3 + 0{,}98x^2 + 1{,}04x - 2$. Sie stellt fest: „Für $x \to +\infty$ und $x \to -\infty$ gehen die Funktionswerte gegen ∞."
Nennen Sie mögliche Fehlerquellen für Lindas Aussage.

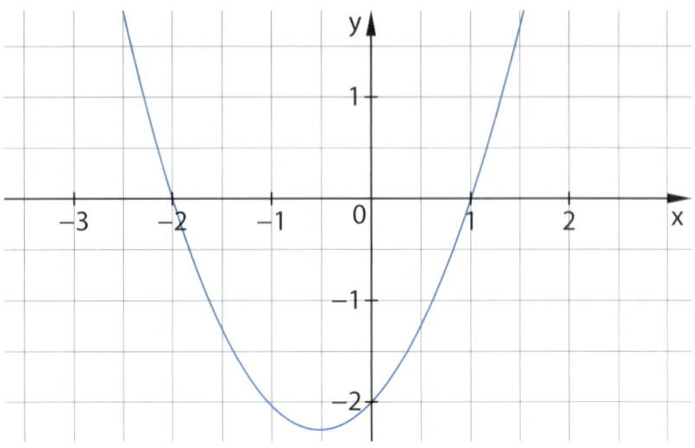

____

____

____

____

4 Monotonie: Ergänzen Sie die Lückentexte zu den Definitionen über das Monotonieverhalten von Funktionen.

Wenn für zwei Stellen x_1 und x_2 eines Intervalls I mit ________ immer ____________ gilt, dann heißt die Funktion f auf dem Intervall I **streng monoton steigend**.

Wenn für zwei Stellen x_1 und x_2 eines Intervalls I mit ________ immer ____________ gilt, dann heißt die Funktion f auf dem Intervall I **streng monoton fallend**.

5 Kreuzen Sie unter Bezugnahme auf den Graphen Zutreffendes an.

f ist im Intervall	streng monoton steigend	streng monoton fallend
[a; b]		
[a; c]		
[b; d]		
[c; e]		
[1; 3]		
[3; 8]		

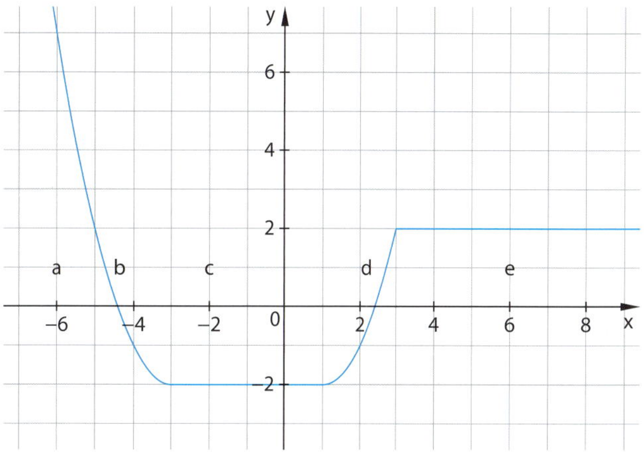

6 Geben Sie die größtmöglichen Intervalle an, in denen die Funktion streng monoton wachsend ist.

a) $f(x) = x^2$: ____________ **b)** $f(x) = -(x+4)^6 - 3$: ____________ **c)** $f(x) = x^5$: ____________

d) $f(x) = \cos(x)$ mit $0 \le x \le 2\pi$: ____________

e) $f(x) = \sin(2x)$ mit $0 \le x \le 2\pi$: ____________

f) $f(x) = -x^3$: ____________

7 Schraffieren Sie farbig diejenigen Intervalle, in denen die Funktion f streng monoton fallend ist.

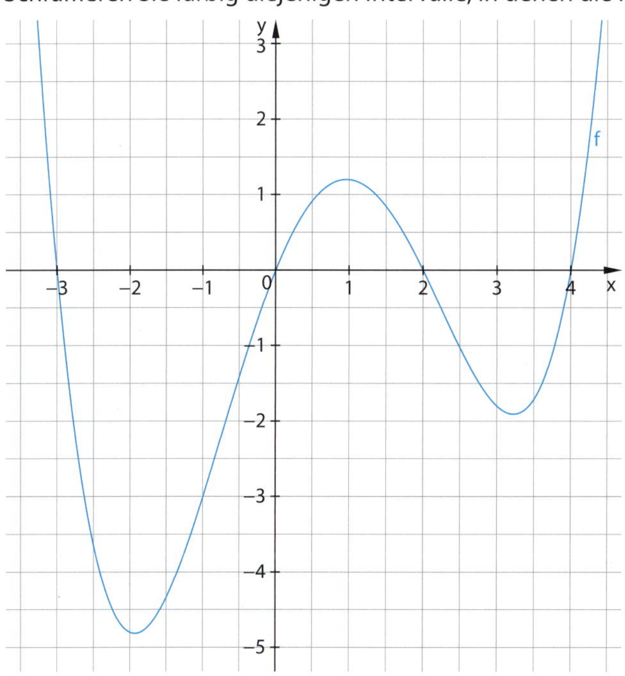

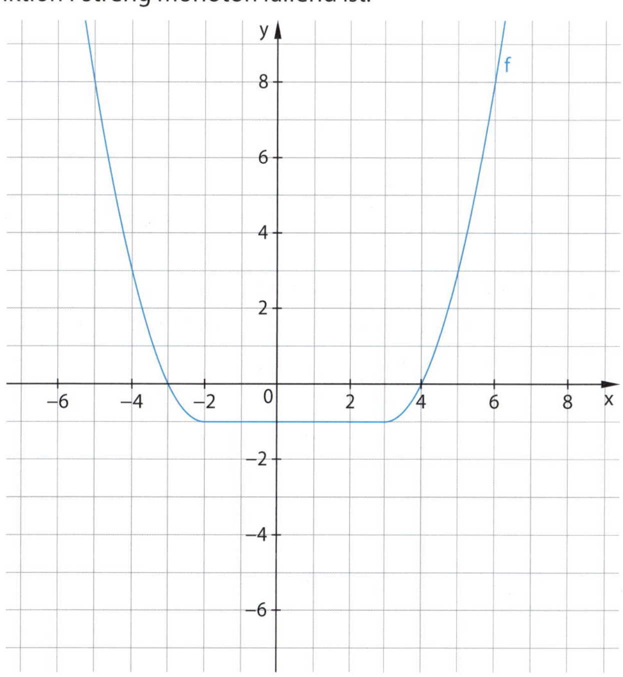

8 Lokale und globale Extrema: Gegeben ist der Graph einer ganzrationalen Funktion f mit $D = (-5{,}5; 8{,}5)$.

Hilfe: Der Graph einer Funktion f hat an der Stelle x_E einen Hochpunkt bzw. Tiefpunkt, wenn für alle x in einer Umgebung um x_E gilt: $f(x) \leq f(x_E)$ bzw. $f(x) \geq f(x_E)$. Den Funktionswert $f(x_E)$ nennt man lokales Maximum bzw. lokales Minimum. Ist f(x) der größte bzw. kleinste Funktionswert im Definitionsbereich von f, so ist f(x) ein globales Maximum bzw. globales Minimum von f.

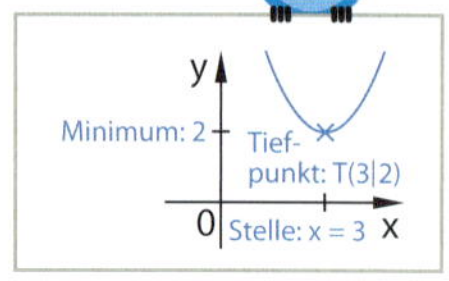

a) Geben Sie näherungsweise die Koordinaten der lokalen Hoch- und Tiefpunkte von f in der Zeichnung an.

b) Ergänzen Sie die Sätze.

_______ ist ein lokales Maximum an der Stelle $x = 2{,}4$.

_______ ist ein lokales Minimum ebenso wie $-2{,}4$.

_______ ist das globale Minimum an der Stelle $x = -3$.

c) Färben Sie die Teile, in denen der Graph fällt, und die Teile, in denen er wächst, verschiedenfarbig ein.

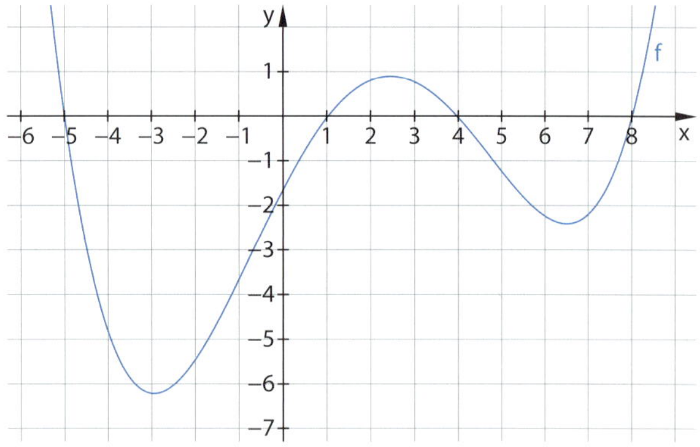

Zusatzaufgabe: Beschreiben Sie das Wachstumsverhalten in der Umgebung der Hoch- und Tiefpunkte.

9 Ergänzen Sie zu passenden Graphen ganzrationaler Funktionen im Intervall [0; 4].

a) 3 ist lokales Minimum.

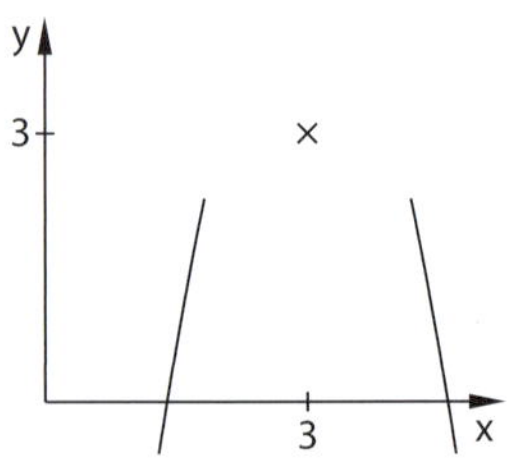

b) 3 ist globales Maximum.

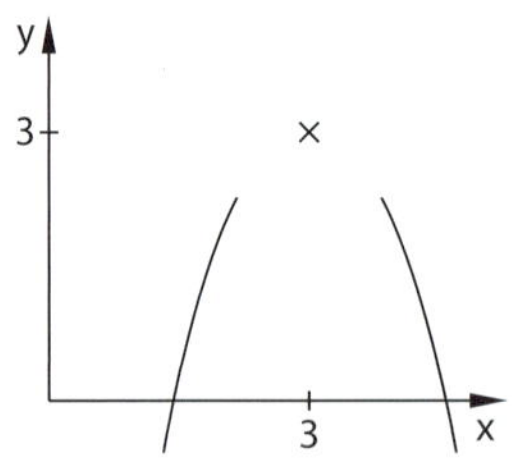

c) 3 ist globales Minimum.

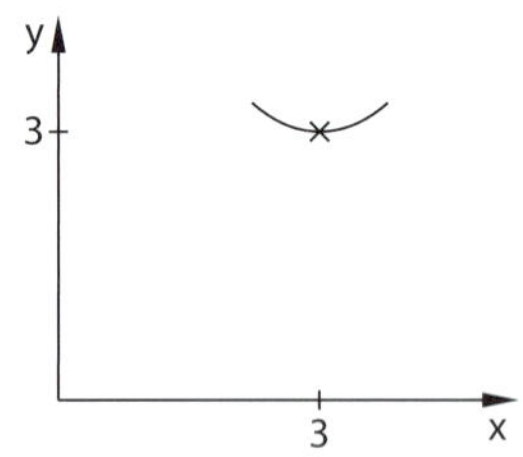

d) 3 ist lokales Minimum.

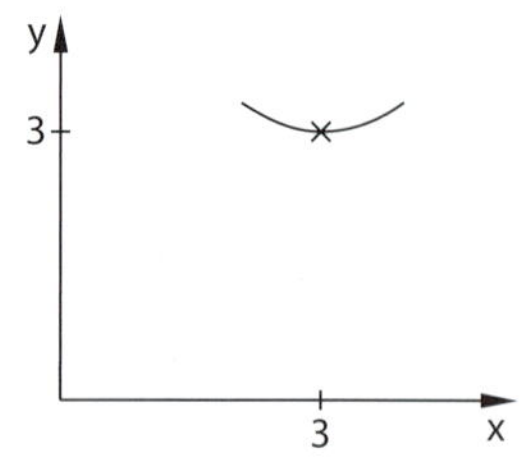

10 Zeichnen Sie einen passenden Funktionsgraphen mit $D = [-4; 8]$.

a) Extremwerte:
globales Minimum: −2
globales Maximum: 4
lokales Minimum: −1
lokales Maximum: 0

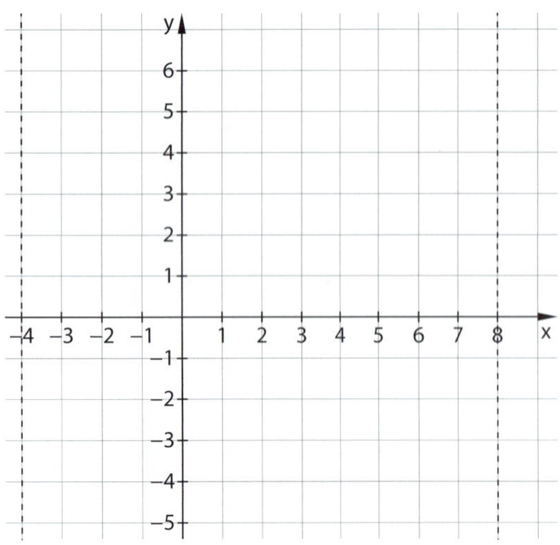

Zusatzaufgabe: Markieren Sie alle lokalen Hoch- und Tiefpunkte verschiedenfarbig.

b) Extremstellen:
globales Minimum bei $x = 5$
globales Maximum bei $x = 4$
lokales Minimum bei $x = -2; x = 1; x = 3$ und $x = 5$
lokales Maximum bei $x = 0; x = 2$ und $x = 4$

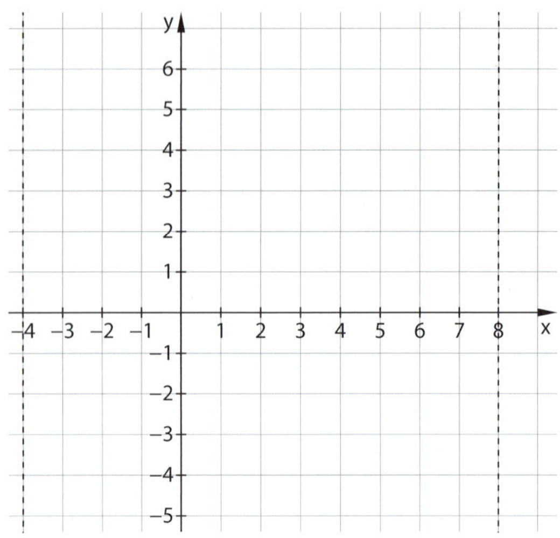

Zusatzaufgabe: Geben Sie näherungsweise die Koordinaten der Extrempunkte an.

11 Skizzieren Sie einen Graphen mit den gegebenen Eigenschaften.

a)

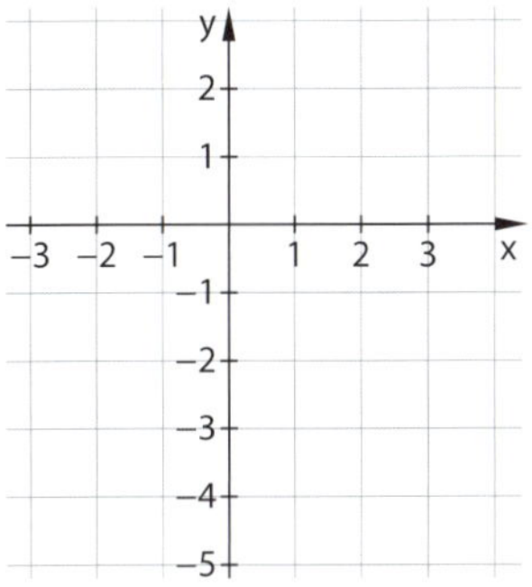

Für $x \to -\infty$ gilt $f(x) \to -\infty$. | Für $x \to \infty$ gilt $f(x) \to \infty$.

lokales Minimum: −2
lokales Maximum: 0

b)

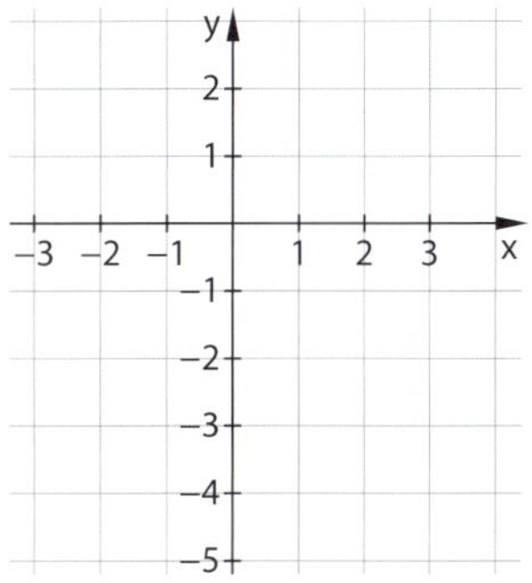

Für $x \to -\infty$ gilt $f(x) \to -\infty$. | Für $x \to \infty$ gilt $f(x) \to -\infty$.

lokales Minimum: −1,5
lokales Maximum: 2
globales Maximum: 2

c)

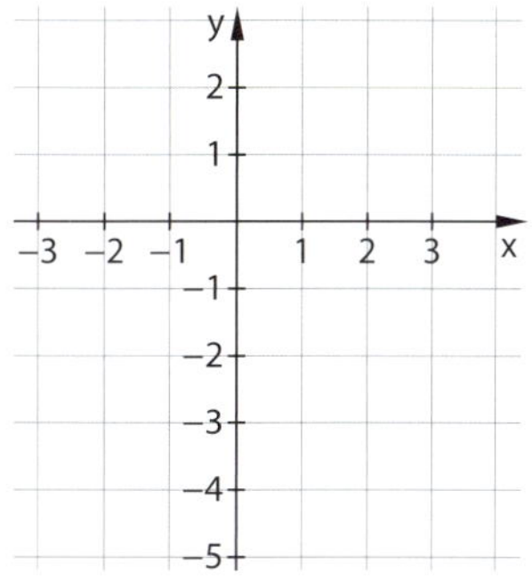

Für $x \to -\infty$ gilt $f(x) \to \infty$. | Für $x \to \infty$ gilt $f(x) \to \infty$.

lokales Minimum: 1; −5
globales Minimum: −5
lokales Maximum: 3

d)

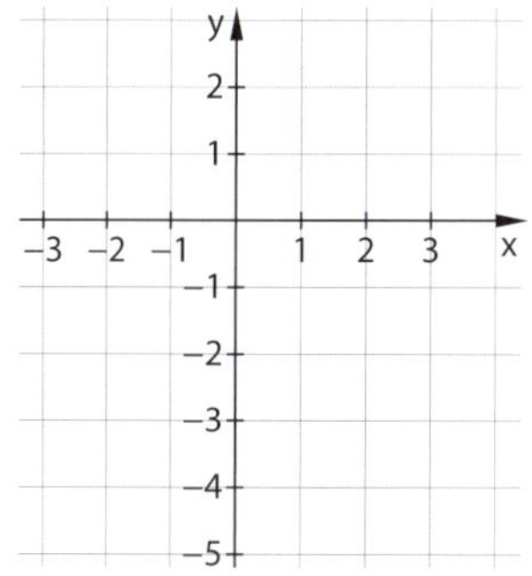

Für $x \to -\infty$ gilt $f(x) \to \infty$. | Für $x \to \infty$ gilt $f(x) \to -\infty$.

lokales Minimum: −1,5
lokales Maximum: 2,5

12 **Randextrema:** Ergänzen Sie die Tabelle zu f für beide Intervalle. Geben Sie alle lokalen Hoch- und Tiefpunkte des Graphen im Koordinatensystem an.

	D = (0; 4)	D = (−2,5; 1)
globales Maximum		
globales Minimum		
lokales Maximum		
lokales Minimum		

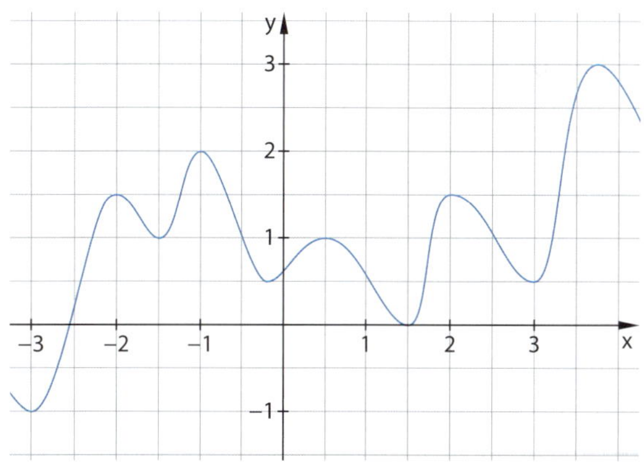

13 Beurteilen Sie die Aussagen. Widerlegen Sie falsche Aussagen mit einem Gegenbeispiel.

Jede ganzrationale Funktion dritten Grades besitzt einen lokalen Hochpunkt und einen lokalen Tiefpunkt.

☐ wahr ☐ falsch

Jede ganzrationale Funktion dritten Grades mit mindestens zwei Nullstellen besitzt einen lokalen Hochpunkt und einen lokalen Tiefpunkt.

☐ wahr ☐ falsch

Jede ganzrationale Funktion zweiten Grades besitzt entweder einen lokalen Hochpunkt oder einen lokalen Tiefpunkt.

☐ wahr ☐ falsch

Für jede ganzrationale Funktion f vierten Grades gilt: Für $x \to \pm\infty$ geht $f(x) \to \infty$.

☐ wahr ☐ falsch

Jede ganzrationale Funktion vierten Grades besitzt höchstens zwei lokale Hochpunkte.

☐ wahr ☐ falsch

Wenn eine ganzrationale Funktion vierten Grades genau einen Hochpunkt besitzt, dann hat sie zwei lokale Tiefpunkte.

☐ wahr ☐ falsch

Für keine ganzrationale Funktion sechsten Grades gilt: Für $x \to -\infty$ geht $f(x) \to -\infty$ und für $x \to \infty$ geht $f(x) \to \infty$.

☐ wahr ☐ falsch

Jede ganzrationale Funktion sechsten Grades besitzt mindestens ein lokales Extremum.

☐ wahr ☐ falsch

Weiterführende Aufgaben

14 Zeichnen Sie die Graphen der Funktion $f(x) = a \cdot (x^2 - x)$ für $a = 1$ und $a = -1$ mindestens im Intervall $-1 \le x \le 2$.
Untersuchen Sie, ob man den reellen Parameter $a \neq 0$ so wählen kann, dass diese Funktion $f(x)$ im gesamten Intervall [0; 1] streng monoton fallend ist.

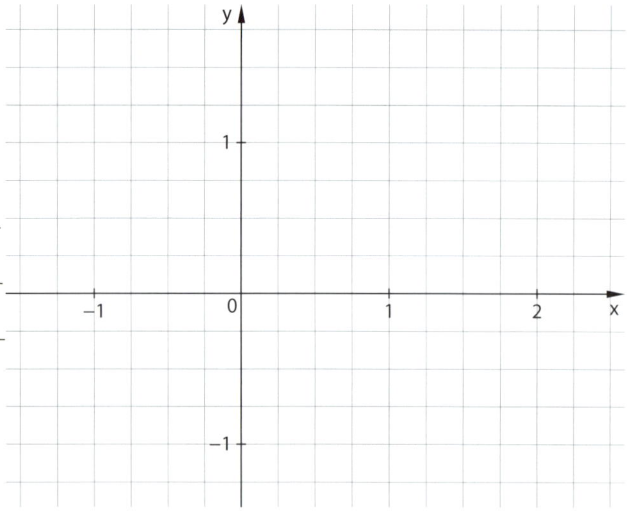

15 Begründen Sie, dass die Funktion $f(x) = a \cdot x^2 - x$ für $a < 0$ stets im gesamten Intervall [0; 1] streng monoton fallend ist.

16 Zeichnen Sie den Graphen der Funktion $f(x) = x \cdot |x| + x^2$ mindestens im Intervall $-2 \le x \le 1$.
Kreuzen Sie wahre Aussagen an.

a) ☐ Die Funktion f ist für alle $x \in \mathbb{R}$ streng monoton steigend.
b) ☐ Es gibt ein Intervall, in dem der Graph von f mit dem Graphen von g mit $g(x) = 2x^2$ übereinstimmt.
c) ☐ Die Funktion f ist für alle $x \ge 0$ streng monoton steigend.
d) ☐ Es gibt ein Intervall, auf dem der Graph von f konstant ist.

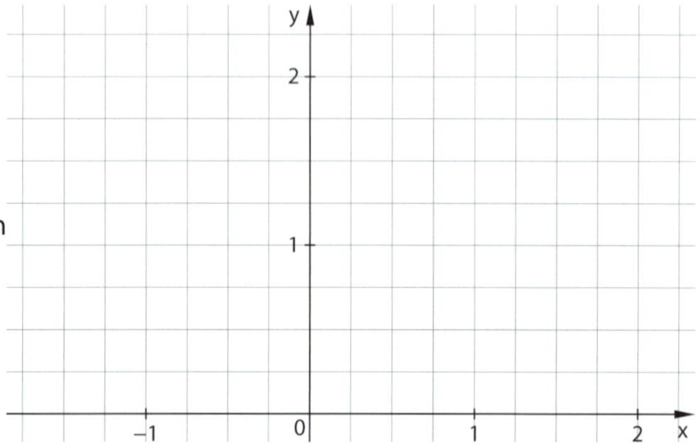

17 Zeichnen Sie zusätzlich zum Graphen von $g(x) = \sin(x)$ den Graphen von $f(x) = x$ ein.

a) Skizzieren Sie mithilfe der Graphen von f und g den Graphen von $h(x) = f(x) + g(x)$.
b) Geben Sie eine begründete Vermutung über die Monotonie von $h(x)$ an.

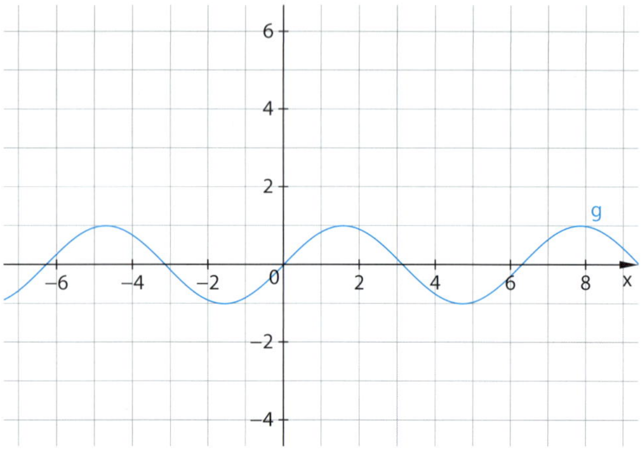

Weiterführende Aufgaben

18 Ergänzen Sie die Tabelle.

	$f(x) = -x^2 + 4$	$f(x) = x^2 \cdot \left(1 - \frac{1}{5}x\right)$	$f(x) = \frac{1}{4}x^5 + \frac{1}{2}x^3$
Für $x \to +\infty$ gilt			
Für $x \to -\infty$ gilt			
Existenz eines Hochpunktes			
Existenz eines Tiefpunktes			
Symmetrie			
Graph (Skizze)	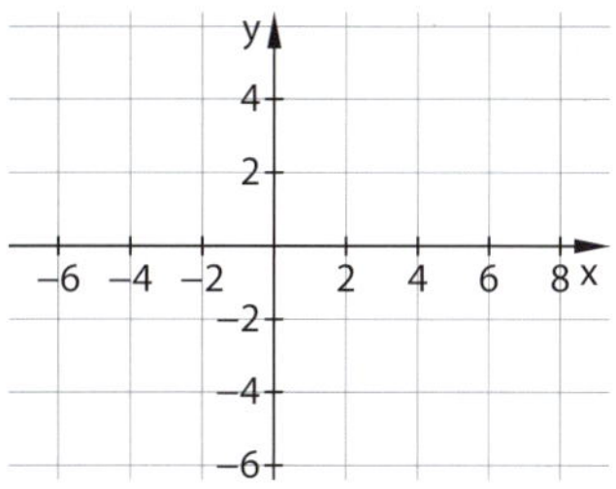	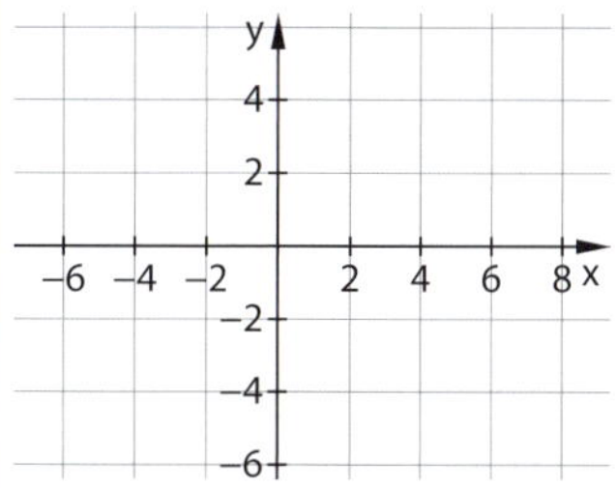	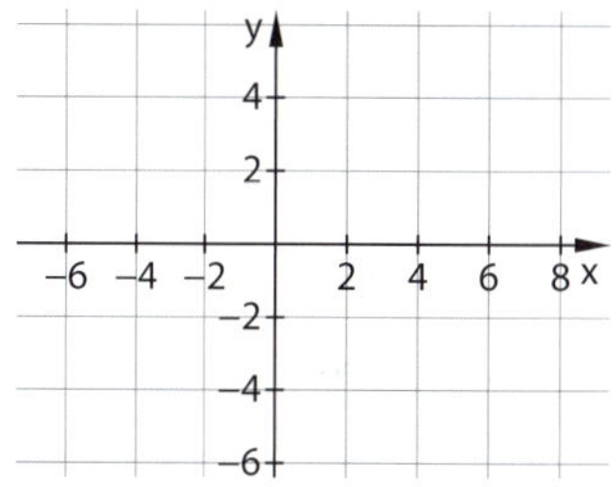

19 Die Funktion f mit $f(x) = x^3$ ist für alle reellen Zahlen x streng monoton steigend. Bilde den Grenzwert des Differenzenquotienten $\lim\limits_{h \to 0} \frac{f(x_0 + h) - f(x_0)}{(x_0 + h) - x_0}$ für die Funktion f und begründe, dass sich aus dem Ergebnis auf die Monotonie der Funktion f schließen lässt.

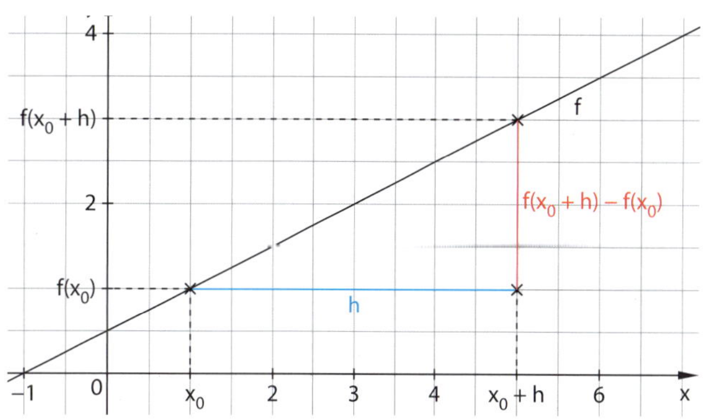

20 Beurteilen Sie die Aussagen. Widerlegen Sie falsche Aussagen mit einem Gegenbeispiel.

Hat eine für alle reellen Zahlen x definierte ganzrationale Funktion f ein lokales Maximum, so ist dieses auch das globale Maximum.	Hat eine auf einem offenen Intervall definierte Funktion f ein globales Maximum, so hat diese auch ein lokales Minimum.	Eine auf einem offenen Intervall definierte Funktion f kann an den Intervallenden kein globales Extremum haben.	Eine auf einem offenen Intervall definierte Funktion f kann kein globales Extremum haben.
☐ wahr ☐ falsch	☐ wahr ☐ falsch	☐ wahr ☐ falsch	☐ wahr ☐ falsch

Basisaufgaben

1 Achsensymmetrie zur y-Achse: Untersuchen Sie, ob der Graph achsensymmetrisch zur y-Achse ist.

Hilfe: Der Graph einer ganzrationalen Funktion f ist genau dann achsensymmetrisch zur y-Achse, wenn der Funktionsterm von f nur gerade Exponenten hat. Es gilt $f(-x) = f(x)$.

a) Kreuzen Sie alle Funktionen an, die achsensymmetrisch zur y-Achse sind.

☐ $f(x) = x^8$ ☐ $g(x) = 7x^8$ ☐ $h(x) = 7x^8 - 9$ ☐ $i(x) = 7x^8 - 9x$

☐ $j(x) = -7x^8 - 11x^6$ ☐ $k(x) = -1 - 7x^8 + 0{,}5x^4$ ☐ $l(x) = 7x^8 - 9x^3 + x^2$ ☐ $m(x) = (x-2)x^8$

b) Prüfen Sie, ob gilt $f(-x) = f(x)$ und somit der Graph der Funktion f symmetrisch zur y-Achse ist.

$f(x) = x^4 - x^2$ $f(-x) = (-x)^4 - (\_\_\_)^2 = \_\_\_ - \_\_\_ = f(x)$,

demzufolge liegt ____________________

$g(x) = x^6 - 0{,}3x^4 - 2x^2$ $g(-x) = (\_\_\_)^6 +$ ____________________

demzufolge liegt ____________________

$h(x) = x^4 - x$ $h(-x) =$ ____________________

demzufolge liegt ____________________

2 Punktsymmetrie zum Ursprung: Untersuchen Sie, ob der Graph punktsymmetrisch zum Ursprung ist.

Hilfe: Der Graph einer ganzrationalen Funktion f ist genau dann punktsymmetrisch zum Ursprung, wenn der Funktionsterm von f nur ungerade Exponenten hat. Es gilt $f(-x) = -f(x)$.

a) Kreuzen Sie alle Funktionen an, die punktsymmetrisch zum Ursprung sind.

☐ $f(x) = x^9$ ☐ $g(x) = 6x^9$ ☐ $h(x) = 6x^9 - 7$ ☐ $i(x) = 6x^9 - 11x$

☐ $j(x) = -7x^9 - 11x^{15}$ ☐ $k(x) = -1 - 7x^9 + 0{,}5x^7$ ☐ $l(x) = (7x^9 - 9x^7) \cdot x$ ☐ $m(x) = (x-2)x^8$

b) Prüfen Sie, ob gilt $f(-x) = -f(x)$ und somit der Graph der Funktion f punktsymmetrisch zum Ursprung ist.

$f(x) = x^3 - x$ $f(-x) = (\_\_\_)^3 - (\_\_\_) = -x^3 \_\_\_ = -(x^3 \_\_\_) = -f(x)$,

demzufolge liegt ____________________

$g(x) = -x^5 + 2x^3 - 5x$ $g(-x) = -(\_\_\_)^5 +$ ____________________

demzufolge liegt ____________________

$h(x) = 7x^5 - 8$ $h(-x) =$ ____________________

demzufolge liegt ____________________

3 Entscheiden Sie, ob der Graph der Funktion achsensymmetrisch zur y-Achse (a), punktsymmetrisch zum Ursprung (p) oder nichts von beidem (n) ist.

$f(x) = 3x(x^{11} - 4x) - 2$ ____	$g(x) = -3x(x^7 - 5x)$ ____
$h(x) = (x+1)(x^3 - x)$ ____	$i(x) = x^3 - 5x$ ____
$j(x) = (x-5)^2$ ____	$k(x) = (2-x)^3$ ____
$l(x) = (x^3)^2 - 5x$ ____	$m(x) = (7x^2)^7 + x^2$ ____

Weiterführende Aufgaben

4 Ergänzen Sie die Exponenten in den Funktionsgleichungen.
Tragen Sie jede der gegebenen Zahlen genau einmal ein.

2 | 3 | 3 | 4 | 5 | 6 | 7

$f(x) = x^{\_\_} - x^2$	$f(x) = x^{\_\_} + x^{\_\_}$	$f(x) = x^{\_\_} - x^{\_\_}$	$f(x) = x^{\_\_} + x^{\_\_}$
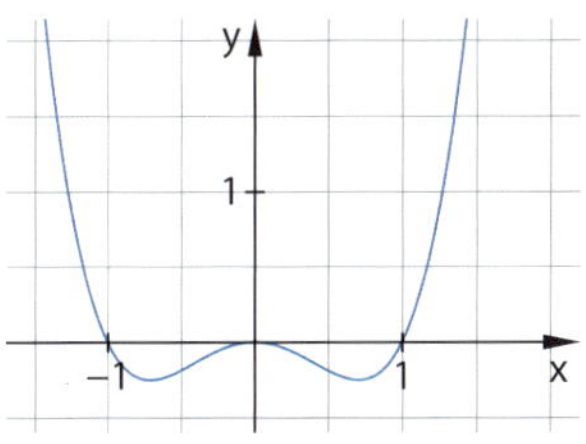	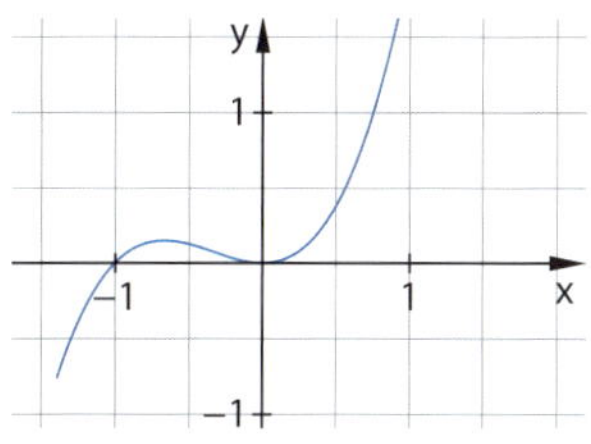	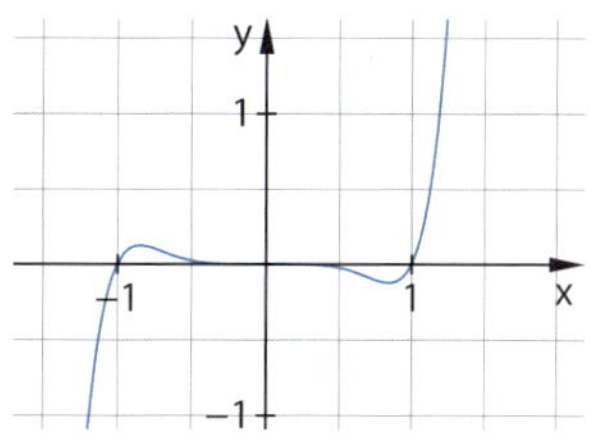	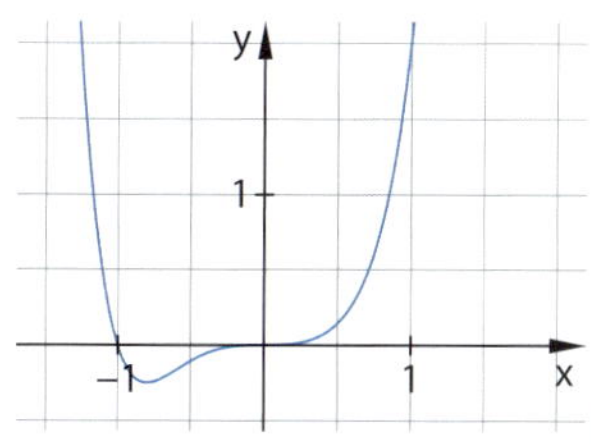

5 Vervollständigen Sie die Wertetabellen.

a) f ist achsensymmetrisch zur y-Achse.

x	−5	−2	2	5
y	−629	−20		

b) f ist punktsymmetrisch zum Ursprung.

x	−3	−2	2	3
y	−243	−32		

6 Ergänze die Tabelle. Zeichne die Graphen.

	$f(x) = -x^2 + 4$	$f(x) = -\frac{1}{x} \cdot (x^2 + 1)$	$f(x) = \frac{5}{x} \cdot \sin(2x)$
Für $x \to +\infty$ gilt			
Für $x \to -\infty$ gilt			
Symmetrie			
Graph (Skizze)	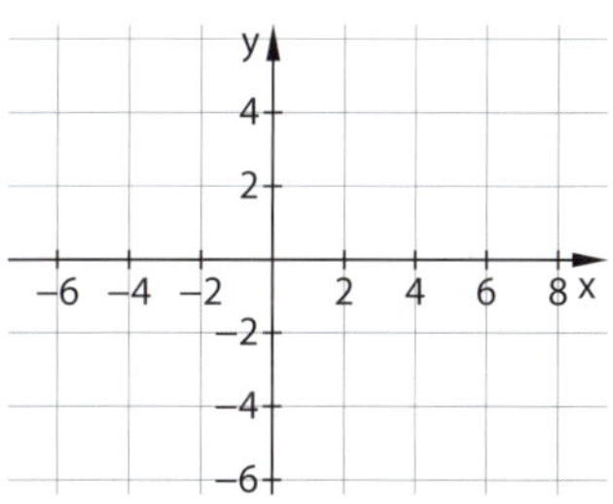	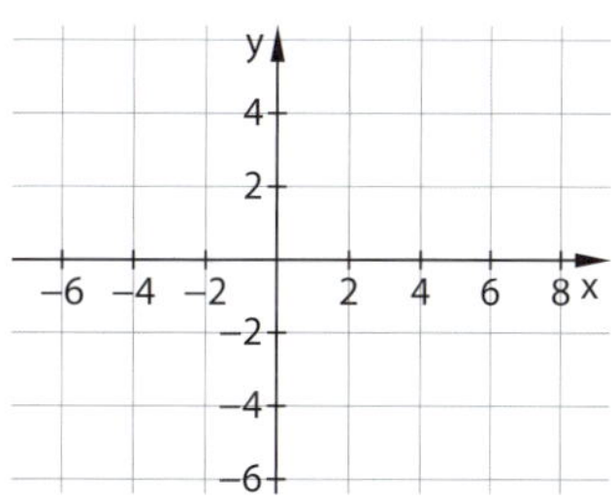	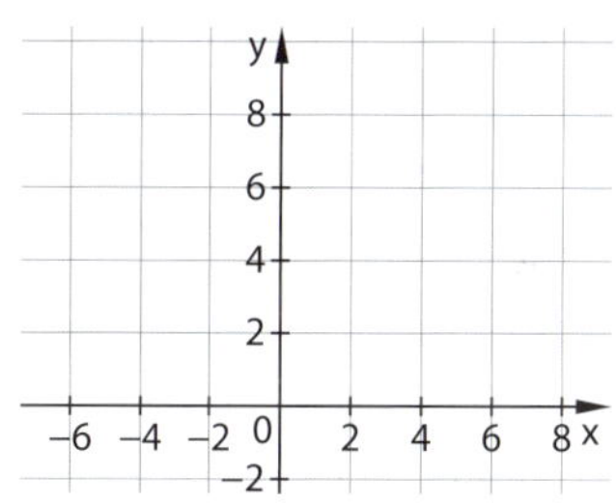

7 Betrachten Sie die Funktion $f(x) = x + 1$ für $0 < x \leq 1$.
Schreiben Sie die Geschichte zu Ende. Nutzen Sie dabei nur wahre Aussagen.

„Ha", ruft der x-Wert x = 1, „ich bin der Größte, denn unter euch anderen x-Werten aus unserem Intervall gibt es keinen, der einen Funktionswert hat, der größer ist als meiner. Aber du, mein Freund x = 0, hast es schlecht getroffen, denn du besitzt den kleinsten aller unserer Funktionswerte."
Darauf entgegnet der x-Wert x = 0: ______________________________

____

____

____

____

____

____

Basisaufgaben

1 Linearfaktoren: Ergänzen Sie die Nullstellen der Funktion f oder die Linearfaktoren.

Hilfe: Die Gleichung $x \cdot (x-7) \cdot (x+1) = 0$ ist erfüllt, wenn ein Faktor Null ist: $L = \{0; 7; -1\}$.

a) $f(x) = (x-1) \cdot (x+2) \cdot (x-3)$ Nullstellen: $x_1 =$ ___ $x_2 =$ ___ $x_3 =$ ___

b) $f(x) = 0{,}7 \cdot (x-6) \cdot (x+2) \cdot (2x-2)$ Nullstellen: $x_1 =$ ___ $x_2 =$ ___ $x_3 =$ ___

c) $f(x) = (x$ ___ $) \cdot (x$ ___ $) \cdot (x$ ___ $)$ Nullstellen: $x_1 = -3$ $x_2 = -2$ $x_3 = -1$

d) $f(x) = -4 \cdot (x+1) \cdot ($ ___ $+ x) \cdot ($ ___ $- x)$ Nullstellen: $x_1 = -1$ $x_2 = 4$

e) $f(x) = -0{,}1 \cdot (x^2+1) \cdot ($ ___ $- x) \cdot ($ ___ $+ x)$ Nullstellen: $x_1 = -4$ $x_2 = 2$

f) $f(x) = (x +$ ___ $)^2 \cdot 3($ ___ $+ x) \cdot (x -$ ___ $)^3$ Nullstellen: $x_1 = 1$

2 Beschriften Sie mithilfe der Nullstellen die Graphen.

$f(x) = -0{,}1 \cdot (x+3) \cdot (x-3)$

$g(x) = 0{,}1 \cdot (x+3) \cdot (x+1) \cdot (x-2)$

$h(x) = 0{,}1 \cdot (x-3) \cdot (x+3) \cdot (x^2+1)$

$i(x) = 0{,}5 \cdot (x+2) \cdot x \cdot (x-3)$

$j(x) = 0{,}1 \cdot (x-3) \cdot (x-1) \cdot (x+1) \cdot (x+3)$

___

___

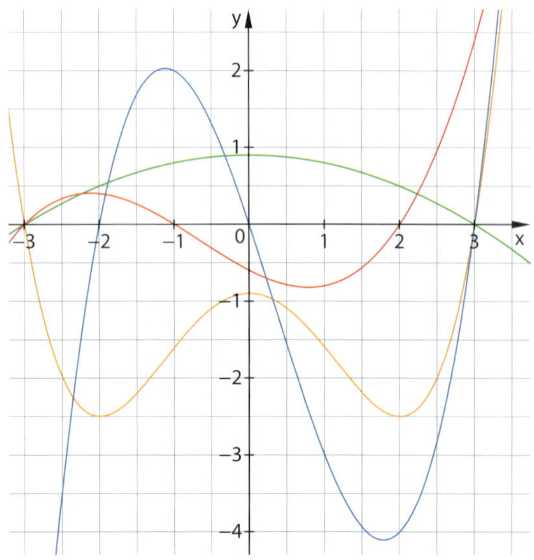

3 Ausklammern und Lösungsformel anwenden: Ermitteln Sie die Nullstellen.

a) $f(x) = 2x^3 + 2x^2 - 4x$

$0 = 2x^3 + 2x^2 - 4x$

$0 = 2x(x^2$ ___ $)$, also ist

$x_1 =$ ___

$x_2 =$ ___ $+ \sqrt{0{,}5^2 + 2} = 1$

$x_3 =$ ___ $- \sqrt{0{,}5^2 + 2} = -2$

Nullstellen: $x_1 =$ ___ $x_2 =$ ___ $x_3 =$ ___

b) $f(x) = -2x^5 + 4x^4 + 6x^3$

___ $= -2x^5 + 4x^4 + 6x^3$

___ $= -2x^3(x^2 - 2x - 3)$, also ist

$x_1 =$ ___

$x_2 =$ ___

$x_3 =$ ___

Nullstellen: $x_1 =$ ___ $x_2 =$ ___ $x_3 =$ ___

c) $f(x) = x^4 + 3x^3 - 10x^2$

___

___

$x_1 =$ ___

$x_2 =$ ___

$x_3 =$ ___

Nullstellen: $x_1 =$ ___ $x_2 =$ ___ $x_3 =$ ___

d) $f(x) = 1{,}5x^5 + 10{,}5x^4 + 9x^3$

___

___

$x_1 =$ ___

$x_2 =$ ___

$x_3 =$ ___

Nullstellen: $x_1 =$ ___ $x_2 =$ ___ $x_3 =$ ___

4 Ermitteln Sie die Nullstellen.
Führen Sie die Probe durch.

a) $f(x) = 8x^3 - 2x^5$

Probe:
$f(x_1) = f(0) = 8 \cdot 0^3 - 2 \cdot 0^5 = 0$
$f(x_2) = f(\_\_\_) = \_\_\_\_\_\_$
$f(x_3) = f(\_\_\_) = \_\_\_\_\_\_$

b) $f(x) = -10x^4 + 0{,}5x^2 + 4x^3$

Probe:
$f(x_1) = f(\_\_\_) = \_\_\_\_\_\_$
$f(x_2) = f(\_\_\_) = \_\_\_\_\_\_$
$f(x_3) = f(\_\_\_) = \_\_\_\_\_\_$

5 Substitution: Berechnen Sie die Nullstellen $x_1, x_2\ldots$ der biquadratischen Gleichungen mittels Substitution.

a) $f(x) = x^4 - 5x^2 + 4$
$0 = x^4 - 5x^2 + 4$

Substitution: $x^2 = u$

$0 = u^2 - 5u + 4$
$u_1 = \_\_\_\_\_\_$
$u_1 = x^2 = \_\_\_$ somit gilt:
$x_1 = \_\_\_$ und $x_2 = \_\_\_$
$u_2 = \_\_\_\_\_\_$
$u_2 = x^2 = \_\_\_$ somit gilt:
$x_3 = \_\_\_$ und $x_4 = \_\_\_$

b) $f(x) = x^4 - 16$
$0 = x^4 - 16$

Substitution: $x^2 = u$

$0 = \_\_\_\_\_\_$
$u_1 = \_\_\_\_\_\_$
$u_1 = x^2 = \_\_\_$ somit gilt:
$x_1 = \_\_\_$ und $x_2 = \_\_\_$
$u_2 = \_\_\_\_\_\_$
$u_2 = x^2 = \_\_\_$ somit gilt:
______

c) $f(x) = x^4 - 2x^2 - 3$
$\_\_\_ = x^4 - 2x^2 - 3$

Substitution: $x^2 = u$

$0 = \_\_\_ - 2\_\_\_ - 3$
$u_1 = \_\_\_\_\_\_$
$u_1 = x^2 = \_\_\_$ somit gilt:
______
$u_2 = \_\_\_\_\_\_$
$u_2 = x^2 = \_\_\_$ somit gilt:
______

d) $f(x) = x^6 + x^3 - 6$
$\_\_\_ = \_\_\_\_\_\_$

Substitution: $x^3 = u$

$0 = \_\_\_\_\_\_$
$u_1 = \_\_\_\_\_\_$
$u_1 = x^3 = \_\_\_$ somit gilt:
______
$u_2 = \_\_\_\_\_\_$
$u_2 = x^3 = \_\_\_$ somit gilt:
______

6 Auf den Karten stehen die Nullstellen der Funktion.
Schreiben Sie den Buchstaben der Lösungskarte hinter den Funktionsterm.

a) $f(x) = (x + 7)(x - 6)$ ____

b) $f(x) = (x^2 - 9)(x + 2)$ ____

c) $f(x) = (x + 5)\left(x - \frac{1}{5}\right)$ ____

d) $f(x) = x^3(x + 4)$ ____

e) $f(x) = x^5 - 4x^3$ ____

f) $f(x) = x^3 + 7x$ ____

Karten:
- $x_1 = 0; x_2 = -4$ R
- $x_1 = 9; x_2 = -2$ G
- $x_1 = 11$ C
- $x_1 = 5; x_2 = -\frac{1}{5}$ S
- $x_1 = 3; x_2 = -3; x_3 = 2$ D
- $x_1 = 7; x_2 = -6$ T
- $x_1 = -7; x_2 = 6$ N
- $x_1 = -5; x_2 = \frac{1}{5}$ B
- $x_1 = 3; x_2 = -3; x_3 = -2$ I
- $x_1 = 0; x_2 = \sqrt{7}; x_3 = -\sqrt{7}$ S
- $x_1 = 0$ L
- $x_1 = 0; x_2 = 2; x_3 = -2$ E

Zusatzaufgabe: Bilden Sie aus allen aufgeschriebenen Buchstaben den Namen einer Stadt in Deutschland.

7 Ordnen Sie für die Ermittlung der Nullstellen benötigte Verfahren der Reihe nach zu.
Abkürzungen der Verfahren: A: Ausklammern S: Substitution F: Lösungsformel

a) $f(x) = x^5 - x^4 + 4x^3$ 1.A; ____

b) $f(x) = x^3 - 7x^2 + 6x$ ____

c) $f(x) = x^3 - x$ ____

d) $f(x) = 8x^4 - 0,5$ ____

e) $f(x) = 0,5x^4 + 2x^2 + 2$ ____

f) $f(x) = -2x^5 + 8x^3$ ____

g) $f(x) = 7x^8 + 8x^7$ ____

h) $f(x) = 2x^6 + 6x^4 - 8x^2$ ____

i) $f(x) = -6x^2 + 4x^2 + 16x$ ____

j) $f(x) = x(3x^3 + x^2 - 2x)$ ____

Zusatzaufgabe: Ermitteln Sie die Nullstellen auf einem zusätzlichen Blatt.

8 Beurteilen Sie die Aussagen.

① Die Funktion $f(x) = (x^2 + 1) \cdot (x + 2)$ hat drei Nullstellen. ☐ wahr ☐ falsch

② Die Funktion $g(x) = (x^3 - x) \cdot (x - 5)^2$ besitzt vier Nullstellen. ☐ wahr ☐ falsch

③ $h(x) = 7x^3 + 189$ hat keine Nullstelle. ☐ wahr ☐ falsch

④ Jede ganzrationale Funktion 3. Grades besitzt eine Nullstelle. ☐ wahr ☐ falsch

⑤ Jede ganzrationale Funktion 3. Grades besitzt höchstens drei Nullstellen. ☐ wahr ☐ falsch

Zusatzaufgabe: Begründen Sie Ihre Entscheidungen.

9 Geben Sie die Gleichung einer ganzrationalen Funktion f 3. Grades an, die die Nullstellen 2, 3 und –1 hat und deren Graph durch den Punkt $P(1|8)$ geht.

____

____

____

____

____

Weiterführende Aufgaben

10 Geben Sie passende ganzrationale Funktionen an.

Nullstellen	Der Graph der Funktion ist …	Funktionsgleichung
−2; 0; 2	achsensymmetrisch zur y-Achse	
−2; 0; 2	punktsymmetrisch zum Ursprung	
−2; 0; 2	weder achsen- noch punktsymmetrisch	

11 Graphen und Funktionsgleichungen

$f(x) = 6x(x-1)(x-2)$ $g(x) = 2(x+1)^3$ $h(x) = (x^2-4)\cdot x^2 + 2$

$i(x) = -0{,}1x(x-3)(x+2)^2$ $j(x) = -0{,}5x(x-2)^2(x+1)^2$

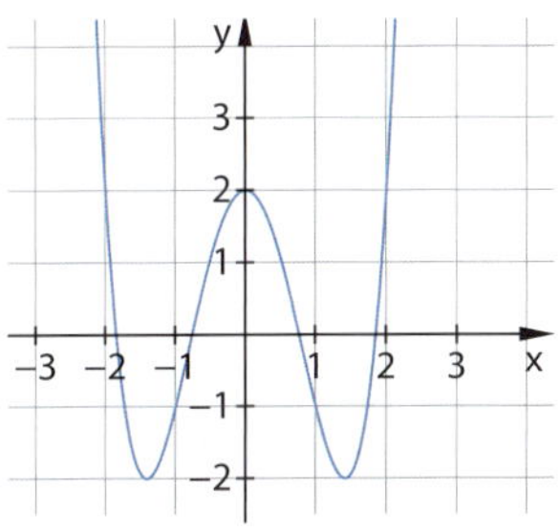
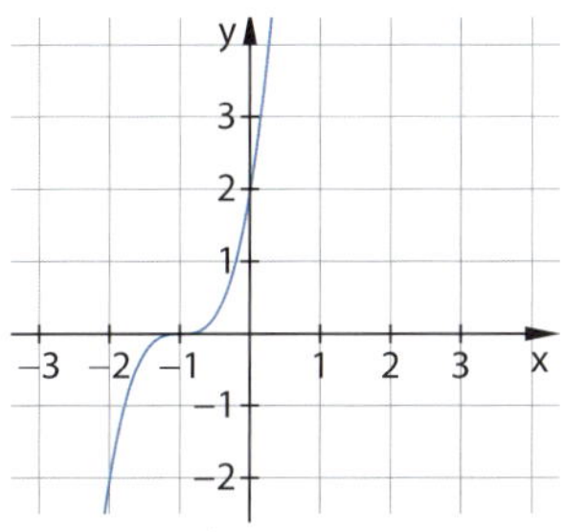
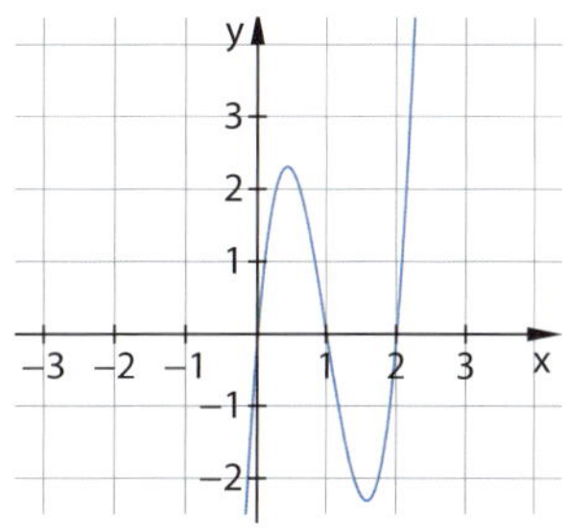
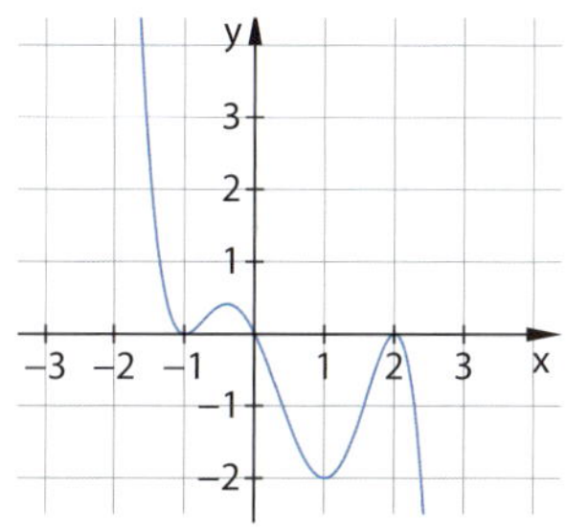

a) Beschriften Sie die Graphen.

b) Eine der Funktionsgleichungen kann bei Teilaufgabe a nicht zugeordnet werden.
Skizzieren Sie den Graphen dieser Funktion mithilfe folgender Angaben.

Globales Maximum bei $x = 2$ ist 3,2. Tiefpunkt $(-0,75 \mid -0,44)$

Nullstellen: ____________

Für $x \to \infty$ gilt $f(x)$ $\to$ ____________

Für $x \to -\infty$ gilt $f(x)$ $\to$ ____________

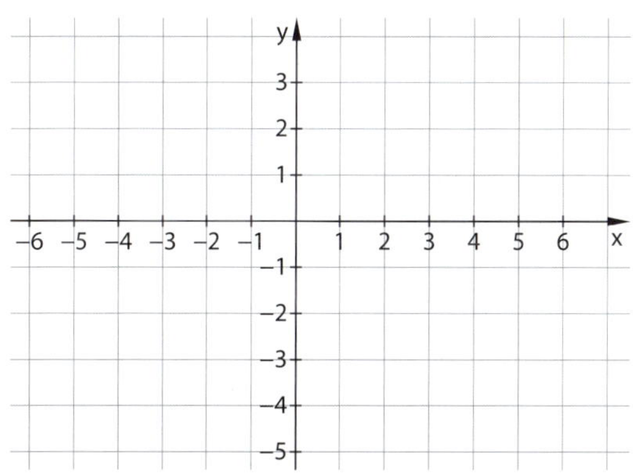

12 Eine quaderförmige Schachtel hat ein Volumen von $6\,dm^3$.
Die Kante a ist 1 dm kürzer als die Kante b und die Kante c ist 1 dm länger als die Kante b.
Ermitteln Sie die drei Kantenlängen mithilfe der Formel $V = a \cdot b \cdot c$ und mithilfe des Graphen von V.

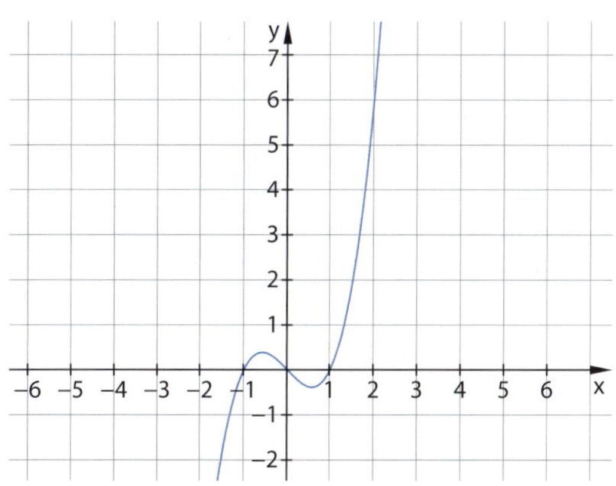

Die Kanten haben die Längen a = ____ dm, b = ____ dm und c = ____ dm.

Zusatzaufgabe: Erläutern Sie die Schwierigkeit bei der rechnerischen Bestimmung.

1 Kreuzen Sie Zutreffendes an.

a) Terme ganzrationaler Funktionen sind …	☐ $x^2 + 2^x$	☐ $x^2 + \sqrt{2 \cdot x}$	☐ $x^2 \cdot (3 - x)$	☐ $x + 1$
b) Nullstellen von $f(x) = 2x^3 - 2x$ sind …	☐ $x = -1$	☐ $x = 2$	☐ $x = 0$	☐ $x = 1$
c) Die Graphen zu den Funktionstermen sind symmetrisch zur y-Achse.	☐ x^6	☐ $x^4 - 3x$	☐ $5x^{100} - 3x^{50}$	☐ $2x^3 \cdot (x^2 - 4x)$
d) Die Graphen zu den Funktionstermen sind punktsymmetrisch zum Ursprung.	☐ $x^3 - x + 1$	☐ $2x$	☐ $x(x^2 - 2)$	☐ $2x^{51} - 4x^{27}$
e) Die Funktion $f(x) = (x^2 - 4) \cdot (x^2 - 1)$ hat … Hochpunkte (H) und … Tiefpunkte (T).	☐ 2 T und 1 H	☐ 2 H und 1 T	☐ 2 T und 0 H	☐ 1 T und 0 H
f) $f(x) = 0{,}1 \cdot (x + 5) \cdot (x + 2) \cdot x^2 \cdot (x - 3)$ hat ein lokales Maximum im Intervall …	☐ $-5 \le x \le -2$	☐ $-2 \le x \le 1$	☐ $0 < x \le 2{,}5$	☐ $3 \le x \le 5$

2 Kreuzen Sie alle passenden Funktionsterme an.

Von einer ganzrationalen Funktion 3. Grades sind die Punkte A(0 | 0), B(1 | 10), C(6 | 0) und D(3 | 0) bekannt. Passende Funktionsterme zu dieser Funktion sind …

- ☐ $-x^3 + 9x^2 - 1$
- ☐ $x(x + 3)(x + 6)$
- ☐ $x^3 - 9x^2 + 18x$
- ☐ $x(18 - 9x + x^2)$
- ☐ $x(x - 3)(x - 6)$

Zum Graphen der abgebildeten ganzrationalen Funktion 3. Grades passt der Funktionsterm …

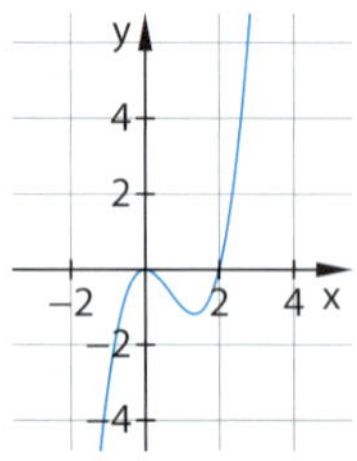

- ☐ $x^2 \cdot (x - 2)$
- ☐ $2x^2 - x^3$
- ☐ $x^2 \cdot (2 - x)$
- ☐ $-x^2 \cdot (2 + x)$
- ☐ $x^3 - 2x^2$

Ein Glücksrad hat zwei Sektoren. Die Wahrscheinlichkeit, dass beim Drehen der Gewinnsektor erscheint, ist p. Es wird zweimal gedreht. Die Wahrscheinlichkeit, dass dabei genau ein Gewinn erzielt wird, ist …

- ☐ p^2
- ☐ $p \cdot (1 - p)$
- ☐ $p + p$
- ☐ $2 \cdot p \cdot (1 - p)$
- ☐ $2p - 2p^2$

3 Geben Sie zwei Gemeinsamkeiten der ganzrationalen Funktionen f, g und h an.

$f(x) = x^2(x + 3)$ $g(x) = 0{,}6x^3 + 1{,}8x^2$ $h(x) = -x^2(3 + x)$

____

____

4 Geben Sie das Globalverhalten der Funktion f mit $f(x) = 2x^{15} - 3x^8 + 2x - 3$ an.

Für $x \to \infty$ gilt ____________ Für $x \to -\infty$ gilt ____________

5 Der Grad einer ganzrationalen Funktion ist ungerade.
Begründen Sie, weshalb ihr Graph die x-Achse mindestens einmal schneidet.

____

____

____

____

____

6 Die ganzrationale Funktion 3. Grades f wurde mit ihrem lokalen Tiefpunkt und ihrem lokalen Hochpunkt dargestellt.

a) Ergänzen Sie die Tabelle.

Funktion	Tiefpunkt	Hochpunkt
$g(x) = f(x) + 2$		
$h(x) = f(x + 1)$		
$k(x) = f(-x)$		
$m(x) = -0{,}5 \cdot f(x)$		

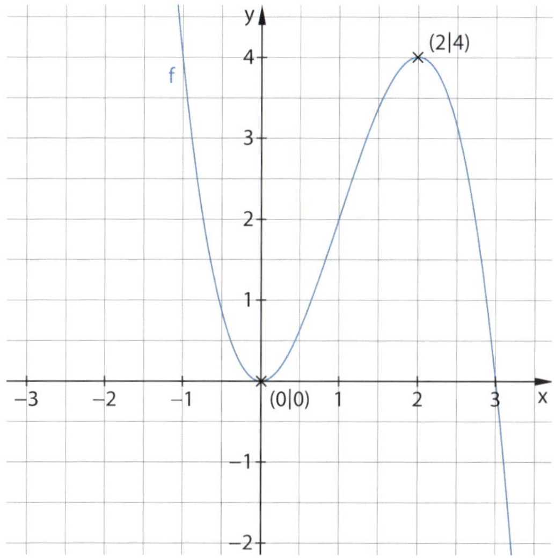

b) Geben Sie die doppelte und die einfache Nullstelle von f an.
doppelte Nullstelle: ______ einfache Nullstelle: ______

c) Die Funktion f hat eine Gleichung der Form
$f(x) = a \cdot x^2 \cdot (x - d)$ mit $a, d \in \mathbb{R}$.
Ermitteln Sie die Gleichung von f.

______

______

7 *Was lohnt sich?*

Kosten k: $k(x) = 2x^3 - 12x^2 + 26x + 20$

Umsatz u: $u(x) = 20x$

Gewinn g: $g(x) = u(x) - k(x)$

x steht für die Anzahl der Produkte mit $(x \in \mathbb{R}; x \geq 0)$.

$g(x)$ *steht für den Betrag in Euro.*

Ermitteln Sie mithilfe eines GTR die Schnittpunkte der Funktion g mit den Achsen und lokale Extrempunkte.
Geben Sie die praktische Bedeutung dieser Punkte im Sachzusammenhang an.

______

______

______

______

8 Das Bild zeigt den Graphen der Funktion f.
Im Intervall $-\sqrt{2} < x < \sqrt{2}$ ist dem Graphen ein Rechteck ABCD einbeschrieben.
Der Punkt B hat die Koordinaten $B(u|f(u))$ mit $0 < u < \sqrt{2}$.

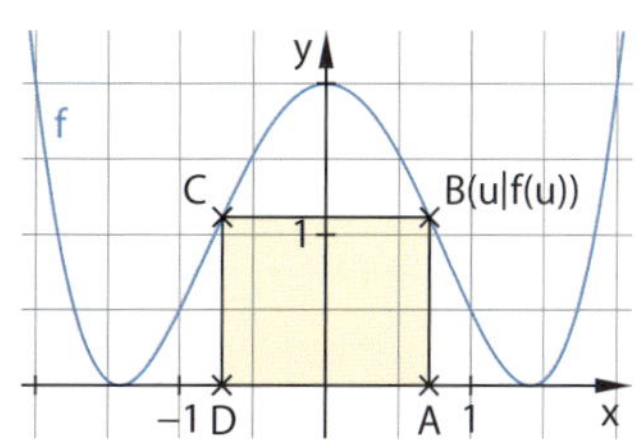

a) Kreuzen Sie die passende Funktionsgleichung an.

- ☐ $f(x) = 0{,}5x^4 - 2x^2 + 2$
- ☐ $f(x) = 0{,}5x^4 - 2x^3$
- ☐ $f(x) = 0{,}5x^2 - 2x + 2$
- ☐ $f(x) = 0{,}5x^3 - 2x^2 + 2$

b) Geben Sie die Seitenlängen des Rechtecks für $u = 1$ an.
Seite $\overline{AD}$: ______ Seite $\overline{AB}$: ______

c) Stellen Sie sich vor, dass das Rechteck ABCD für $u = 1$ um die y-Achse rotiert und ein Zylinder entsteht.
Geben Sie den Radius, die Höhe und das Volumen des Zylinders an.

Radius: ______ Höhe: ______ Volumen: ______

Basisaufgaben

1 Mittlere Änderungsrate: Ermitteln Sie zeichnerisch und rechnerisch die mittlere Änderungsrate m von f in den Intervallen.

Hilfe: Zeichnen Sie jeweils als Erstes die passende Sekante und ein Steigungsdreieck ein. Eine Gerade durch die Punkte $A(a|f(a))$ und $B(b|f(b))$ hat die Steigung $m = \frac{f(b) - f(a)}{(b - a)}$.

a) Intervall $[-3; -2]$
$A(-3|-2); B(-2|1)$ $\quad m = \frac{\_\_ - (-\_\_)}{-2 - (-3)} = \frac{\_\_}{1} = \_\_\_\_$

b) $I = [-2; 2]$
$A(-2|\_\_\_\_); B(2|\_\_\_\_)$ $\quad m = \_\_\_\_\_\_\_\_ = \_\_\_\_$

c) $I = [2; 6]$
$A(\_\_\_\_|\_\_\_\_); B(\_\_\_\_|\_\_\_\_)$ $\quad m = \_\_\_\_\_\_\_\_$

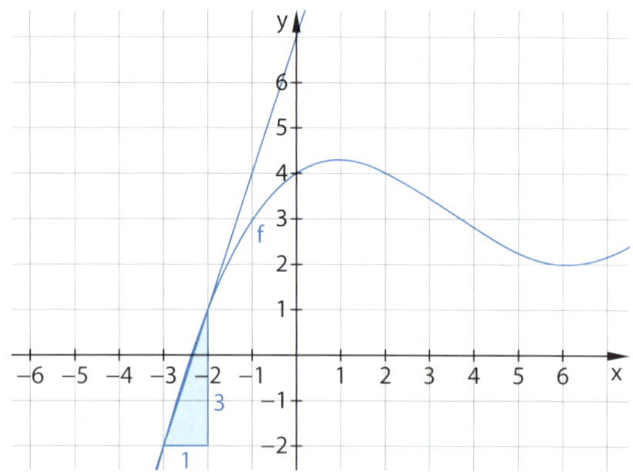

2 Berechnen Sie die mittlere Änderungsrate der Funktion f im Intervall $[a; b]$ mit dem Differenzenquotienten $\frac{f(b) - f(a)}{(b - a)}$.

Hilfe: Berechnen Sie zuerst die y-Werte.

a) $f(x) = x^2 + 1; I = [-2; 3]$ $\quad A(-2|\_\_\_\_); B(3|\_\_\_\_)$ $\quad m = \frac{\_\_ - \_\_}{3 - (-2)} = \_\_\_\_\_\_\_\_$

b) $f(x) = 0{,}5x^2; I = [-2; 3]$ $\quad A(-2|\_\_\_\_); B(3|\_\_\_\_)$ $\quad m = \frac{\_\_ - \_\_}{\_\_ - \_\_} = \_\_\_\_\_\_\_\_$

c) $f(x) = \sqrt{2^x}; I = [-2; 4]$ $\quad P_1(\_\_\_\_|\_\_\_\_); P_2(\_\_\_\_|\_\_\_\_)$ $\quad m = \_\_\_\_\_\_\_\_$

3 Die Grafik zeigt die Entwicklung der Geburten in Deutschland. Ergänzen Sie in den Tabellen Näherungswerte für die mittleren Änderungsraten der Geburten. Runden Sie auf Tausender. Zusatzaufgabe: Veranschaulichen Sie Ihre Tabellen grafisch. Was fällt auf?

Zeitraum	1960 bis 1969	1970 bis 1979	1980 bis 1989	1990 bis 1999	2000 bis 2009
mittlere Änderungsrate					

Zeitraum	1965 bis 1974	1975 bis 1984	1985 bis 1994	1995 bis 2004	2005 bis 2014
mittlere Änderungsrate					

4 Lokale Änderungsrate: Geben Sie näherungsweise die Ableitung der Funktion f an der Stelle x_0 an.

Hilfe: Die lokale Änderungsrate von f an der Stelle x_0 nennt man Ableitung $f'(x_0)$.
Ergänzen Sie jeweils möglichst exakt die Tangente an der Stelle x_0 und geben Sie deren Steigung an.

a) $x_0 = 0$ $f'(0) = m = \frac{\quad}{4-0} = \frac{\quad}{4} =$ ______

b) $x_0 = 6$ $f'(6) = m =$ ______

c) $x_0 = -6$ $f'(-6) = m =$ ______

d) $x_0 = -2$ $f'(-2) = m =$ ______

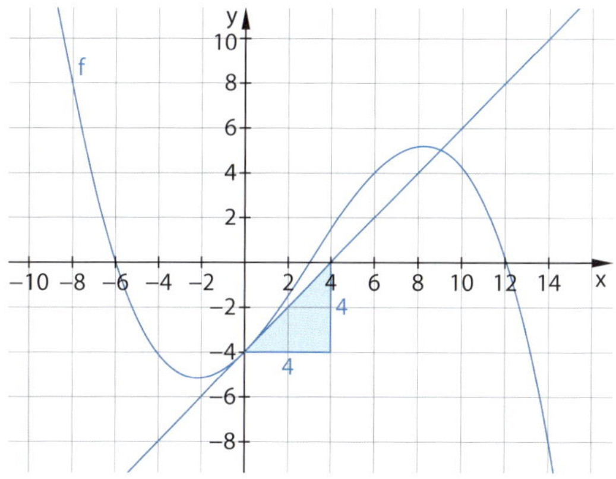

5 Es wird die Steigung des Graphen betrachtet.

a) Ergänzen Sie die passenden Punkte.

Die Steigung ist null in den Punkten ______

Die Steigung ist positiv in den Punkten ______

Die Steigung ist negativ in den Punkten ______

b) Ordnen Sie die Punkte nach der Steigung.
Beginnen Sie mit dem Punkt mit der geringsten Steigung.

______

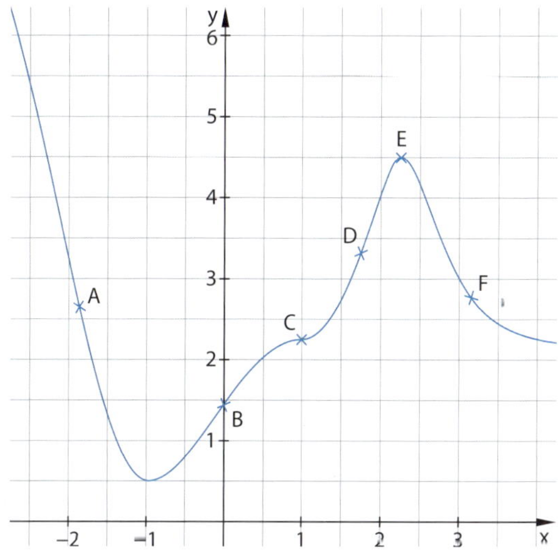

6 Bestimmen Sie näherungsweise die Ableitung der Funktion an der Stelle x_0.

a) $f(x) = x^2$; $x_0 = 3$ Vermutlich ist $f'(3) =$ ____

x	f(x)	$\frac{f(x) - f(x_0)}{x - x_0}$
3,1	9,61	$\frac{9{,}61 - 9}{3{,}1 - 3} \approx 6{,}1$
3,01		
3,001		
3,00001		

b) $f(x) = x^4$; $x_0 = 2$ Vermutlich ist $f'(2) =$ ____

x	f(x)	$\frac{f(x) - f(x_0)}{x - x_0}$

7 Kreuzen Sie an, welcher der Werte am ehesten dem Wert der 1. Ableitung der Funktion f an der Stelle x_0 entspricht.

Hilfe: Rechnen Sie wie in der Tabelle bei Aufgabe 6.

a) $f(x) = x^3$; $x_0 = 2$ ☐ $f'(2) = 0$ ☐ $f'(2) = 1$ ☐ $f'(2) = 12$ ☐ $f'(2) = -20$

b) $f(x) = \sqrt{x-1}$; $x_0 = 5$ ☐ $f'(5) = 0$ ☐ $f'(5) = 0{,}25$ ☐ $f'(5) = 1$ ☐ $f'(5) = -1$

c) $f(x) = \frac{32}{x^2}$; $x_0 = 4$ ☐ $f'(4) = -0{,}5$ ☐ $f'(4) = -1$ ☐ $f'(4) = 0{,}5$ ☐ $f'(4) = 1$

d) $f(x) = x^3 - 2x^2$; $x_0 = 1$ ☐ $f'(1) = -1$ ☐ $f'(1) = 0$ ☐ $f'(1) = 1$ ☐ $f'(1) = 2$

8 Ableitung an einer Stelle: Berechnen Sie die 1. Ableitung der Funktion f an der Stelle x_0 als Grenzwert des Differenzenquotienten.

$f'(x) = \lim\limits_{h \to 0} \frac{f(x) - f(x_0)}{x - x_0} = \lim\limits_{h \to 0} \frac{f(x_0 + h) - f(x_0)}{h}$

a) $f(x) = 0{,}25x^2;\ x_0 = 2$

1. Einsetzen von x_0 in den Differenzenquotienten mit h

$\frac{f(x_0 + h) - f(x_0)}{h}$

$= \frac{0{,}25\,(2 + h)^2 - (0{,}25 \cdot \quad)}{h}$

2. Umformen mit dem Ziel, h aus dem Nenner zu kürzen

= ______

= ______

= ______

= ______

3. Ermitteln des Grenzwerts für $h \to 0$

$f'(2) = \lim\limits_{h \to 0} (1 + 0{,}25h) =$ ____

b) $f(x) = 0{,}5x^2 - 1;\ x_0 = -1$

$\frac{f(x_0 + h) - f(x_0)}{h}$

$= \frac{\quad - \quad}{h}$

= ______

= ______

= ______

= ______

$f'(1) = \lim\limits_{h \to 0} (-1 + 0{,}5h) =$ ____

9 Ergänzen Sie die Tabelle.

Funktion f und Stelle x_0	Differenzenquotient mit h als einziger Variable	Limes für h gegen 0
$f(x) = 5x^2;\ x_0 = 3$		$f'(3) = \lim\limits_{h \to 0} (30 + 5h) =$
$f(x) = 4x^2 - 6;\ x_0 = 5$		$f'(5) = \lim\limits_{h \to 0} (40 + 4h) =$
$f(x) =$ $\qquad x_0 =$	$\frac{((1 + h) - 1)^3 - (1 - 1)^3}{h}$	$f'(\quad) = \lim\limits_{h \to 0} \left(h^2 - \frac{1}{h}\right) =$

Zusatzaufgabe: Formen Sie den Differenzenquotienten so um, dass h nicht im Nenner steht.

10 Tangentengleichung: Gegeben ist die Funktion f mit $f(x) = -0{,}25x^3 + 1$. Bestimmen Sie die Gleichung der Tangente t an den Stellen $x_1 = 2$ und $x_2 = 0$ zeichnerisch und rechnerisch.

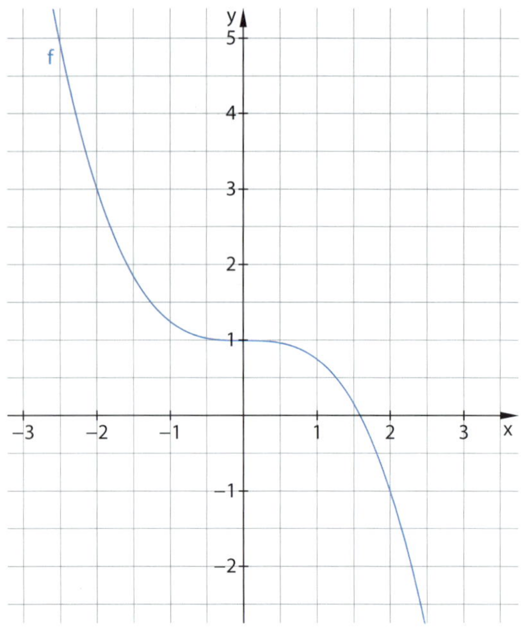

Tangente t an der Stelle $x_1 = 2$:

$m = f'(2) =$ ____

$f(2) =$ ______

______ somit gilt $b =$ ____ $t_1(x) =$ ____

Tangente t an der Stelle $x_2 = 0$:

$m = f'(0) =$ ____

$f(0) =$ ______

______

Weiterführende Aufgaben

11 Der Graph der Funktion f stellt die Fahrt einer S-Bahn zwischen den Haltestellen „H_1“ und „H_2“ dar.

a) Ergänzen Sie die Sätze zu wahren Aussagen.

① Die Steigung der Sekante s entspricht der ______________________

② Die Steigung der Tangente t entspricht der ______________________

b) Berechnen Sie mithilfe der Graphik die Durchschnittsgeschwindigkeit $\overline{v}$ der S-Bahn zwischen den Haltestellen H_1 und H_2 sowie die Momentangeschwindigkeit $v(0{,}625)$.

$\overline{v} = \frac{1125\,\text{m}}{1{,}25\,\text{min}} =$ ______________________

$v(0{,}625) \approx \frac{\qquad}{0{,}375\,\text{min}} =$ ______________________

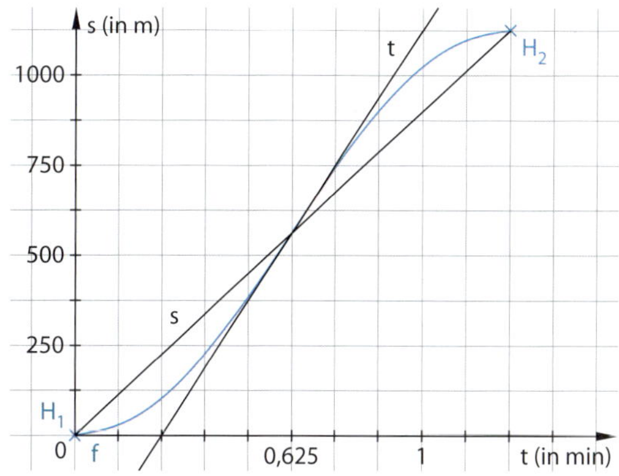

12 Paula erfasste alle fünf Minuten die Temperatur des beim Mittagessen übrig gebliebenen Eintopfs.

Zeit in min	0	5	10	15	20	25	30	35	40	45
Temperatur in °C	45	41	37,6	34,8	32,4	30,4	28,7	27,3	26,2	25,2

a) Veranschaulichen Sie den Temperaturverlauf im Koordinatensystem.

b) Geben Sie die kleinste und die größte mittlere Änderungsrate der Temperatur in den betrachteten 5-Minuten-Intervallen an. Was fällt Ihnen auf?

____

____

____

____

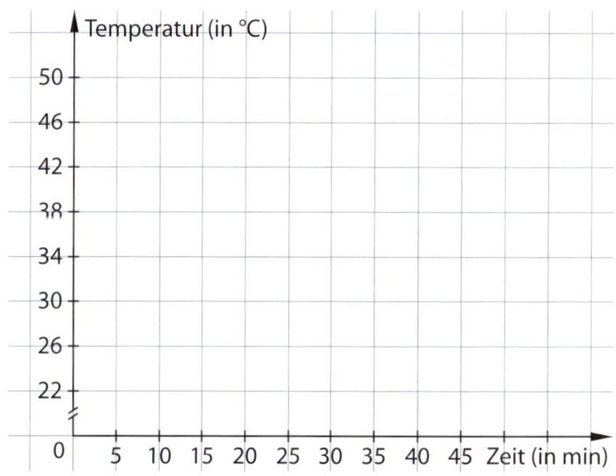

13 Die Abbildung zeigt den Pegelverlauf der Ems bei Rheine.

a) Berechnen Sie die mittlere Änderungsrate pro Tag vom 10. bis 18.12.2017. Runden Sie sinnvoll.

____

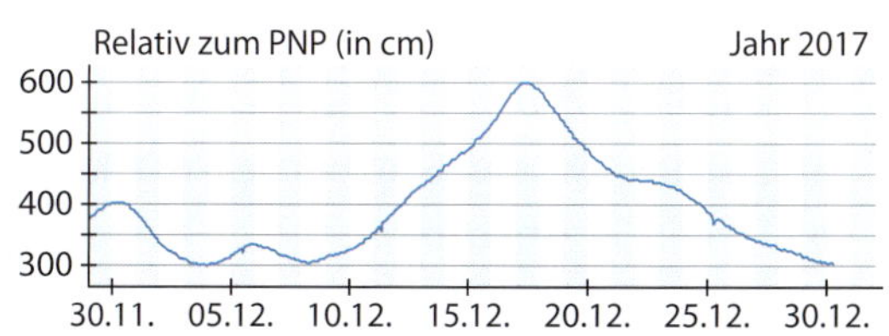

b) Erläutern Sie, dass die mittlere Änderungsrate pro Tag vom 1. bis 25.12.2017 keine sinnvolle Information über die tatsächliche Entwicklung liefert.

____

____

____

____

Basisaufgaben

1 Ergänzen Sie die Anwendungen zum Begriff **1. Ableitung einer Funktion f an einer Stelle x_0.**

Hilfe: $f'(x_0) = \lim\limits_{h\to 0} \frac{f(x_0+h) - f(x_0)}{h}$

a) Wenn sich der Differenzenquotient $\frac{f(x_0) - f(x)}{x_0 - x}$ einer Funktion f bei Annäherung an die Stelle x_0 von links oder rechts ______________________ die 1. Ableitung $f'(x_0)$ der Funktion f an der Stelle x_0 an.

b) Ist f(t) die Weg-Zeit-Funktion der geradlinigen Bewegung eines Massepunktes, dann gibt $f'(t_0)$ ______________________ an.

c) Die 1. Ableitung einer Funktion f an einer Stelle x_0 gibt die Steigung ______________________ ______________________ an.

d) Beschreibt die Funktion f das Wachstum einer Bakterienkultur in Abhängigkeit von der Zeit x, so gibt $f'(x_0)$ die ______________ Wachstumsrate ______________ an.

2 Behauptung: Die Funktion $f(x) = |x - 1|$ ist an der Stelle $x_0 = 1$ nicht differenzierbar.

a) Zeichnen Sie den Graphen der Funktion f im Intervall $-3 \le x \le 5$.

b) Beschreiben Sie mit Worten, woran man anhand des Graphen einer Funktion erkennen kann, ob die Funktion an einer Stelle nicht differenzierbar ist.

c) Füllen Sie die Lücken im rechnerischen Nachweis der Behauptung.

$$|a| = \begin{cases} a; a \ge 0 \\ -a; a < 0 \end{cases}$$

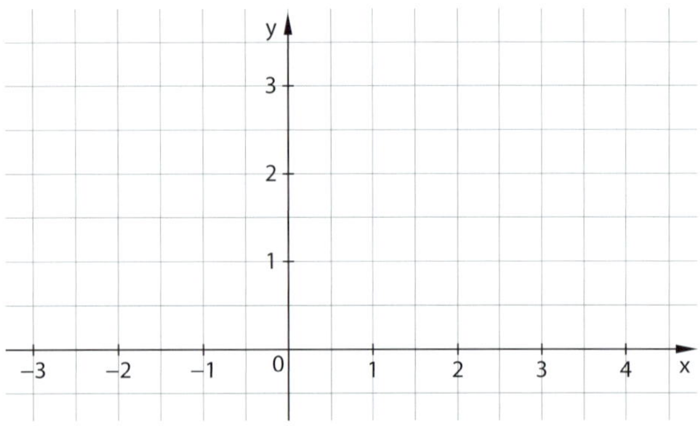

Beschreibung: ______________________

____

____

____

____

Annäherung an die Stelle $x_0 = 1$ von rechts: $\lim\limits_{\substack{h\to 0\\ h>0}} \frac{|1+h-1| - |1-1|}{h} = \lim\limits_{\substack{h\to 0\\ h>0}} \frac{|h|}{h} =$

Annäherung an die Stelle $x_0 = 1$ von links: $\lim\limits_{\substack{h\to 0\\ h<0}} \frac{|1+h-1| - |1-1|}{h} = \lim\limits_{\substack{h\to 0\\ h<0}} \frac{|h|}{h} =$

3 Behauptung: Die Funktion $f(x) = \begin{cases} x^2; x \le 2 \\ 4; x > 2 \end{cases}$ ist an der Stelle $x_0 = 2$ nicht differenzierbar.

a) Zeichnen Sie den Graphen der Funktion f im Intervall $-2 \le x \le 4$.

b) Führen Sie einen rechnerischen Nachweis der Behauptung.

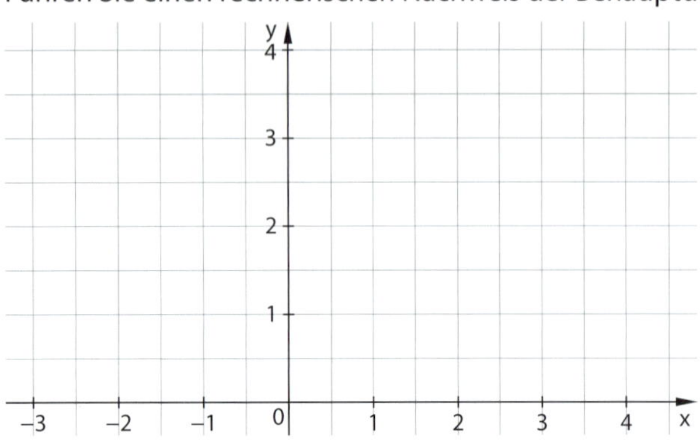

$\lim\limits_{\substack{h\to 0\\ h<0}} \frac{(2+h)^2 - 2^2}{h} =$

$\lim\limits_{\substack{h\to 0\\ h>0}} \frac{4-4}{h} =$

____

____

____

Weiterführende Aufgaben

4 Die Funktion $h(x) = \frac{1}{2}x^2$ ist an jeder Stelle x differenzierbar, die Funktion $g(x) = |x|$ ist an der Stelle $x_0 = 0$ nicht differenzierbar.

a) Ordnen Sie die Funktionen f_1, f_2 und f_3 durch Verbindungslinien den Graphen zu.

$f_1(x) = h(x) \cdot g(x)$ $\qquad$ $f_2(x) = h(x) + g(x)$ $\qquad$ $f_3(x) = h(x) - g(x)$

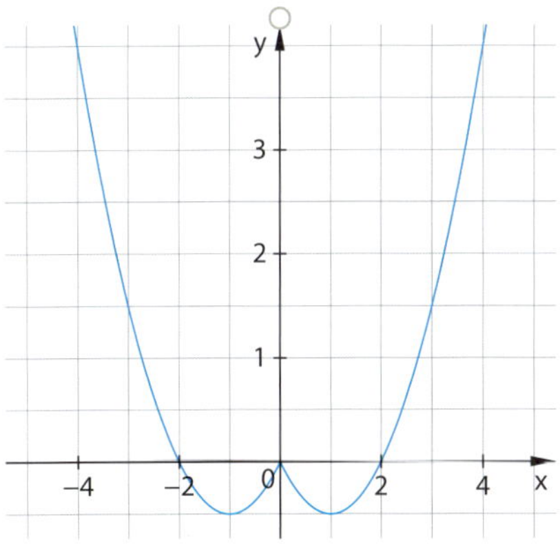

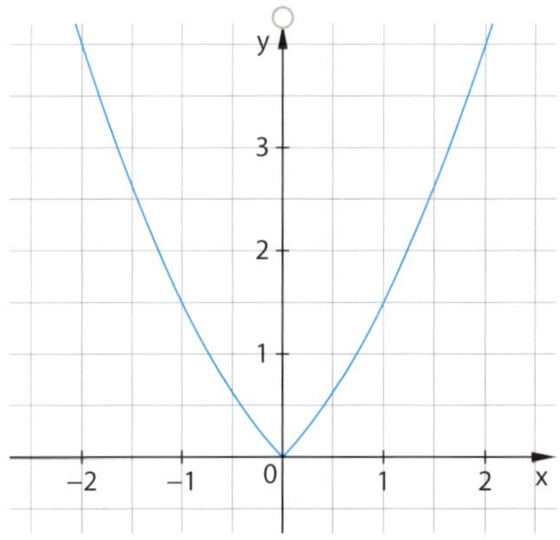

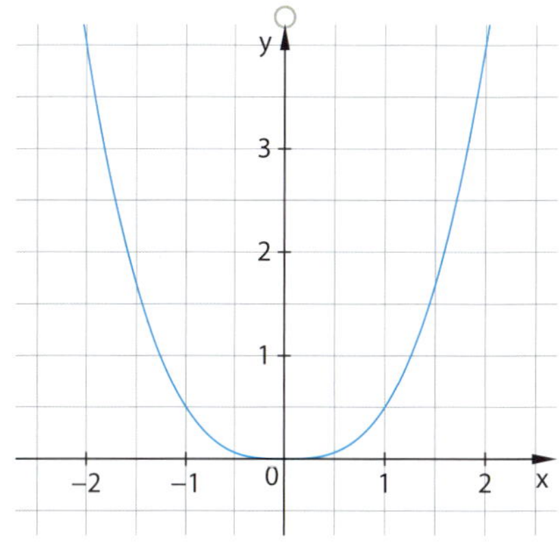

b) Entscheiden Sie, ob f_1, f_2 und f_3 an der Stelle $x_0 = 0$ differenzierbar sind. Geben Sie den Wert der 1. Ableitung an, falls die Funktion dort differenzierbar ist.

____

____

c) Behauptung: f_4 mit $f_4(x) = \frac{h(x)}{g(x)}$ ist an der Stelle $x_0 = 0$ weder differenzierbar noch stetig. Ergänzen Sie die Begründung dieser Behauptung.

Begründung: $f_4(x) = \frac{\frac{1}{2}x^2}{|x|} = \frac{\frac{1}{2} \cdot |x| \cdot |x|}{|x|} = \frac{1}{2} \cdot |x|$ mit $x \neq 0$. Wegen

______________________ bei $x = 0$ ist f_4 mit $f_4(x) = \frac{h(x)}{g(x)}$ nicht stetig.

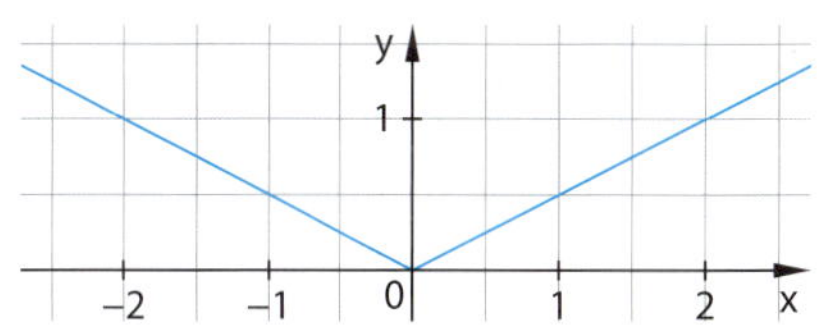

Annäherung an die Stelle $x_0 = 0$ von rechts: ______________________

und von links: ______________________

Der linksseitige Grenzwert des Differenzenquotienten an der Stelle $x_0 = 0$ und der rechtsseitige Grenzwert sind ____________, deshalb ist $f_4(x)$ hier nicht differenzierbar.

5 Mit einer Mathematiksoftware wurde die 1. Ableitung von f mit $f(x) = x$ und $0 \le x \le 4$ berechnet. Kreuzen Sie an, wer Recht hat.

☐ Andrea: Die Software macht einen Fehler, denn die 1. Ableitung wird nur für das Intervall $0 < x < 4$ angegeben, aber f(x) ist definiert für $0 \le x \le 4$.

☐ Bea: Die Software macht keinen Fehler, denn an den Intervallgrenzen lassen sich nur einseitige Grenzwerte des Differenzenquotienten berechnen. Damit existiert die 1. Ableitung weder für $x = 0$ noch für $x = 4$ im definierten Sinne.

Basisaufgaben

1 Ableitung an einer Stelle: Berechnen Sie die 1. Ableitung der Funktion f an der Stelle x_0 als Grenzwert des Differenzenquotienten.

$f'(x) = \lim\limits_{h \to 0} \frac{f(x) - f(x_0)}{x - x_0} = \lim\limits_{h \to 0} \frac{f(x_0 + h) - f(x_0)}{h}$

a) $f(x) = 0{,}25x^2;\ x_0 = -4$

b) $f(x) = 0{,}5x^2 - 1;\ x_0 = 1$

1. Einsetzen von x_0 in den Differenzenquotienten mit h

a) $\frac{f(x_0 + h) - f(x_0)}{h}$

$= \frac{0{,}25(2 + h)^2 - (0{,}25 \cdot \quad)}{h}$

b) $\frac{f(x_0 + h) - f(x_0)}{h}$

$= \frac{\quad - \quad}{h}$

2. Umformen mit dem Ziel, h aus dem Nenner zu kürzen

a) = ______

= ______

b) = ______

= ______

3. Ermitteln des Grenzwerts für $h \to 0$

a) $f'(2) = \lim\limits_{h \to 0}(1 + 0{,}25h) =$ ____

b) $f'(1) = \lim\limits_{h \to 0}(-1 + 0{,}5h) =$ ____

2 Ergänzen Sie die Tabelle.

Funktion f und Stelle x_0	Differenzenquotient mit h als einziger Variable	Limes für h gegen 0
$f(x) = 5x^2;\ x_0 = 3$		$f'(3) = \lim\limits_{h \to 0}(30 + 5h) =$
$f(x) = 4x^2 - 6;\ x_0 = 5$		$f'(5) = \lim\limits_{h \to 0}(40 + 4h) =$
$f(x) =$ $\quad x_0 =$	$\frac{((1 + h) - 1)^3 - (1 - 1)^3}{h}$	$f'(\ ) = \lim\limits_{h \to 0}(h^2) =$

Zusatzaufgabe: Formen Sie den Differenzenquotienten so um, dass h nicht im Nenner steht.

3 Ableitungsfunktionen und Ableitungen an der Stelle x: Tragen Sie die gegebenen Ableitungsfunktionen und Ableitungen an der Stelle x ein. Rechnen Sie, wenn nötig, auf einem zusätzlichen Blatt Papier.

$f'(x) = 2x$ | $f'(x) = 2x + 2$ | $f'(x) = -14x - 2$ | $f'(x) = 14x$ | $f'(-1) = 12$ | $f'(x) = -2x - 2$

$f'(2) = 6$ | $f'(x) = -2x + 2$ | $f'(6) = 12$ | $f'(10) = -18$ | $f'(0{,}5) = 7$ | $f'(2) = -6$

Funktion f	Ableitungsfunktion f'	Ableitung an der Stelle x
$f(x) = x^2$		
$f(x) = 7x^2$		
$f(x) = x^2 + 5$		
$f(x) = x^2 + 2x$		
$f(x) = -x^2 + 2x$		
$f(x) = -x^2 + 2x - 7$		
$f(x) = -x^2 - 2x - 0{,}75$		
$f(x) = -7x^2 - 2x - 4$		

4 Ableitungsfunktion: Betrachten Sie den Graphen von f mit $f(x) = x^3 - 6x^2 + 9x$ im Intervall $-0{,}1 < x < 4$.

Hilfe: Der Funktionswert der Ableitungsfunktion f′ an der Stelle x entspricht der Steigung von f an dieser Stelle.

a) Ergänzen Sie die Zahlen und skizzieren Sie passende Tangenten am Graphen f.

① zur x-Achse parallele Tangenten

$f'(\_\_) = 0$ $\qquad$ $f'(\_\_) = 0$

② Tangenten mit positiver Steigung

$f'(x) > 0$ für ___ $< x <$ ___ und ___ $< x <$ ___

③ Tangenten mit negativer Steigung

$f'(x) < 0$ für ___ $< x <$ ___

b) Skizzieren Sie die Ableitungsfunktion f′ mit $f'(x) = 3(x-2)^2 - 3$ mit $S(2|-3)$. Nutzen Sie Ihre Ergänzungen bei Teilaufgabe a.

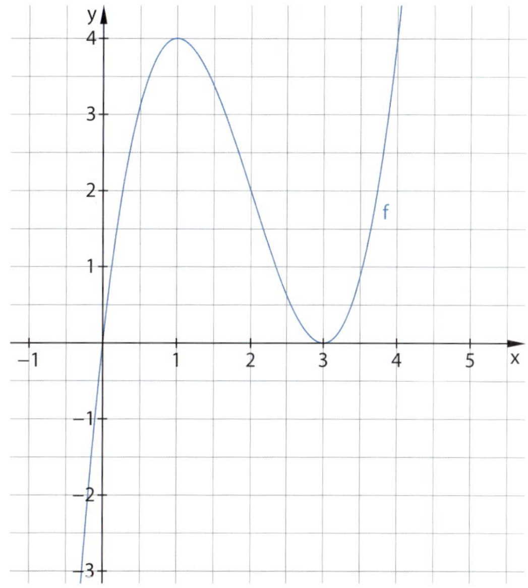

5 In dem Koordinatensystem ist der Graph einer Funktion f abgebildet.

a) Ergänzen Sie ganze Zahlen in der Tabelle.

Hilfe: Zeichnen Sie passende Tangenten an den Graphen von f.

x	0	1	2	3	4	5
f′(x)						

b) Geben Sie passende Teilintervalle für den Graphen im Intervall $0 < x < 5$ an.

$f'(x) > 0$ für ___ $< x <$ ___

$f'(x) < 0$ für ____________

c) Skizzieren Sie den Graphen der Ableitungsfunktion f′ im Intervall $0 < x < 5$.

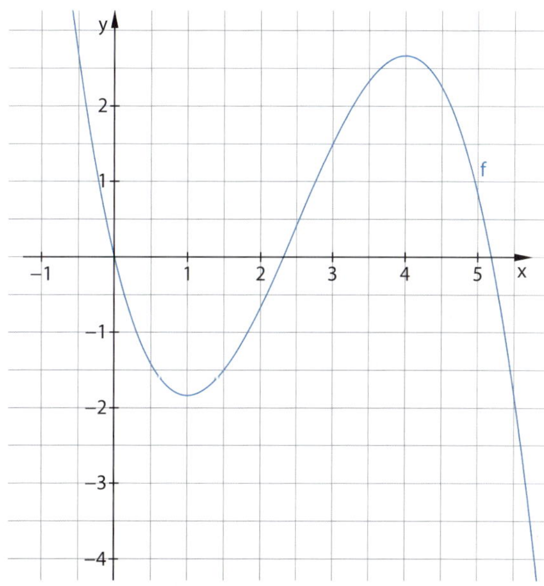

6 Eigenschaften einer Funktion und ihrer Ableitungsfunktion: Verbinden Sie zusammenpassende Paare mit Linien.

Der Graph von f …	Der Graph von f′ …
ist fallend (Steigung m mit m __ 0)	schneidet die x-Achse
parallel zur x-Achse	verläuft unterhalb der x-Achse
fällt am steilsten ab	verläuft entlang der x-Achse
ist steigend (Steigung m mit m __ 0)	hat einen Hochpunkt
hat einen Extrempunkt	verläuft oberhalb der x-Achse
ist eine Gerade	hat einen Tiefpunkt
steigt am steilsten an	ist parallel zur x-Achse

Weiterführende Aufgaben

7 Die Abbildung zeigt das Weg-Zeit-Diagramm der geradlinigen Bewegungen eines Massepunktes von A über B nach C. Kreuzen Sie richtige Lösungen an.

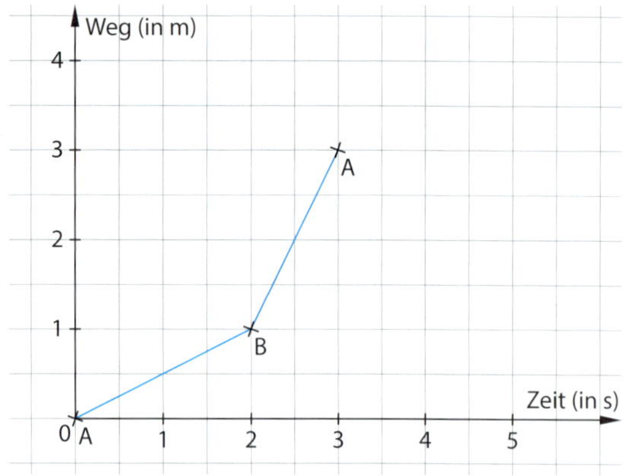

a) Die Durchschnittsgeschwindigkeit des Massepunktes zwischen A und C beträgt

☐ 2 m/s ☐ 3,6 km/h
☐ 6 dm/min ☐ 1 m/s

b) Der Massepunkt muss sich von C aus in der nächsten Sekunde bis zu einem weiteren Punkt D mindestens noch so viele Meter bewegen, wenn er für den Gesamtweg von A nach D eine Durchschnittsgeschwindigkeit von 1 m/s nicht unterschreiten soll:

☐ 0,5 m ☐ 2,0 m ☐ 1,5 m ☐ 1,0 m

8 Die Bewegung eines Fahrzeuges lässt sich für den Zeitraum $0 \le t \le 15$ mathematisch modellieren durch die Funktion v mit $v(t) = -0{,}01t^3 + 0{,}2t^2$; dabei beschreiben v die Geschwindigkeit in m/s und t die Zeit in s. Der Graph von v ist der Abbildung zu entnehmen. Entnehmen Sie der Gleichung oder dem Graphen Näherungswerte für

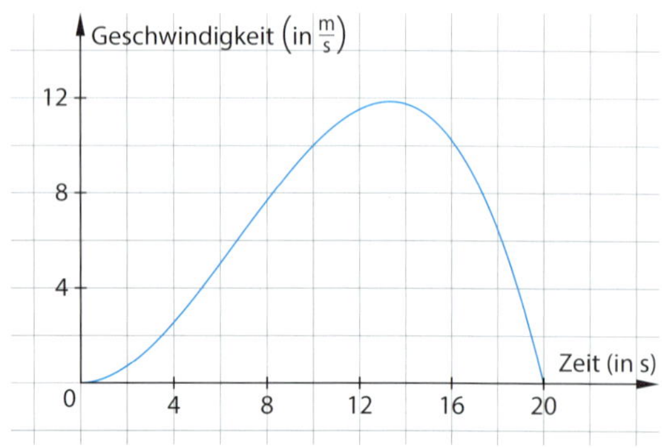

a) die Momentangeschwindigkeit für t = 2 s: ______________________

b) die Beschleunigung a(t) für t = 2: ______________________

c) die durchschnittliche Beschleunigung im Intervall $0 \le t \le 15$: ______________________

d) den zurückgelegten Weg im Intervall $6 \le t \le 10$: ca. ______________________

9 In ein zylinderförmiges Glas wird zügig Bier gegossen, so dass sich eine kräftige Schaumsäule bildet. Die Stoppuhr wird sofort in Gang gesetzt und die absolute Schaumhöhe wird im 30-Sekunden-Takt gemessen, insgesamt ca. 5 Minuten lang. Die Tabelle enthält die Messwerte.

t in min	0,5	1,0	1,5	2,0	2,5	3,0	3,5	4,0	4.5	5,0
h in cm	9,8	7,6	5,9	4,5	3,5	2,7	2,1	1,6	1,2	1,0
Änderungsrate										

a) Veranschaulichen Sie die Messwerte im Diagramm.

b) Berechnen Sie die durchschnittliche Änderungsrate zweier paarweise aufeinander folgender Höhen und tragen Sie diese in die Tabelle ein.

c) Geben Sie einen Schätzwert an für die momentane Änderungsrate der Höhe für t = 3: ______________________

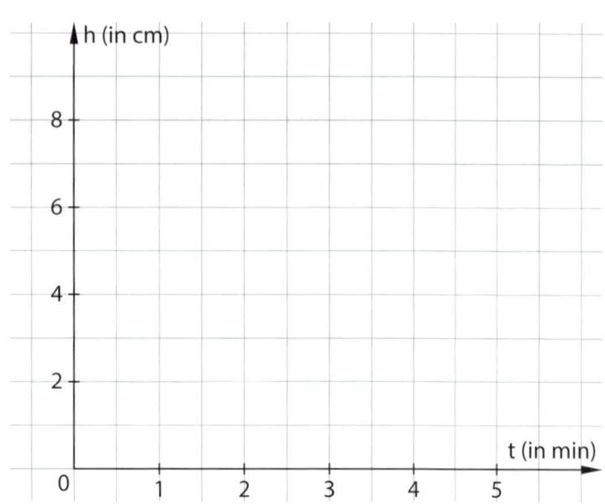

10 Graphen von Funktionen und Ableitungsfunktionen:

Ordnen Sie dem Graphen der Funktion den der Ableitungsfunktion zu.
Beschriften Sie dazu die Graphen mit f, g, h, k bzw. f′, g′, h′, k′.
Markieren Sie die für Ihre Entscheidung maßgeblichen Punkte auf den Graphen.
Zusatzaufgabe: Begründen Sie Ihre Zuordnungen.

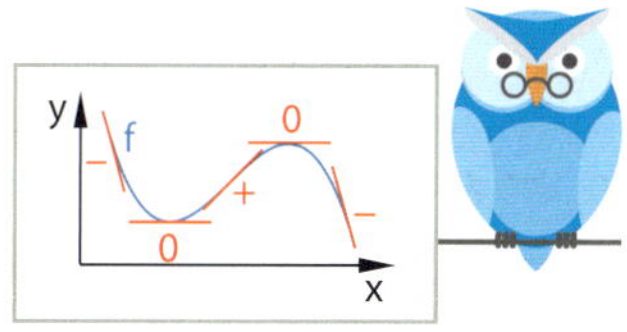

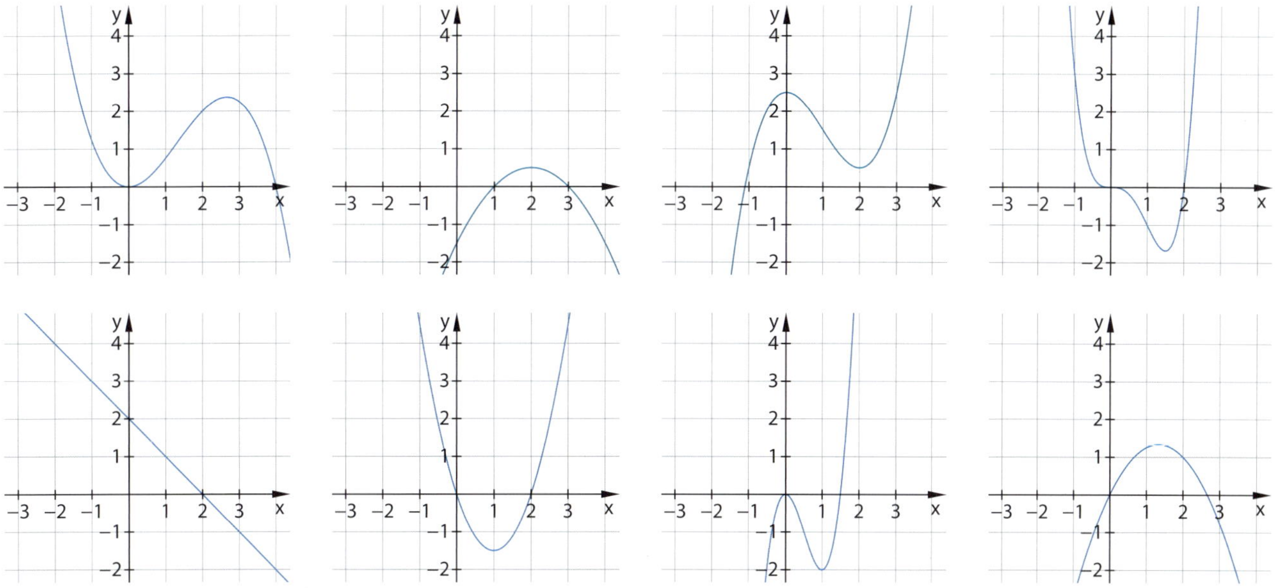

11 Die Abbildung zeigt das Weg-Zeit-Diagramm einer Autofahrt. Auf der Strecke besteht eine Geschwindigkeitsbegrenzung von $60\,\frac{\text{km}}{\text{h}}$.

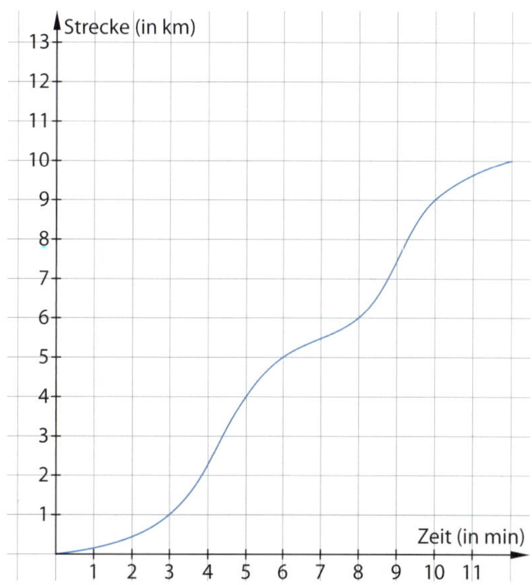

a) Berechnen Sie die Durchschnittsgeschwindigkeit im abgebildeten Intervall in Kilometern pro Stunde.

____

____

b) Ermitteln Sie die Steigung des Graphen in $\frac{\text{km}}{\text{min}}$, die einer Momentangeschwindigkeit von $60\,\frac{\text{km}}{\text{h}}$ entspricht.

____

____

c) Markieren Sie die Teile des Graphen, bei denen die Höchstgeschwindigkeit von $60\,\frac{\text{km}}{\text{h}}$ überschritten wird.

12 Ergänzen Sie zu wahren Aussagen.

Wenn der Graph von f′ oberhalb der x-Achse verläuft, dann ist die Steigung von f ______________________________

Wenn der Graph von f′ unterhalb der x-Achse verläuft, dann ist die Steigung von f ______________________________

Wenn der Graph von f′ die x-Achse schneidet, dann hat f an der Stelle ______________________________

Wenn der Graph von f′ eine Parabel ist, dann ist f ______________________________

Wenn der Graph von f eine Gerade ist, dann verläuft der Graph von f′ ______________________________

Betrachtet man die Funktion g = –f, dann gilt für g′: ______________________________

Basisaufgaben

1 Potenzen mit natürlichen Exponenten: Kreuzen Sie die richtigen Antworten an.

$f(x) = x^3$:	☐ $f'(x) = x^2$	☐ $f'(x) = x^4$	☐ $f'(x) = 3x^2$
$f(x) = x^m$:	☐ $f'(x) = (m-1)x^m$	☐ $f'(x) = x^{m-1}$	☐ $f'(x) = mx^{m-1}$
$v(u) = u^5$:	☐ $v'(u) = u^4$	☐ $v'(u) = 4u^5$	☐ $v'(u) = 5u^4$
$f(x) = a^2$:	☐ $f'(x) = 2a^1$	☐ $f'(x) = 0$	☐ $f'(x) = a^2$
$a(t) = t$:	☐ $a'(t) = 0$	☐ $a'(t) = t^{1-1}$	☐ $a'(t) = 1$
$f(x) = x^{3n}$:	☐ $f'(x) = 3x^{2n}$	☐ $f'(x) = 3n \cdot x^{2(n-1)}$	☐ $f'(x) = 3n \cdot x^{2n-1}$

2 Potenzen mit rationalen Exponenten: Ordnen Sie durch Pfeile zu.

$f(x) = x^{-4}$ ○ $f(x) = x^{\frac{1}{5}}$ ○ $f(x) = \frac{1}{\sqrt[5]{x}}$ ○

○ $f'(x) = \frac{(-4)}{x^5}$ ○ $f'(x) = 0{,}2 \cdot \frac{1}{\sqrt[5]{x^4}}$

○ $f'(x) = \frac{1}{5}x^{-\frac{4}{5}}$ ○ $f'(x) = -\frac{1}{5x^{1,2}}$ ○ $f'(x) = \frac{\left(-x^{-\frac{6}{5}}\right)}{5}$

$f(x) = x^r;\ r \in \mathbb{Q}$
$f'(x) = r \cdot x^{r-1}$

3 Bestimmen Sie die Ableitung der Funktion f an der Stelle x_0, falls möglich.

Funktion f	Stelle x_0	Ableitungsfunktion f'	$f'(x_0)$
$f(x) = x^6$	$x_0 = -1$		
$f(x) = \frac{1}{x}$	$x_0 = 0$		
$f(x) = \frac{1}{\sqrt{x}}$	$x_0 = 1$		
$f(x) = 5$	$x_0 = 5$		

4 Gegeben ist die Funktion $f(x) = x^2$.

a) Ermitteln Sie die Stelle x_0, an der die Tangente an den Graph von f denselben Anstieg hat wie die Sekante durch die Punkte $P(0\,|\,f(0))$ und $Q(1\,|\,f(1))$.

b) Bestimmen Sie die Gleichung dieser Tangente.

Anstieg der Sekante: ______________________

Ableitung von f: ______________________

Stelle x_0: ______________________

Tangentengleichung: ______________________

____

Zusatzaufgabe: Zeichnen Sie die Tangente ein.

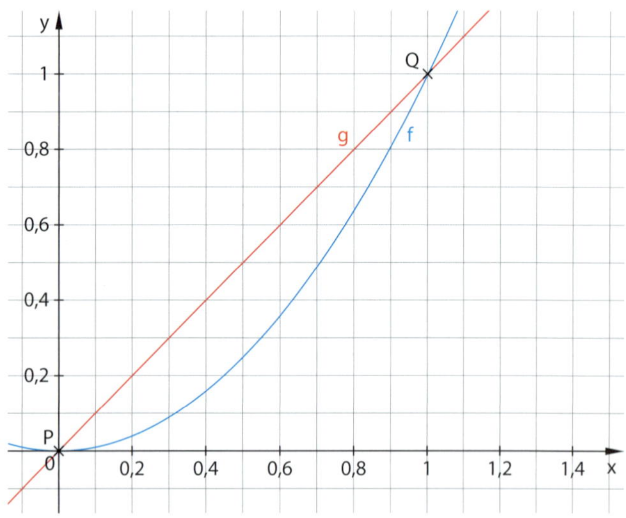

c) Beschreiben Sie, wie sich der Anstieg der Gerade durch die Punkte P und Q ändert, wenn Q entlang der Parabel immer näher an P heranrückt und schließlich P erreicht.

____

____

Weiterführende Aufgaben

5 Kreuzen Sie alle die Funktionen f an, die zur gegebenen Ableitungsfunktion f′ gehören.

$f'(x) = 7x^6$:	☐ $f(x) = 7x^7$	☐ $f(x) = x^7 + 7$	☐ $f(x) = x^7 - 7$
$f'(x) = \frac{1}{3\sqrt[3]{x^2}}$:	☐ $f(x) = \sqrt[3]{x} + 1$	☐ $f(x) = x^{\frac{1}{3}} - 2$	☐ $f(x) = x^{\frac{2}{6}}$
$f'(x) = \frac{-1}{2\sqrt[2]{x^3}}$:	☐ $f(x) = x^{-\frac{1}{2}} - 2$	☐ $f(x) = \frac{1}{\sqrt{x}} + \pi$	☐ $f(x) = \frac{1}{x^{\frac{1}{2}}} + \sqrt{2}$
$f'(x) = -k \cdot x^{-(k+1)}$:	☐ $f(x) = -x^{k+1}$	☐ $f(x) = -x^{-k} + 1$	☐ $f(x) = 1 + \frac{1}{x^k}$

6 Zeichnen Sie Graphen möglicher Funktionen f ein, die zum abgebildeten Graphen der Ableitungsfunktion f′ gehören.

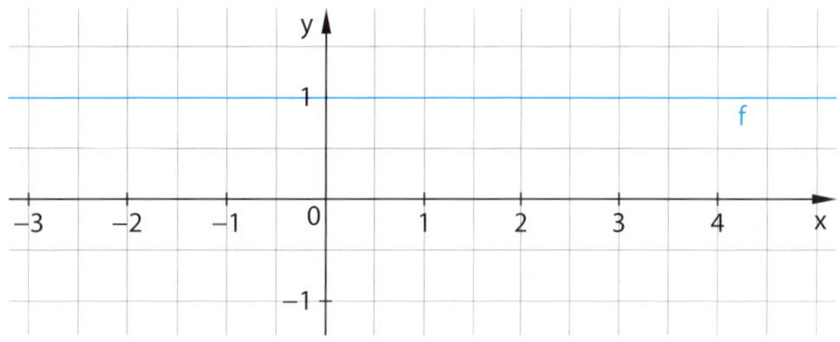

____

____

7 Bestimmen Sie rechnerisch die Stellen, an denen die Funktionen $f(x) = x^2$ und $g(x) = x^3$ den gleichen Anstieg haben. Zeichnen Sie die zugehörigen Tangenten ein und geben Sie deren Gleichungen an.

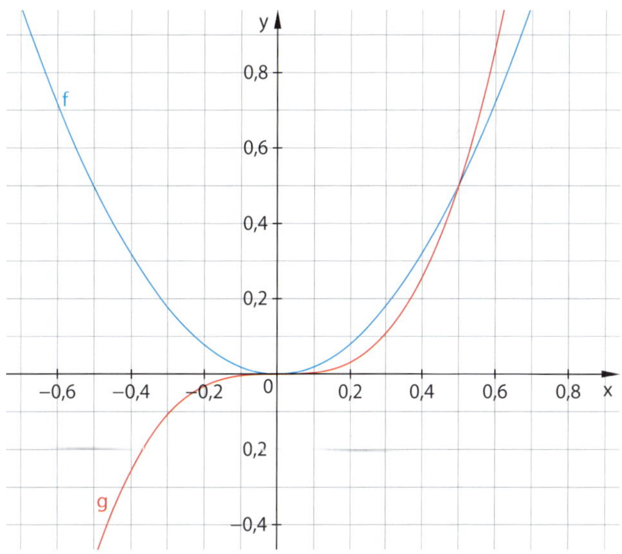

____

____

____

____

____

____

____

____

____

____

8 Prüfen Sie durch handschriftliche Rechnung, ob der CAS-Rechner hier richtig gerechnet hat. Beurteilen Sie, ob die Warnung berechtigt ist.

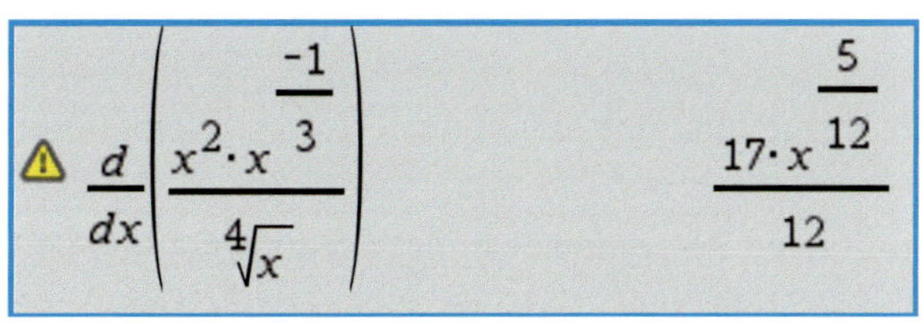

____

____

____

____

Basisaufgaben

1 Potenzregel: Kreuzen Sie die Ableitungsfunktion der Potenzfunktion mit natürlichen Exponenten an.
Hilfe: Wenn $f(x) = x^n$ $(n \in \mathbb{N})$, dann gilt $f'(x) = n \cdot x^{n-1}$.

a) $f(x) = x^6$ ☐ $f'(x) = 6x^6$ ☐ $f'(x) = 6x^5$ ☐ $f'(x) = 5x^6$

b) $g(x) = x^{13}$ ☐ $g'(x) = 13x^{13}$ ☐ $g'(x) = 13x^{12}$ ☐ $g'(x) = 12x^{13}$

c) $h(x) = x$ ☐ $h'(x) = -x$ ☐ $h'(x) = x^{-1}$ ☐ $h'(x) = 1$

2 Geben Sie die Gleichung der Ableitungsfunktion f' an.

a) $f(x) = x^4$
$f'(x) =$ ______

b) $f(x) = x^{14}$
$f'(x) =$ ______

c) $f(x) = x^{44}$
$f'(x) =$ ______

d) $f(x) = x^{77}$
$f'(x) =$ ______

3 Leiten Sie die Potenzfunktionen mit rationalen Exponenten mithilfe der Potenzregel ab.
Hilfe: Wenn $f(x) = x^r$ $(r \in \mathbb{R})$, dann gilt $f'(x) = r \cdot x^{r-1}$.

f(x)	x^{-10}	x^{-20}	$-x^{-15}$	$x^{-0,1}$	$x^{-\frac{2}{5}}$	$x^{-2,1}$
f'(x)	$-10x^{-11}$					

4 Schreiben Sie den Funktionsterm als Potenz mit der Basis x. Geben Sie die Gleichung der Ableitungsfunktion f' an

f(x)	$\frac{1}{x^8} = x^{-8}$	$\frac{1}{x^4} =$	$\frac{1}{x^{-6}} =$	$\sqrt[4]{x} = x^{\frac{1}{4}}$	$\sqrt[5]{x^2} =$	$\sqrt[4]{x^3} =$
f'(x)	$-8x^{-9}$					

5 Faktorregel: Geben Sie den Funktionsterm der Ableitungsfunktion an.
Hilfe: Wenn $f(x) = k \cdot g(x)$ mit $k \in \mathbb{R}$, dann gilt $f'(x) = k \cdot g'(x)$.

f(x)	$7x^{-3}$	$-11x^{-2}$	$-\frac{2}{5}x^{-5}$	$4x^{-\frac{1}{2}}$	$-3x^{-\frac{1}{5}}$	$-\frac{2}{3}x^{-\frac{2}{3}}$
f'(x)						

6 Verbinden Sie Funktionen und deren Ableitungsfunktionen.

$f(x) = 4x^n$ $(n \in \mathbb{N})$ | $f(x) = x^{2n}$ $(n \in \mathbb{N})$ | $f(x) = -x^{n+7}$ $(n \in \mathbb{N})$ | $f(x) = -1{,}5x^{20}$

$f'(x) = -(n+7) \cdot x^{n+6}$ | $f'(x) = 4n \cdot x^{n-1}$ | $f'(x) = 3x^{20}$ | $f'(x) = -30x^{19}$ | $f'(x) = 2n \cdot x^{2n-1}$

Zusatzaufgabe: Eine Ableitungsfunktion f' bleibt übrig. Geben Sie dazu die Gleichung einer zugehörigen Funktion f an.

7 Korrigieren Sie, wenn nötig, die Ableitungsfunktion in der unteren Zeile.

f(x)	$2x^2$	$\frac{1}{5}x^5$	$\frac{1}{5x^5}$	$2x^{-7}$	$\frac{1}{\sqrt{x}}$	$2\sqrt[3]{x}$
f'(x)	x	x^4	$\frac{1}{x^4}$	$-2\frac{1}{7x^8}$	$-\frac{1}{2}x^{-\frac{3}{2}}$	$2\frac{1}{3\sqrt[3]{x^2}}$

Zusatzaufgabe: Nennen Sie naheliegende Fehlerursachen.

8 Summenregel: Leiten Sie die Funktion ab.
Multiplizieren Sie, wenn nötig, den Funktionsterm aus.
Hilfe: Wenn $f(x) = g(x) + k(x)$, dann gilt $f'(x) = g'(x) + k'(x)$.

a) $f(x) = x^3 + x^{17}$

$f'(x) =$ ______

b) $f(x) = x^4 + 4x^2$

$f'(x) =$ ______

c) $f(x) = 8x^5 + 4x^{-4}$

$f'(x) =$ ______

d) $f(x) = 7x^5 - 6x^3 + 7x - 4$

$f'(x) =$ ______

e) $f(x) = \frac{(x+4)^2}{2} =$ ______

$f'(x) =$ ______

f) $f(x) = \frac{1}{x}(3x^5 - 2x^4 + x^2) =$ ______

$f'(x) =$ ______

g) $f(x) = x^2(4x - 7) =$ ______

$f'(x) =$ ______

h) $f(x) = r(sx^2 - tx + u) =$ ______

$f'(x) =$ ______

9 Ergänzen Sie zuerst die Ableitungsfunktionen g', h' sowie k' und danach die Tabelle.

$g(x) = x^5$ $\quad h(x) = 3 \cdot \frac{1}{x^4}$ $\quad k(x) = \sqrt[3]{x^5}$

$g'(x) =$ ______ $\quad h'(x) =$ ______ $\quad k'(x) =$ ______

Funktion f	Struktur von f	Ableitungsfunktion f'
$x^5 + \sqrt[3]{x^5}$	$g(x) + k(x)$	$5x^4 + 1\frac{2}{3}x^{\frac{2}{3}}$
$x^5 - 3 \cdot \frac{1}{x^4}$		
$\sqrt[3]{x^5} + 3 \cdot \frac{1}{x^4}$		
$x^5 + 3 \cdot \frac{1}{x^4} - 0{,}5x^2$		
$3 \cdot \frac{1}{x^4} - \sqrt[3]{x^5} + x$		
	$g(x) - k(x)$	
	$g(x) + h(x)$	
		$\frac{5}{3}x^{\frac{2}{3}} + 12x^{-5} + 5x^4$

10 Verbinden Sie jede Funktion mit ihrer Ableitungsfunktion.

$f(x) = 3x^4 + 2x^3 + x^2$ $\quad f(x) = 3x^4 - 3x^2 + 2x$ $\quad f(x) = x^{-1}(3x^4 + 2x^2 + x^3)$ $\quad f(x) = x(3x^3 + 2x^2 - x^{-2})$

$f'(x) = 12x^3 + 6x^2 + x^{-2}$ $\quad f'(x) = 12x^3 + 6x^2 - 2x$ $\quad f'(x) = 12x^2 + 4x + 3$ $\quad f'(x) = 12x^3 + 6x^2 + 2x$

$f'(x) = 9x^2 + 2x + 2$ $\quad f'(x) = 15x^4 + 4x^3 + 6x^2$ $\quad f'(x) = 12x^3 - 6x + 2$ $\quad f'(x) = 12x^3 + 3x^2$

11 Die Ableitungen sind fehlerhaft. Korrigieren Sie zuerst die Ableitung. Geben Sie eine mögliche Fehlerursache an.

$f(x) = x^r$	$f'(x) = r \cdot x^{r-1}$
$g(x) = c$	$g'(x) = 0$
$m(x) = \sin(x)$	$m'(x) = \cos(x)$
$n(x) = \cos(x)$	$n'(x) = -\sin(x)$

a) $f(x) = 3x^2(x-4)$ $f'(x) = 9x^2 - 8x$ $f'(x) =$ ______

______

b) $f(x) = (x+2)(x+6)$ $f'(x) = 2x + 20$ $f'(x) =$ ______

______

c) $f(x) = 5(x^2-2)(x^2+2)^2$ $f'(x) = 5(6x^6 + 24x^4 + 24x^2)$ $f'(x) =$ ______

______

d) $9x^4 - 3x^{-3} - 6\cos(x)$ $f'(x) = 36x^3 - 9x^{-2} - 6\sin(x)$ $f'(x) =$ ______

______

12 Ableitung an einer Stelle: Bestimmen Sie die Ableitung (Steigung) an der Stelle.

a) $f(x) = 0{,}1x^5$

$f'(x) =$ ______

$f'(0) =$ ______

$f'(2) =$ ______

b) $f(x) = 6x^3 + 3x - 7$

$f'(x) =$ ______

$f'(0) =$ ______

$f'(2) =$ ______

c) $f(x) = \frac{x^6 + x^2}{x^3} =$ ______

$f'(x) =$ ______

$f'(1) =$ ______

$f'(-2) =$ ______

d) $f(x) = (\sqrt{x} + 3)^2 =$ ______

$f'(x) =$ ______

$f'(4) =$ ______

$f'(9) =$ ______

13 Markieren Sie alle zu einer Funktion passenden Karten mit der gleichen Farbe (oder dem gleichen Symbol).

$f(x) = 2x^3$ | $f(x) = 2x^3 - x$ | $f(x) = 2x^3 + x^2$ | $f(x) = x^2 + \cos(x)$

$f(x) = -3x^2$ | $f(x) = 3x^2 + 3x$ | $f(x) = 3x^2 + 3x^3$ | $f(x) = x^{-2} - \sin(30°)$

$f'(x) = 6x^2$ | $f'(x) = -2x^{-3}$ | $f'(x) = 6x^2 + 2x$ | $f'(x) = 6x^2 - 1$

$f'(x) = -6x$ | $f'(x) = 6x + 9x^2$ | $f'(x) = 6x + 3$ | $f'(x) = 2x - \sin(x)$

$f'(-4) = -21$ | $f'(5) = 255$ | $f'(4) = 96$ | $f'(5) = 149$ | $f'(-2) = 0{,}25$

$f'(-5) = 195$ | $f'(\pi) = 2\pi$ | $f'(-5) = 149$ | $f'(-5) = 30$ | $f'(4) = 104$ | $f'(1) = 8$

Weiterführende Aufgaben

14 Ableitungsregeln mit Abkürzungen angeben

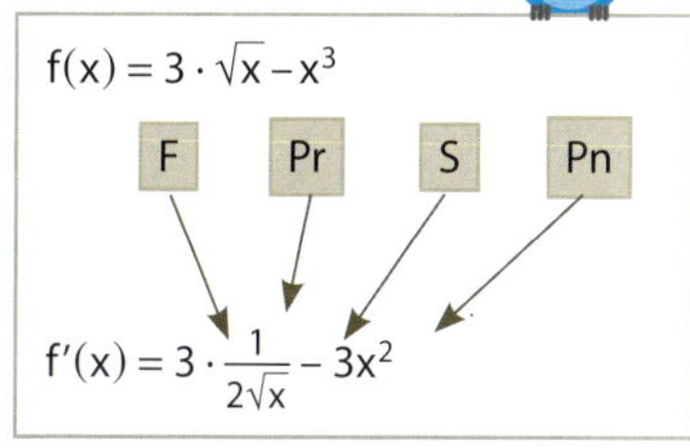

a) Ergänzen Sie die vier Abkürzungen der Ableitungsregeln.

_____ Potenzregel für natürliche Exponenten _____ Faktorregel

_____ Potenzregel für rationale Exponenten _____ Summenregel

b) Geben Sie an, in welcher Reihenfolge die Ableitungsregeln angewandt wurden.

____

____

Zusatzaufgabe: Finden Sie eine weitere Möglichkeit.

c) Leiten Sie ab und ergänzen Sie die Kürzel der angewandten Regeln. Vergeben Sie, wenn nötig, weitere Kürzel.

① $f(x) = 7 \cdot x^4 + x^{-3}$

$f'(x) =$ ____________________

② $f(x) = \frac{2}{3} \cdot \sin(x) + 2 \cdot \sqrt{x}$

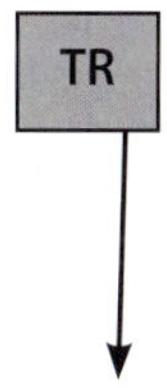

$f'(x) =$ $\cos(x)$ ____________________

15 Bestimmen Sie die Ableitung.
Bringen Sie dazu zuerst die Funktionsterme in eine geeignete Form.

$f(x) = \frac{1}{x} \cdot (x - 1) \cdot (x^2 + 3x)$ $(x \neq 0)$

$f(x) = \frac{1}{x} \cdot ($ _______________ $) =$ ____________________

$f'(x) =$ _______________

16 Wird der Graph einer Funktion f um a nach rechts in Richtung der x-Achse verschoben, so entsteht der Graph einer neuen Funktion g mit dem Funktionsterm $g(x) = f(x - a)$.

a) Gilt für die Ableitungsfunktion von g: $g'(x) = f'(x - a)$?
Begründen Sie Ihre Meinung.

____

____

____

____

b) Zeigen Sie die Gültigkeit der neuen Ableitungsregel aus **a)** am Beispiel der Funktion f mit $f(x) = 3x^2$.
Leiten Sie dazu die um 5 Einheiten nach rechts in Richtung der x-Achse verschobene Funktion zuerst mit der neuen Regel aus **a)** und danach mit den vorher bekannten Regeln ab.

____

____

____

Basisaufgaben

1 Tangentengleichung: Gegeben ist Funktion f mit $f(x) = -0{,}25x^3 + 1$.
Bestimmen Sie die Gleichung der Tangente t an den Stellen $x_1 = 2$ und $x_2 = 0$ zeichnerisch und rechnerisch.

Tangente t an der Stelle $x_1 = 2$:

$m = f'(2) =$ ______

$f(2) =$ ____

____________________ somit gilt b = ______ $t_1(x) =$ ________

Tangente t an der Stelle $x_2 = 0$:

$m = f'(0) =$ ______

$f(0) =$ ____

____

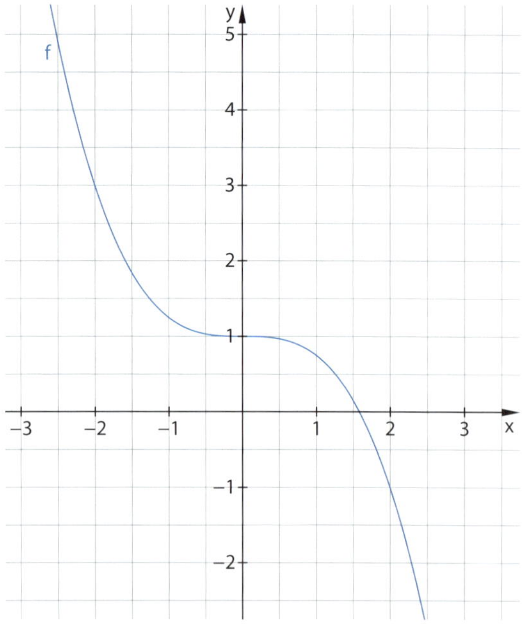

2 Die Parabel $f(x) = \frac{1}{2}x^2 - 2$ wird von der Geraden g in den Punkten $A(-2 \mid f(-2))$ und $B(4 \mid f(4))$ geschnitten. Es gibt genau eine Tangente t an den Graphen von f, die parallel zur Geraden g verläuft.

a) Geben Sie in der Zeichnung die Steigung m der Geraden g an.

b) Ermitteln Sie die Koordinaten des Berührpunktes $P(x_P \mid y_P)$ von t an den Graphen von f und eine Gleichung der Tangente t. Zeichnen Sie die Tangente t ins Koordinatensystem ein.

$t(x_P) = mx_P + b$ bei $P(x_P \mid f(x_P))$
1. $m = f'(x_P)$ → m = …
2. $f(x_P) = m \cdot x_P + b$ → b = …

Gerade g und Tangente t haben ____________________
da beide zueinander parallel verlaufen.

Es gilt $f'(x) =$ ______ somit gilt $f'(x_P) =$ ______

Es gilt $f'(x_P) = m =$ ______ also gilt $x_P =$ ______

Damit ist $y_P = f(x_P) = \frac{1}{2}$ ______ $- 2 =$ ______

Es gilt t(___) = ___ · ___ + b = ______ also gilt b = ______

t(x) = ______

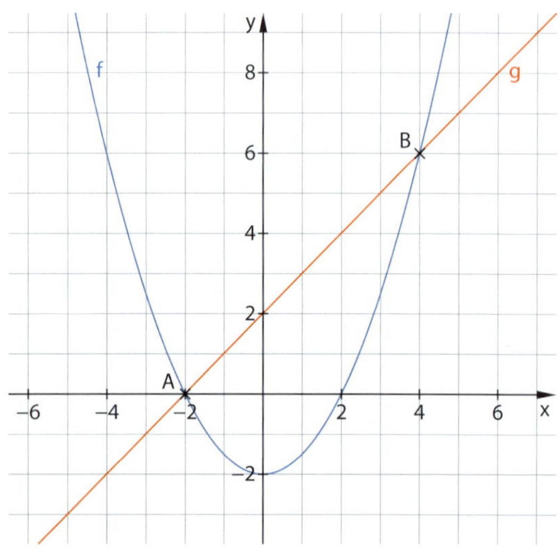

3 Steigungswinkel: Berechnen Sie mithilfe der 1. Ableitung die Steigungen des Graphen von f in den markierten Punkten sowie die Größe des Steigungswinkels.
Zusatzaufgabe: Prüfen Sie mithilfe der Zeichnung, ob ihre Ergebnisse stimmen können.

$f'(x) =$ ______

Punkt	Steigung	Steigungswinkel
A(−2 | 0)		
B(−1 | 3)		
C(0 | −4)		
D(1,8 | −0,76)		
E(2,5 | 2,25)		

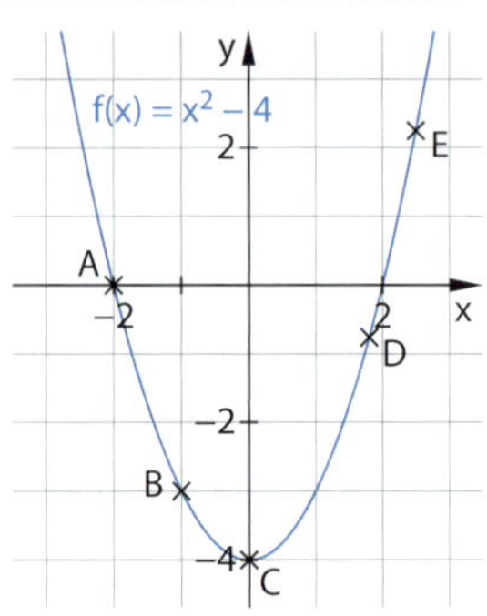

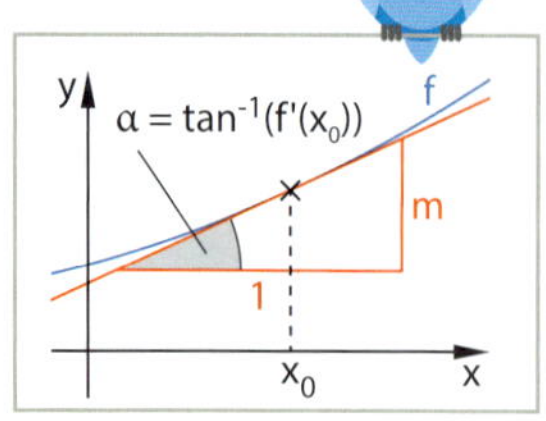

$\alpha = \tan^{-1}(f'(x_0))$

4 Ein maximales Gefälle von 15 Prozent, 18 Kurven, 122 Meter Höhenunterschied auf einer Länge von 1413 Metern - das sind die Kennzeichen der Bobbahn in Altenberg. Sie gilt als die schwierigste Kunsteisbahn der Welt.

a) Schätzen Sie den größten Steigungswinkel dieser Bobbahn. Kreuzen Sie an.

☐ 3° ☐ 6° ☐ 9° ☐ 12° ☐ 15° ☐ 18°

b) Berechnen Sie den größten Steigungswinkel dieser Bobbahn.

____

5 **Schnittwinkel:** Ordnen Sie den Schnittwinkeln deren Berechnung zu. Ermitteln Sie die fehlenden Winkelgrößen.

Hilfe: Sind α und β die Steigungswinkel der Funktionen f und g an deren Schnittstelle x_0, so ist der Schnittwinkel von f und g der kleinere der beiden Winkel $|\alpha - \beta|$ und $180° - |\alpha - \beta|$.

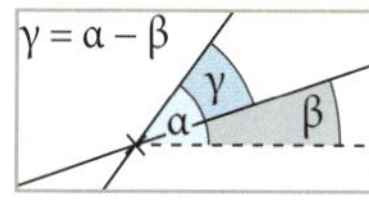

Schnittwinkel von …	Winkelberechnung:
f und x-Achse	
g und y-Achse	$\tan^{-1}(4) \approx 76{,}0°$
h und x-Achse	$180° - \lvert 90° - (-11{,}3°)\rvert = 78{,}7°$
f und g	
h und g	
h und f	$\lvert -11{,}5° - (-51{,}3°)\rvert = 40{,}0°$

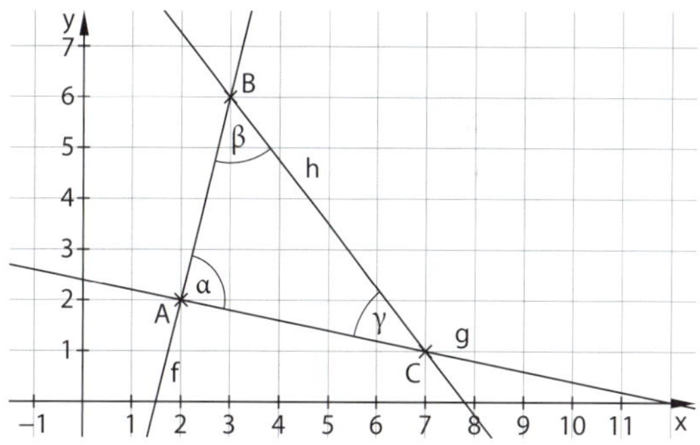

Weiterführende Aufgaben

6 Ein Schiff fährt von A aus in Richtung B einen geradlinigen Kurs. Im Punkt B wird ein SOS-Ruf aufgenommen, der vom Punkt C kommt. Ermitteln Sie, um wie viel Grad das Schiff den Kurs ändern sollte, um von B nach C auf geradem Wege zu kommen.

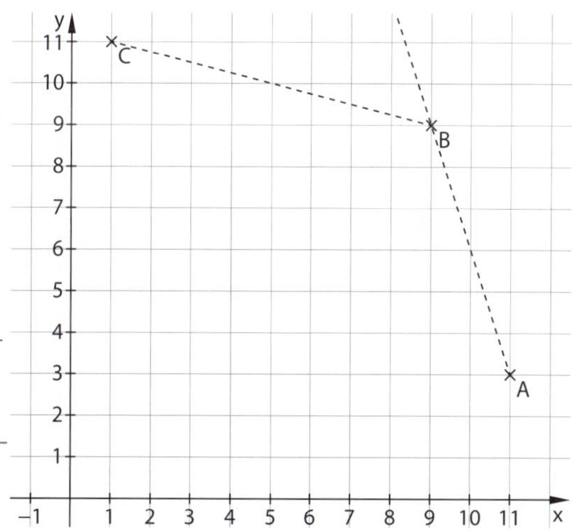

Kurs von A nach B: $m = \frac{9-3}{9-11} =$ ____ $\alpha = \tan^{-1}($ ____ $)$ $\alpha \approx$ ____

Kurs von B nach C: ________ $\beta = \tan^{-1}($ ____ $)$ $\beta \approx$ ____

Kurs-änderung: $\gamma = |\alpha - \beta| =$ ____________

7 Ordnen Sie jeder Funktion f die passende Normale n an der Stelle $x_0 = 1$ zu.

Hilfe: Für die Steigung der Normalen gilt: $m = -\frac{1}{f'(x_0)}$.

$f(x) = x^2 - 3$	$f(x) = x^3 - 2$	$f(x) = x^2 + x - 2$	$f(x) = -x^2$	$f(x) = 1 - x^2$
$n(x) = -\frac{1}{3}x + \frac{1}{3}$	$n(x) = -\frac{1}{2}x - \frac{3}{2}$	$n(x) = 0{,}5x - 1{,}5$	$n(x) = \frac{1}{2}x - 0{,}5$	$n(x) = -\frac{1}{3}x - \frac{2}{3}$

1 Kreuzen Sie die passenden Ableitungsfunktionen an.

a) $f(x) = x^{11}$ ☐ $f'(x) = x^{10}$ ☐ $f'(x) = x^{12}$ ☐ $f'(x) = 11x$ ☐ $f'(x) = 11x^{10}$

b) $f(x) = \frac{1}{2}x^3 - \frac{1}{4}x^2 + 1$ ☐ $f'(x) = \frac{3}{2}x^2 - \frac{1}{2}x$ ☐ $f'(x) = \frac{3}{2}x^2 - \frac{1}{2}$ ☐ $f'(x) = 1{,}5x^2 - 0{,}5x$ ☐ $f'(x) = \frac{1}{2}x \cdot (3x - 1)$

c) $f(x) = (0.2x^2 - x) \cdot (x - 0.2)$ ☐ $f'(x) = 0.2x^3 - 1.06x^2 + 0.2x$ ☐ $f'(x) = 0.6x^2 - 2.08x + 0.2$ ☐ $f'(x) = (0.4x - 1) \cdot (1 - 0)$ ☐ $f'(x) = \frac{x}{25} \cdot (15x - 52) + \frac{1}{5}$

d) $f(x) = \frac{x^6 - x^{-6}}{6}$ ☐ $f'(x) = x^5 + x^{-7}$ ☐ $f'(x) = x^5 - x^{-5}$ ☐ $f'(x) = \frac{x^5 - x^{-7}}{6}$ ☐ $f'(x) = \frac{6x^5 - 6x^{-7}}{6}$

e) $f(x) = x + 1$ ☐ $f'(x) = 1$ ☐ $f'(x) = 0{,}5x$ ☐ $f'(x) = x$ ☐ $f'(x) = 2$

2 Gegeben ist die Funktion f mit $f(x) = x^3 + 1$.
Es sind Intervalle von f und mittlere Änderungsraten gegeben.
Verbinden Sie zusammenpassende Karten.

$I = [-2; -1]$ | $I = [-1; 0]$ | $I = [0; 2]$ | $I = [-1; 2]$

$m = 1$ | $m = 4$ | $m = 3$ | $m = 7$ | $m = -8$

3 Kreuzen Sie alle Ergänzungen an, durch die man wahre Aussagen erhält.
Gegeben sind die Punkte $A(a \mid f(a))$, $B(b \mid f(b))$ und $P(x \mid f(x))$.

Der Differenzenquotient $\frac{f(b) - f(a)}{b - a}$ der Funktion f im Intervall [a; b] gibt … an.

☐ die lokale Änderungsrate
☐ die mittlere Änderungsrate
☐ die Steigung der Passante durch A und B
☐ die Steigung der Tangenten von A und B
☐ die Steigung der Sekante durch A und B

Der Wert des Differenzenquotienten $\frac{f(x) - f(x_0)}{x - x_0}$ für $x \to x_0$ gibt … an.

☐ die lokale Änderungsrate an der Stelle x_0
☐ die lokale Änderungsrate an der Stelle x
☐ die mittlere Änderungsrate im Intervall $[x; x_0]$
☐ die Steigung der Tangente im Punkt $P(x_0 \mid f(x_0))$
☐ die Steigung der Sekante durch x

4 Gegeben ist der Graph der Funktion f mit $f(x) = x^2 - 3x$.
Kreuzen Sie Zutreffendes an und zeichnen Sie passende Geraden im Koordinatensystem ein.

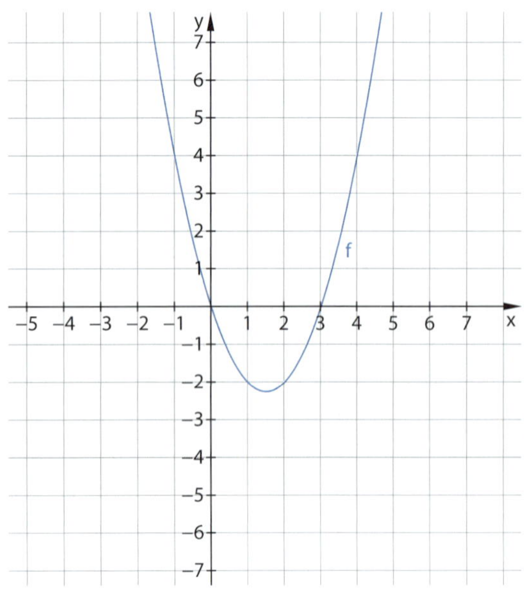

a) Die mittlere Änderungsrate ist –4 im Intervall …
☐ [–1; 0] ☐ [0; 1,5] ☐ [1,5; 3] ☐ [3; 4]

b) Die mittlere Änderungsrate m ist im Intervall [0; 4] …
☐ $m = 0$ ☐ $m = -1$ ☐ $m = 1$ ☐ $m = 4$

c) Der Steigungswinkel von f an der Stelle $x_0 = -1$ ist α mit ….
☐ $\alpha \approx -78°$ ☐ $\alpha \approx -68°$ ☐ $\alpha \approx 68°$ ☐ $\alpha \approx 78°$

d) Die lokale Änderungsrate ist 0 an der Stelle …
☐ $x = 0$ ☐ $x = 1{,}5$ ☐ $x = 3$ ☐ $x = 4{,}2$

e) Die lokale Änderungsrate ist 1 an der Stelle …
☐ $x = -1$ ☐ $x = 0$ ☐ $x = 1$ ☐ $x = 2$

f) Der Schnittwinkel von t mit $t(x) = -x$ und g mit $g(x) = 4x$ ist β mit …
☐ $\beta \approx 45°$ ☐ $\beta \approx 59°$ ☐ $\beta \approx 76°$ ☐ $\beta \approx 124°$

g) Die Steigung der Sekante durch die Punkte $P(3 \mid 0)$ und $Q(-1 \mid 4)$ kann berechnet werden mit …
☐ $\frac{3 - (-1)}{0 - 4}$ ☐ $\frac{-1 - 3}{4 - 0}$ ☐ $\frac{4 - 0}{-1 - 3}$ ☐ $\frac{0 - 4}{3 - (-1)}$

5 Ergänzen Sie die Tabelle.

Funktion	$f(x) = -1$	$g(x) = \lvert x \rvert$	$h(x) = 4x^2 + 7x$	$k(x) = 0{,}5x^4 + x^3$
Ableitungsfunktion				
Ableitung an der Stelle x = 0				
Ableitung an der Stelle x = 2				

6 Gegeben ist die Funktion f mit $f(x) = \frac{1}{3}x^3 - 3x^2 + 5x$.

a) Geben Sie die Ableitungsfunktion f′ an. Ermitteln Sie eine Gleichung der Tangente t_A von f im Punkt A(0 | 0).

b) Die Tangente t_B hat die gleiche Steigung wie die Tangente t_A im Punkt A(0 | 0).
Ermitteln Sie den Berührpunkt B und eine Gleichung von t_B.

c) Es gibt genau eine Stelle, an der der Graph von f die Steigung −4 hat.
Bestimmen Sie eine Gleichung der zugehörigen Tangente t.

d) Bestimmen Sie die x-Koordinaten der Punkte des Graphen von f, in denen der Graph Tangenten besitzt, die parallel zur x-Achse verlaufen.

7 Das Kreisviadukt von Brusio in der Schweiz hat einen Maximalanstieg von 7 %, damit die eingesetzten Züge den „Aufstieg" schaffen können. Anstieg von 7 % bedeutet, dass je 100 m horizontaler Entfernung 7 m in vertikaler Entfernung zurückgelegt werden.

a) Gedankenexperiment: Stellen Sie sich eine Bahntrasse mit einem Anstieg von 7 % als Gerade in einem Koordinatensystem vor.
Geben Sie die Steigung m und den Steigungswinkel α der Geraden an.

b) Gedankenexperiment: Stellen Sie sich vor, dass eine Bahntrasse mit einer Maximalsteigung von 7 % zu bauen ist.
Die Funktionsgleichungen f_1, f_2 und f_3 beschreiben für $x > 0$ vorhandene Höhenunterschiede. Ermitteln Sie rechnerisch, bei welcher Variante die Bedingung am längsten erfüllt ist.

Variante ①: $f_1(x) = 0{,}00005x^2$

Variante ②: $f_2(x) = 0{,}000005x^3 + 7$

Variante ③: $f_3(x) = 0{,}0000005x^3 + 0{,}05x^2$

Basisaufgaben

1 Monotonie einer Funktion: Betrachten Sie den Graphen der Funktion f im Intervall $-3 < x < 3$.

Hilfe: f heißt streng monoton steigend, wenn für alle $x_1 < x_2$ gilt: $f(x_1) < f(x_2)$.
f heißt streng monoton fallend, wenn für alle $x_1 < x_2$ gilt: $f(x_1) > f(x_2)$.

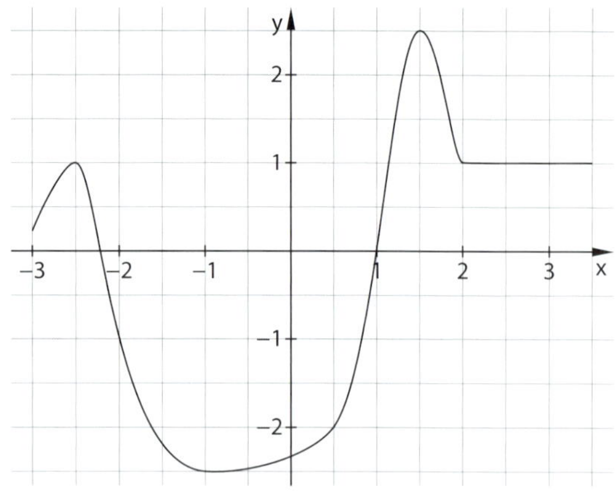

a) Färben Sie Teile des Graphen passend ein.
- ☐ f ist streng monoton steigend.
- ☐ f ist streng monoton fallend.

b) Geben Sie alle passenden Intervalle an.

① f ist streng monoton steigend für ______ < x < ______ und ____________________

② f ist streng monoton fallend für ____________________

c) Zeichnen Sie Tangenten ein und kreuzen Sie Zutreffendes an.

Teile der Tangente am Graphen der Funktion f verlaufen sowohl durch den I. als auch den III. Quadranten, somit ist f an der Stelle streng monoton steigend. ☐ wahr ☐ falsch

Teile der Tangente am Graphen der Funktion f verlaufen sowohl durch den II. als auch den IV. Quadranten, somit ist f an der Stelle streng monoton fallend. ☐ wahr ☐ falsch

2 Monotonieintervalle und Kriterium für Monotonie: Gegeben sind Graphen.

Hilfe: Die Nullstellen der Ableitungsfunktion f′ unterteilen den Definitionsbereich von f in Monotonieintervalle.
Wenn $f'(x) > 0$ für alle x aus dem Intervall I, dann ist die Funktion f streng monoton steigend auf I.
Wenn $f'(x) < 0$ für alle x aus dem Intervall I, dann ist die Funktion f streng monoton fallend auf I.

a) Markieren Sie zuerst durch zur y-Achse parallele Geraden die Wechsel von streng monoton fallend zu steigend und die Wechsel von streng monoton steigend zu fallend am Graphen der Funktion f.
Färben Sie danach auf der x-Achse die Intervalle, in denen die Ableitungsfunktion f′ nur positive bzw. nur negative Werte annimmt, unterschiedlich ein.

☐ $f'(x) > 0$ und f ist streng monoton steigend. ☐ $f'(x) < 0$ und f ist streng monoton fallend.

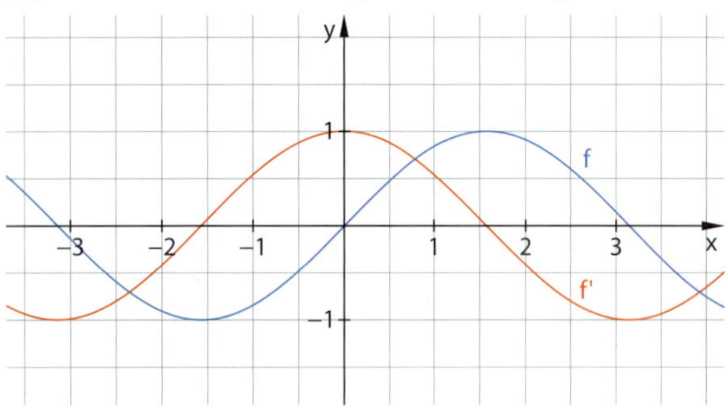

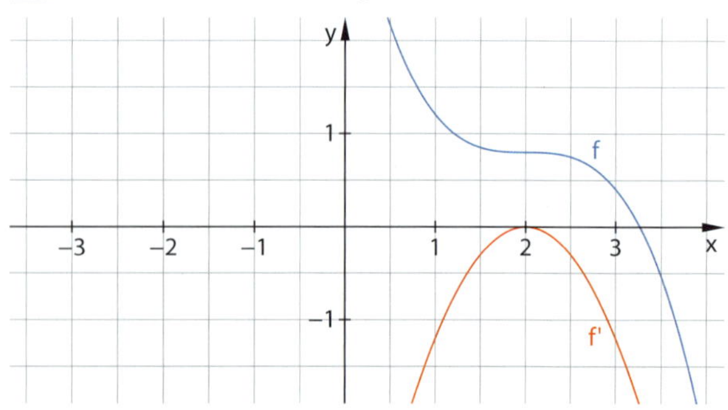

b) Einer der Graphen gehört zur Funktion f. Beschriften Sie diesen mit f.

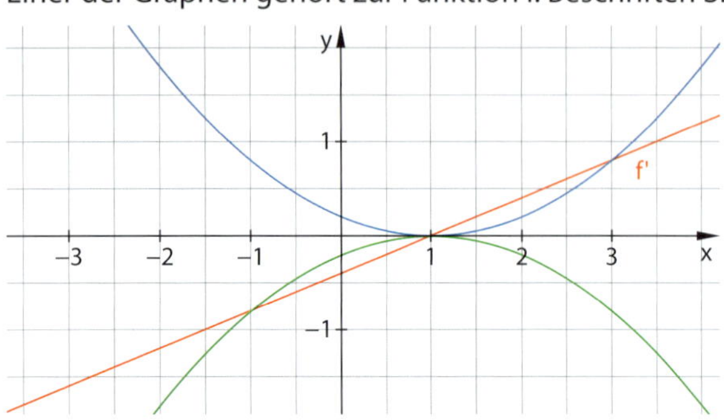

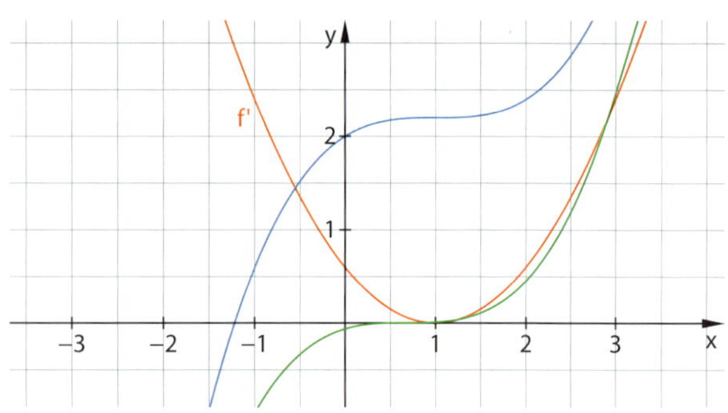

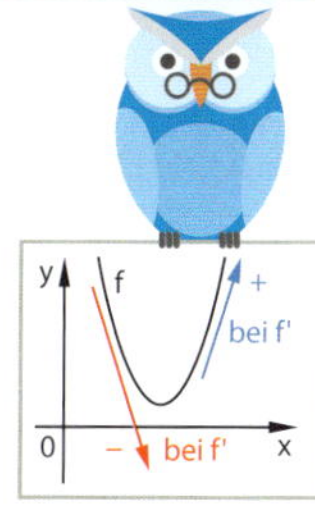

3 Untersuchen Sie die Funktion mithilfe der Ableitung auf Monotonie.

a) $f(x) = 0{,}25x^4 + 2x^3 + 2{,}5x^2 + 1$

b) $g(x) = -0{,}75x^4 + 4x^3 + 31{,}5x^2 + 6$

1. Ermitteln der Ableitung von f′

$f'(x) =$ ______________________

$g'(x) =$ ______________________

2. Ermitteln der Nullstellen von f′

0 = ______________________

$0 = x \cdot ($ __________ $)$, also ist $x_1 =$ __________

$x_2 =$ __________

$x_3 =$ __________

0 = ______________________

____

$x_2 =$ __________

$x_3 =$ __________

3. Ermitteln des Vorzeichens (VZ) von f′(x) für eine Teststelle aus jedem Monotonieintervall und angeben, ob f auf I streng monoton steigt (↗) oder fällt (↘)

Monotonie-intervall	Test-stelle	VZ von f′(x)	Monotoniever-halten von f
$x < -5$	−10	−	↘
$-5 < x <$	−2		
	−0,5		
		+	

Monotonie-intervall	Test-stelle	VZ von f′(x)	Monotonie-verhalten von f
		+	
		−	

Zusatzaufgabe: Skizzieren Sie einen möglichen Verlauf der Graphen f und g.

Weiterführende Aufgaben

4 Den Temperaturverlauf von 6:00 Uhr bis 21:00 Uhr an einem Sommertag beschreibt der Graph der Funktion f mit $f(t) = -\frac{1}{100} \cdot t^3 + \frac{23}{100} \cdot t^2 + 10.$

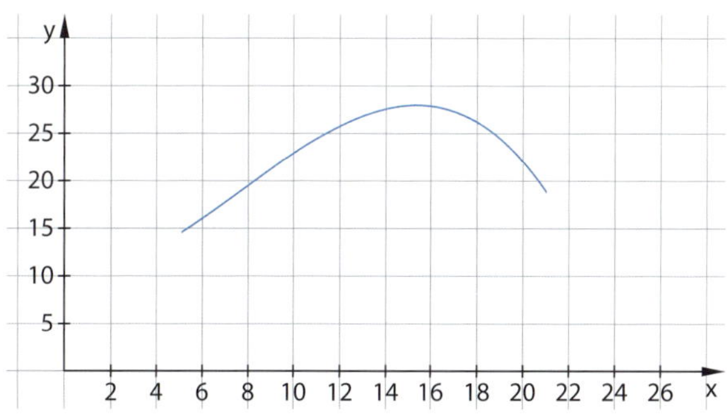

a) Markieren Sie die Bereiche, in denen die Temperatur steigt bzw. fällt, mit unterschiedlichen Farben.

☐ Temperatur steigt ☐ Temperatur fällt

b) Berechnen Sie den Zeitpunkt, an dem sich das Monotonieverhalten ändert, auf die Minute genau.

$f'(t) =$ ______________________

Nullstelle von f′:

____

4 Lokale Extrempunkte und Sattelpunkte

Basisaufgaben

1 Extrempunkte (Hoch- und Tiefpunkte): Gegeben ist der Graph der Funktion f.

a) Ergänzen Sie die Tabelle zum Graphen der Funktion f.

b) Skizzieren Sie je eine Tangente links und rechts in der Umgebung der Extrempunkte. Geben Sie dort die Vorzeichen der Ableitung am Graphen an.

Extremstelle	$x = 1$			
Hochpunkt			$H_2(3\,\|\,1{,}5)$	
lokales Maximum				
Tiefpunkt				$T_2(5\,\|\,-1)$
lokales Minimum				

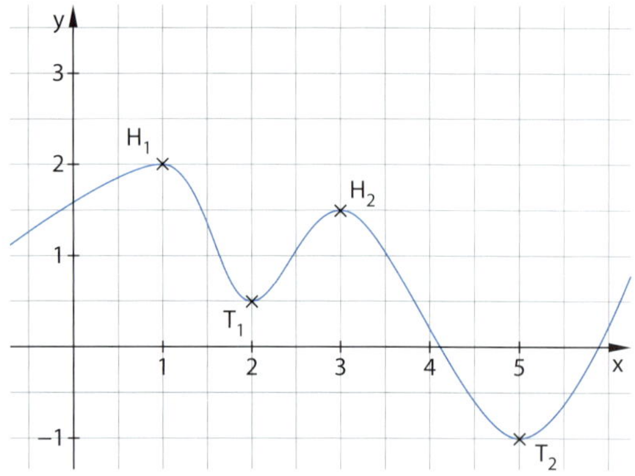

2 Notwendige Bedingung für lokale Extrempunkte: Berechnen Sie mithilfe der Ableitungsfunktion f′, g′, h′ bzw. i′ die Stellen, die als Extremstellen infrage kommen.

Hilfe: Wenn der Graph einer Funktion f an der Stelle x_E einen Hochpunkt oder Tiefpunkt hat, dann gilt $f'(x_E) = 0$.

a) $f(x) = x^2 - 4x + 4$

$f'(x) =$ ______

$0 =$ ______

$x =$ ______

b) $g(x) = -x^3 + 3x^2 + 2$

c) $h(x) = 0{,}25x^4 + \frac{1}{3}x^3 - x^2$

d) $i(x) = x^3 + 3{,}5x^2 + 3{,}5x + 1$

Zusatzaufgabe: Prüfen Sie, ob an den berechneten Stellen Sattelpunkte sein können.

3 Ordnen Sie jedem Extrempunkt genau eine Funktion und ihre Ableitungsfunktion zu. Achtung, einer der Punkte ist ein Sattelpunkt.

$P(1\,|\,-2)$ | $Q(-1\,|\,0)$ | $R(-1\,|\,2)$ | $S(0\,|\,1)$ | $T(0\,|\,0)$ | $U(9\,|\,-546{,}75)$ | $V(1\,|\,0)$

$f(x) = 9x + 10$ | $f(x) = 9x^2$ | $f(x) = x^3 - 3x$ | $f(x) = x^4 - 2x^2 + 1$ | $f(x) = 0{,}25x^4 - 3x^3$

$f'(x) = 9$ | $f'(x) = x^3 - 9x^2$ | $f'(x) = 18x$ | $f'(x) = 4x^3 - 4x$ | $f'(x) = 3x^2 - 3$

4 Hinreichende Bedingung für lokale Extrempunkte: Entscheiden Sie mithilfe des Vorzeichenwechsels (VZW) von f′, ob an der Stelle x_E ein lokales Minimum oder ein lokales Maximum vorliegt.
Füllen Sie die Lücken aus und kreuzen Sie Zutreffendes an.

Hilfe: Tiefpunkt an der Stelle x_E: $f'(x_E) = 0$ und das Vorzeichen von f′ wechselt an der Stelle x_E von – nach +.
Hochpunkt an der Stelle x_E: $f'(x_E) = 0$ und das Vorzeichen von f′ wechselt an der Stelle x_E von + nach –.

a) $f(x) = x^3 + 10{,}5x^2 + 18x$ $\quad f'(x) = 3x^2 + 21x + 18$ $\quad x_1 = -1$ und $x_2 = -6$ sind vermutlich Extremstellen.

x	–2	–1	0
f′(x)		0	

x		–6	
f′(x)			

☐ VZW von – nach + (Tiefpunkt bei – 1) ☐ VZW von + nach – (Hochpunkt bei – 1) ☐ VZW von – nach + (Tiefpunkt bei – 6) ☐ VZW von + nach – (Hochpunkt bei – 6)

b) $g(x) = x^5 - 1{,}25x^4$ $\quad g'(x) =$ ______________________________

x			
f′(x)			

x			
f′(x)			

☐ VZW von – nach + (Tiefpunkt bei 0) ☐ VZW von + nach – (Hochpunkt bei 0) ☐ VZW von – nach + (Tiefpunkt bei 1) ☐ VZW von + nach – (Hochpunkt bei 1)

5 Extrem- und Sattelpunkte: Vergleichen Sie die Vorzeichenwechsel (VZW) von f′.

a) Geben Sie die Extrem- und Sattelpunkte in der Tabelle an.

b) Schreiben Sie die Vorzeichen der Ableitung links und rechts in der Umgebung der Punkte an den Graphen.
Ergänzen Sie in der Tabelle die letzte Zeile zum VZW.

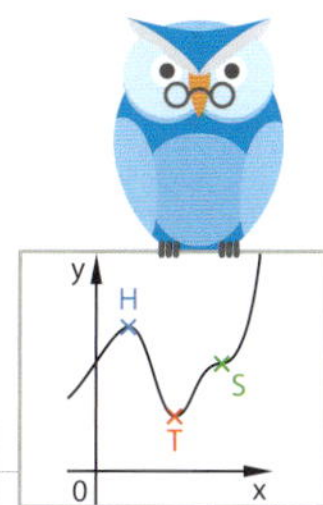

Hochpunkte	Tiefpunkte	Sattelpunkte
$H_1(0{,}5 \mid 2{,}5)$		
VZW	VZW	VZW

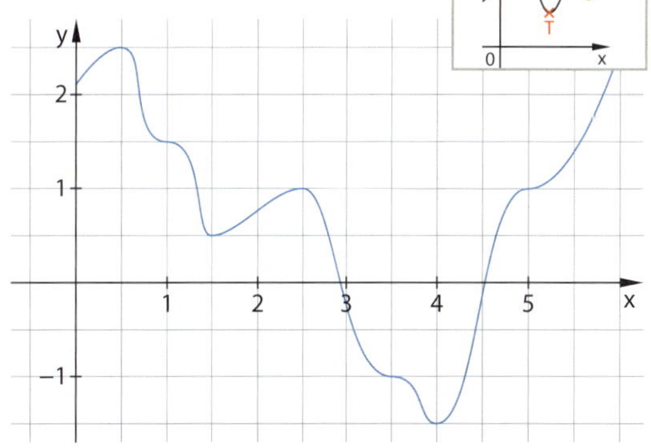

Zusatzaufgabe: Erläutern Sie mithilfe der Abbildung den Vorzeichenwechsel (VZW) an Extrem- und Sattelpunkten.

6 Hinreichende Bedingung für Sattelpunkte: Entscheiden Sie mithilfe des Vorzeichenwechsels von f′, ob x_S Sattelstelle ist. Geben Sie gegebenenfalls den Sattelpunkt an.

Hilfe: x_S ist Sattelstelle, wenn $f'(x_S) = 0$ ist und das Vorzeichen von f′ an der Stelle x_S nicht wechselt.

a) $f(x) = x^5 + 9;\ x_s = 0$ $\quad f'(x) =$ ______________

x			
f′(x)			

b) $f(x) = 0{,}5x^3 - 1{,}5x^2 + 1{,}5x;\ x_s = 1$ $\quad f'(x) =$ ______________

x			
f′(x)			

7 Geben Sie eine Funktion mit dem Sattelpunkt S(0 | 1) an.

____

____

8 Entscheiden Sie, ob an den Nullstellen von f' ein Hoch-, Tief- oder Sattelpunkt bei f vorliegt.
$f'(x) = 5x \cdot (x - 3) \cdot (x + 8) \cdot (x - 1)^2$

Faktor		5x		
Nullstelle				
VZW bei f' an der Nullstelle		von + nach –		
Art des Punktes				

9 Beschriften Sie die Graphen passend mit f, f', g, g', h, h', i und i'.
Markieren Sie die dabei hilfreichen Punkte bzw. Stellen in den Koordinatensystemen.

Graphen von Ableitungsfunktionen

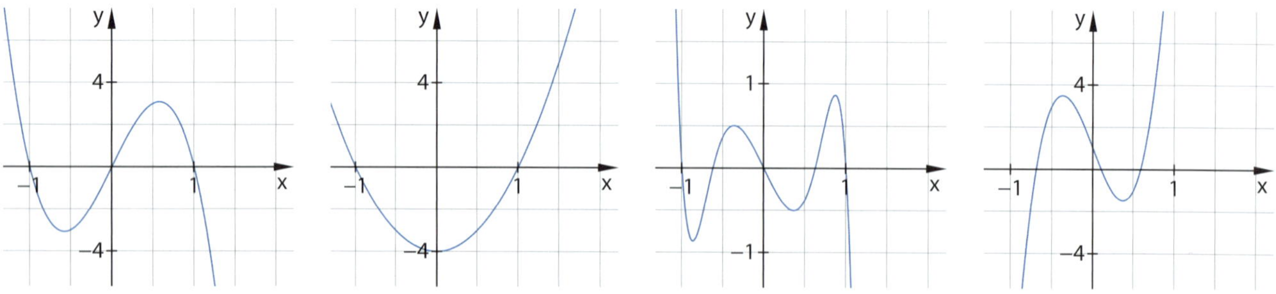

Graphen von Funktionen

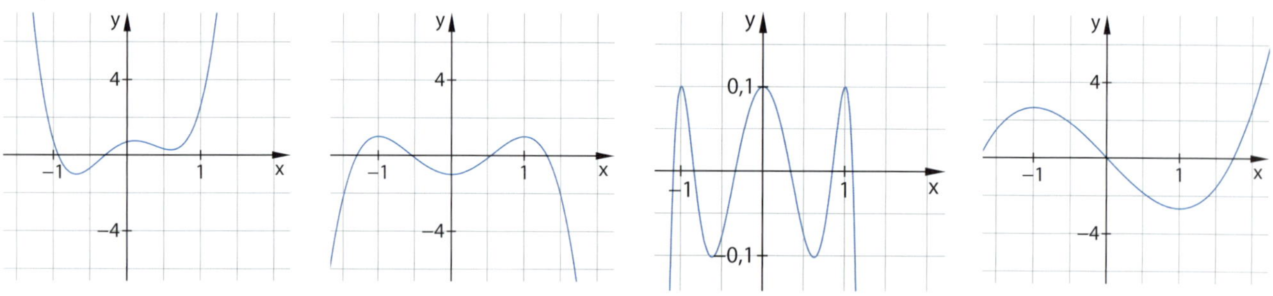

10 Berechnen Sie zuerst alle Extrem- und Sattelpunkte des Graphen von f mit $f(x) = 3x^4 - 8x^3 + 6x^2$.
Skizzieren Sie danach mithilfe Ihrer Ergebnisse den Graphen von f.

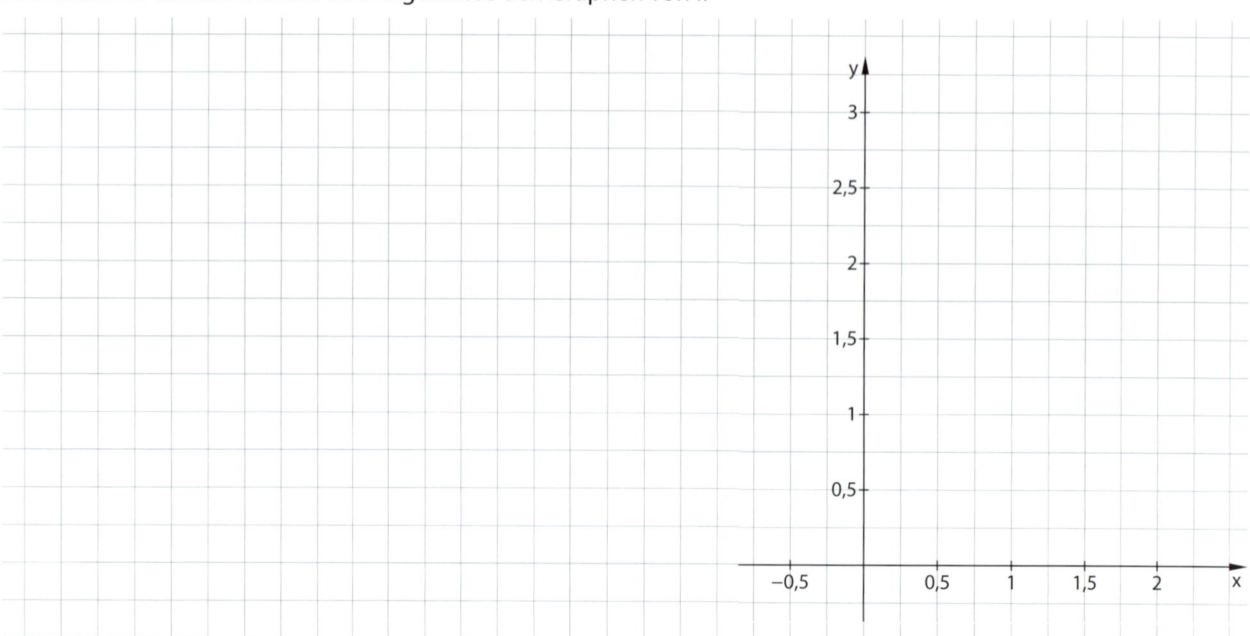

Weiterführende Aufgaben

11 Gegeben sind Graphen von Ableitungsfunktionen f′. Überlegen Sie zuerst, welche Punkte des Graphen von f′ beim Skizzieren des Graphen von der Funktion f besonders hilfreich sind.
Skizzieren Sie danach den Graphen der Funktion f so, dass er durch den Punkt $(0|1)$ verläuft.

a)
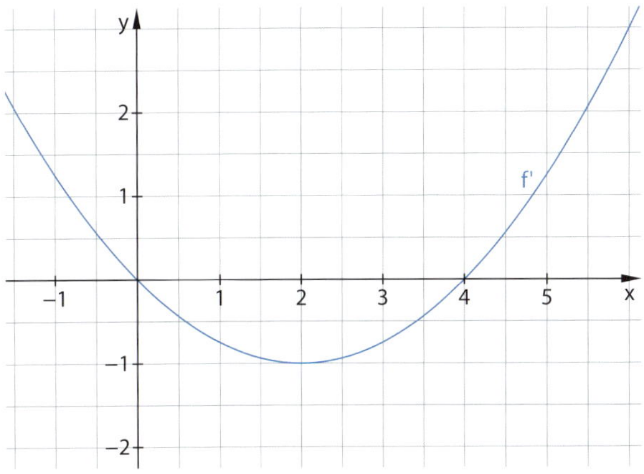

b)
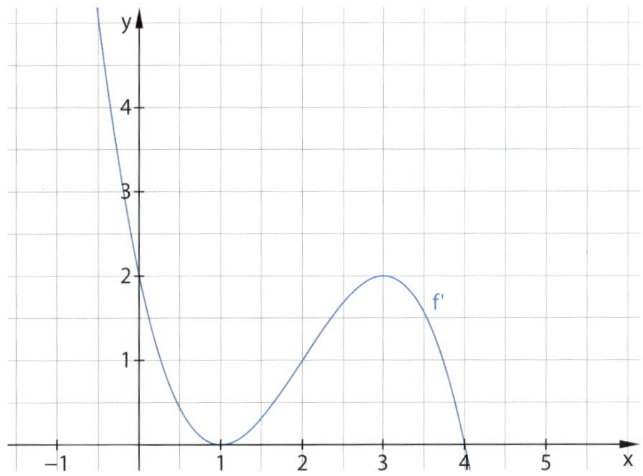

12 Die Funktion f mit $f(t) = -2t^3 + 75t^2 - 864t + 3159$ beschreibt für $9 \le t \le 19{,}5$ näherungsweise die Besucherzahl einer Ausstellung von 09:00 Uhr bis 19:30 Uhr. t gibt die Uhrzeit in Stunden an.
Berechnen Sie den Zeitpunkt, zu dem die Besucheranzahl am größten war. Geben Sie diese Anzahl an.

Zusatzaufgabe: Begründen Sie, warum die Modellierung der Besucheranzahl durch die Funktion f sinnvoll sein kann.

13 Gegeben ist die Funktion f mit $f(x) = (x - 2)(0{,}5x^2 - 3{,}5x + 5)$.

a) Berechnen Sie die Koordinaten der Schnittpunkte des Graphen von f mit den Koordinatenachsen.

b) Berechnen Sie die Koordinaten der Extrempunkte des Graphen von f.

Basisaufgaben

1 Links- und Rechtskurven: Markieren Sie unterschiedlich die Bereiche, in denen die Lok eine Links- bzw. Rechtskurve durchfährt.

☐ Linkskurve (linksgekrümmt)

☐ Rechtskurve (rechtsgekrümmt)

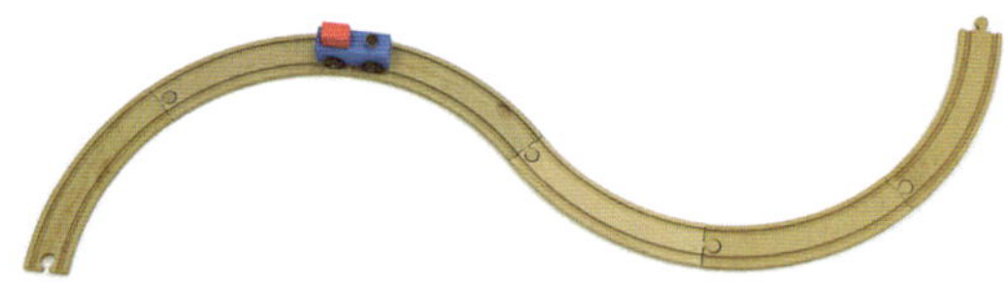

Zusatzaufgabe: Ein Streckenabschnitt hat die Form: Linkskurve – Rechtskurve – Linkskurve.
Mit welchem Buchstaben kann er beschrieben werden?

2 Graphen von f, f′ und f″: Gegeben sind die Graphen von Funktionen und deren ersten beiden Ableitungen.

① 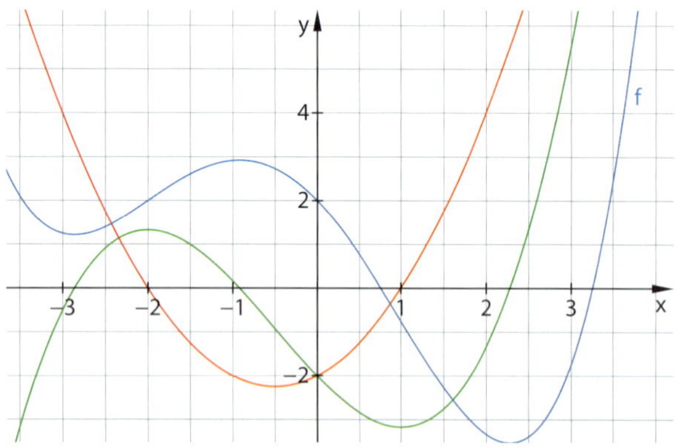

② 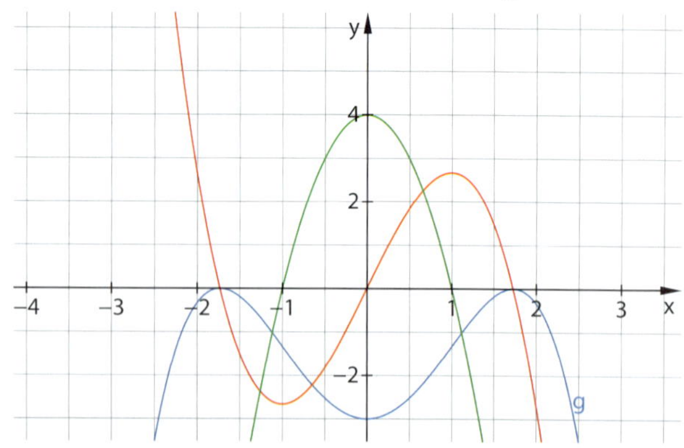

a) Beschriften Sie die Graphen der Ableitungsfunktionen.

b) Markieren Sie mit senkrechten Geraden alle passenden Stellen.

☐	bei f und g	Wechsel des Krümmungsverhaltens (Links- bzw. Rechtskrümmung)
☐	bei f′ und g′	Wechsel des Monotonieverhaltens (streng monoton steigend bzw. fallend)
☐	bei f″ und g″	Wechsel des Vorzeichens der Funktionswerte (positive bzw. negative Funktionswerte)

Was fällt Ihnen auf?

____

c) Ergänzen Sie die Sätze zur Krümmung von f und g.

Der Graph von f ist linksgekrümmt für ____________ Er ist rechtsgekrümmt für ____________

Der Graph von g ist linksgekrümmt für ____________ Er ist rechtsgekrümmt für ____________

3 Krümmungsverhalten: Geben Sie an, auf welchen Intervallen der Graph von f links- bzw. rechtsgekrümmt ist.
Belegen Sie Ihre Entscheidung mithilfe von Funktionswerten zu Teststellen aus den Intervallen.

Hilfe: Wenn $f''(x) > 0$ für alle x aus dem Intervall I, dann ist der Graph der Funktion f auf I linksgekrümmt.
Wenn $f''(x) < 0$ für alle x aus dem Intervall I, dann ist der Graph der Funktion f auf I rechtsgekrümmt.

a) $f''(x) = -x + 4$

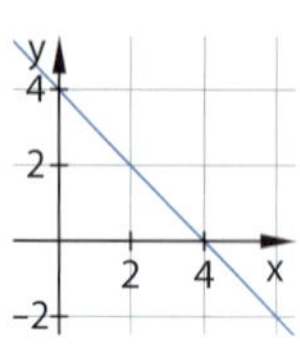

Linkskrümmung des Graphen von f für:

____________ $f''($ ____ $) =$ ____________

Rechtskrümmung des Graphen von f für:

____________ $f''($ ____ $) =$ ____________

b) $f''(x) = 2x + 2$

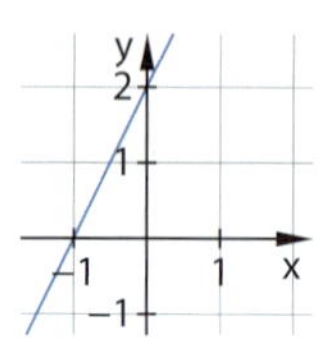

Linkskrümmung des Graphen von f für:

____________ $f''($ ____ $) =$ ____________

Rechtskrümmung des Graphen von f für:

____________ $f''($ ____ $) =$ ____________

4 Untersuchen Sie mithilfe der zweiten Ableitung das Krümmungsverhalten.

Hilfe: Die Nullstellen von f'' sind die Enden von Krümmungsintervallen.

a) $f(x) = 2x^3 - 3x^2 + 4x + 5$

$f'(x) =$ ______

$f''(x) =$ ______

$0 =$ ______ also ist $x =$ ______

Linkskrümmung für:

______ $f''($ ___ $) =$ ______

Rechtskrümmung für:

______ $f''($ ___ $) =$ ______

b) $g(x) = -x^3 - 2x + 6$

______

______

$0 =$ ______ also ist $x =$ ______

Linkskrümmung für:

______ $f''($ ___ $) =$ ______

Rechtskrümmung für:

______ $f''($ ___ $) =$ ______

Weiterführende Aufgaben

5 Ermitteln Sie die Hoch- und Tiefpunkte mithilfe von Ableitungen.

Hilfe: Eine hinreichende Bedingung für eine lokale Extremstelle x_E einer Funktion f ist: $f'(x_E) = 0$ und $f''(x_E) \neq 0$.
In diesem Fall gilt: Wenn $f''(x_E) < 0$, dann liegt ein Hochpunkt vor.
Wenn $f''(x_E) > 0$, dann liegt ein Tiefpunkt vor.

a) $f(x) = \frac{1}{3}x^3 - 3x^2 + 2$

$f'(x) =$ ______

$f''(x) =$ ______

Nullstellen von f' sind $x_1 = 0$ und $x_2 =$ ______

$f''(0) =$ ______ und $f(0) = 2$, somit

gibt es bei $x_1 = 0$ den Hochpunkt $H(0|2)$.

$f''($ ___ $) =$ ______ und $f($ ___ $) =$ ______ somit

gibt es bei $x_2 =$ ___ den ______

b) $g(x) = x^3 + 1{,}5x^2 - 6x + 4$

______

______

Nullstellen von g' sind $x_1 =$ ___ und $x_2 =$ ______

$g''($ ___ $) =$ ______ und $g($ ___ $) =$ ______ somit

gibt es bei $x_1 =$ ___ den ______

$g''($ ___ $) =$ ______ und $g($ ___ $) =$ ______ somit

gibt es bei $x_2 =$ ___ den ______

6 Die Funktion h mit $h(t) = -\frac{1}{3}t^3 + 2t^2 + 21t + 10$ beschreibt ab dem Kaufdatum für einige Wochen die Höhe einer Pflanze. t steht für die Wochen nach diesem Zeitpunkt und h(t) für die jeweilige Höhe der Pflanze in Zentimetern.

a) Ermitteln Sie den Zeitpunkt, ab dem sich das Wachstum der Pflanze verlangsamt.

______

______

______

b) Untersuchen Sie, bis zu welcher Woche die Funktion h das Wachstum relativ gut beschreiben könnte.

______

______

______

______

Basisaufgaben

1 Wendepunkte von Funktionen und Graphen von Ableitungsfunktionen: Gegeben sind die Graphen von Funktionen und die der ersten beiden Ableitungen.

①.

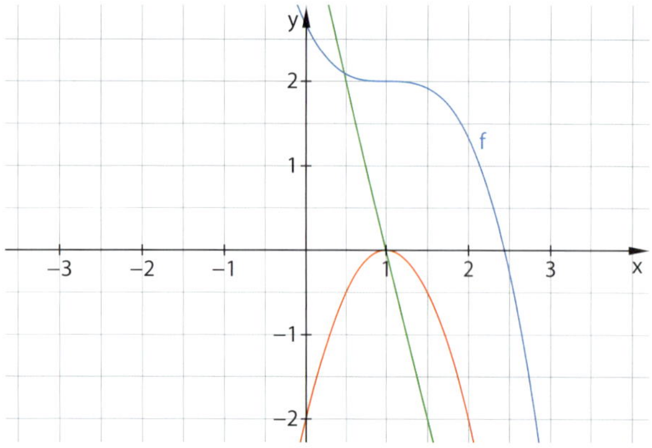

②.

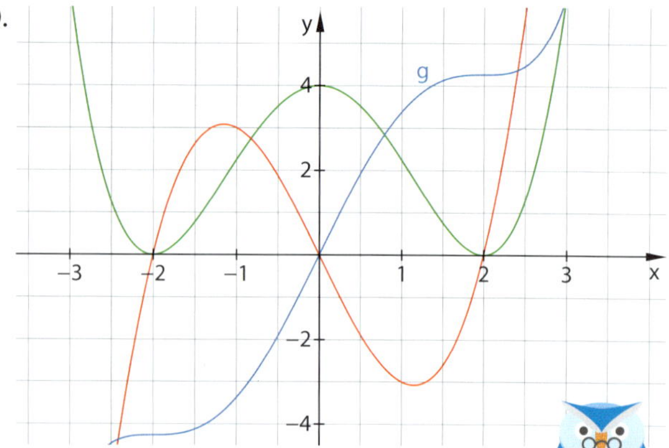

a) Markieren Sie die Wendepunkte der Funktionen f und g in den Zeichnungen.
Hilfe: Wendepunkte mit einer waagerechten Tangente sind Terrassenpunkte.
Am Wendepunkt ändert sich das Krümmungsverhalten.

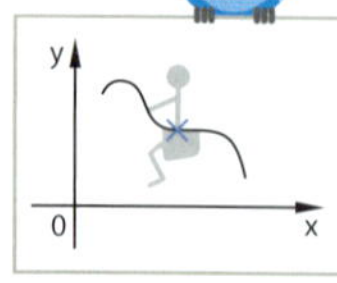

b) Beschriften Sie zuerst die Graphen der Ableitungsfunktionen mit f′, f″, bzw. g′, g″.
Markieren Sie danach mit senkrechten Geraden alle passenden Stellen.

☐ Wendestellen der Funktion f
☐ Extremstellen der ersten Ableitungsfunktion f′
☐ Nullstellen der zweiten Ableitungsfunktion f″
☐ Terrassenstellen der Funktion f

Zusatzaufgabe: Was fällt Ihnen auf?

2 Hinreichende Bedingungen für Wendepunkte: Graphen von f mit $f(x) = -0{,}5\,x^4 + x^3$ und g mit $g(x) = 0{,}5x^4 - 2x^3 + 6$.

a) Ermitteln Sie mithilfe von Ableitungen die Wendestellen. Prüfen Sie, ob es sich um eine Terrassenstelle handelt.
Hilfe: Wenn $f''(x_W) = 0$ und $f'''(x_W) \neq 0$, dann ist x_W Wendestelle. Wenn zusätzlich $f'(x_W) = 0$, dann ist x_W Terrassenstelle.

$f(x) = -0{,}5x^4 + x^3$

$f'(x) =$ ______

$f''(x) =$ ______

$f'''(x) =$ ______

Nullstellen von f″ sind $x_1 = 0$ und $x_2 =$ ______

$f'''(0) =$ ______ und $f'''($ ______ $) =$ ______

Bei $x_1 = 0$ und $x_2 =$ ______ gibt es Wendestellen.

______

______

______

$g(x) = 0{,}5x^4 - 2x^3 + 6$

$g'(x) =$ ______

$g''(x) =$ ______

$g'''(x) =$ ______

Nullstellen von ______ sind $x_1 =$ ______ und $x_2 =$ ______

______ und ______

______

______

______

______

b) Untersuchen Sie mithilfe der Tabellen, ob das Vorzeichen (VZ) von f″ an der Stelle x_W wechselt.
Hilfe: Wenn $f''(x_W) = 0$ und das Vorzeichen von f″ an der Stelle x_W wechselt, dann existiert bei x_W ein Wendepunkt.

x	−1	0	0,5	1	
f″(x)		0		0	
VZ			+		

x					
g″(x)		0		0	
VZ					

3 Welche Teilaussagen kommen in den notwendigen oder hinreichenden Bedingungen für die Aussagen ① bis ③ vor? Ordnen Sie diese zu.

① Der Graph von f hat bei $x = 2$ einen Wendepunkt.

② Der Graph von f hat bei $x = 2$ einen Sattelpunkt.

③ Der Graph von f ist bei $x = 2$ rechtsgekrümmt.

$f'(2) = 0$

$f''(2) < 0$

$f''(2) = 0$

$f'''(2) \neq 0$

Bei $x = 2$ hat f″ einen Vorzeichenwechsel.

Bei $x = 2$ hat f′ keinen Vorzeichenwechsel.

Bei $x = 2$ fällt f′ monoton.

4 Berechnen Sie die Wendepunkte der Funktion f mit $f(x) = -\frac{1}{24}x^4 + \frac{1}{6}x^3 + 2$.
Untersuchen Sie auch, ob Sattelpunkte vorliegen.

Weiterführende Aufgaben

5 Beurteilen Sie die unten stehenden Aussagen.
Schreiben Sie die Nummern der passenden Begründungen auf.

① $f'(x_0) = 0$ an der Stelle x_0.

② $f''(x_0) \neq 0$ an der Stelle x_0.

③ $f''(x_0) = 0$ an der Stelle x_0.

④ $f'(x_0) < 0$ an der Stelle x_0.

⑤ $f'''(x_0) \neq 0$ an der Stelle x_0.

⑥ $f'(x_0) \neq 0$ an der Stelle x_0.

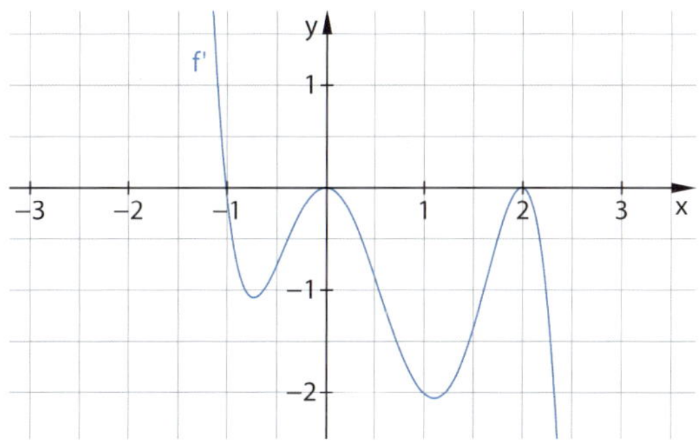

Der Graph von f ist an der Stelle $x_0 = 1{,}5$ monoton steigend.	☐ wahr	☐ falsch	______
Der Graph von f hat an der Stelle $x_0 = 2$ eine Sattelstelle.	☐ wahr	☐ falsch	______
An der Stelle $x_0 = 1$ ist das notwendige Kriterium für ein Extremum erfüllt.	☐ wahr	☐ falsch	______
Der Graph von f hat an der Stelle $x_0 = -1$ ein Extremum.	☐ wahr	☐ falsch	______
Der Graph von f hat an der Stelle $x_0 = 0$ eine Wendestelle.	☐ wahr	☐ falsch	______
An der Stelle $x_0 = 0$ ist das notwendige Kriterium für ein Extremum erfüllt.	☐ wahr	☐ falsch	______

6 Ermitteln Sie die Gleichung der Wendetangente der Funktion f mit $f(x) = x^3 - 6x^2 + 9x - 4$.

1 Auf dem Graphen der Funktion f sind Punkte markiert.

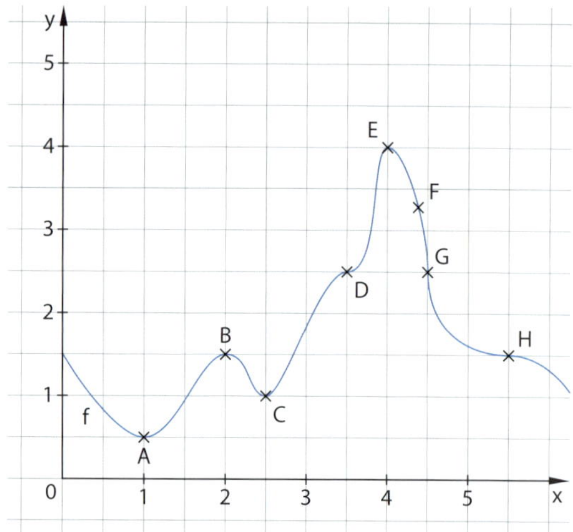

a) Ergänzen Sie zu wahren Aussagen und zeichnen Sie den Graphen mit den passenden Farben nach.

☐ $f'(x) > 0$ für alle x aus dem Intervall, demzufolge ist f streng monoton ____________

☐ $f'(x) < 0$ für alle x aus dem Intervall, demzufolge ist f streng monoton ____________

☐ $f'(x) = 0$

Hinweis: Die ☐ sind für die Farben da.

b) Kreuzen Sie Zutreffendes an.

Extrempunkte sind die Punkte …	☐ A	☐ B	☐ C	☐ D	☐ E	☐ F	☐ G	☐ H
Wendepunkte sind die Punkte …	☐ A	☐ B	☐ C	☐ D	☐ E	☐ F	☐ G	☐ H
Hochpunkte sind die Punkte …	☐ A	☐ B	☐ C	☐ D	☐ E	☐ F	☐ G	☐ H
Tiefpunkte sind die Punkte …	☐ A	☐ B	☐ C	☐ D	☐ E	☐ F	☐ G	☐ H
Sattelpunkte sind die Punkte …	☐ A	☐ B	☐ C	☐ D	☐ E	☐ F	☐ G	☐ H
Bei … ist der Graph der Funktion linksgekrümmt.	☐ A	☐ B	☐ C	☐ D	☐ E	☐ F	☐ G	☐ H

2 Kreuzen Sie alle zu $f(x) = \frac{1}{720}x^6 - \frac{1}{120}x^5 + \frac{1}{24}x^4 + \frac{5}{6}x^3 - \frac{7}{2}x^2 + 1984x - \pi$ passenden Ableitungen an.

☐ 0 ☐ $0{,}5x^2 - x + 1$ ☐ $0{,}3x^3 - 0{,}5x^2 + x$ ☐ $x - 1$

3 Auf Notizzetteln stehen Schrittfolgen. Vervollständigen Sie die passenden Überschriften.

Ermitteln von ____________

1. *Ermitteln von f′*
2. *Ermitteln der Nullstellen von f′*
3. *Untersuchen des Vorzeichenwechsels von f′ oder prüfen, ob $f''(x) < 0$ oder $f''(x) > 0$*

Ermitteln von ____________

1. *Ermitteln von f′, f″ und f‴*
2. *Ermitteln der Nullstellen von f″*
3. *Untersuchen des Vorzeichenwechsels von f″ oder berechnen der dritten Ableitung an der potentiellen Stelle*

4 Kreuzen Sie die wahren Aussagen an.
Der Graph einer ganzrationalen Funktion …

☐ besitzt mindestens einen Wendepunkt, wenn er einen Hoch- und einen Tiefpunkt hat

☐ besitzt mindestens einen Hoch- und einen Tiefpunkt, wenn er einen Wendepunkt hat

☐ besitzt mindestens einen Tiefpunkt, wenn er einen Hoch- und einen Wendepunkt hat

☐ besitzt keinen weiteren Extrempunkt, wenn er einen Extrempunkt und keine Wendepunkte hat

☐ besitzt mehrere Extrempunkte, wenn er mehrere Wendepunkte hat

5 Ergänzen Sie in der Funktionsgleichung alle natürlichen Zahlen von 4 bis 9, so dass gilt:
Die Funktion ist punktsymmetrisch zum Ursprung
und für $x \to -\infty$ gilt $f(x) \to \infty$. $f(x) = \_\_\, x^{\_\_} - \_\_\, x^{\_\_} + \_\_\, x^{\_\_}$

6 Untersuchen Sie die Funktion f mit $f(x) = 0{,}125x^4 - 0{,}5x^3$ und mithilfe der Ableitungen.

a) Monotonie

f ist monoton steigend für ________________ f ist monoton fallend für ________________

b) Krümmung

Der Graph ist für ____________ linksgekrümmt. Der Graph ist für ____________ rechtsgekrümmt.

c) Extrempunkte

____

d) Wendepunkte

____

e) Kreuzen Sie die Zeichnung an, die den Graphen von f enthält. Zeichnen Sie beide Koordinatenachsen ein.

☐ 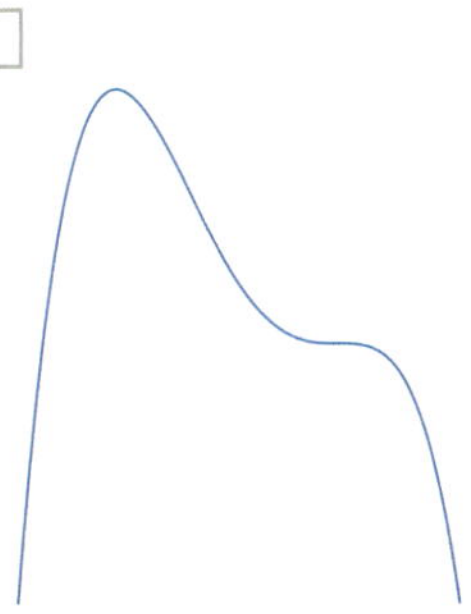

☐ 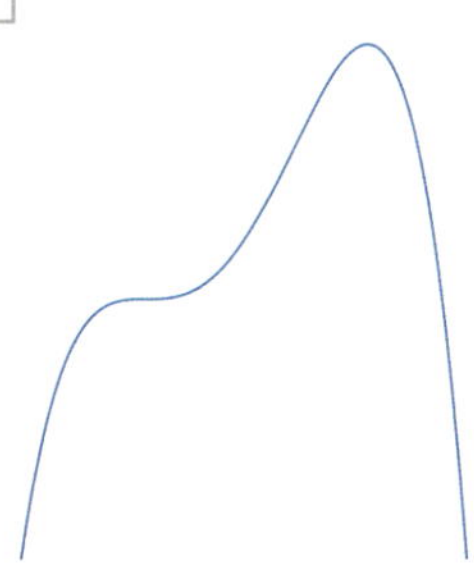

☐ 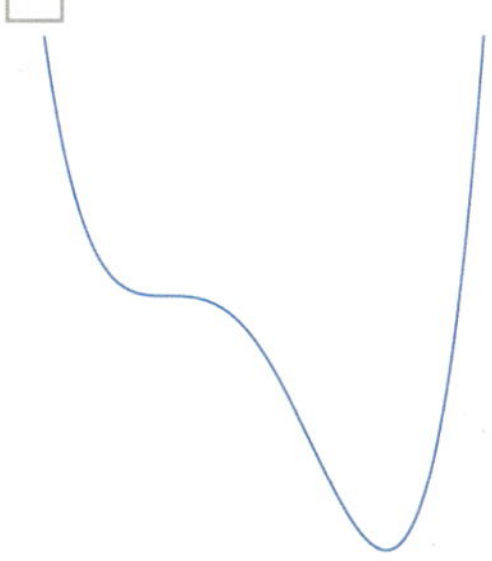

☐ 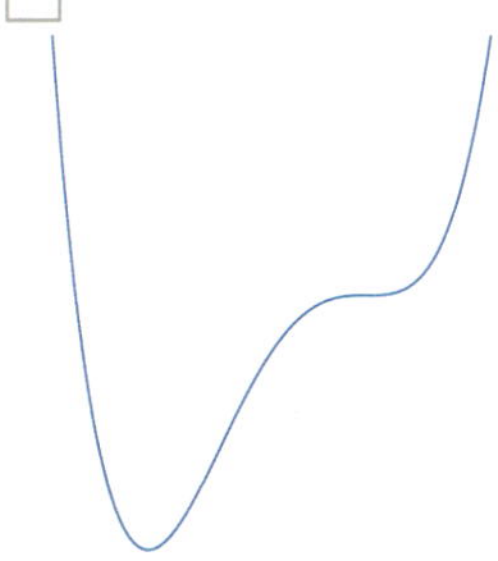

7 Der Wasserstand in einem Regenwasserspeicher kann in den ersten drei Regenstunden durch die Funktion f mit $f(t) = -\frac{1}{32}t^3 + \frac{3}{16}t^2 + 3{,}74$ modelliert werden.

Berechnen Sie den Zeitpunkt, zu dem der Wasserstand am stärksten angestiegen ist.

____

____

Basisaufgaben

1 Lösungsstrategie für Extremalprobleme: Wenden Sie die vorgegebene Schrittfolge an.

a) Zwei Mauern bilden eine rechtwinklige Ecke. Zur Abgrenzung einer möglichst großen rechteckigen Fläche in dieser Ecke stehen 20 m Zaun zur Verfügung. Berechnen Sie, wie lang die Zaunseiten a und b sein sollten.

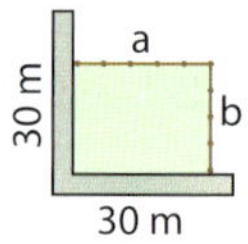

1. Gleichung
2. Nebenbedingungen
3. Zielfunktion
4. lokale Extrema
5. Randwerte
6. Interpretation

1. Gleichung
Flächeninhalt A eines Rechtecks: A = ______

2. Nebenbedingungen
Länge des Zaunes, verteilt auf die Rechteckseiten: ______

3. Zielfunktion A(a) = ______ mit $0 \leq a \leq 20$

4. lokale Extrema
erste und zweite Ableitung: A′(a) = ______ A″(a) = ______

Notwendige Bedingung (mögliche Extremstelle): A′(a) = ___ also gilt ______ also gilt ______

Hinreichende Bedingung: $A''(a) = -2 < 0$ Es liegt ______ vor.

5. Randwerte
Das lokale Maximum ist das globale Maximum, da A(0) = A(20) = ___ und ______

6. Interpretation
Die abzugrenzende Fläche hat einen möglichst großen Flächeninhalt, wenn ______

b) Aus einer 3 m langen Stahlstange soll das Kantengerüst eines Quaders mit quadratischer Grundfläche und maximalem Volumen hergestellt werden. Ermitteln Sie die Längen seiner Kanten a und b.

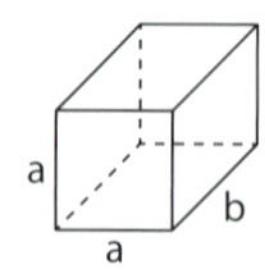

1. Gleichung
Volumen des Quaders: ______

2. Nebenbedingungen
Gesamtlänge der Kanten als Summe: ______

3. Zielfunktion ______

4. lokale Extrema
erste und zweite Ableitung: ______

Notwendige Bedingung (mögliche Extremstelle): ______

Hinreichende Bedingung: ______

5. Randwerte
Das lokale Maximum ist das globale Maximum, da ______

6. Interpretation
______

2 Zielfunktionen: Verbinden Sie die Sachverhalte mit passenden Zielfunktionen.
Zusatzaufgabe: Die Gleichung einer Zielfunktion bleibt übrig. Geben Sie einen dazu passenden Sachverhalt an.

Sachverhalt	Zielfunktion
Bei einem Rechteck ist die Seite a 3 m kürzer als die Seite b. Gesucht ist die Zielfunktion für seinen Flächeninhalt in Abhängigkeit von a.	$f(a) = a^2 + 3 \cdot a$
Bei einem Prisma mit quadratischer Grundfläche mit Seitenlänge a ist die Höhe 3 cm größer als a. Gesucht ist die Zielfunktion für sein Volumen in Abhängigkeit von a.	$f(a) = 3 \cdot a^3$
Bei einer geraden Pyramide mit quadratischer Grundfläche ist die Höhe a ein Drittel mal so groß wie die Länge x der Seitenkante der Grundfläche. Gesucht ist die Zielfunktion für das Volumen der Pyramide in Abhängigkeit von a.	$f(a) = 3 \cdot a^2$
	$f(a) = a^3 + 3 \cdot a^2$

3 Figuren unter Funktionsgraphen: Der Punkt Q liegt auf der x-Achse im Intervall $-2 \le x \le 2$.
Senkrecht über Q liegt der Punkt R auf der Parabel $f(x) = 4 - x^2$.
Der Punkt P hat die Koordinaten $P(-2\,|\,0)$. Untersuchen Sie, bei welcher Lage von R der Flächeninhalt des Dreiecks PQR ein lokales Maximum annimmt.

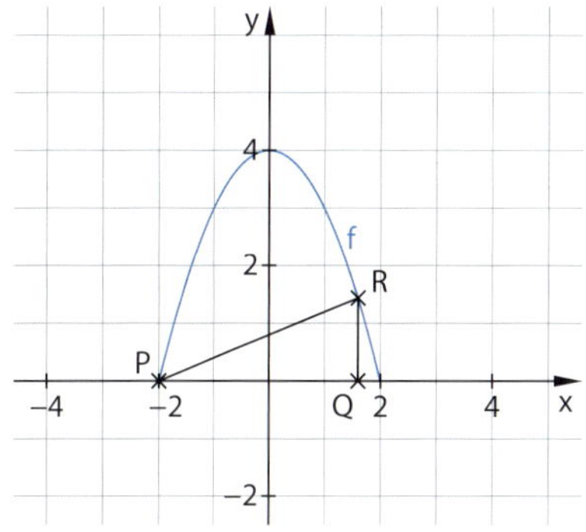

a) Kreuzen Sie die Gleichung der Zielfunktion z für $-2 \le x \le 2$ an.

☐ $z(x) = \frac{1}{2} \cdot (2 + x) \cdot (4 - x^2)$ ☐ $z(x) = 4 + 2x - x^2 - \frac{1}{2}x^3$

b) Kreuzen Sie die Extremstelle für ein lokales Maximum an.

☐ $x = -2$ ☐ $x = \frac{2}{3}$

c) Formulieren Sie einen Antwortsatz.

____

4 Der Punkt R wandert auf dem Graphen von $f(x) = \frac{1}{5} \cdot x^2 \cdot (4 - x)$ im Intervall $0 \le x \le 4$. Der Punkt P liegt im Ursprung und der Punkt Q senkrecht unter R auf der x-Achse.
Gesucht ist die Lage von R, bei der das Dreieck PQR maximalen Flächeninhalt besitzt.
Kreuzen Sie Zutreffendes an. Korrigieren Sie falsche Aussagen.

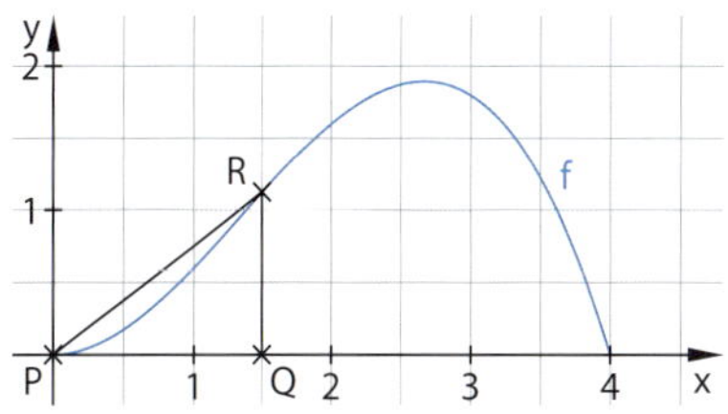

a) Die Zielfunktion hat die Gleichung $A(x) = \frac{2}{5} \cdot x^3 - \frac{1}{10} \cdot x^4$ ☐ wahr ☐ falsch

b) Mögliche Extremstellen sind $x_1 = 0$ und $x_2 = 2$. ☐ wahr ☐ falsch

c) Der maximale Flächeninhalt beträgt 2,7 Flächeneinheiten. ☐ wahr ☐ falsch

Weiterführende Aufgaben

5 Die Oberflächeninhalte von zylinderförmigen Dosen sollen möglichst gering sein. Zu berechnen sind dafür der Radius der Grundfläche und die Höhe des Zylinders in Abhängigkeit von V. Das Volumen der Dose ist dabei vorgegeben.
Hilfe: Volumen eines Zylinders: $V = \pi \cdot r^2 \cdot h$; Flächeninhalt eines Kreises: $A = \pi \cdot r^2$

a) Kreuzen Sie Zutreffendes an. Begründen Sie Ihre Entscheidung mithilfe der Lösungsstrategie für Extremalprobleme.

☐ $r = \sqrt[3]{\frac{V}{2\pi}}$ und $h = \sqrt[3]{4} \cdot \sqrt[3]{\frac{V}{\pi}}$ ☐ $r = \frac{2^{\frac{2}{3}} \cdot V^{\frac{1}{3}}}{2 \cdot \pi^{\frac{1}{3}}}$ und $h = \frac{2^{\frac{2}{3}} \cdot V^{\frac{1}{3}}}{\pi^{\frac{1}{3}}}$ ☐ $r = \frac{1}{2} \cdot \sqrt[3]{\frac{V}{\pi}}$ und $h = 2 \cdot \sqrt[3]{\frac{V}{2\pi}}$

b) Eine der Dosen ist rund 12 cm hoch und hat einen Durchmesser von rund 10 cm.
Beurteilen Sie diese Maße in Hinblick auf das zur Herstellung der Dose benötigte Material und ihr Volumen.

____

Basisaufgaben

1 Gleichungssysteme lösen: Ergänzen Sie die Lösungsschritte.
Berücksichtigen Sie dabei die Vorgaben.

Gleichungssystem:
$x + 2 = y$
$x = -y + 4$

Additionsverfahren:
$x + 2 + x = \underline{y} + (\underline{-y} + 4)$

Einsetzungsverfahren:
$x = -(x + 2) + 4$

① $x + y + z = 1$
② $x - y - 2z = 0$
③ $x + 2z = 3$

$2x - z$ ______ | ______ ① und ② addieren (Additionsverfahren).

④ $2x - 1 = z$

$x + 2 \cdot$ ______ | ______ ④ in ③ einsetzen (Einsetzungsverfahren).

______ | ______

$x = 1$

______ | Zahl „1" in ③ für x einsetzen.

$2z = 2$ | ______

$z = 1$

______ | Zahl „1" für x und für z in ① einsetzen.

$y = -1$

Probe: ① ______

② ______

③ ______ L = {(______)}

2 Ordnen Sie mithilfe von Linien jedem Gleichungssystem eine Lösungsmenge zu.
Zusatzaufgabe: Lösen Sie die Gleichungssysteme auf einem zusätzlichen Blatt.

$a + b + 7c = 13$ $3a + 2b + 3c = 7$ $6a + b + 2c = 18$	$x + y + z = 8$ $3x + 2y + z = 12$ $6x + y = 0$	$a + b = 1$ $a + 2b + c = -1$ $2a + b - c = 0$	$x + y + z = 0$ $9x + 3y + z = 1$ $25x + 5y + z = 4$
$L = \{(3; -4; 2)\}$	$L = \left\{\left(\frac{1}{4}; -\frac{1}{2}; \frac{1}{4}\right)\right\}$	$L = \{(-1; 6; 3)\}$	$L = \{\,\}$

3 Eigenschaften in Gleichungen übersetzen: Geben Sie ein oder zwei passende Ausdrücke an.

a) Der Graph der Funktion f verläuft durch den Hochpunkt P(−1 | 2). $f(-1) =$ ______ $f'(-1) =$ ______

b) Der Graph der Funktion f hat an der Stelle x = 3 einen lokalen Tiefpunkt. ______

c) Der Graph einer Funktion f hat im Punkt W(2 | −5) einen Wendepunkt. ______

d) Der Graph von f ist symmetrisch zur y-Achse. ______

e) Der Graph von f hat eine Nullstelle bei $x = x_0$. ______

4 Funktionsgleichung bestimmen – Steckbriefaufgaben: Der Graph einer ganzrationalen Funktion dritten Grades besitzt einen lokalen Hochpunkt H(0 | 0), eine Nullstelle bei x = 3 und einen Tiefpunkt T(2 | −1).
Ermitteln Sie eine Gleichung der beschriebenen Funktion.
Rechnen Sie, wenn nötig, auf einem zusätzlichen Blatt.

1. Eigenschaften
2. Funktion und Ableitungen
3. Gleichungssystem und Funktionsterm
4. Überprüfen

1. Angeben der allgemeinen Gleichung und der ersten beiden Ableitungen

$f(x) = a \cdot x^3 + b \cdot x^2 + c \cdot x + d$ $\qquad f'(x) =$ ____________________

$f''(x) =$ ____________________

2. Aufstellen eines Gleichungssystems mithilfe der Eigenschaften und Ermitteln der Lösungen

Eigenschaft	Bedingung	Gleichungen des Gleichungssystems
H(0 | 0) liegt auf dem Graphen von f.	$f(0) = 0$	$d = 0$
H(0 | 0) ist Hochpunkt des Graphen von f.		$c = 0$
x = 3 ist Nullstelle.		
T(2 | −1) liegt auf dem Graphen von f.		
T(2 | −1) ist Tiefpunkt des Graphen von f.		
		Lösungen: a = und b =

3. Die Funktion hat die Gleichung

$f(x) =$ ____________________

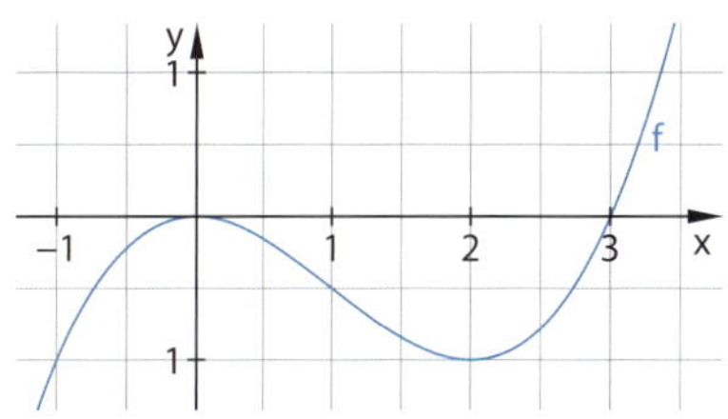

4. Überprüfen Sie, ob der Graph von f die gegebenen Eigenschaften besitzt.
Markieren Sie dazu die Hoch - und Tiefpunkte, sowie die Nullstellen.

5 Prozesse modellieren: Bei einer Testfahrt mit konstanter Geschwindigkeit wird durchgehend der „lokale" Kraftstoffverbrauch in Milliliter pro Kilometer in Abhängigkeit von der zurückgelegten Wegstrecke in Kilometern gemessen.

Strecke s in km	0	1	2	3	4
Verbrauch V in $\frac{ml}{km}$	70	88	90	82	70

Der Zusammenhang zwischen der Strecke s und dem lokalen Verbrauch V lässt sich modellhaft durch eine ganzrationale Funktion $V(s) = a \cdot s^3 - 11s^2 + 28s + d$ mit $0\,km \le s \le 4\,km$ beschreiben.

a) Ermitteln Sie die Parameter a und d der Funktion.

____

____

b) Erläutern Sie, wie Sie den größten und den kleinsten Wert für den lokalen Kraftstoffverbrauch im Streckenabschnitt von 0 km bis 4 km ermitteln. Geben Sie beide Werte an. Rechnen Sie, wenn nötig, auf einem zusätzlichen Blatt.

____

____

____

6 Randkurven beschreiben: Die Randkurve vom Umriss des Schulgespenstes wird durch den Graphen einer ganzrationalen Funktion f beschrieben.

a) Begründen Sie, dass die Funktion f mindestens vom Grad $n = 4$ ist.

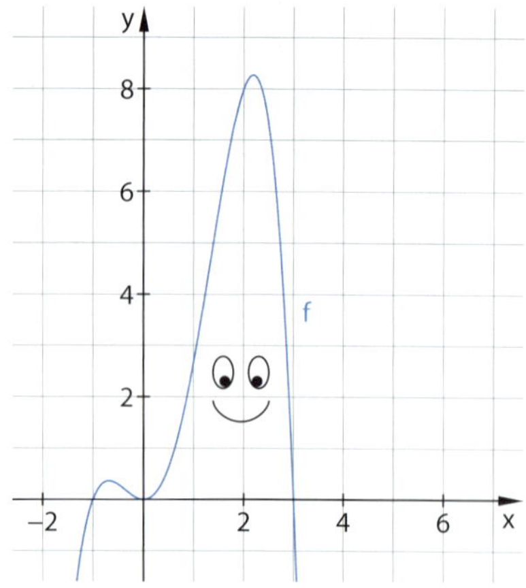

b) Die Randkurve kann durch eine Funktion f mit der Gleichung $f(x) = a \cdot x^4 + b \cdot x^3 + 2 \cdot x^2$ beschrieben werden. Berechnen Sie a und b. Entnehmen Sie dazu die ganzzahligen Nullstellen der Funktion der Zeichnung.

7 Ordnen Sie den Teilen der Maske die passende Funktion zu. Zeichnen Sie das zu den Funktionen gehörende Koordinatensystem ein.

Kinn	$f_1(x) = -\frac{1}{2}x^4 + 2x^2$	mit $-2 \le x \le 2$
linkes Auge	$f_2(x) = x^2 - 4$	mit $-2 \le x \le 2$
Mund	$f_3(x) = \frac{1}{2}x^2 - \frac{5}{2}$	mit $-\frac{1}{2} \le x \le \frac{1}{2}$
rechtes Auge	$f_4(x) = -(x + 1)^2 - 1$	mit $-1{,}3 \le x \le -0{,}7$
Ohren	$f_5(x) = f_4(-x)$	

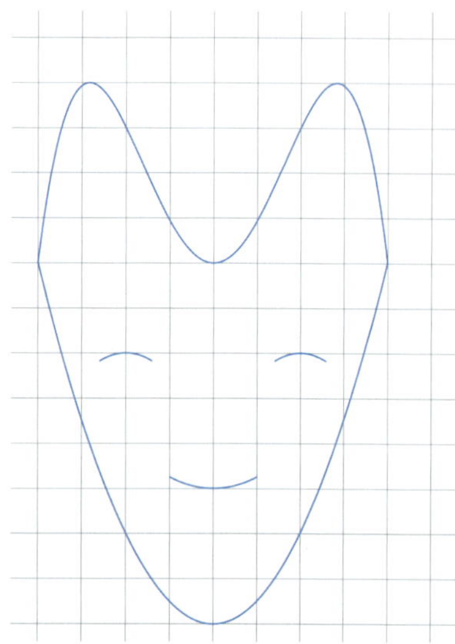

8 Funktionsscharen: Die Graphen gehören zur Funktionenschar $f_a(x) = 0{,}2x^2 \cdot (x - a)$ mit $a \in \mathbb{R}$.

a) Ordnen Sie den Graphen den Wert des Parameters a zu.

Graph	①	②	③
Wert von a			

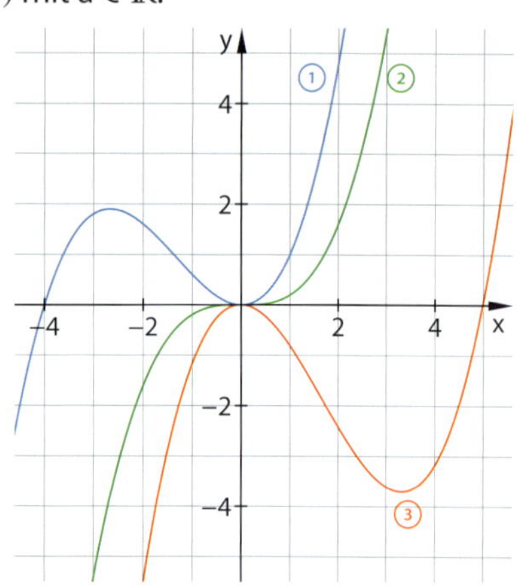

b) Zeichnen Sie den Graphen von f_a für $a = 3$ ein.

c) Kreuzen Sie die Gleichungen an, die die 1. Ableitungsfunktion von $f_a(x)$ wiedergeben.

☐ $f_a'(x) = 0{,}6x^2 - 0{,}4a \cdot x$

☐ $f_a'(x) = 0{,}4x \cdot (x - a) + 0{,}2x^2$

☐ $f_a'(x) = 0{,}6x^2 - 0{,}4a$

Weiterführende Aufgaben

9 Vor dem Öffnen des Fallschirms fällt ein Springer im freien Fall immer schneller. Die Änderungsrate der Fallgeschwindigkeit verringert sich durch die Luftreibung mit der Zeit. Es wird angenommen, dass sich der Sachverhalt im Intervall $0\,s \leq t \leq 15\,s$ durch eine ganzrationale Funktion dritten Grades modellieren lässt.

Zeit t im freien Fall in Sekunden	0	5	10	12,5
Geschwindigkeit v in Meter pro Sekunde	0	42	54	56

a) Kreuzen Sie die passende Funktion an.
☐ $v(t) = \frac{2}{75}t^3 - \frac{4}{5}t^2 + \frac{35}{3}t$ ☐ $v(t) = \frac{2}{75}t^3 + t^2 + \frac{191}{15}t$ ☐ $v(t) = \frac{2}{75}t^3 - t^2 + \frac{191}{15}t$

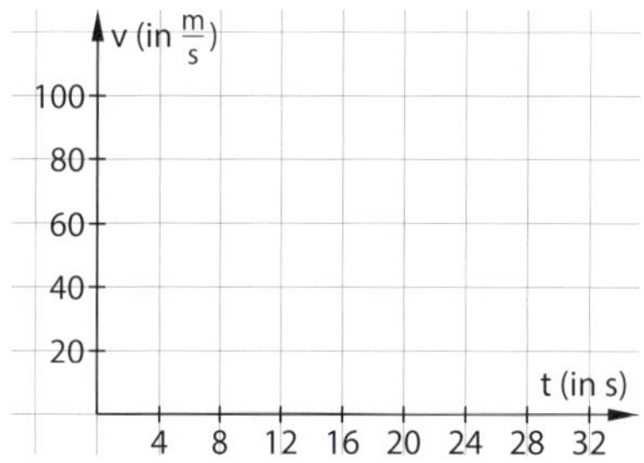

b) Zeichnen Sie den Graphen der bei Teilaufgabe **a)** ermittelten Funktion im Intervall $0\,s \leq t \leq 25\,s$.
Begründen Sie mithilfe des Graphen, weshalb diese Funktion für $t > 12{,}5\,s$ als mathematisches Modell ungeeignet ist.

10 Die Graphen mehrerer ganzrationaler Funktionen vierten Grades verlaufen symmetrisch zur y-Achse. Sie haben an der Stelle $x = 2$ eine waagerechte Tangente und gehen durch den Punkt $P(-2\,|\,0)$.

a) Weisen Sie nach, dass $y = f_a(x) = a \cdot x^4 - 8a \cdot x^2 + 16a$ mit $a \in \mathbb{R}; a \neq 0$ alle derartigen Funktionen beschreibt.

b) Kreuzen Sie die wahren Aussagen an. Korrigieren Sie falsche Aussagen.
① Für $a > 0$ besitzen die Graphen genau einen lokalen Hochpunkt. ☐
② Für $a = 0{,}125$ schneidet der Graph von f die y-Achse im Punkt $Q(0\,|\,2)$. ☐
③ Für $a = -\frac{1}{3}$ ist $y = 3x - 7$ die Gleichung der Tangente an den Graphen von f_a an der Stelle $x = 1$. ☐

11 An einem Wintertag wurde in Abständen von zwei Stunden die Temperatur T gemessen. Um 10:00 Uhr erfolgte die erste Messung. Der Temperaturverlauf in diesem Zeitraum soll durch eine ganzrationale Funktion dritten Grades modelliert werden.

Zeit in h	0	2	4	6
T in °C	0	2	3	0

Ermitteln Sie mit dieser Gleichung die Zeit, zu der die Höchsttemperatur erreicht wurde. Geben Sie beides an.

1 Ordnen Sie den Gleichungssystemen Lösungen zu.

$$\begin{aligned} a - 3b + 4c &= -5 \\ 2a + 5b + 2c &= 27 \\ 4a - b &= -13 \end{aligned}$$

$$\begin{aligned} 10 &= 2x + 3y + z \\ 13 &= 3x + y + 2z \\ 20 &= 4x + 6y + 2z \end{aligned}$$

- $L = \{(-2; 5; 1)\}$
- $L = \left\{\left(\frac{29}{7}; \frac{4}{7}; 0\right)\right\}$
- $L = \{(-2; 5; 3)\}$
- $L = \{(-3; 2; 10)\}$

2 Beurteilen Sie, ob der Ausdruck den Sachverhalt wiedergibt.
Rechnen Sie, wenn nötig, auf einem zusätzlichen Blatt.

a) Sachverhalt: Eine Funktion f hat an der Stelle 6 den Funktionswert 12. ☐ ja ☐ nein
Ausdruck: $f(12) = 6$

b) Sachverhalt: Der Graph einer Funktion f hat an der Stelle $x = 1$ einen Tiefpunkt. ☐ ja ☐ nein
Ausdruck: $f'(1) \geq 0$

c) Sachverhalt: Der Graph einer Funktion f hat im Punkt $P(1\,|\,2)$ einen Wendepunkt. ☐ ja ☐ nein
Ausdruck: $f(2) = 1$ und $f''(2) = 0$

d) Sachverhalt: Der Graph einer Funktion ist punktsymmetrisch zum Ursprung. ☐ ja ☐ nein
Ausdruck: $f(-x) = -f(x)$

3 Der Graph der ganzrationalen Funktion f dritten Grades ist punktsymmetrisch zum Ursprung.
Er verläuft durch den Punkt $P(3\,|\,-1)$ und hat dort die Steigung -3.
Prüfen Sie die Aussagen über f auf ihren Wahrheitsgehalt.
Rechnen Sie, wenn nötig, auf einem zusätzlichen Blatt.
Unterstreichen Sie die Fehler.

a) Die Funktion f hat die Gleichung $f(x) = -\frac{4}{27}x^3 + x$. ☐ wahr ☐ falsch

b) Die Funktion f hat den lokalen Hochpunkt $H\left(\frac{3}{2}\,|\,-1\right)$. ☐ wahr ☐ falsch

c) Für $x \to -\infty$ gehen die Funktionswerte von f gegen ∞. ☐ wahr ☐ falsch

d) Zwei Tangenten am Graphen von f an zweien seiner Nullstellen haben ☐ wahr ☐ falsch
die Gleichung $y = -2x + 2 \cdot \sqrt{3}$ und $y = -2x + 2\sqrt{2}$.

4 Gegeben ist ein Prisma mit der Höhe h. Seine Grundfläche ist quadratisch und hat die Seitenlänge a.
Gesucht sind Werte für a und h, für die das Prisma bei konstantem Volumen V eine minimale Oberfläche A_o hat.

a) Kreuzen Sie die passende Zielfunktion an.
Unterstreichen Sie drei zur Ermittlung der Zielfunktion benötigte Gleichungen.

☐ $V = a^2 \cdot h$ ☐ $a = \sqrt{h : V}$ ☐ $h = \frac{V}{a^2}$ ☐ $h = \frac{a^2}{V}$

☐ $O(a) = 2a^2 + 4a \cdot \frac{a^2}{V}$ ☐ $O(a) = a^2 + \frac{4V}{a}$ ☐ $O(a) = 2a^2 + 4a \cdot h$ ☐ $O(a) = 2a^2 + \frac{4V}{a}$

b) Ermitteln Sie a und h, für die das Prisma bei konstantem Volumen V eine minimale Oberfläche O hat.

c) Berechne a für $h = 3$ cm und $O(a) = 14\text{ cm}^2$.

5 Die Abbildung zeigt den Graphen einer ganzrationalen Funktion g.

a) Begründen Sie, dass g mindestens dritten Grades sein muss.

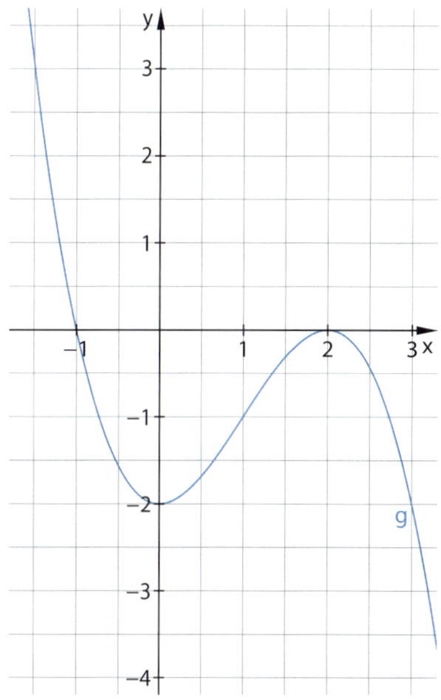

b) Lesen Sie die Koordinaten der lokalen Extrempunkte und die Nullstellen ab. Ermitteln Sie die Funktionsgleichung dritten Grades von g.

6 Die Abbildung zeigt den Graphen einer ganzrationalen Funktion f vierten Grades, der achsensymmetrisch zur y-Achse ist, mit den Koordinaten eines der Hochpunkte.

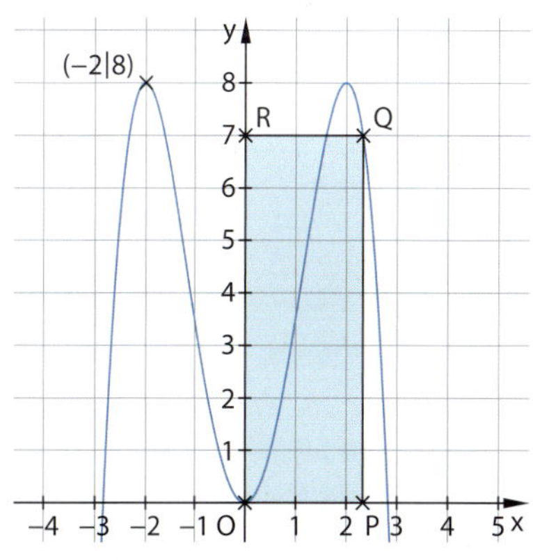

a) Kreuzen Sie die Gleichungen von f an.

☐ $f(x) = 0{,}5x^4 - 4x^2$ ☐ $f(x) = -\frac{1}{2}x^4 + 4x^2$ ☐ $f(x) = 4x^2 \cdot (1 - 0{,}125x^2)$

b) Der Punkt Q liegt im I. Quadranten auf dem Graphen von f. Er bildet zusammen mit dem Ursprung O sowie den Punkten P und R ein Rechteck. Untersuchen Sie, ob der Flächeninhalt des Rechtecks OPQR ein lokales Maximum annimmt, wenn Q mit dem Hochpunkt von f im I. Quadranten zusammenfällt.

Basisaufgaben

1 Das Diagramm zeigt den Zu- bzw. Abfluss aus einem Wasserbecken. Vervollständigen Sie korrekt.

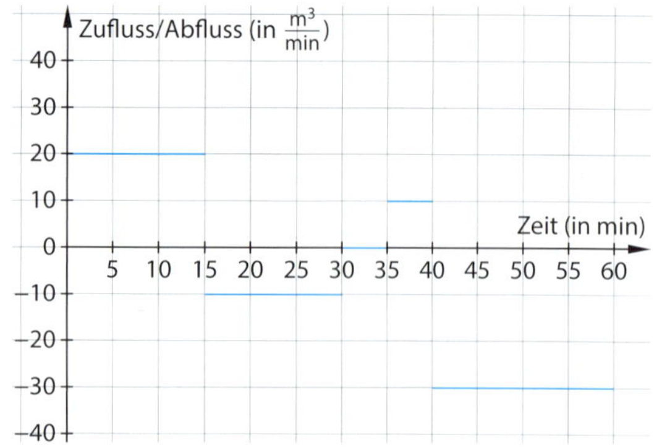

Die Beobachtung erfolgt über ______ Minuten. Zu Beginn gibt es einen Zufluss von ______ Kubikmeter pro ______.

Dieser ist 15 Minuten ______.

Nach 15 Minuten sind ______ Kubikmeter Wasser ______ im Becken als zu Beginn. Danach fließen ______ Minuten lang ______ Kubikmeter Wasser pro Minute ______, das sind in dieser Zeit insgesamt ______ Kubikmeter.

Nach 30 Minuten befinden sich im Becken insgesamt ______ Kubikmeter Wasser ______ zu Beginn.

2 Zu- und Abnahme eines Bestandes als Flächenbilanz: Die Diagramme zeigen jeweils den Wasserzu- bzw. -abfluss in einem zu Beginn leeren Wasserbecken im Verlauf einer Stunde.

Hilfe: Die Zu- und Abnahme eines Bestandes F in einem Zeitintervall entspricht der Flächenbilanz zwischen dem Graphen der Änderungsrate f und der x-Achse.

A

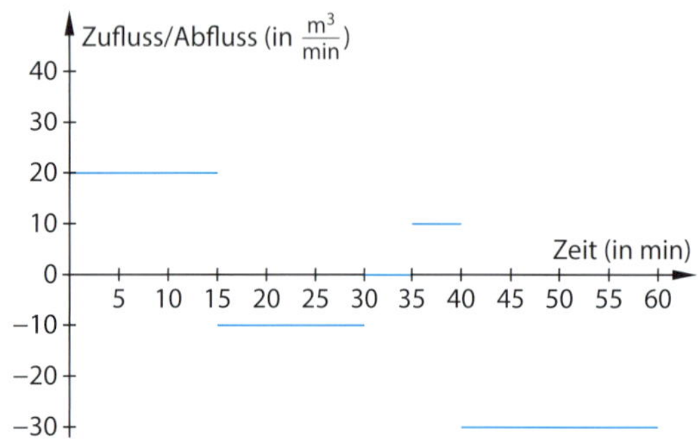

B

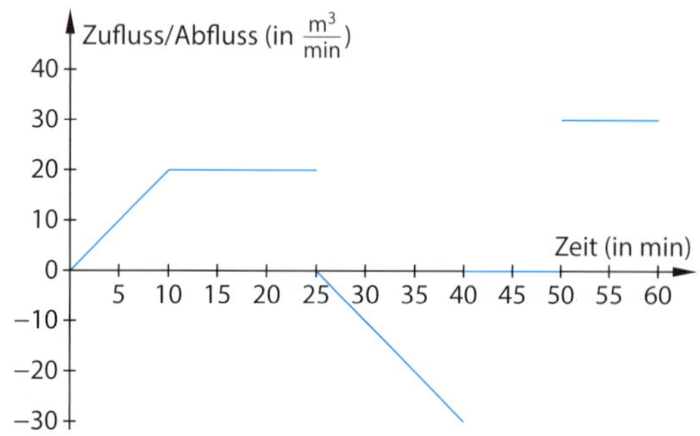

a) Markieren Sie die Flächen, deren Inhalte ein Maß für das zu- oder abgeflossene Wasservolumen sind.

b) Ergänzen Sie in der Tabelle für die angegebenen Zeiten (in min) die Bilanz des Wasserzu- und -abflusses in m^3.

Zeit	10	20	30	40	50	60
Bilanz (A)						
Bilanz (B)						

c) Geben Sie jeweils begründet an, wie viel Wasser zu Beginn mindestens in dem Becken gewesen sein muss und welches Fassungsvermögen das Wasserbecken mindestens haben muss. Wählen Sie geeignete Intervalle.

In Becken A müssen zu Beginn mindestens ______ m^3 gewesen sein, denn ______

Sein Fassungsvermögen muss mindestens ______ m^3 betragen, denn ______

In Becken B müssen zu Beginn mindestens ______ m^3 gewesen sein, da ______

Sein Fassungsvermögen muss mindestens ______ m^3 betragen, da ______

d) „Es gibt einen Zeitpunkt, zu dem sich genauso viel Wasser im Becken befindet wie zu Beginn."
Kreuzen Sie Zutreffendes an. ☐ Gilt für Becken A. ☐ Gilt für Becken B.

Zusatzaufgabe: Geben Sie diesen Zeitpunkt, wenn möglich, an.

3 Gegeben sind die Graphen von Änderungsraten f′ und Beständen f. Ordnen Sie die Graphen einander zu.
Zusatzaufgabe: Begründen Sie die Zuordnung.

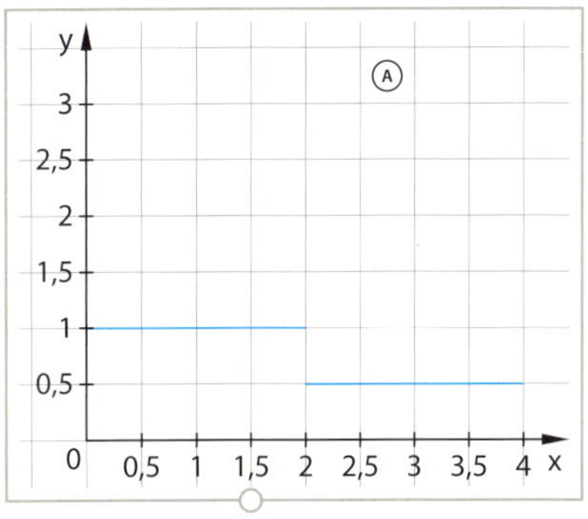

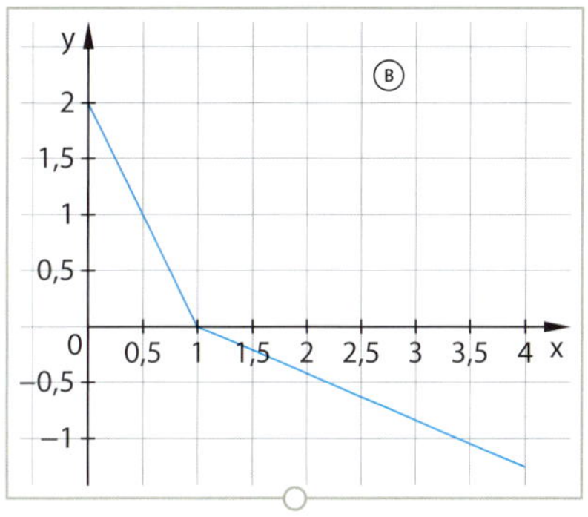

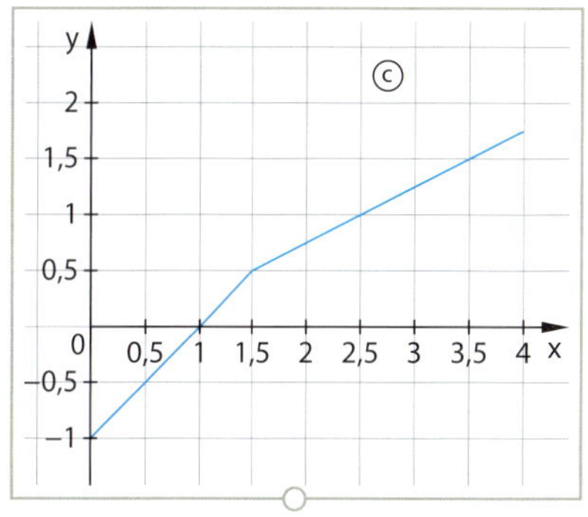

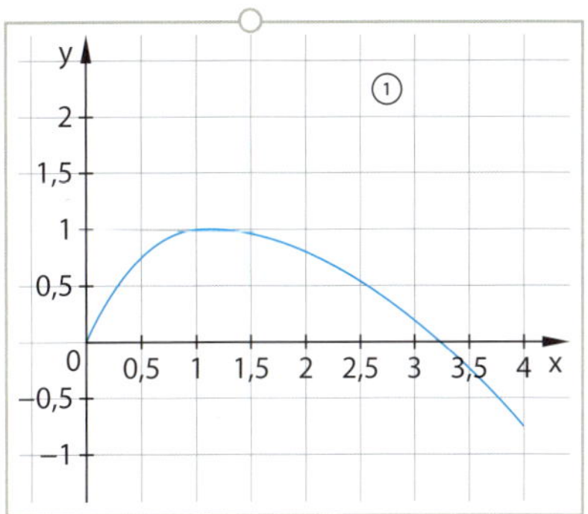

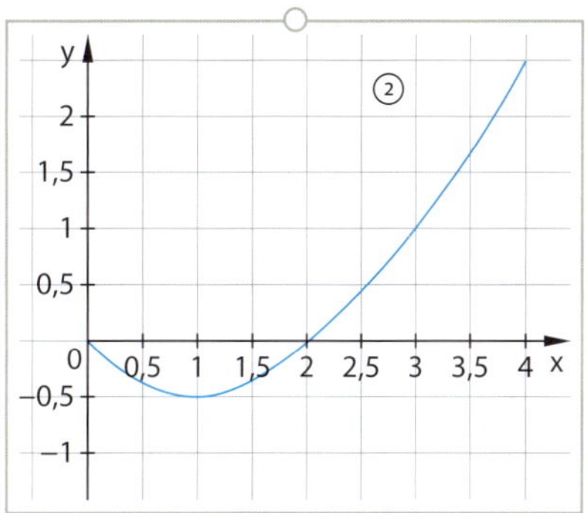

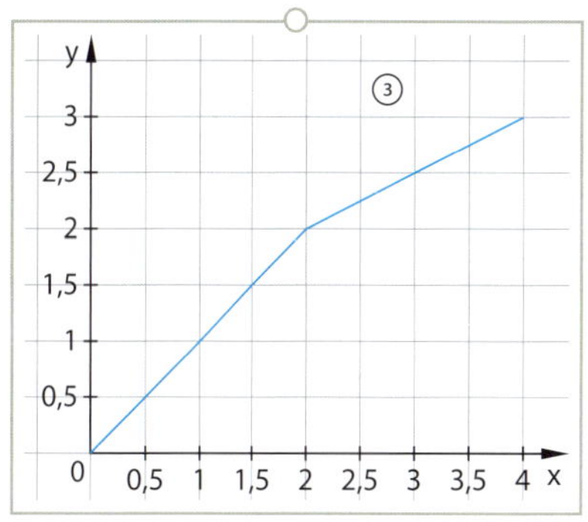

Weiterführende Aufgaben

4 In der Abbildung ist der Graph der Funktion f mit $f(x) = \sin(x)$ dargestellt.
Gesucht ist eine Abschätzung für den Inhalt der Fläche, die der Graph von f über dem Intervall $[0; \pi]$ mit der x-Achse einschließt.

a) Ermitteln Sie die Gleichungen der Tangenten an den Graphen von f in den Punkten $B_1(0\,|\,0)$, $B_2\left(\frac{\pi}{2}\,\middle|\,1\right)$ und $B_3(\pi\,|\,0)$.

$f'(x) = \cos(x)$

$t_1(x) =$ ______

$t_2(x) =$ ______

$t_3(x) =$ ______

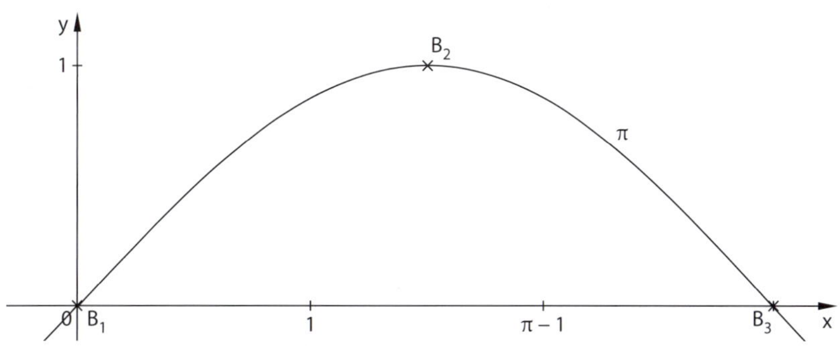

b) Zeichnen Sie die Tangenten in die Abbildung ein und geben Sie die gesuchte Abschätzung an (in Flächeneinheiten).

____

____

Zusatzaufgabe: Bestimmen Sie einen Näherungswert für den Flächeninhalt, den der Graph zu $f(x) = -x^2 + 2x$ mit der x-Achse einschließt. Nutzen Sie dabei auch die Tangenten in den Punkten $\left(\frac{1}{2}\,\middle|\,f\left(\frac{1}{2}\right)\right)$ und $\left(\frac{3}{2}\,\middle|\,f\left(\frac{3}{2}\right)\right)$.

____

Basisaufgaben

1 Flächen zwischen Graph und x-Achse: Die Größe der krummlinig begrenzten Fläche zwischen dem Funktionsgraphen und der x-Achse kann mithilfe von Unter- und Obersummen (U_n und O_n) näherungsweise ermittelt werden.

a) Vervollständigen Sie die Wertetabelle für $f(x) = 4 - \frac{1}{4}x^2$ im Intervall [0; 4].

x	0	$\frac{1}{2}$	1	$\frac{3}{2}$	2	$\frac{5}{2}$	3	$\frac{7}{2}$	4
f(x)		$\frac{63}{16}$		$\frac{55}{16}$		$\frac{39}{16}$		$\frac{15}{16}$	

b) Veranschaulichen Sie U_4 und O_4 in der Zeichnung mithilfe gleich breiter Rechtecke im Intervall [0; 4].

c) Ergänzen Sie die Berechnung der Unter- und Obersummen.

$O_4 = 1 \cdot 4 + 1 \cdot \frac{15}{4} + \_\_\_ + \_\_\_ = \frac{\_\_\_}{2}$

$U_4 = 1 \cdot \left(\_\_\_ + \frac{7}{4} + \_\_\_ \right) = \_\_\_$

$O_8 = \_\_\_ \cdot \left(\_\_\_ + \_\_\_ + \frac{15}{4} + \frac{55}{16} + 3 + \frac{39}{16} + \frac{7}{4} + \frac{15}{16} \right) = \_\_\_$

$U_8 = \_\_\_ \cdot \left(\_\_\_ + \frac{15}{4} + \frac{55}{16} + 3 + \frac{39}{16} + \frac{7}{4} + \frac{15}{16} + \_\_\_ \right) = \_\_\_$

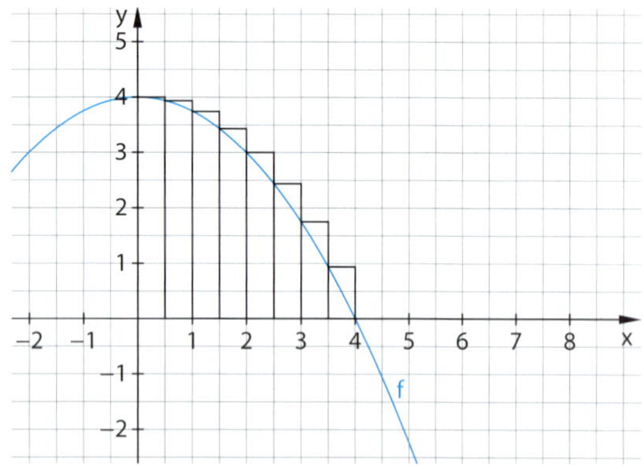

d) Kreuzen Sie wahre Aussagen an. Betrachten Sie dabei die Beträge und die Zeichnung.

☐ $O_8 < U_8$ ☐ $O_8 \geq O_4$ ☐ $O_8 \geq O_{16}$ ☐ $U_4 \leq U_{16}$ ☐ $U_n \leq O_n$ ☐ $U_n \leq U_{n+1}$

2 Bestimmtes Integral als Grenzwert von Ober- und Untersummen: f sei eine Funktion über einem Intervall [a; b]. Kreuzen Sie Zutreffendes an.

Hilfe: Wenn die Ober- und Untersummen einer Funktion f auf dem Intervall [a; b] einen gemeinsamen Grenzwert haben, dann heißt die Funktion integrierbar. Der gemeinsame Grenzwert heißt bestimmtes Integral von f in den Grenzen von a bis b.

a) Der Grenzwert der Ober- und Untersummen von f über [a; b] ist das bestimmte Integral. ☐ wahr ☐ falsch

b) Wenn Ober- und Untersummen von f über [a; b] sich einem gemeinsamen Grenzwert annähern, dann wird die Differenz der jeweiligen Ober- und Untersumme kleiner. ☐ wahr ☐ falsch

c) Das bestimmte Integral gibt die Flächenbilanz zwischen dem Graphen der Funktion und der x-Achse auf dem Intervall [a; b] an. ☐ wahr ☐ falsch

d) Das bestimmte Integral ist der Grenzwert der Differenz zwischen Ober- und Untersummen für f über [a; b]. ☐ wahr ☐ falsch

e) Wenn der Graph von f eine parallele Gerade zur x-Achse ist, kann man das bestimmte Integral nicht bestimmen. ☐ wahr ☐ falsch

3 Integral als Flächenbilanz: Ordnen Sie jeder Beschreibung eine Funktionsgleichung zu.

Das Integral ist positiv.	$f(x) = -x^2$ über [1; 4]
Das Integral ist negativ.	$f(x) = x^2$ über [−4; −1]
Das Integral hat den Wert 0.	$f(x) = x^3$ über [−1; 1]

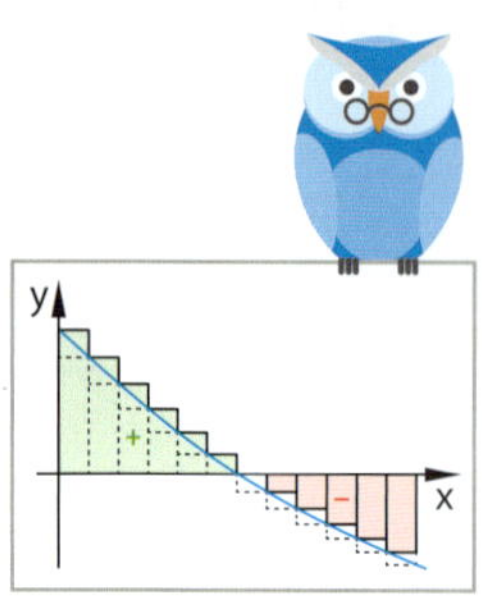

4 Kreuzen Sie alle wahren Aussagen an.

☐ $\int_0^2 x\,dx < \int_0^3 x\,dx$ ☐ $\int_0^2 (4 - x^2)\,dx < \int_0^3 (4 - x^2)\,dx$ ☐ $\int_0^3 -x\,dx > \int_0^4 -x\,dx$

5 In der Abbildung ist der Graph der Funktion f dargestellt.

Es gilt: $\int_0^1 f(x)dx = \frac{2}{3}$ und $\int_1^2 f(x)dx = -\frac{4}{3}$.

Hilfe: $\int_a^b f(x)dx$: Flächenbilanz zwischen dem Graphen von f und der x-Achse im Intervall [a; b].

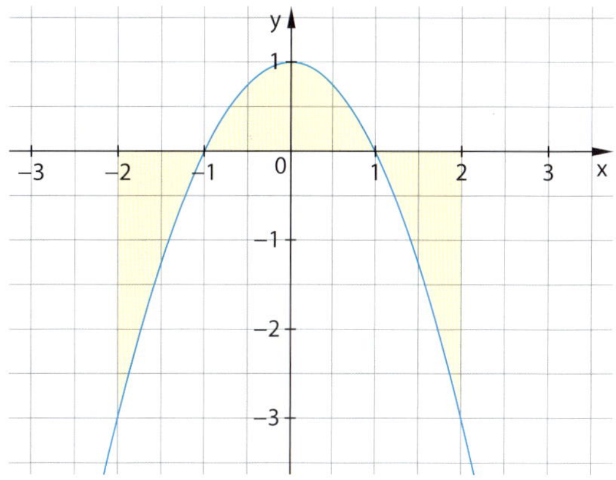

Kreuzen Sie alle wahren Aussagen an.
Begründen Sie kurz.

- ☐ $\int_{-2}^{-1} f(x)dx = \int_1^2 f(x)dx$ ____________________
- ☐ $\int_{-2}^{0} f(x)dx = -\frac{2}{3}$ ____________________
- ☐ $\int_{-1}^{2} f(x)dx = 0$ ____________________
- ☐ $\int_{-1}^{0} f(x)dx = -\frac{2}{3}$ ____________________
- ☐ $\int_{-2}^{2} f(x)dx = 4$ ____________________
- ☐ $\int_{-1}^{0} f(x)dx = -\int_0^1 f(x)dx$ ____________________
- ☐ $\int_{-2}^{1} f(x)dx = 0$ ____________________

Weiterführende Aufgaben

6 Gegeben ist die Funktion f mit $f(x) = -x^2 + 4x$ mit $0\,\text{m} \le x \le 4\,\text{m}$.
Sie beschreibt ein großes Kirchenfenster mit Buntglas.

a) Ermitteln Sie die Nullstellen von f.
$-x^2 + 4x = x \cdot$ ________ $x_1 =$ ___ und $x_2 =$ ___

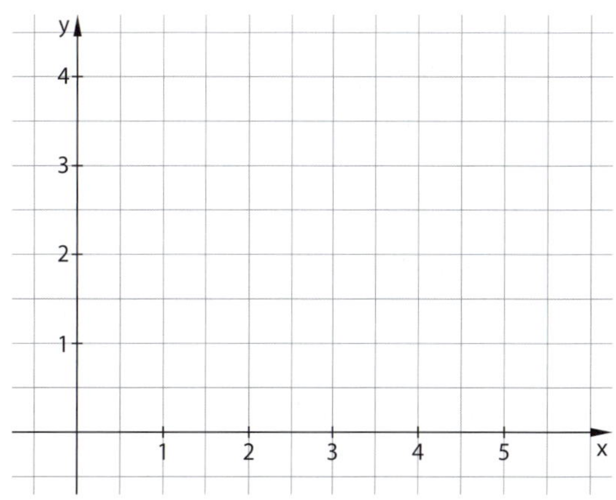

b) Skizzieren Sie den Graphen.
Schätzen Sie die Fenstergröße. ________________

c) Ermitteln Sie die Größe des Fensters in Quadratmetern.
Es gilt $\int_0^1 (-x^2 + 4x)\,dx = 1\frac{2}{3}$ und $\int_2^3 (-x^2 + 4x)\,dx = 3\frac{2}{3}$.

____

Das Kirchenfenster mit Buntglas ist ________________

d) Durchgehende senkrechte Linien grenzen größere Teile voneinander ab, beispielsweise den Bereich $1\,\text{m} \le x \le 3\,\text{m}$.
Veranschaulichen Sie diesen in der Skizze und berechnen Sie deren Größe.

____

Das Beispielteil des Kirchenfensters ist ________________

Basisaufgaben

1 Stammfunktion: Ordnen Sie jeder Funktion eine Stammfunktion zu. Ergänzen Sie dafür passende Großbuchstaben.

Hilfe: Eine Funktion F heißt Stammfunktion zu der Funktion f, wenn für jede Stelle x gilt: $F'(x) = f(x)$.

$a(x) = x$ | $b(x) = 3x + 2$ | $c(x) = 3$ | $d(x) = 3x$ | $e(x) = 0$ | $f(x) = 2x - 3$ | $g(x) = 2x$

__ $(x) = 3x + 2$ | __ $(x) = \frac{1}{2}x^2 + 2$ | __ $(x) = \frac{3}{2}x^2 + 2x$ | __ $(x) = \frac{3}{2}x^2 + 2$

__ $(x) = x^2 + 3$ | __ $(x) = x^2 - 3x + 2$ | __ $(x) = 3$

2 Gesamtheit aller Stammfunktionen: Kreuzen Sie alle Stammfunktionen der Funktion $f(x) = 5x + 4$ an.

Hilfe: Alle Stammfunktionen einer Funktion f unterscheiden sich nur durch eine Konstante.

- ☐ $F(x) = \frac{5}{2}x + 4$
- ☐ $F(x) = 5x^2 + 4x$
- ☐ $F(x) = \frac{5}{2}x^2 + 4x - 3$
- ☐ $F(x) = \frac{5}{2}x^2 + 4x + 3$
- ☐ $F(x) = \frac{5}{4}x^2 + 4x - 2$
- ☐ $F(x) = \frac{5}{2}x^2 + 4x - \frac{7}{4}$

3 Stammfunktionen grafisch bestimmen: Ordnen Sie jedem Funktionsgraphen den Graphen einer Stammfunktion zu.

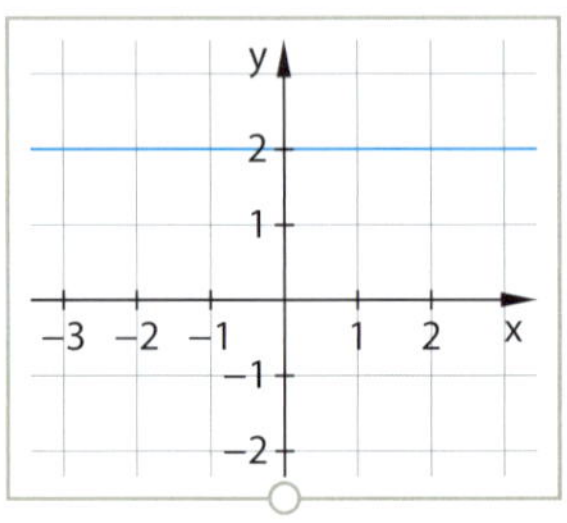
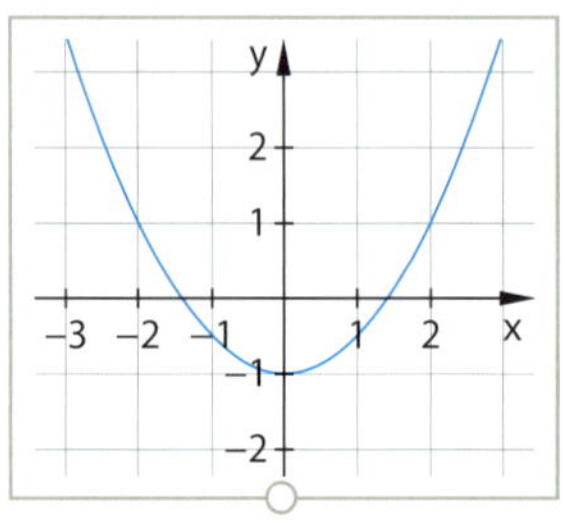
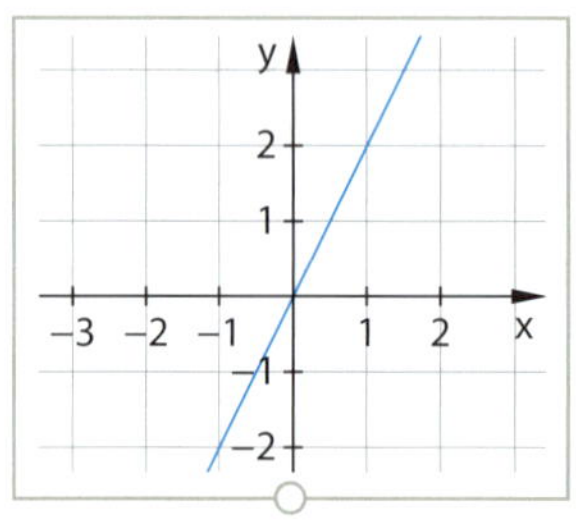
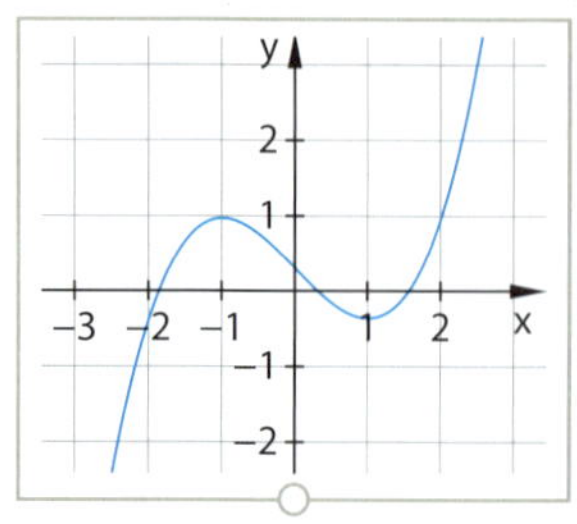

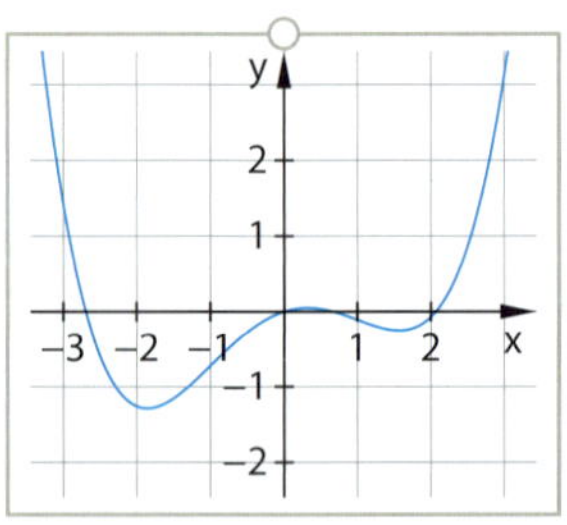
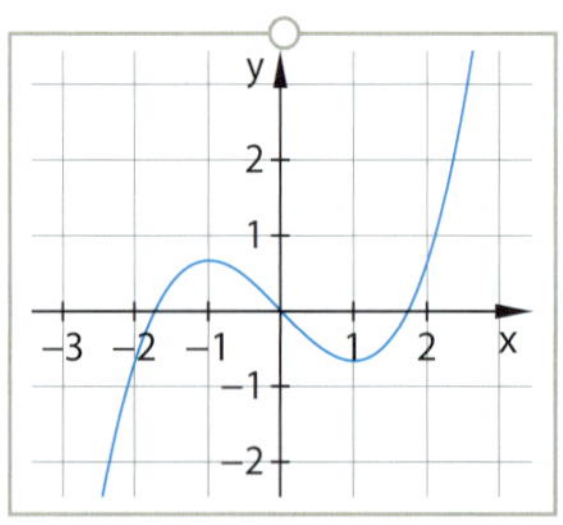
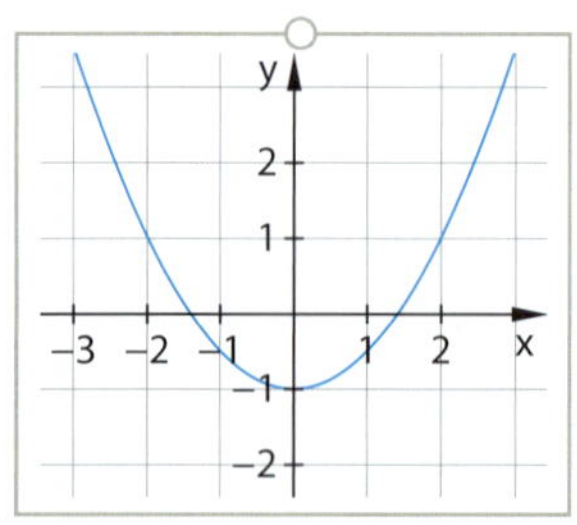
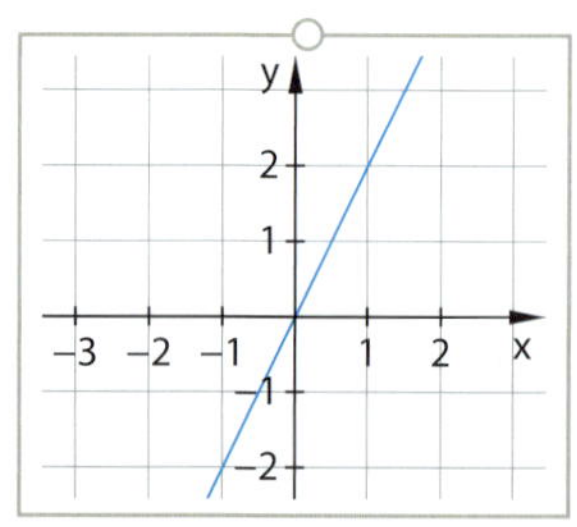

4 Potenzregel: Vervollständigen Sie.

Hilfe: Zur Funktion f mit $f(x) = x^r$ und $r \in \mathbb{R}$, $r \neq -1$ ist F mit $F(x) = \frac{1}{r+1}x^{r+1}$ eine Stammfunktion.

$f(x) = x$	$F(0) = 5$	$F(x) =$ ____________
$g(x) = 3x^2$	$G(1) = 5$	$G(x) =$ ____________
$h(x) = x^7$	$H(-1) = \frac{1}{4}$	$H(x) =$ ____________

$F'(x) = f(x)$

5 Lineare Kettenregel: Kreuzen Sie an, welche Funktion F eine Stammfunktion zu $f(x) = (6x + 11)^5$ ist.

- ☐ $F(x) = \frac{6}{6}(6x + 11)^6$
- ☐ $F(x) = \frac{1}{36}(6x + 11)^6$
- ☐ $F(x) = \frac{5}{6}(6x + 11)^6$
- ☐ $f(x) = 30(6x + 11)^4$

6 Kreuzen Sie alle Regeln an, die man zur Bestimmung der Stammfunktion verwenden muss.

$f(x) = 5x^3 + 4x - 1$

- ☐ Faktorregel
- ☐ Summenregel
- ☐ Potenzregel
- ☐ lineare Kettenregel

7 Kreuzen Sie Zutreffendes an. Begründen Sie die Entscheidung.

a) Zu $f(x) = 5x + 5x^2$ ist $F(x) = 5\left(\frac{1}{2}x^2 + \frac{1}{3}x^3\right)$ die Stammfunktion. ☐ wahr ☐ falsch

b) Zu $f(x) = 8x^3$ ist $F(x) = 32x^4$ keine Stammfunktion. ☐ wahr ☐ falsch

c) Zu $f(x) = 8x^3$ ist $F(x) = 2x^4$ eine Stammfunktion. ☐ wahr ☐ falsch

d) Zu $f(x) = 2x \cdot 7x$ kann man nur mithilfe der Faktorregel eine Stammfunktion bestimmen. ☐ wahr ☐ falsch

e) Zu $f(x) = \frac{1}{x^3}$ kann man nur mithilfe der Potenzregel eine Stammfunktion bestimmen. ☐ wahr ☐ falsch

8 F und G seien die Stammfunktionen von f und g. Kreuzen Sie alle wahren Aussagen an. Geben Sie, wenn möglich, ein Gegenbeispiel mit Funktionsgleichungen von f oder g an.

☐ $F + G$ ist Stammfunktion zu $f + g$.	☐ $F \cdot G$ ist Stammfunktion zu $f \cdot g$.	☐ $F(x) + x + 4$ ist Stammfunktion zu $f(x) + 1$.	☐ $2 \cdot F - 3 \cdot G$ ist Stammfunktion zu $2 \cdot f - 3 \cdot g$.	☐ $x^2 \cdot G(x)$ ist Stammfunktion zu $x \cdot g(x)$.

Weiterführende Aufgaben

9 Der Graph f im linken Bild veranschaulicht die Wachstumsgeschwindigkeit einer Fichte in Abhängigkeit von der Zeit.

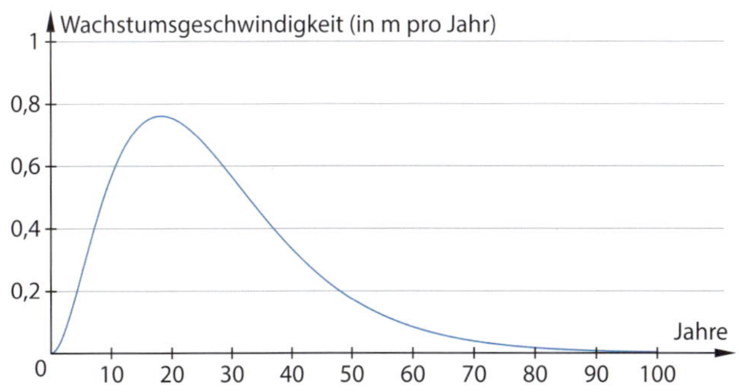

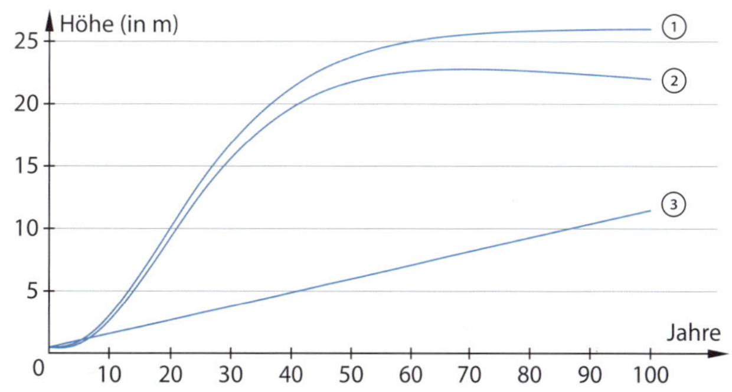

a) Begründen Sie, dass die Funktion der Fichtenhöhe in Abhängigkeit von der Zeit eine Stammfunktion von f ist.
Die Wachstumsgeschwindigkeit ist die

b) Erläutern Sie, welche Graphen vom rechten Bild die Fichtenhöhe beschreiben können.

Basisaufgaben

1 Ergänzen Sie den Text zu sinnvollen Aussagen zum Thema „Rekonstruktion aus Änderungsraten“.
Kennt man den Bestand einer Größe (z. B. den in einer bestimmten Zeit zurückgelegten Weg) und möchte wissen, wie sich dieser ändert, dann ist ______________________________ zu betrachten. Die momentane Änderungsrate wird mathematisch durch die ____________ der Bestandsfunktion beschrieben (im Beispiel durch die Geschwindigkeit).
Kennt man die Änderungsrate und möchte umgekehrt von der Ableitung zurück zum Bestand (im Beispiel von der Geschwindigkeit zum zurückgelegten Weg in einem Zeitintervall), muss man ____________ (im Beispiel: Der im Intervall $(t_1; t_2)$ bei einer Geschwindigkeit v zurückgelegte Weg s wird berechnet durch $s = \int_{t_1}^{t_2}$ ____________).

2 Der im Zeitraum [0 s; 8 s] zurückgelegte Weg s kann durch die Geschwindigkeits-Zeit-Funktion

$$v(t) = \begin{cases} 2\cdot\sqrt{x}, & 0 \le t \le 4 \\ 4, & 4 < t \le 8 \end{cases}$$

näherungsweise beschrieben werden.
Kreuzen Sie alle richtigen Angaben an. (Hinweis: Im Antwortsatz müssen die Einheiten angegeben werden!)

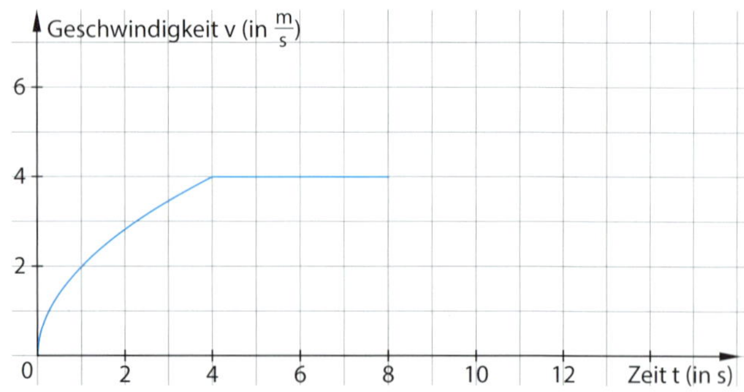

a) Der im Zeitraum $0 \le t \le 4$ zurückgelegte Weg lässt sich berechnen durch

☐ $\int 2\cdot\sqrt{t}\,dt$ ☐ $\int_0^4 2\cdot t^{\frac{1}{2}}\,dt$ ☐ $\frac{4}{3}\cdot\sqrt{4^3}$ ☐ $\frac{4}{3}\cdot 2^3$

b) Der im Zeitraum $4 < t \le 8$ zurückgelegte Weg lässt sich ermitteln durch

☐ $(4\,\frac{m}{s})\cdot(4\,s)$ ☐ $\int_4^8 4\,dt$ ☐ $(4\cdot 8)-(4\cdot 4)$ ☐ $4\cdot[8-4]$

3 In ein zum Zeitpunkt t = 0 (Zeit t in Minuten) leeres Gefäß fließt Wasser ein.
Das Diagramm zeigt die Zuflussrate des Wassers in Liter pro Minute.
Beurteilen Sie, ob die Aussagen wahr sind.
Korrigieren Sie falsche Aussagen.

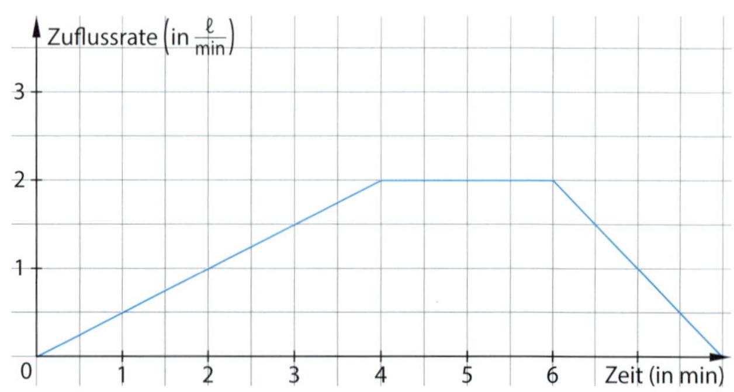

Aussage	Wahr?	Korrektur
Im Intervall [4; 6] fließt kein Wasser zu.		
Vier Minuten nach Füllbeginn sind 2 Liter Wasser im Gefäß.		
Nach 8 Minuten ist das Gefäß wieder leer.		

Weiterführende Aufgaben

4 Vervollständigen Sie die Tabelle. Wählen Sie für die letzte Zeile ein eigenes Beispiel.

Abhängige Größe als momentane Änderungsrate	Unabhängige Größe	Deutung des bestimmten Integrals
Anzahl Geburten b(t) pro Tag	Zeit t in Tagen	
	Weg in km	$\frac{1}{100} \cdot \int_{s_1}^{s_2} v(s)ds$ beschreibt den Gesamtkraftstoffverbrauch im Intervall $[s_1; s_2]$
Momentangeschwindigkeit v(t) in m/s		
Momentaner Schadstoffaustausch a(t) in mg/min	Zeit t in Minuten	
	Zeit t in Minuten	

5 Der Zu- und Abfluss einer Flüssigkeit in einen Behälter kann durch Ventile gesteuert werden. Die momentane Änderungsrate im Zeitintervall [0 min; 5,5 min] wird näherungsweise beschrieben durch die Funktion $f(t) = 0{,}5t \cdot (t - 3) \cdot (t - 5)$.

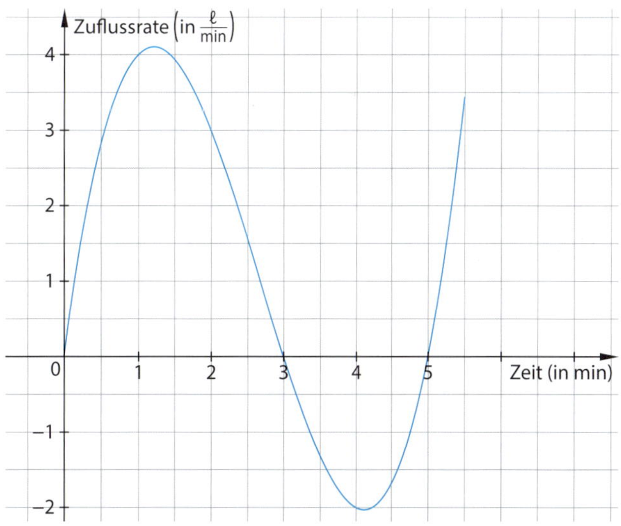

a) Geben Sie an, in welchen Zeiträumen Zufluss bzw. Abfluss zu verzeichnen ist.

Zufluss: ____________________

Abfluss: ____________________

b) Berechnen Sie die Volumenbilanz im Zeitraum [0 min; 5,5 min].

____

____

6 Die von einer Ölquelle geförderte Ölmenge geht von 450 Tonnen pro Tag kontinuierlich um eine halbe Tonne pro Tag zurück.
Interpretieren Sie die 2. und 3. Zeile der CAS-Rechnung im Sachzusammenhang.

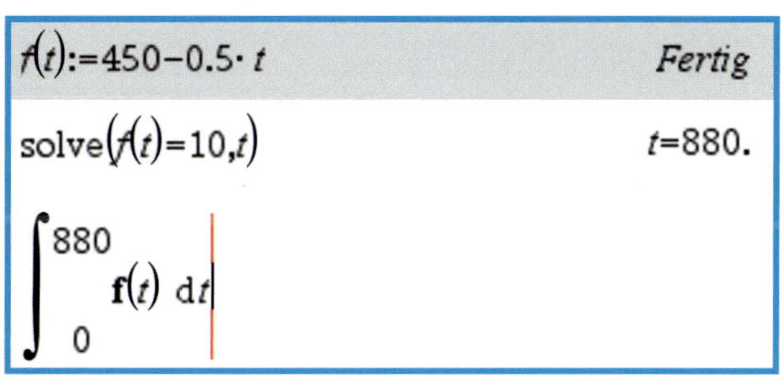

____

____

Basisaufgaben

1 Vervollständigen Sie die Tabelle.

Funktion f	**Stammfunktion F ($C = 0$)**	**a**	**b**	**F(b) – F(a)**
	$F(x) = x$	3	5	
$f(x) = x$		4	6	
$f(x) = \frac{1}{2}x^3$		1	2	
$f(x) = x^5$		0	2	

2 Hauptsatz der Differential- und Integralrechnung: Ordnen Sie Funktion und Intervall den Inhalt der Fläche zwischen Funktionsgraph und x-Achse (in Flächeneinheiten) zu.

Hilfe: Ist F eine beliebige Stammfunktion einer Funktion f, so gilt: $\int_a^b f(x)dx = F(b) - F(a)$

$f(x) = x$ [0; 4]	$g(x) = 3x + 2$ [0; 2]	$h(x) = 3$ [−3; 5]	$i(x) = 0$ [−2; 2]	$j(x) = 2x - 3$ [0; 1]	$k(x) = 2x$ [−1; 1]

− 2	8	10	24	0	4c

3 Eingeschlossene Fläche zwischen Graph und x-Achse:
Gegeben ist die Funktion f mit $f(x) = 12 \cdot (x^2 - 1) \cdot (x - 2)$.
Die Abbildung zeigt den Graphen von f.
Es soll der Inhalt der Fläche bestimmt werden, die der Graph von f mit der x-Achse einschließt.

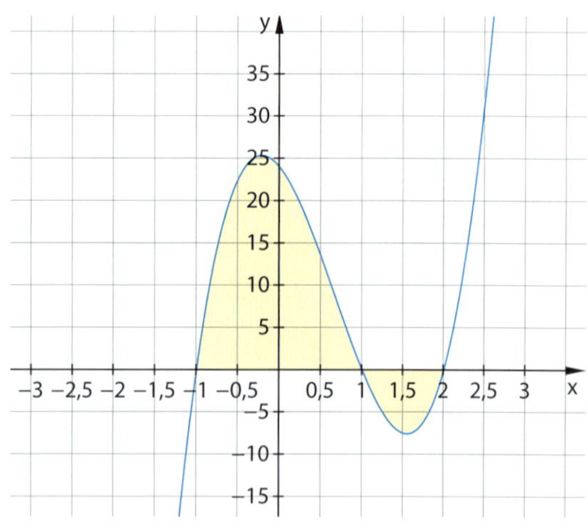

a) Lesen Sie die Nullstellen von f ab und erläutern Sie, wie man diese Nullstellen auch rechnerisch herleiten kann.

____

____

____

b) Multiplizieren Sie zuerst den Funktionsterm von f aus.
Geben Sie danach eine Stammfunktion von f an.
$f(x) = 12 \cdot (x^3$ ____________ $) = 12x^3$ ____________ $F(x) =$ ____________

Zusatzaufgabe: Schätzen Sie den gesuchten Inhalt des eingefärbten Flächenstücks. Beachten Sie die unterschiedlichen Einheiten auf den Koordinatenachsen.

c) Berechnen Sie die Integrale zwischen benachbarten Nullstellen.

$\int_{-1}^{1} f(x)dx = [F(x)]_{-1}^{1} =$ ____________

$\int_{1}^{2} f(x)dx = [F(x)]_{1}^{2} =$ ____________

d) Geben Sie den gesuchten Flächeninhalt A an.
A = ____________

$\int_a^b f(x)\,dx = F(b) - F(a)$

4 Fläche zwischen Graph und x-Achse über einem Intervall: Die Funktion f mit $f(x) = x^2 - x$ schließt mit der x-Achse über dem Intervall [–1; 3] ein (mehrteiliges) Flächenstück ein, dessen Flächeninhalt bestimmt werden soll.

a) Geben Sie alle Nullstellen innerhalb des Intervalls an.

$x_1 =$ ___ und $x_2 =$ ___

b) Berechnen Sie die Integrale über den drei Teilintervallen.

$\int_{-1}^{0} f(x)dx = \left[\frac{1}{3}x^3 - \underline{\qquad}\right]_{-1}^{0} =$ ______________________

$\int_{0}^{1} f(x)dx =$ ______________________

$\int_{1}^{3} f(x)dx =$ ______________________

c) Geben Sie den gesuchten Flächeninhalt A an.

A = ______________________

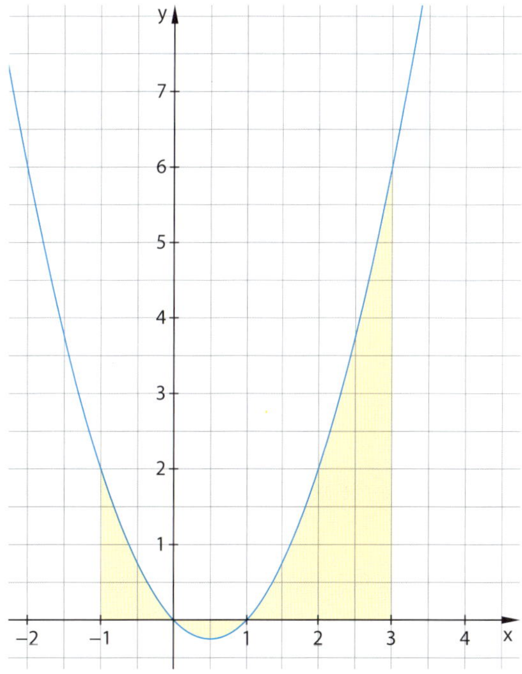

5 Von zwei Funktionsgraphen eingeschlossene Fläche:
Die Abbildung zeigt die Graphen der Funktionen f und g mit $f(x) = -x^3 + x^2 + x + 2$ und $g(x) = -x^2 + x + 2$.
Ermitteln Sie die Größe der Fläche in zwei Schritten.

1. Lesen Sie die Schnittstellen der Graphen ab.
Zeigen Sie rechnerisch, dass es keine weiteren Schnittstellen außerhalb des abgebildeten Bereichs gibt.
$x_1 =$ ___ und $x_2 =$ ___
Durch Gleichsetzen erhält man:
$-x^2 + x + 2 = -x^3 + x^2 + x + 2$
____

2. Berechnen Sie die Größe des Flächenstücks.
$\int_{0}^{2} f(x) - g(x)dx =$ ______________________

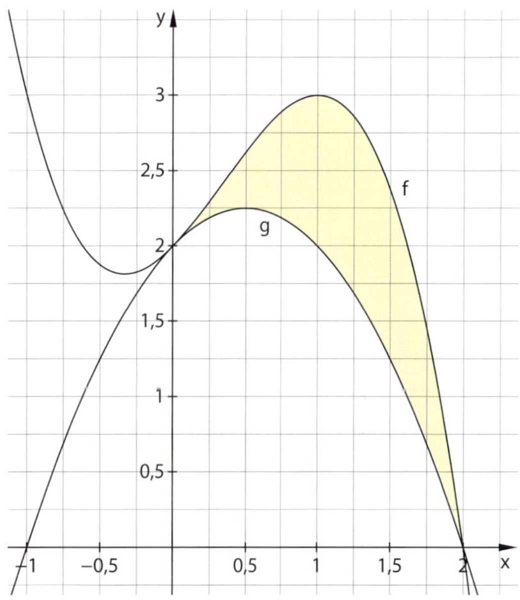

Weiterführende Aufgaben

6 Für a > 0 ist die Funktion f_a gegeben durch $f_a(x) = -\frac{1}{4}x^2 + \frac{1}{2}a \cdot x$.
In der Abbildung sind für einige Werte von a die Graphen von f_a dargestellt.

a) Zeigen Sie, dass der Graph von f_a mit der x-Achse ein Flächenstück mit dem Flächeninhalt $\frac{1}{3}a^3$ einschließt.

____

____

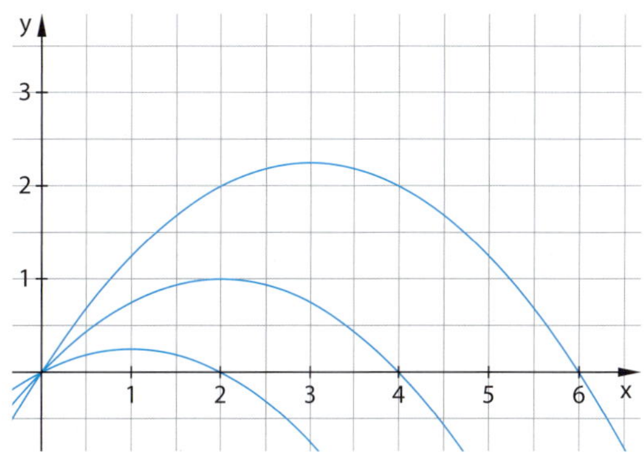

b) Bestimmen Sie a so, dass der Graph von f_a mit der x-Achse ein Flächenstück mit dem Inhalt 9 FE einschließt.

____

____

Basisaufgaben

1 Integration durch Substitution: Vervollständigen Sie den Satz zu einer wahren Aussage:

Wenn f mit $f(x) = g(a \cdot x + b)$ eine verkettete Funktion mit einer linearen Funktion als innerer Funktion ist, dann ist $F(x) =$ ______________ eine Stammfunktion von f.

2 Geben Sie die innere Funktion von f(x) an.

Verkettete Funktion	$f(x) = \sqrt{3 - 2x}$	$f(t) = 2 \cdot e^{-t+1}$	$f(x) = \cos(5x)$
Innere Funktion			

3 Ergänzen Sie die Lücken im Beispiel: $\int (2x + 4)^{10}\,dx$

Innere Funktion: $z(x) = 2x + 4$, also ist $a =$ ___ Äußere Funktion: $g(z) = z^{10}$

Stammfunktion der äußeren Funktion: $G(z) =$ ___ $\cdot\, z^{11}$

$\int (2x + 4)^{10}\,dx =$ ___ $\cdot$ (___ $)^{11} + c =$ ______________

Probe: Es muss gelten $F'(x) = f(x)$.

$\Big($ ______________ $\Big)' =$ ______________ $= (2x + 4)^{10}$

$\int f(a \cdot x + b)\,dx$
$= \frac{1}{a} \cdot F(a \cdot x + b) + c$

4 Ordnen Sie jeder Funktion f durch Pfeile eine mögliche Stammfunktion F zu.

$f(x) = (1 - x)^5$

$f(x) = \left(\frac{1}{2}x - 5\right)^5$

$f(x) = \frac{(x - 10)^5}{2}$

$F(x) = \frac{(x - 10)^6}{192}$

$F(x) = \frac{(x - 10)^6}{12} - 1$

$F(x) = -\frac{(x - 1)^6}{6} + 4$

5 Kreuzen Sie richtige Ergebnisse an.

a) $\int_2^3 \sqrt{2x - 3}\,dx$ ☐ $\frac{3^{\frac{3}{2}} - 1^{\frac{3}{2}}}{3}$ ☐ $3^{\frac{3}{2}} - 1$ ☐ $\sqrt{3} - \frac{1}{3}$ ☐ $\frac{3\sqrt{3} - 1}{3}$

b) $\int_5^7 \frac{2}{4 - x}\,dx$ ☐ $2 \cdot \ln(3)$ ☐ $-2 \cdot \ln(3) - 2 \cdot \ln(1)$ ☐ $\ln(3)$ ☐ $-2 \cdot \ln(3)$

c) $\int_0^{\frac{\pi}{2}} \sin(2x)\,dx$ ☐ -1 ☐ $-\frac{\cos(2\pi)}{2} + \frac{\cos(0)}{2}$ ☐ 1 ☐ 0

d) $\int_{-3}^{1} e^{1-x}\,dx$ ☐ $1 - e^4$ ☐ $-e^0 - (-e^4)$ ☐ $e^2 - 1$ ☐ $e^4 - 1$

e) $\int_{-1}^{2} \left(\frac{1}{2}x + 1\right)^{-2} dx$ ☐ $-\frac{4}{4} - \left(\frac{4}{1}\right)$ ☐ $-1 - \left(-\frac{4}{-1 + 2}\right)$ ☐ 3 ☐ -5

6 Ermitteln Sie die Menge aller Stammfunktionen von $f(x) = (1 - x)^{-2}$. Erklären Sie die Anzeige des CAS.

$$\int_{-2}^{2} (1-x)^{-2}\,dx \qquad \infty$$

____

____

____

____

____

7 Partielle Integration: Vervollständigen Sie den Text: Bei der Berechnung von Integralen, bei denen der Integrand das ________ zweier Funktionen ist, führt in vielen Fällen die ________ Integration zum Ziel. Man wählt eine der Funktionen im Integranden als u(x), die andere als v′(x). Die Auswahl sollte so erfolgen, dass sich die weitere Berechnung ____________ .

$$\int u(x) \cdot v'(x)\,dx = u(x) \cdot v(x) - \int u'(x) \cdot v(x)\,dx$$

Vervollständigen Sie die Berechnung von $\int x \cdot \sin(x)dx$.

Wahl von u und v′: $u(x) = x$ $v'(x) =$

Bestimmung von u′ und v: $u'(x) =$ $v(x) = -\cos(x)$.

Partielle Integration: $\int x \cdot \sin(x)dx = x \cdot (\quad\quad) - \int \quad\quad dx$

Vereinfachung: $\int x \cdot \sin(x)dx = \quad\quad = -x \cdot \cos(x) + \sin(x) + c$

Probe (Ableitung mit Produktregel):

$(-x \cdot \cos(x) + \sin(x) + c)'$

= ______________________________

$= x \cdot \sin(x)$

Hilfe: Produktregel: $(u \cdot v)' = u' \cdot v + u \cdot v'$

Begründen Sie kurz, weshalb die Wahl von $u(x) = \sin(x)$ und $v'(x) = x$ nicht zielführend für die Integration gewesen wäre.

____

____

8 Ergänzen Sie die Berechnung von $\int \sin^2(x)dx$.

$\sin^2(x)$ als Produkt: $\sin(x) \cdot \sin(x)$ mit $u(x) =$ ______ und $v'(x) =$ ______ $u'(x) =$ ______ und $v(x) =$ ______

$\int \sin^2(x)dx =$ ____________ $+ \int \cos^2(x)dx$. Mit $\cos^2(x) = 1 - \sin^2(x)$ („Winkelpythagoras") folgt:

$\int \sin^2(x)dx = -\sin(x) \cdot \cos(x) + \int$ ____________ $dx = -\sin(x) \cdot \cos(x) + \int 1\,dx - \int \sin^2(x)dx$

Auf beiden Seiten $\int \sin^2(x)dx$ addieren: ___ $\int \sin^2(x)dx = -\sin(x) \cdot \cos(x) + x$

Durch 2 dividieren: $\int \sin^2(x)dx =$ ________________

9 Ordnen Sie den unbestimmten Integralen die richtige Stammfunktion zu.

$\int \sin(x) \cdot e^x dx$	$\int \cos(x) \cdot e^x dx$	$\int \cos(x) \cdot e^{-x} dx$
$\frac{e^{-x}}{2} \cdot (\sin(x) - \cos(x))$	$\frac{e^x}{2} \cdot (\sin(x) - \cos(x))$	$\frac{e^x}{2} \cdot (\sin(x) + \cos(x))$

10 Für die Berechnung der folgenden Integrale können Sie die angegebenen Hilfen anwenden. Rechnen Sie auf einem Extrablatt und geben Sie hier die Ergebnisse an.

a) $\int x \cdot \sqrt{2x - 1}\,dx$

= ______________________________

b) $\int x^2 \cdot \sin(2x)dx$

= ______________________________

c) $\frac{\int \sin(x)}{e^x\,dx}$

= ______________________________

Hilfe:

a) Integration durch lineare Substitution und partielle Integration

b) Integration durch lineare Substitution und zweimal partielle Integration

c) Schreiben Sie den Quotienten als Produkt und wenden Sie partielle Integration an.

1 Die Abbildung zeigt die Änderungsrate einer Staulänge in Abhängigkeit von der Zeit.
Tragen Sie im Satz die Zeitpunkte a, b oder c passend ein.
Ergänzen Sie die Begründungen.

a) Der Stau erreicht seine größte Länge zum Zeitpunkt ____
da bis zu diesem Zeitpunkt die Änderungsraten ____________
____

b) Der Stau nimmt zum Zeitpunkt ____ am stärksten zu, da an diesem Zeitpunkt die Änderungsrate ____________

c) Zusatzaufgabe: Vervollständigen Sie den Satz.
Die Funktion ist zur Modellierung des Staus geeignet, weil …

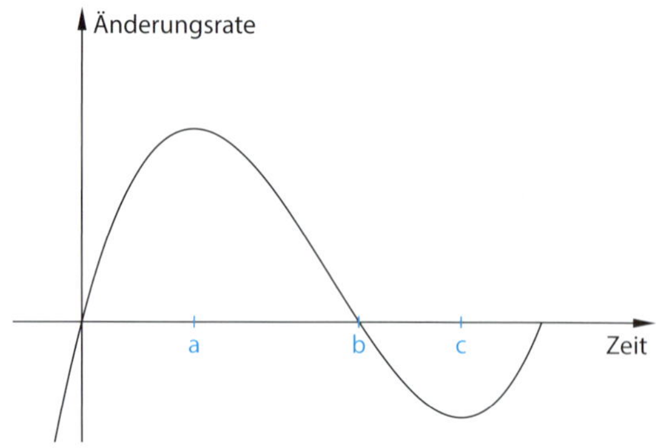

2 Kreuzen Sie alle wahren Aussagen über Obersummen bzw. Untersummen an.
Zusatzaufgabe: Korrigieren Sie falsche Aussagen.

- ☐ Für $f(x) = x^2$ im Intervall [0; 1] gilt: $O_2 = \frac{1}{2}\left(\frac{1}{4} + 1\right)$.
- ☐ Für $f(x) = x^2$ im Intervall [0; 1] gilt: $O_2 = \frac{1}{2}\left(f\left(\frac{1}{2}\right) + f(1)\right)$.
- ☐ Für $f(x) = x^2$ im Intervall [0; 1] gilt: $U_2 = \frac{1}{2}\left(f\left(\frac{1}{2}\right) + f(1)\right)$.
- ☐ Für $f(x) = x^2$ im Intervall [−1; 0] gilt: $U_2 = \frac{1}{2}\left(f\left(-\frac{1}{2}\right) + f(-1)\right)$.
- ☐ Jede Untersumme ist größer als jede Obersumme.
- ☐ Eine Untersumme mit mehr Zwischenwerten ist größer als die Untersumme mit weniger Zwischenwerten, wenn man jeweils den Betrag betrachtet.

3 Ordnen Sie den Funktionen mindestens eine Stammfunktion zu.
Ergänzen Sie bei Bedarf eine Stammfunktion.

$f(x) = 7x^8$	$f(x) = x \cdot 5x^4$	$f(x) = \frac{1}{\sqrt{x}} + 1$	$f(x) = \frac{1}{\sqrt{x^3}} + x^4$
$F(x) = 5 + \frac{7}{9}x^9$	$F(x) = 2\sqrt{x} + x + \frac{7}{8}$	$F(x) = \frac{5}{6}x^6 + \frac{7}{9}$	

4 Vervollständigen Sie die Tabelle.

Funktion Intervall	**Nullstellen im Intervall**	**Flächeninhalt gleich Integral?**	**Begründung**
$f(x) = x$ [−1; 1]			
$f(x) = 3x^2$ [−1; 1]			
$f(x) = -x^2 + 1$ [−1; 1]			
$f(x) = -x^2 + 1$ [−2; 2]			

5 Berechnen Sie den Flächeninhalt zwischen dem Graphen der Funktion f und der x-Achse im Intervall [−5; 5].

$f(x) = 2x + 3$

Integrationsgrenzen: $-5;$ ____

Stammfunktion mit C = 0: $F(x) =$ ____

Einsetzen der Integrationsgrenzen in F: $F(-5) =$ ____

$A =$ ____

6 Kreuzen Sie alle korrekten Berechnungen des Inhalts der Fläche zwischen beiden Funktionsgraphen an.

☐ $f(x) = x^2$, $g(x) = 4$ — $d(x) = f(x) - g(x) = x^2 - 4 = (x + 2)(x - 2)$, Intervall $[-2; 2]$, $D(x) = -4x + \frac{1}{3}x^3$, $A = D(2) - D(-2) = \left|\frac{16}{3}\right| - \left|\frac{16}{3}\right| = \frac{32}{3}$ [FE]

☐ $f(x) = -x^2 + 1$, $g(x) = -3$ — $d(x) = -3 + x^2 - 1 = x^2 - 4 = (x + 2)(x - 2)$, Intervall $[-3; 3]$, $D(x) = \frac{1}{3}x^3 - 4 \cdot x$, $A = D(3) - D(-3) = \left|\frac{1}{3}3^3 - 4 \cdot 3\right| - \left|\frac{1}{3}(-3)^3 - 4 \cdot (-3)\right| = |9 - 12| - |-9 + 12| = 0$ [FE]

☐ $f(x) = -x^2 + x + 14$, $g(x) = x + 5$ — $d(x) = -x^2 + 9$; Intervall $[-3; 3]$; $D(x) = -\frac{1}{3}x^3 + 9x$; $A = D(3) - D(-3) = 18 - (-18) = 36$

7 Ermitteln Sie den Inhalt der Fläche zwischen den beiden Funktionsgraphen im Intervall $I = [-2; 4]$.

a) $f(x) = \frac{1}{4}x^3 + 2$, $g(x) = x + 2$

$d(x) =$ ____ Integrationsgrenzen: ____

$D(x) =$ ____ $A =$

b) $f(x) = \frac{1}{4}x^3 - 2$, $g(x) = x - 2$ $A =$ ____

8 Die Graphen der Funktionen f mit $f(x) = -\frac{2}{3}x^3 + 2x^2$ und g mit $g(x) = -\frac{2}{3}x^3 - x^2 - 3x + 60$ schließen ein Flächenstück ein. Es ist ein künstlich angelegter See.

a) Bestätigen Sie rechnerisch, dass das zu berechnende Flächenstück über dem Intervall [−5; 4] begrenzt wird.

____

____

____

____

____

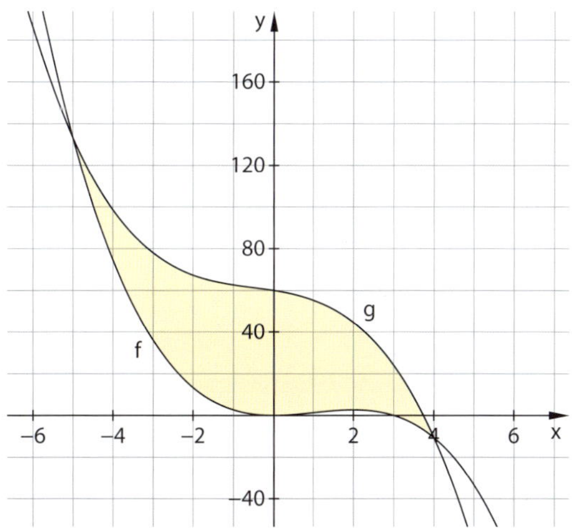

b) Berechnen Sie den Flächeninhalt des eingeschlossenen Flächenstücks.

Differenzfunktion: $d(x) =$ ____

Stammfunktion: $D(x) =$ ____

Flächeninhalt: $A =$ ____

9 Bestimmen Sie den Wert des Parameters k so, dass die Gleichung erfüllt ist: $\int_{-k}^{k} (3x^2 + 2x)dx = 54$

____

____

Basisaufgaben

1 Ableitung beliebiger Exponentialfunktionen: In der Abbildung sind die Graphen der Funktionen f, g, h und i dargestellt, die Graphen ihrer Ableitungsfunktionen farblich passend, aber gestrichelt.

a) Den Funktionsgleichungen sind folgende Graphen zugeordnet.

$f(x) = 4^x$ ___ $g(x) = 3^x$ ___

$h(x) = 2^x$ ___ $i(x) = 1{,}5^x$ ___

b) Vervollständigen Sie für die Funktionen der Form $f(x) = b^x$.

Für b = ______ und b = ______ gilt $f'(x) < f(x)$.

Für b = ______ und b = ______ gilt $f'(x) > f(x)$.

c) "Der Graph der Ableitungsfunktion und der Graph der Funktion sind fast gleich."

Das gilt für b = ______ und genau für b = ______ ≈ ______

Je größer x ist, desto ______ ist die Steigung f′(x).

Zusatzaufgabe: Überprüfen Sie die letzte Aussage für $j(x) = 0{,}5^x$.

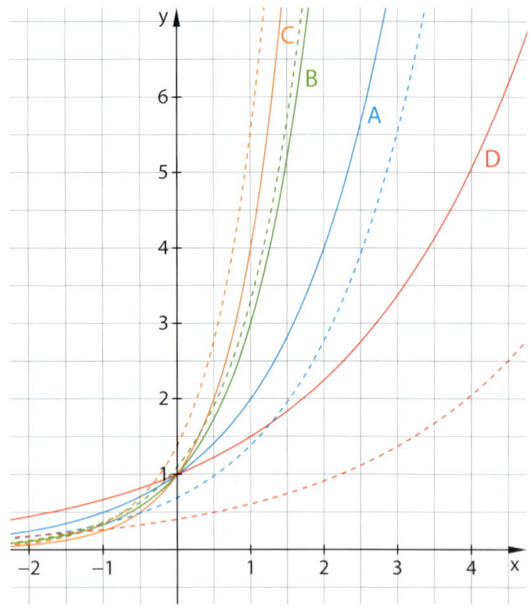

2 Der Graph der Funktion f mit $f(x) = e^{0{,}6x+2}$ ist rot dargestellt.

a) Kreuzen Sie den Graphen der Ableitungsfunktion f′ an und begründen Sie Ihre Wahl.

☐ A ☐ B ☐ C ☐ D

____

____

____

____

____

b) Ergänzen Sie einen passenden Buchstaben.
"Die Funktionsgleichung $g(x) = 0{,}6 + e^{0{,}6x+2}$ kann zum Graphen von ___ gehören."

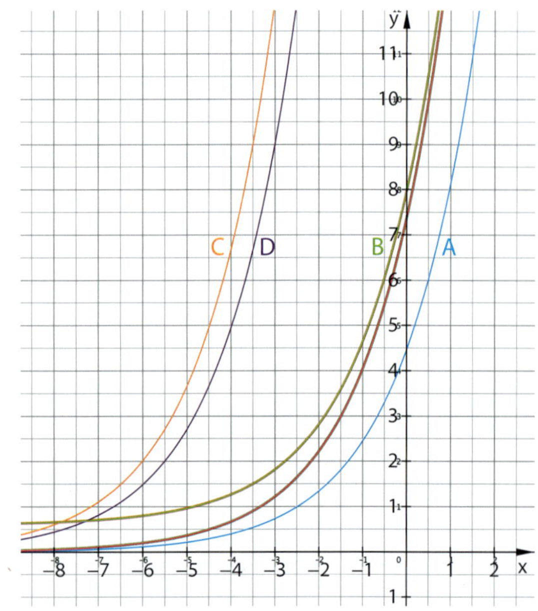

3 Kreuzen Sie die Ableitungsfunktion an.

a) $f(x) = e^x$	☐ $f'(x) = e^x$	☐ $f'(x) = x^e$	☐ $f'(x) = -e^x$
b) $f(x) = e^{-x}$	☐ $f'(x) = e^{-x}$	☐ $f'(x) = x^{-e}$	☐ $f'(x) = -e^{-x}$
c) $f(x) = e^{2x}$	☐ $f'(x) = 2e^x$	☐ $f'(x) = 2e^{2x}$	☐ $f'(x) = -e^{0{,}5x}$
d) $f(x) = e^{0{,}5x}$	☐ $f'(x) = 0{,}5e^x$	☐ $f'(x) = x^{0{,}5e}$	☐ $f'(x) = 0{,}5e^{0{,}5x}$
e) $f(x) = -e^x$	☐ $f'(x) = -e^x$	☐ $f'(x) = x^e$	☐ $f'(x) = e^{-x}$
f) $f(x) = -e^{-x}$	☐ $f'(x) = e^{-x}$	☐ $f'(x) = x^e$	☐ $f'(x) = -e^x$
g) $f(x) = 2e^x$	☐ $f'(x) = 2e^x$	☐ $f'(x) = x^{2e}$	☐ $f'(x) = -e^{2x}$
h) $f(x) = 3 + e^x$	☐ $f'(x) = e^x$	☐ $f'(x) = x^e$	☐ $f'(x) = -e^x$
i) $f(x) = x - e^x$	☐ $f'(x) = e^x$	☐ $f'(x) = x^e$	☐ $f'(x) = 1 - e^x$

Für $f(x) = b^x$ gilt:
$f'(x) = f'(0) \cdot b^x$
$(b \in \mathbb{R}, b > 0)$

Für $f(x) = e^x$ gilt:
$f'(x) = f(x)$

4 Lineare Kettenregel: Verbinden Sie Funktionen mit deren Ableitungsfunktionen.

$f(x) = (7x - 3)^4$	$f'(x) = 28 \cdot (7x - 3)^3$
$f(x) = (28 - 2x)^2$	$f'(x) = -4 \cdot e^{-4x+6} + 8x^7$
$f(x) = e^{5x+1}$	$f'(x) = 5 \cdot e^{5x+1}$
$f(x) = e^{-4x+6} + x^8$	$f'(x) = -4 \cdot (28 - 2x)$
$f(x) = 4x^2 + \sqrt{1 - x}$	$f'(x) = 8x - \frac{1}{2\sqrt{1-x}}$
$f(x) = (x - e)^5$	$f(x) = 5(x - e)^4$

$f(x) = g(ax + b)$
$f'(x) = a \cdot g'(ax + b)$

$f(x) = e^{ax+b}$
$f'(x) = a \cdot e^{ax+b}$

$f(x) = g(ax^2 + bx + c)$
$f'(x) = (2ax + b) \cdot g'(ax^2 + bx + c)$

$f(x) = e^{ax^2+bx+c}$
$f'(x) = (2ax + b) \cdot e^{ax^2+bx+c}$

Weiterführende Aufgaben

5 Quadratische Kettenregel: Korrigieren Sie, wenn nötig, die Ableitungsfunktionen.

f(x)	$(5x^2 + 4)^6$	e^{2x^2-1}	$(x^2 - x)^2$	$4 \cdot e^{4x^2}$	$1 + (x^2 - 19)^3$
f′(x)	$6 \cdot (5x^2 + 4)^5$	$4x \cdot e^{2x^2-1}$	$2x \cdot (x^2 - x)$	$16 \cdot e^{4x^2}$	$6x \cdot (x^2 - 19)^2$

Zusatzaufgabe: Nennen Sie naheliegende Fehlerursachen.

6 Geben Sie die Ableitungsfunktionen an.

a) $f(x) = (9 - x)^3$
$f'(x) =$ ____________

b) $f(x) = e^{7x-5}$
$f'(x) =$ ____________

c) $f(x) = (4x^2 - 2x)^4$
$f'(x) =$ ____________

d) $f(x) = e^{x^2+1}$
$f'(x) =$ ____________

e) $f(x) = \frac{1}{(3x+5)^2}$
$f'(x) =$ ____________

f) $f(x) = \sqrt{8x - 2} + x$
$f'(x) =$ ____________

7 Gegeben ist die Funktion f mit $f(x) = 4e^{-x} - 2$.
Ermitteln Sie, wenn möglich, die Angaben.
Skizzieren Sie den Graphen.

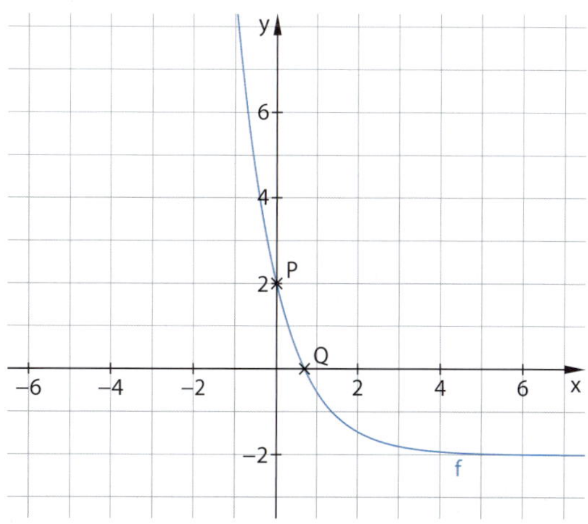

Schnittpunkt P mit der y-Achse: ____________

Schnittpunkt Q mit der x-Achse: ____________

Extremstellen und Wendepunkte: ____________

Verhalten im Unendlichen: Für $x \to \infty$ gilt $f(x) \to$ ____ | Für $x \to -\infty$ gilt $f(x) \to$ ____

8 Allgemeine Kettenregel: Haben die Funktionen u und v die Ableitungsfunktionen u′ und v′, dann hat f mit $f(x) = u(v(x))$ die Ableitung $f'(x) = u'(v(x)) \cdot v'(x)$. $(f(x) = e^{v(x)}$ und $f'(x) = e^{v(x)} \cdot v'(x))$
Bestimmen Sie die Ableitungsfunktion mit dieser Regel.
Überprüfen Sie Ihre Ergebnisse, wenn möglich, mithilfe der linearen oder der quadratischen Kettenregel.

a) $f(x) = (2x^6 - 3x^3)^2$
$f'(x) =$ ____________

b) $f(x) = 2 \cdot e^{x+2x^2}$
$f'(x) =$ ____________

c) $f(x) = \sqrt{x^6 + 5x^3 + 1}$
$f'(x) =$ ____________

Basisaufgaben

1 Natürliche Logarithmus: Vereinfachen Sie die Terme.

a) $e^{\ln(3)} =$ ____ b) $\ln(e^7) =$ ____ c) $\ln(e^2 \cdot \sqrt{e}) =$ ____

d) $e^{\ln(6) - \ln(1{,}5)} =$ ____ e) $\frac{1}{e^{-\ln(7)}} =$ ____ f) $\sqrt{\ln(e^{361})} =$ ____

g) $\ln(e^{\ln(5) + \ln(0{,}2)}) =$ ____ h) $\ln(\sqrt{e^3}) =$ ____ i) $\ln(e^e) \cdot e^{-1} =$ ____

$\ln(a \cdot c) = \ln(a) + \ln(c)$
$\ln\left(\frac{a}{c}\right) = \ln(a) - \ln(c)$
$\ln(a^r) = r \cdot \ln(a)$

$e^{\ln(a)} = a$ $\ln(e) = 1$
$\ln(e^a) = a$ $\ln(1) = 0$

2 Markieren Sie gleichwertige Terme mit der gleichen Farbe oder oder dem gleichen Symbol.

$\ln(\sqrt{e})$	$\ln\left(\frac{e^{x^2}}{e^4}\right)$	$\ln(e^3 \cdot (e^x)^2)$	$\ln(e^{17})$	$e^{3 \cdot \ln(0{,}5)}$
$\ln(\sqrt[6]{e^2})$	$e^{3 \cdot \ln(5)}$	$4 \cdot e^{3 + \frac{1}{2} \cdot \ln(9)}$	$\ln\left(\frac{\sqrt{e}}{\sqrt[3]{e}}\right)$	$\ln\left(\frac{1}{\sqrt{e}}\right)$

$\frac{1}{8}$	$\frac{1}{6}$	$\frac{1}{3}$	$\frac{1}{2}$	$-0{,}5$	17	125	$3 + 2x$	$x^2 - 4$	$12e^3$

3 Exponentialfunktionen mit der Basis e darstellen: Schreiben Sie die Exponentialfunktion in der Form $f(x) = e^{g(x)}$.
Hilfe: Wegen $b = e^{\ln(b)}$ erhält man: $f(x) = b^x = (e^{\ln(b)})^x = e^{x \cdot \ln(b)}$

a) $f(x) = 5^x =$ ____ c) $f(x) = 7^{3x} =$ ____

b) $f(x) = 3 \cdot 2^x =$ ____ d) $f(x) = 0{,}2 \cdot 5^{2x-3} =$ ____

Zusatzaufgabe: Begründen Sie, dass sich die Funktion aus **d** als $f(x) = e^{(2x-4) \cdot \ln(5)}$ darstellen lässt.

4 Ableitung der Funktion f mit $f(x) = b^x$: Bestimmen Sie die Ableitung mithilfe der linearen Kettenregel.
Hilfe: Wegen $b = e^{\ln(b)}$ erhält man: $f(x) = b^x = e^{\ln(b) \cdot x} = e^{x \cdot \ln(b)}$, $f'(x) = \ln(b) \cdot b^x$

a) $f(x) = 3^x =$ ____ $f'(x) =$ ____

b) $f(x) = 2^{5x} =$ ____ $f'(x) =$ ____

c) $f(x) = \frac{3}{4} \cdot 5^{4x} =$ ____ $f'(x) =$ ____

5 Bestimmen Sie eine Gleichung der Tangente an den Graphen von f mit $f(x) = e^{0{,}5x}$ im Punkt $B(2\,|\,f(2))$.

y-Koordinate von B: $f(2) =$ ____ $B(2\,|\;\_\;)$

Ableitung: $f'(x) =$ ____ Tangentensteigung: $m =$ ____

Tangente: ____

6 Exponentialgleichungen: Ordnen Sie den Gleichungen Lösungsmengen zu. Markieren Sie die Paare.

$e^x = 5$	$3e^x = 12$	$5e^{2x-6} - 3 = 17$	$e^{0{,}25x} = 7$	$e^{11x} = 1$
$e^{-x} = 2$	$7e^{-x} - 4 = 3$	$e^x + 9 = 7$	$2e^{3x} = 16$	$e^{4x} = 3e^{3x}$

$L = \{0\}$	$L = \left\{\frac{1}{3} \cdot \ln(8)\right\} = \{\ln(2)\}$	$L = \{\ln(4)\}$	$L = \{-\ln(2)\}$	$L = \{\ln(5)\}$
$L = \{\ln(3)\}$	$L = \{4 \cdot \ln(7)\}$	$L = \{\}$	$L = \left\{\frac{1}{2} \cdot \ln(4) + 3\right\} = \{\ln(2) + 3\}$	

7 Unterstreichen Sie alle Fehler. Geben Sie die Lösungsmenge an.

a) $e^{3x} = 9$ $L = \{\ \_\_\_\ \}$

$\ln(e^{3x}) = \ln(9)$

$3x = \ln(9)$

$x = \ln(3)$

$x \approx 0{,}48$

b) $8e^{2x} = 8$ $L = \{\ \_\_\_\ \}$

$8 \cdot (\ln(e^{2x})) = \ln(8)$

$8 \cdot (\ln(e^{2x})) = 8 \cdot \ln(1)$

$\ln(e^{2x}) = 1 \cdot \ln(1)$

$x = 0$

8 Ermitteln Sie die Lösungsmenge der Gleichung. Nutzen Sie dabei den Satz vom Nullprodukt.

a) $(e^x - e) \cdot (x^2 - 196) = 0$

L = ___

b) $e^x \cdot x^2 + 10 \cdot e^x = e^x \cdot 7x$

L = ___

c) $(e^{2x} - 9) \cdot (x^3 - 16x) = 0$

L = ___

d) $x \cdot e^{2x} + 2x = 3x \cdot e^x$

L = ___

9 Ordnen Sie den Gleichungen Lösungen zu – ohne Rechner oder schriftliche Rechnung.

$e^{x-1} = e$	$x^2 \cdot e^x = 0$	$e^{x+1} = x \cdot e^x$	$-2e^x = 4$
keine Lösung	$x = 2$	$x = 0$	$x = e$

Weiterführende Aufgaben

10 Berechnen Sie die gemeinsamen Punkte der Funktionsgraphen.

a) $f(x) = e^{-x^2}$ und $g(x) = e^{1-2x}$

b) $f(x) = e^{x-3}$ und $g(x) = e^{-2x+6}$

11 Kommentieren Sie die Schritte zur Lösung der Gleichung $2 \cdot e^{7x} - 32 \cdot e^{4x} + 126 \cdot e^x = 0$.

$2 \cdot e^x \cdot (e^{6x} - 16 \cdot e^{3x} + 63) = 0$

$2 \cdot e^x \cdot ((e^{3x})^2 - 16 \cdot e^{3x} + 63) = 0$

$e^{3x} = 8 \pm \sqrt{8^2 - 63} = 8 \pm 1$ Möglichkeit 1: ___

$2 \cdot e^x \cdot (e^{3x} - 7) \cdot (e^{3x} - 9) = 0$ Möglichkeit 2: ___

$e^{3x} - 7 = 0$ oder $e^{3x} - 9 = 0$

$L = \left\{\frac{\ln(7)}{3}; \frac{\ln(9)}{3}\right\}$

Basisaufgaben

1 Wachstumsfunktion: Die Entwicklung einer Tierpopulation kann durch die Funktion $f(t) = 1000 \cdot e^{0{,}14 \cdot t}$ beschrieben werden.
Kreuzen Sie Zutreffendes an.

Anfangsbestand	☐ 1000	☐ e	☐ 0,14
Bestand nach 10 Jahren	☐ $10 \cdot e^{0{,}14 \cdot t}$	☐ $1000 \cdot e^{1{,}4}$	☐ $1000 \cdot e^{10}$
Wachstumskonstante	☐ 1000	☐ e	☐ 0,14
Verdopplungszeit	☐ 4,95	☐ 0,07	☐ 500

$f(t) = a \cdot e^{k \cdot t}$ $(k \neq 0)$
Wachstumskonstante k
Anfangsbestand $a = f(0)$

$k > 0$: Exponentielle Zunahme,
Verdopplungszeit $T_V = \frac{\ln(2)}{k}$

$k < 0$: Exponentielle Abnahme,
Halbwertzeit $T_H = \frac{\ln\left(\frac{1}{2}\right)}{k}$

2 Entscheiden Sie zuerst, ob eine exponentielle Zunahme (Z) oder eine exponentielle Abnahme (A) vorliegt und beschriften Sie die Graphen.
Ermitteln Sie danach mithilfe der Funktionsgleichungen oder der Graphen die Verdopplungs- bzw. Halbwertszeit.

$f(t) = 3 \cdot e^{-0{,}099 \cdot t}$ ___ ______________________

$g(t) = 2 \cdot e^{0{,}348 \cdot t}$ ___ ______________________

$h(t) = 5 \cdot e^{-0{,}23 \cdot t}$ ___ ______________________

$k(t) = 3 \cdot e^{0{,}099 \cdot t}$ ___ ______________________

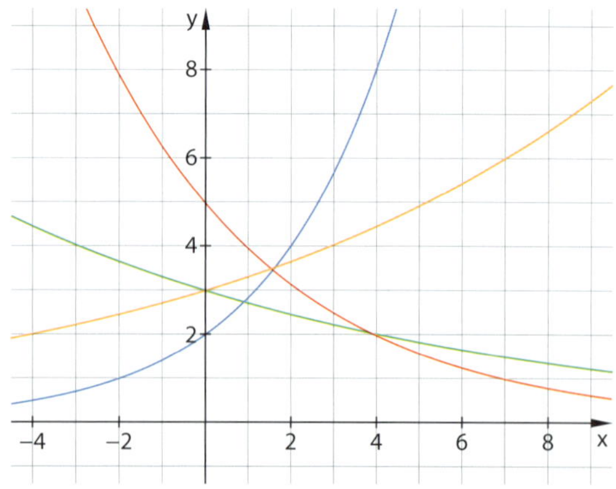

3 Wachstumskonstante: Ein Patient erhält 3 mg eines Medikaments. Berechnen Sie die Wachstumskonstante.

a) Das Medikament wird im Körper des Patienten pro Stunde um 12 % abgebaut. ______________________

b) Nach einer Stunde sind noch 2,7 mg des Medikaments im Blut. ______________________

c) Die Halbwertzeit des Medikaments beträgt 3 Stunden. ______________________

4 Werte bestimmen: Die Menge eines Narkosemittels im Blut eines Patienten kann durch die Funktion f mit $f(t) = 7{,}5 \cdot e^{-0{,}15 \cdot t}$ beschrieben werden (f(t) in mg pro Liter Blut, t in Stunden). Ergänzen Sie die Rechnung.

a) Menge des Narkosemittels im Blut zu Beginn: ______________________

b) Menge des Narkosemittels im Blut nach 3 Stunden: ______________________

c) Menge des Narkosemittels im Blut nach 255 min: ______________________

d) Wann liegt die Menge des Narkosemittels unterhalb der Schwelle von 2 mg pro Liter Blut?

____

5 Wachstumsfunktion aufstellen: Eine Pflanze, die zuerst 30 cm hoch war, vergrößert ihr Wachstum pro Woche exponentiell. Stellen Sie eine exponentielle Funktionsgleichung auf, die die Höhe der Pflanze beschreibt.

a) Die Pflanzenhöhe nimmt um 5 % pro Woche zu.

____

b) Die Pflanze ist nach 3 Wochen etwa 38 cm hoch.

____

c) Die Pflanze ist nach 10 Wochen doppelt so groß.

____

6 Wachstumsgeschwindigkeit: Eine Funktion f mit $f(t) = a \cdot e^{k \cdot t}$ beschreibt eine exponentielle Zu- oder Abnahme. Kreuzen Sie alle wahren Aussagen an.

☐ f′ mit $f'(t) = a \cdot k \cdot e^{k \cdot t}$ gibt die Änderungsgeschwindigkeit zum Zeitpunkt t an.
☐ Die Wachstumsgeschwindigkeit ist proportional zum Bestand.
☐ f beschreibt eine exponentielle Abnahme, wenn $k > 0$ gilt.

7 Wachstumsgeschwindigkeit bestimmen: Die Menge eines Wirkstoffs (in mg) im Blut eines Tieres lässt sich in Abhängigkeit von der Zeit in Stunden durch die Funktion f mit $f(t) = 5 \cdot e^{-0{,}2 \cdot t}$ beschreiben.

a) Bestimmen Sie die Wachstumsgeschwindigkeit nach 5 Stunden.

___

b) Ermitteln Sie den Zeitpunkt, zu dem der Wirkstoffgehalt um 0,3 mg pro Stunde abnimmt.

___

c) Bestimmen Sie die durchschnittliche Wachstumsgeschwindigkeit in den ersten 3 Stunden.

___

8 Ergänzen Sie die Tabelle.

	$f(t) = 4 \cdot e^{0{,}3219 \cdot t}$	$f(t) = 362 \cdot e^{0{,}01 \cdot t}$	$f(t) = 0{,}2 \cdot e^{0{,}138 \cdot t}$
Bestand nach 10 Stunden			
Verdopplungszeit			
Wachstumsgeschwindigkeit nach 10 Stunden			
Zeitpunkt, zu dem der Bestand um 1000 wächst			
durchschnittliche Wachstumsgeschwindigkeit in den ersten 10 Stunden			

Weiterführende Aufgaben

9 Ein Bakterienbestand lässt sich durch die Funktion f mit $f(t) = 15 \cdot 1{,}2^t$ beschreiben (t in Stunden und f(t) in mg).

a) Geben Sie die Wachstumskonstante k an und stellen Sie f in der Form $f(t) = a \cdot e^{k \cdot t}$ dar.

___

b) Berechnen Sie, nach wie vielen Stunden sich der Bestand etwa verdoppelt hat.

___

c) Kreuzen Sie den Term zur Bestimmung der Zeit, nach der der Bestand sich etwa verdreifacht hat, an. Formulieren Sie einen Antwortsatz.

☐ $\ln(2) \cdot \ln(1{,}2)$ ☐ $\ln(3) \cdot \ln(1{,}2)$ ☐ $\ln(3) \cdot \ln(1{,}3)$ ☐ $\ln(3) - \ln(1{,}2)$ ☐ $\frac{\ln(3)}{\ln(1{,}2)}$ ☐ $\frac{\ln(2)}{\ln(1{,}2)}$

___

___

d) Berechnen Sie, nach wie vielen Stunden sich der Bestand etwa verzehnfacht hat.

___

___

Basisaufgaben

Produktregel
$(u \cdot v)' = u' \cdot v + u \cdot v'$

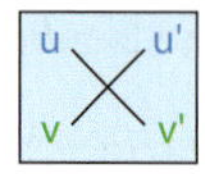

1 Produktregel: Gegeben ist die Funktion $f(x) = (x^3 - 2x) \cdot e^{-x}$.
Ergänzen Sie die Schritte zur Bestimmung von f'.

$u(x) = x^3$ ________ und $u'(x) =$ ________ laut der Summenregel und Ableitung der Potenzfunktion

$v(x) =$ ________ und $v'(x) =$ ________ laut der Ableitung der e-Funktion und Kettenregel

$f'(x) =$ ________________ laut der Produktregel

$f'(x) = ($ ________________ $) \cdot e^{-x}$ nach dem Ordnen und Zusammenfassen

2 Vervollständigen Sie die Ermittlung der ersten Ableitung der Funktion.

a) $f(x) = e^{2x-1} \cdot (3x^2 - 1)$

$u(x) =$ ________ $u'(x) =$ ________

$v(x) =$ ________ $v'(x) =$ ________

$f'(x) =$ ____ $e^{2x-1} \cdot (3x^2 +$ ________ $)$

b) $g(x) = (x^4 + 4x^5) \cdot e^{-x}$

$u(x) =$ ________ $u'(x) =$ ________

$v(x) =$ ________ $v'(x) =$ ________

$g'(x) = (-4x^5 +$ ____ $+$ ____ $) \cdot e^{-x}$

c) $h(t) = (t - e^t) \cdot e^{3t-2}$

$u(t) =$ ________ $u'(t) =$ ________

$v(t) =$ ________ $v'(t) =$ ________

$h'(t) = -($ ________ $-1) \cdot e$ ____

3 Berechnen Sie die erste Ableitung zuerst mit Produktregel und danach ohne Produktregel.

a) $f(x) = x^5 \cdot (3 - x)$ **b)** $g(x) = e^{-x} \cdot e^{x+1}$ **c)** $h(x) = (x^2 + 5) \cdot (x^2 - 5)$

Berechnung der ersten Ableitung mit der Produktregel:

a) $u(x) =$ ________ $u'(x) =$ ________
$v(x) =$ ________ $v'(x) =$ ________
$f'(x) =$ ________________
____
____

b) $u(x) =$ ________ $u'(x) =$ ________
$v(x) =$ ________ $v'(x) =$ ________
$g'(x) =$ ________________
____
____

c) $u(x) =$ ________ $u'(x) =$ ________
$v(x) =$ ________ $v'(x) =$ ________
$h'(x) =$ ________________
____
____

Berechnung der ersten Ableitung ohne die Produktregel (beispielsweise erst ausmultiplizieren, danach ableiten):

$f(x) =$ ________________ $g(x) =$ ________________ $h(x) =$ ________________

$f'(x) =$ ________________ $g'(x) =$ ________________ $h'(x) =$ ________________

4 Kreuzen Sie die korrekt gebildeten 1. Ableitungen an. Korrigieren Sie gegebenenfalls die Fehler.

☐ $f(x) = (2x + 3) \cdot e^x$
$f'(x) = 2 \cdot e^x$

☐ $g(x) = (x^2 + 1) \cdot e^{2x}$
$g'(x) = (2x) \cdot e^{2x} \cdot 2$

☐ $h(x) = (x^3 + x) \cdot e^{-2}$
$h'(x) = (3x^2 + 1) \cdot e^{-2}$

5 Ordnen Sie den Funktionen ihre 2. Ableitung zu. Rechnen Sie, wenn nötig, auf einem zusätzlichen Blatt.

$f(x) = (x^3 - 4x) \cdot e^{1-x}$

$f(x) = (x^3 - 3x + 1) \cdot e^{-x+1}$

$f(x) = (x - 3) \cdot (3 + x) \cdot \frac{e}{e^x}$

$f''(x) = (x^2 - 4x - 7) \cdot e^{1-x}$

$f''(x) = (x^3 - 6x^2 + 3x + 7) \cdot e^{1-x}$

$f''(x) = (x^3 - 6x^2 + 2x + 8) \cdot e^{1-x}$

6 Gegeben ist eine Stammfunktion F einer Funktion f.
Ermitteln Sie die zugehörige Funktion f.

$F'(x) = f(x)$

a) $F(x) = (x-1) \cdot e^x + 1$

$f(x) =$ ______________________________

____

____

b) $F(x) = x^2 \cdot e^{x^2} + c$

$f(x) =$ ______________________________

____

____

7 Bilden Sie die ersten fünf Ableitungen von $f(x) = x \cdot e^{-x}$.
Welchen Term vermuten Sie für die n-te Ableitung dieser Funktion? Schreiben Sie ihn auf.

$f'(x) =$ ______________________________ $f''(x) =$ ______________________________

$f'''(x) =$ ______________________________ $f^{(4)}(x) =$ ______________________________

$f^{(5)}(x) =$ ______________________________ $f^{(n)}(x) = (-1)^n \cdot$ ______________________________

Weiterführende Aufgaben

8 Gegeben ist eine Stammfunktion einer Funktion f. Kreuzen Sie passende Funktionen an.

$F(x) = \frac{1}{2}e^x \cdot (2x - e^x - 2)$ ☐ $f(x) = (x - e^x) \cdot e^x$ ☐ $f(x) = (x-1) \cdot e^x + x - 2$ ☐ $f(x) = x \cdot e^x - e^{2x}$

9 Markieren Sie zuerst alle Fehler. Ermitteln Sie danach die Ableitungsfunktionen von f und g.

$f(x) = \frac{x+1}{e^{x^2}} = (x+1) \cdot e^{-x^2}$

$f'(x) = 1 \cdot e^{-x^2} + (x+1) \cdot (-x^2) \cdot e^{-x^2}$

$f'(x) = (1 - x^3 + x^2) \cdot e^{-x^2}$

____

____

$g(x) = \frac{e^{x+2}}{2x}$

$g(x) = e^{x+2} \cdot 2x^{-1}$

$g'(x) = 2e^{x+2} \cdot \frac{1}{x}$

____

____

10 Die Produktregel gilt auch für Produkte aus drei oder mehr Faktoren, z. B. ist $(u \cdot v \cdot w)' = u' \cdot v \cdot w + u \cdot v' \cdot w + u \cdot v \cdot w'$.
Berechnen Sie f′ von $f(x) = x^2 \cdot x^4 \cdot x^6$ zuerst mit und danach ohne diese Produktregel.
Geben Sie eine allgemeine Begründung für das Ergebnis an.

Berechnung von f′ mit der Produktregel:

$u(x) =$ ______ $u'(x) =$ ______ $v(x) =$ ______ $v'(x) =$ ______ $w(x) =$ ______ $w'(x) =$ ______

$f'(x) =$ ______________________________

Berechnung von f′ ohne die Produktregel (erst ausmultiplizieren, danach ableiten):

$f(x) =$ ______________________________ $f'(x) =$ ______________________________

Allgemeine Begründung von $(u \cdot v \cdot w)' = u' \cdot v \cdot w + u \cdot v' \cdot w + u \cdot v \cdot w'$ mithilfe der Produktregel für zwei Faktoren:

$(u \cdot v)' = u' \cdot v + u \cdot v'$ laut der Produktregel für die Faktoren ______ und ______

$((u \cdot v) \cdot w)' = (u \cdot v)' \cdot w +$ ______ laut der Produktregel für die Faktoren ______ und ______

$((u \cdot v) \cdot w)' = (u' \cdot v + u \cdot v') \cdot$ ______________________________

Basisaufgaben

1 Eigenschaften zusammengesetzter Funktionen: Gegeben ist die Funktion $f(x) = x^2 \cdot e^x$ mit $x \in \mathbb{R}$.

a) Untersuchen Sie die Funktion auf Nullstellen, lokale Extrempunkte und das Globalverhalten.

Satz vom Nullprodukt und Produktregel

Nullstellen ($f(x) = 0$): $f(x) = x^2 \cdot e^x = 0$ gilt genau dann, wenn $x =$ ____ denn e^x ____ 0.

Die Stelle ____________ Nullstelle von f.

lokale Extrempunkte: $f'(x) =$ ____ $\cdot e^x +$ ____ $\cdot$ ____ $= ($ ____ $) \cdot e^x$

$f''(x) =$ ____________ $= ($ ____________ $) \cdot e^x$

notwendige Bedingung

$f'(x) = 0$: $($ ____________ $) \cdot e^x = x \cdot ($ ____________ $) \cdot e^x = 0$

$x_1 =$ ____________ und $x_2 =$ ____________ $(e^x \neq 0)$

hinreichende Bedingung

$f''(x) \neq 0$: $f''(0) =$ ____________ Es gibt ein lokales ____________

$f''($ ____ $)$ ____________ Es gibt ____________

Globalverhalten:

x	10	100	−10	−100
f(x)		$2{,}7 \cdot 10^{47}$		

Für $x \to +\infty$ gilt $f(x) \to$ ____ Für $x \to -\infty$ gilt $f(x) \to$ ____

Die ____ -Achse ist eine ____________ Asymptote.

b) Skizzieren Sie den Graphen von f im Intervall $-6 \leq x \leq 1$ mithilfe der Angaben aus Teilaufgabe **a)**.

Geben Sie in der Zeichnung die Koordinaten des lokalen Hochpunktes H und des lokalen Tiefpunktes T an.

x	−6	−4	−3	−2	−1	0	1
f(x)							

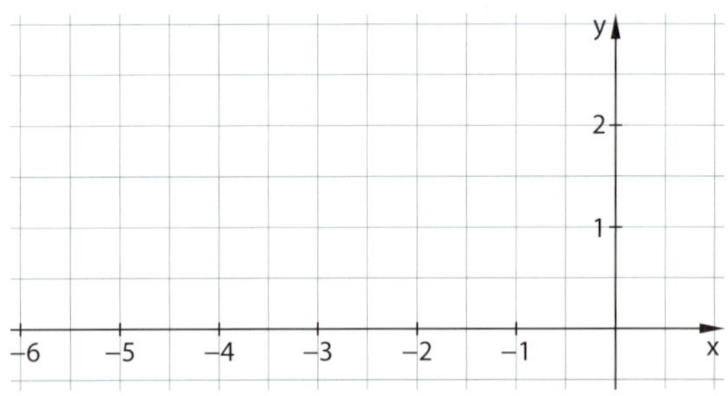

2 Ordnen Sie den Funktionen f und g Eigenschaften zu. Skizzieren Sie damit die Graphen der Funktionen f und g.

$f(x) = (x-1)^2 \cdot e^x$

$g(x) = (x^2 - 1) \cdot e^x$

- Tiefpunkt: $T\left(\sqrt{2} - 1 \,|\, 2 \cdot (1 - \sqrt{2}) \cdot e^{\sqrt{2} - 1}\right)$
- Für $x \to -\infty$ gilt $f(x) \to 0$.
- Nullstelle: $x_0 = 1$
- Asymptote: $y = 0$
- Hochpunkt: $H\left(-1 \,\middle|\, \frac{4}{e}\right)$
- Wendepunkte bei $x = -2 \pm \sqrt{3}$

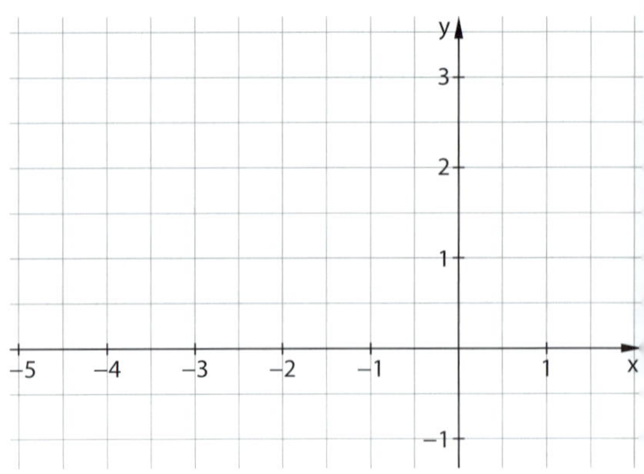

Zusatzaufgabe: Prüfen Sie, ob f eine Stammfunktion von g ist.

3 Sachsituationen und zusammengesetzte Funktionen: Das Profil eines zuerst bergauf und dann bergab führenden Weges wird für $x \geq 0$ näherungsweise durch die Funktion $f(x) = 4x^2 \cdot e^{-x}$ beschrieben.
Dabei gibt x die horizontale Länge in km und f(x) die Höhe über dem Meeresspiegel in km an.

a) Ermitteln Sie die größte Höhe des Profils über Normalnull.

$f'(x) =$ ____________________

$f''(x) =$ ____________________

$f'(x) = 0$ gilt für ____________________

$f''(\;\_\_\;) =$ ____________________

$f''(\;\_\_\;) =$ ____________________

$f(\;\_\_\;) \approx$ ____________________

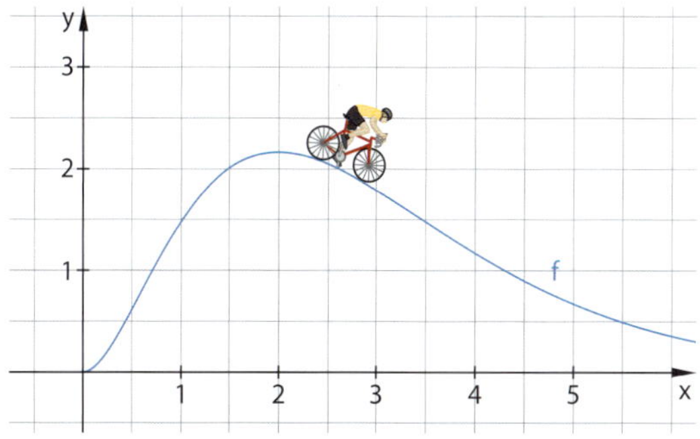

b) Berechnen Sie die Koordinaten des Punktes mit dem stärksten Gefälle. Tragen Sie ihn in die Zeichnung ein.
Geben Sie den Neigungswinkel der Straße gegen die Horizontale an dieser Stelle an.

$f''(x) = 0$ gilt für ____________________

____

____

____

4 Bestände und Änderungsraten: Es sei f(t) der Bestand an Mäusen auf einem Acker zum Zeitpunkt t.
g(t) beschreibt die Änderungsrate von f(t). Die Variable t gibt die Zeit an ($t \geq 0$).
Ordnen Sie den Aussagen alle passenden Terme zu.

Anfangsbestand	Wert der Bestandsfunktion zum Zeitpunkt t = 5	Änderungsrate des Bestandes zum Zeitpunkt t = 5	Änderungsrate des Bestandes zum Zeitpunkt t = 0

$f'(5)$	$f(5)$	$f(0)$	$f'(0)$	$g(0)$	$g(5)$	$\int_0^5 g(x)\,dx + f(0)$

5 Ein Ballon schwebt zu Beobachtungsbeginn 20 m über dem Erdboden. In den folgenden acht Minuten lässt sich seine Höhe beschreiben durch die Funktion h mit $h(t) = -(2t^2 + 6) \cdot e^{-\frac{t}{2}} + 8$. Dabei ist t die seit Beobachtungsbeginn vergangene Zeit in Minuten und für die Höhe h(t) gilt: 1 Längeneinheit = 10 Meter. Mit v(t) wird die Geschwindigkeit des Ballons in vertikaler Richtung bezeichnet, sie wird in der Einheit 10 Meter pro Minute angegeben. Ergänzen Sie zu wahren Aussagen.

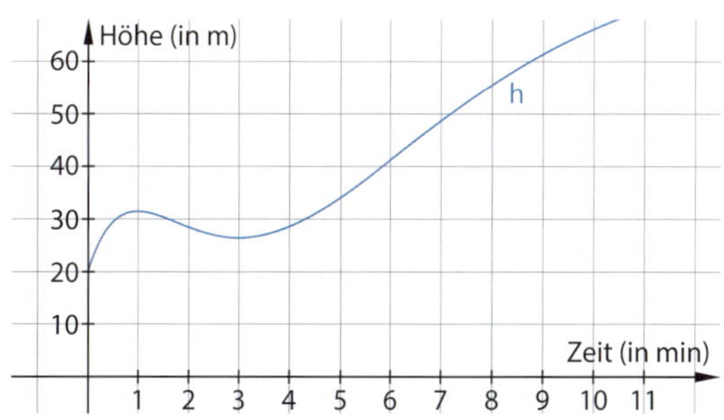

a) Die Geschwindigkeitsfunktion v(t) = ____________________ ist die 1. Ableitungsfunktion von h(t).

b) In den Teilintervallen, in denen h(t) streng monoton steigend ist, ist v(t) ____________________

c) In den Teilintervallen, in denen h(t) streng monoton fallend ist, ist v(t) ____________________

d) An den Stellen t_0, an denen h(t) ____________________ hat, gilt $v(t_0) = 0$.

e) Die Funktion h(t) ist eine ____________________ von v(t).

6 Das Wasservolumen in einem Vorratsbehälter ändert sich durch den Zu- und Ablauf mit der Zeit.
Das Volumen V lässt sich in Abhängigkeit von der Zeit t durch die Funktion $V(t) = (t^3 - 3t^2 - t + 3) \cdot e^{-0{,}6t} + 3$ für $0 \leq t \leq 12$ beschreiben. Ihr Graph ist abgebildet.
Die markierten Punkte kennzeichnen besondere Eigenschaften des Graphen wie globale oder lokale Extrempunkte und Wendepunkte.

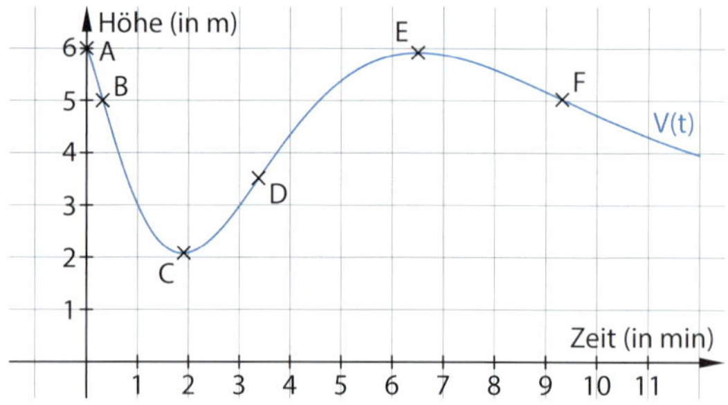

a) Lesen Sie Näherungswerte für die Koordinaten der Punkte ab. Tragen Sie die Werte in der ersten Spalte ein. Schreiben Sie in der zweiten Spalte mindestens eine Eigenschaft zu jedem Punkt auf. Kreuzen Sie in den beiden letzten Spalten passende Punkte an.

Punkt	Eigenschaft	Das Volumen nimmt am schnellsten …	
		zu	ab
A(|)			
B(|)			
C(|)			
D(|)			
E(|)			
F(|)			

b) Ermitteln Sie eine Gleichung für die Funktion, die die Änderungsrate V′(t) des Volumens beschreibt.

c) Geben Sie mithilfe der Überlegungen aus Teilaufgabe **a** die Nullstellen von V′(t) für $0 \leq t \leq 12$ an.

d) Ergänzen Sie die Wertetabelle.

t	0	0,3	1	1,9	3,4	5	6,5	9,3	12
V′(t)									

e) Skizzieren Sie den Graphen der Funktion V′(t) mithilfe der Überlegungen aus den Teilaufgaben **a** bis **d**.
Beachten Sie dabei die Vorzeichen der Funktionswerte und die Monotonie in den Teilintervallen, die durch die Punkte A bis F gebildet werden.

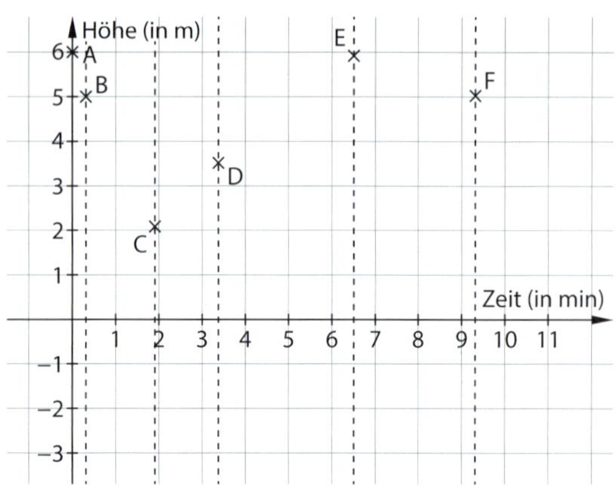

Weiterführende Aufgaben

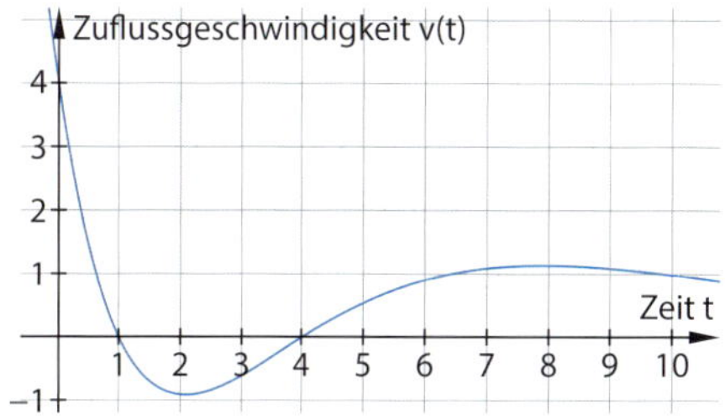

7 Der Zu- und Abfluss einer Flüssigkeit in einen und aus einem Behälter werden über Ventile gesteuert. Angenommen, die Zuflussgeschwindigkeit v(t) kann im Intervall $0 \le t \le 10$ näherungsweise durch die Funktion $v(t) = (t^2 - 5t + 4) \cdot e^{-0,4t}$ modelliert werden. Die Zeit t wird in Minuten gemessen und die Zuflussgeschwindigkeit v(t) in Liter pro Minute.

a) Kreuzen Sie die wahren Aussagen an.

☐ Bis etwa $t = 2$ fließt Flüssigkeit ab.	☐ Im Intervall $1 < t < 4$ fließt Flüssigkeit ab.	☐ Für $t = 0$ sind vier Liter in dem Behälter.	☐ Bei $t = 1$ ist der Behälter leer.

b) Weisen Sie nach, dass $V(t) = (-2,5t^2 - 10) \cdot e^{-0,4t} + 12$ eine Stammfunktion von v(t) ist.

____

c) Geben Sie die praktische Bedeutung von V(t) für $t = 0$ sowie von V(t) für $0 < t \le 10$ an.

$V(0) = 2$ ______________________________

V(t) ______________________________

d) Ermitteln Sie das kleinste und das größte Volumen der Flüssigkeit im Intervall $0 \le t \le 10$.

____

8 Auf einem Hühnerhof mit 5000 Hühnern breitet sich eine ansteckende Krankheit aus. Die Anzahl der infizierten Tiere lässt sich für die ersten drei Wochen durch die Funktion $f(x) = 5x^2 \cdot e^{-x}$ mit $0 \le x \le 3$ modellieren.
Die Zeit x wird in Wochen und die Anzahl f(x) infizierter Tiere in Tausend angegeben.
Ab Ende der dritten Woche wird den Hühnern ein Medikament gegeben.
Erfahrungsgemäß ist die Abnahme der Infektion linear.
Am Ende der vierten Woche gilt die Krankheit als besiegt.

a) Ermitteln Sie, wann die meisten Hühner infiziert sind. Bestimmen Sie deren Anzahl.

b) Berechnen Sie, wie viele Tage nach dem Beginn des Medikamenteneinsatzes nur noch 500 Hühner infiziert sind.

Basisaufgaben

1 Die Funktion $f(t) = 60 \cdot e^{-0{,}02t}$ beschreibt den Zerfallsprozess einer Substanz, wobei t die Zeit in Tagen und f(t) die Menge der Substanz in Milligramm angibt. Der Zeitpunkt t = 0 stellt den Beobachtungsbeginn dar. Vervollständigen Sie die Tabelle.

Sachverhalt	Mathematisches Modell	Ergebnis
Menge der Substanz 20 Tage nach Beobachtungsbeginn.	$f(20) = 60 \cdot e^{-0{,}02 \cdot 20}$	$f(20) \approx 40{,}2\,\text{mg}$
Menge der Substanz 24 Stunden nach Beobachtungsbeginn.		
	$48 = 60 \cdot e^{-0{,}02t}$	
		$t \approx 34{,}66$ Tage
Menge der Substanz sechs Stunden vor Beobachtungsbeginn.		
Zeitpunkt, an dem die Zerfallsgeschwindigkeit $-1\,\frac{mg}{Tag}$ beträgt.		

2 Die Abbildung zeigt den stark vereinfachten Graphen der Änderungsrate des Wasservolumens in einem zum Zeitpunkt t = 0 min leeren Gefäß.
Kreuzen Sie wahre Aussagen an.

- Zum Zeitpunkt t = 1,5 min beträgt die Zuflussgeschwindigkeit 1 Liter/min. ☐
- Nach 3 min sind 2 Liter im Gefäß. ☐
- Nach 4 min sind 4 Liter im Gefäß. ☐
- Im Zeitraum [4s; 7s] fließen 1,5 Liter Wasser aus dem Gefäß ab. ☐
- Nach 7 min. ist das Gefäß wieder leer. ☐
- Am schnellsten fließt das Wasser zwischen der dritten und vierten Minute ab. ☐
- Zwischen der sechsten und siebten Minute verringert sich der Abfluss und kommt dann ganz zum Erliegen. ☐
- Nach 7 min sind 2,5 Liter Wasser im Gefäß. ☐
- Zur sechsten Minute ist die Abflussgeschwindigkeit am größten. ☐

Änderungsrate $f'(t)$
$\Rightarrow$ Bestand in $[t_1;t_2] = \int_{t_1}^{t_2} f'(t)\,dt$

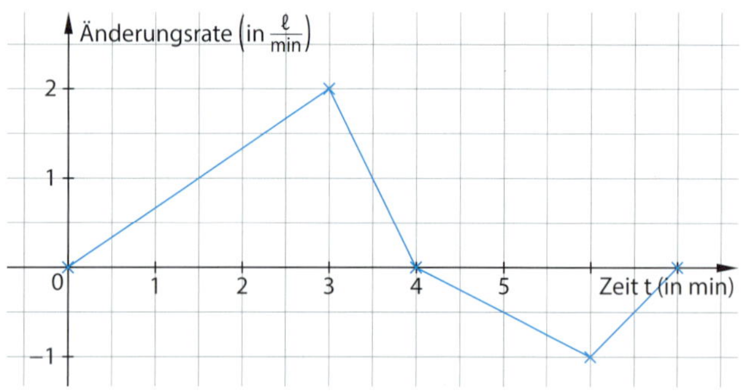

3 Eine Pflanze ist zum Beobachtungsbeginn 6 cm hoch. In den nächsten zehn Tagen vergrößert sich das Wachstum mit einer Wachstumsgeschwindigkeit v mit $v(t) = e^{0{,}2t}$. Gesucht ist die Höhe der Pflanze nach zehn Tagen. Streichen Sie falsche Ansätze durch und berechnen Sie die gesuchte Höhe.

$e^{0{,}2 \cdot 10} + 6$	$6 + \int_0^{10} e^{0{,}2t}\,dt$	$\int_0^{10} e^{0{,}2t}\,dt$	$\int_0^{10} \left(\sqrt[5]{e}\right)^t dt + 6$

Höhe: h = ____________________

Weiterführende Aufgaben

4 Die Geschwindigkeit eines Fahrzeugs in m/s auf gerader Strecke wird für $0 \leq t \leq 10$ (t in s) durch die in der Abbildung grafisch dargestellte Funktion $v(t) = 2 \cdot e^{0{,}1t}$ mathematisch modelliert.

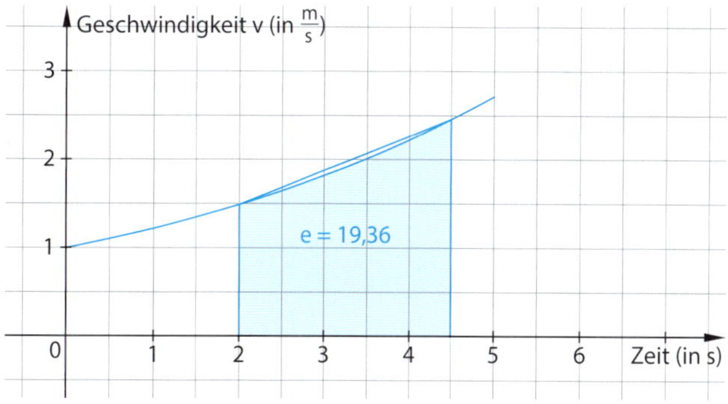

a) Der im Intervall [4s, 9s] zurückgelegte Weg kann durch den Flächeninhalt der blauen Trapezfläche näherungsweise bestimmt werden. Ermitteln Sie diesen Näherungswert.

b) Berechnen Sie den genauen Wert dieses Weges durch eine geeignete Integration von v(t).

c) Von t = 10 s ab bremst das Fahrzeug mit konstanter (negativer) Beschleunigung und kommt bei t = 14 s zum Stillstand. Veranschaulichen Sie diesen Bremsvorgang im v-t-Diagramm. Berechnen Sie die Größe der Bremsbeschleunigung sowie die Länge des Bremsweges.

Bremsbeschleunigung:

Bremsweg:

5 Die produzierte Gesamtmenge einer neuen Ware lässt sich nach dem Anlaufen der Produktion für die ersten 15 Tage durch die Funktion $p(t) = \frac{t}{2} \cdot e^{-(0{,}2t-3)^2}$ (t in Tagen; p in 1000 Stück) mathematisch näherungsweise beschreiben.

a) Vervollständigen Sie die Tabelle. Stellen Sie mithilfe der Tabelle den Warenbestand für die ersten 15 Tage grafisch dar.

Tag	2	4	6	8	10	12	15
Menge							

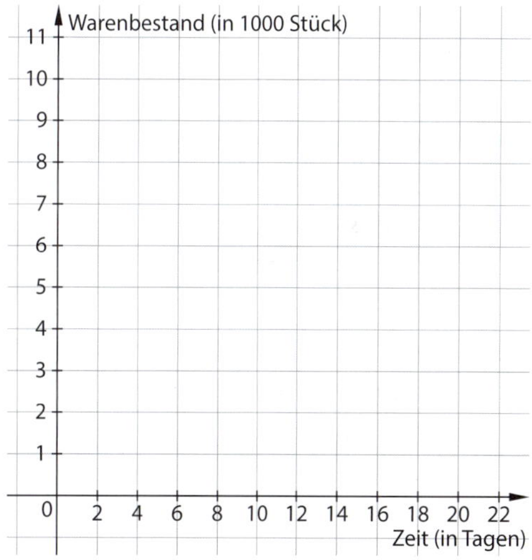

b) Schätzen Sie anhand der Grafik, zu welchem Zeitpunkt der Zuwachs der Produktionsmenge am größten war.

6 In ein zu Beginn mit 40 Liter gefülltes Becken fließt in den ersten zehn Minuten Wasser gemäß der Funktion $w(t) = 8 \cdot t$ Wasser zu (w(t) in Litern pro Minute, t in Minuten).
Nach zehn Minuten wird der Zufluss beendet. Danach fließen vier Liter Wasser pro Minute ab.

a) Geben Sie eine Funktion an, die die Wassermenge im Becken beschreibt.

b) Ermitteln Sie, wann das Becken leer ist.

1 Kreuzen Sie Zutreffendes an. Rechnen Sie, wenn nötig, auf einem zusätzlichen Blatt.

a) $f(x) = e^{-4x+5} - 3$	☐ $f'(x) = 5e^{-4x+5}$	☐ $f'(x) = -4e^{-4x+5}$	☐ $f''(x) = 16e^{-4x+5}$
b) $f(x) = (2x-1)^3$	☐ $f''(x) = 12(2x-1)$	☐ $f'(x) = 3(2x-1)^2$	☐ $f'(x) = 6(2x-1)^2$
c) $f(x) = \sqrt{3x}$	☐ $f'(x) = \frac{3}{2\sqrt{3x}}$	☐ $f'(x) = \frac{3}{\sqrt{3x}}$	☐ $f''(x) = \frac{1}{2\sqrt{3x}}$
d) $f(x) = x^5 + \sqrt{x}$	☐ $f'(x) = 5x^4 + \frac{1}{2\sqrt{x}}$	☐ $f''(x) = 20x^3 - \frac{1}{4\sqrt{x^3}}$	☐ $f'(x) = \frac{5x^4}{2\sqrt{x}}$
e) $f(x) = (-x^2-2)^2$	☐ $f''(x) = 12x^2 + 8$	☐ $f'(x) = 4x^3 + 8x$	☐ $f'(x) = -4x \cdot (-x^2-2)$
f) $f(x) = \sqrt{(x^2+3)}$	☐ $f'(x) = \frac{x^2}{2\sqrt{x^2+3}}$	☐ $f'(x) = \frac{x}{\sqrt{x^2+3}}$	☐ $f''(x) = 2x \cdot \sqrt{x^2+3}$
g) $f(x) = e^x + e^{-x^3}$	☐ $f''(x) = e^x - e^{-x^3}$	☐ $f'(x) = e^x - 3e^{-x^3}$	☐ $f'(x) = e^x - 3x^2 e^{-x^3}$
h) $f(x) = 3e^{x^3-x}$	☐ $f'(x) = 9x^2 \cdot e^{x^3-x}$	☐ $f'(x) = 3x \cdot e^{x^3-x}$	☐ $f'(x) = (9x^2-3) \cdot e^{x^3-x}$
i) $f(x) = \frac{1}{4x^2-5x}$	☐ $f'(x) = -\frac{8x-5}{(4x^2-5x)^2}$	☐ $f'(x) = \frac{8x-5}{4x^2-5x}$	☐ $f'(x) = (5-8x)(4x^2-5x)^{-2}$

2 Vervollständigen Sie die Gleichungen.

a) $\ln(a \cdot c) = \ln(a)$ ___ $\ln(c)$ **b)** $e^{\ln(a)} + \ln($ ___ $) = a$ **c)** $\ln(a^r) - \ln($ ___ $) =$ ___ $\ln(a) - 1$ **d)** $\ln\left(\frac{a}{c}\right) = \ln(a)$ ___

3 Kreuzen Sie alle wahren Aussagen über Exponentialfunktionen der Form $f(x) = c \cdot e^{a \cdot x + b}$, $c > 0$ an.

☐ f ist streng monoton fallend für $a < 0$.
☐ f hat die Nullstelle $-\frac{b}{a}$.
☐ f hat den Wertebereich $W = \mathbb{R}^{>0}$.
☐ $(0|c)$ liegt auf dem Graphen von f.
☐ $\left(-\frac{b}{a}\middle|c\right)$ liegt auf dem Graphen von f.
☐ $(0|b)$ liegt auf dem Graphen von f.

4 Kreuzen Sie alle richtig angegebenen Werte an. Zusatzaufgabe: Korrigieren Sie falsche Werte.

a) $f(x) = 2^x$	☐ $f(1) = 4$	☐ $f(10) = 1024$	☐ $f(0{,}1) \approx 2{,}07$
b) $f(x) = e^x$	☐ $f(1) \approx 2$	☐ $f(10) \approx 22026$	☐ $f(0{,}1) \approx 2{,}1$
c) $f(x) = e^{3x+5}$	☐ $f(1) \approx 2981$	☐ $f(2) \approx 598$	☐ $f(0{,}1) \approx 200$
d) $f(x) = 5 \cdot e^{7x-2}$	☐ $f(1) \approx 742$	☐ $f(0) \approx 0{,}68$	☐ $f(0{,}1) \approx 3{,}4$

5 Stellen Sie nach x um.

a) $6 \cdot e^x = 3$ ______

b) $5 \cdot e^{7x-2} = 30$ ______

c) $x^2 \cdot e^{2x} + 36 \cdot e^{2x} = 12x \cdot e^{2x}$ ______

d) $e^{8x} - 4 \cdot e^{4x} + 3 = 0$ ______

6 Kreuzen Sie alle wahren Aussagen an.

☐ Die Wachstumsgeschwindigkeit eines exponentiellen Wachstums ist proportional zum Bestand.
☐ Die Wachstumsgeschwindigkeit eines exponentiellen Wachstums ist selbst nicht exponentiell.
☐ Für $f(x) = a \cdot e^{k \cdot t}$ gilt: $f'(x) = k \cdot f(t)$.
☐ Für $f(x) = a \cdot e^{k \cdot t}$ gilt: $f'(x) = a \cdot k \cdot e^{k \cdot t}$.

7 Gesucht ist der Extrempunkt des Graphen der Funktion f mit $f(x) = e^x - e \cdot x$.

$f'(x) =$ ______ $f''(x) =$ ______

Nullstelle(n) von f': $f'(x) = 0$ ______

Hinreichende Bedingung: $f'($ ___ $) = 0$ und $f''($ ___ $) =$ ______ , also hat f an der Stelle ______

______

8 Das Bevölkerungswachstum eines Landes verläuft über einen gewissen Zeitraum exponentiell: $f(t) = 12{,}7 \cdot e^{0{,}0149 \cdot t}$.
Dabei gibt t die Zeit in Jahren und f(t) die Bevölkerungszahl in Millionen an.

a) Berechnen Sie, um wie viel Prozent die Bevölkerung pro Jahr zunimmt.

____

b) Berechnen Sie, nach wie vielen Jahren die Bevölkerungszahl auf ca. 15 Millionen angestiegen ist.

____

c) Berechnen Sie die Wachstumsgeschwindigkeit der Bevölkerung nach 10 Jahren.

____

d) Tatsächlich ist die Bevölkerung nach 10 Jahren auf 18,3 Millionen angewachsen.
Geben Sie die Wachstumsfunktion für den Fall an, das dieses Wachstum exponentiell verlaufen ist.

____

9 Bestimmen Sie die Extrem- und Wendestellen der Funktion f mit $f(x) = 2 \cdot (x-1)^2 \cdot e^{-0{,}5 \cdot x}$.
Sie können die Ableitungen ohne Nachweis verwenden (oder selbst bestimmen und vergleichen).
$f'(x) = (x-1) \cdot (5-x) \cdot e^{-0{,}5 \cdot x}$; $f''(x) = \frac{1}{2} \cdot (x^2 - 10x + 17) \cdot e^{-0{,}5 \cdot x}$; $f'''(x) = -\frac{1}{4} \cdot (x^2 - 14x + 37) \cdot e^{-0{,}5 \cdot x}$

Extremstellen: f'(__) = 0 und f''(__) = ______________________________

f'(__) = ______________________________

Notwendige Bedingung für eine Wendestelle: ______________

____

____

10 In toten Organismen wird der Anteil am radioaktiven Kohlenstoffisotop ^{14}C, der in lebenden Organismen nahezu konstant ist, mit einer Halbwertzeit von 5730 Jahren abgebaut.
Der Rest an ^{14}C wird durch die Funktion f mit $f(t) = 100 \cdot e^{-k \cdot t}$ beschrieben (t in Jahren und f(t) in Prozent).

a) Zeigen Sie, dass der Wert der Wachstumskonstante $k \approx 0{,}000121$ ist.
f(5730) = 50, also ist ______________________________

b) Im Schwarzlaichmoor bei Peiting in Oberbayern wurde ein Sarg mit der gut erhaltenen Moorleiche einer etwa 25-jährigen Frau gefunden. Bei der Untersuchung des Sarges ergab sich, dass noch ca. 90 % der ^{14}C-Atome vorhanden waren. Bestimmen Sie einen Näherungswert für das Alter.

____

c) In der Höhle von Lascaux in Frankreich wurden Höhlenmalereien gefunden. Ein Kunsthistoriker stellt auf Grund stilistischer Vergleiche die These auf, dass die Höhlenmalereien ca. 10 000 Jahre alt sind.
Berechnen Sie, wie viel Prozent der ursprünglichen ^{14}C-Atome nach dieser These in einer Materialprobe noch vorhanden sein müssten.

____

d) Bei einer Gewebeprobe aus dem Turiner Grabtuch wurde ein Gehalt von 92 % der ursprünglichen ^{14}C-Atome festgestellt. Wie alt ist diese Gewebeprobe?

____